中国环境保护产业发展报告

(2021)

中国环境保护产业协会 编著

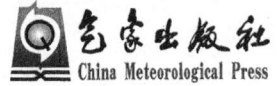

内 容 简 介

《中国环境保护产业发展报告（2021）》是中国环境保护产业协会下属各分支机构专家对2020年水污染治理、电除尘、有机废气治理、袋式除尘、脱硫脱硝、固体废物处理利用、噪声与振动控制、环境监测仪器、机动车污染防治、土壤与地下水修复、环境影响评价、城镇污水治理、室内环境控制与健康、环保产业投融资、环境互联网+、冶金环保等环境保护产业领域发展状况的总结、分析，综合反映了中国环境保护产业的技术装备水平、专业领域的现状、总体技术发展、新技术应用、行业市场特点等，以及行业骨干企业的发展状况；提出了发展环保产业的相关对策建议，对行业的发展趋势进行了展望。本书对于读者全面了解我国环境保护产业的发展状况以及环境治理的阶段性成果具有参考作用。

图书在版编目（CIP）数据

中国环境保护产业发展报告. 2021 / 中国环境保护产业协会编著. -- 北京：气象出版社，2021.12（2022.10重印）
　ISBN 978-7-5029-7636-1

Ⅰ. ①中… Ⅱ. ①中… Ⅲ. ①环境保护－产业发展－研究报告－中国－2021 Ⅳ. ①X-12

中国版本图书馆CIP数据核字(2021)第261966号

中国环境保护产业发展报告（2021）
ZHONGGUO HUANJING BAOHU CHANYE FAZHAN BAOGAO（2021）

出版发行：	气象出版社		
地　　址：	北京市海淀区中关村南大街46号	邮政编码：	100081
电　　话：	010-68407112（总编室）　010-68408042（发行部）		
网　　址：	http://www.qxcbs.com	E-mail：	qxcbs@cma.gov.cn
责任编辑：	张锐锐　吕厚荃	终　　审：	吴晓鹏
责任校对：	张硕杰	责任技编：	赵相宁
封面设计：	地大彩印设计中心		
印　　刷：	北京中石油彩色印刷有限责任公司		
开　　本：	889mm×1194mm　1/16	印　　张：	21.25
字　　数：	426千字		
版　　次：	2021年12月第1版	印　　次：	2022年10月第2次印刷
定　　价：	100.00元		

本书如存在文字不清、漏印以及缺页、倒页、脱页等，请与本社发行部联系调换。

编委会

主　　编：樊元生　郭承站

执行主编：易　斌　滕建礼

副 主 编（按姓氏笔画排序）：

　　　　　史捍民　邢振纲　刘启风　牟广丰　杜　琳　李　蕾

　　　　　汪冬青　张　联　罗　毅　赵维钧　黄滨辉　燕中凯

常务编委：王玉红　王鸯鸯

编　　委（按姓氏笔画排序）：

于　哲	马　丽	马　辉	王计广	王志凯	王丽娜
王艳伟	王晓玲	王喜芹	方茂东	卢　静	卢鹏飞
田　恬	邢轶兰	吕　苗	朱亦丹	刘　涛	刘　晶
刘阳生	刘丽丽	刘学军	刘海龙	许丹宇	许晓芳
孙　凯	苏　艺	李书鹏	李金惠	李京芬	辛　璐
宋七棣	迟　颖	张　圆	张　静	陈志炜	陈丽艳
陈宣颖	岳仁亮	庞继伟	孟　晨	赵云皓	郝郑平
胡汉芳	胡华清	柳静献	郦建国	段晓雨	姚　群
班　健	徐卫星	徐志杰	徐洪峰	栾志强	郭　炜
葛勇涛	程　琳	谢振凯	路光杰	解　琳	蔡晓阳
黎　峥	魏志勇				

编写说明

《中国环境保护产业发展报告》由中国环境保护产业协会编制，按年度出版。

《中国环境保护产业发展报告（2021）》是中国环境保护产业协会下属各分支机构专家对 2020 年环境保护产业各领域发展状况的总结、分析，综合反映了中国环境保护产业的技术装备水平、专业领域现状、总体技术发展、新技术应用、行业市场特点，以及行业骨干企业发展状况；提出了发展环境保护产业的相关对策与建议，对行业的发展趋势进行了展望。

全书共收录 18 篇报告，由王玉红、王莺莺统编。其中，2020 年中国环境保护产业发展状况分析由孙凯、孟晨、刘晶、马辉、王晓玲撰写；水污染治理行业 2020 年发展报告由胡华清、段晓雨、许丹宇、张圆撰写；城镇污水治理行业 2020 年发展报告由葛勇涛、卢鹏飞撰写；电除尘行业 2020 年发展报告由刘学军、胡汉芳、郦建国、陈丽艳撰写；袋式除尘行业 2020 年发展报告由宋七棣、姚群、陈志炜、柳静献撰写；有机废气治理行业 2020 年发展报告由栾志强、王喜芹、郝郑平、李京芬撰写；脱硫脱硝行业 2020 年发展报告由田恬、马丽、路光杰撰写；机动车污染防治行业 2020 年发展报告由方茂东、王计广、谢振凯撰写；室内环境控制与健康行业 2020 年发展报告由岳仁亮、张静撰写；噪声与振动控制行业 2020 年发展报告由朱亦丹、魏志勇撰写；固体废物处理利用行业 2020 年发展报告由李金惠、刘丽丽、许晓芳、蔡晓阳撰写；土壤与地下水修复行业 2020 年发展报告由邢轶兰、李书鹏、王艳伟、解琳、王丽娜、刘阳生撰写；环境监测仪器行业 2020 年发展报告由迟颖、郭炜、于哲撰写；环境影响评价行业 2020 年发展报告由苏艺、刘海龙、陈宣颖撰写；环境保护产业投融资行业 2020 年发展报告由黎峥、徐洪峰撰写；环境"互联网+"行业 2020 年发展报告由班健、徐卫星、郭炜、庞继伟、吕苗撰写；冶金环境保护行业 2020 年发展报告由程琳、刘涛撰写；2020 年中国环境保护产业政策综述由辛璐、徐志杰、卢静、王志凯、赵云皓撰写。

注：报告中涉及的全国数据，除特殊注明外，均未包括香港特别行政区、澳门特别行政区和台湾省数据。

目 录

编写说明

2020 年中国环境保护产业发展状况分析 1

水污染治理行业 2020 年发展报告 7

城镇污水治理行业 2020 年发展报告 14

电除尘行业 2020 年发展报告 20

袋式除尘行业 2020 年发展报告 48

有机废气治理行业 2020 年发展报告 72

脱硫脱硝行业 2020 年发展报告 104

机动车污染防治行业 2020 年发展报告 138

室内环境控制与健康行业 2020 年发展报告 154

噪声与振动控制行业 2020 年发展报告 163

固体废物处理利用行业 2020 年发展报告 178

土壤与地下水修复行业 2020 年发展报告 198

环境监测仪器行业 2020 年发展报告 222

环境影响评价行业 2020 年发展报告 257

环境保护产业投融资行业 2020 年发展报告 262

环境"互联网+"行业 2020 年发展报告 269

冶金环境保护行业 2020 年发展报告 291

2020 年中国环境保护产业政策综述 295

2020 年中国环境保护产业发展状况分析

2020 年是不平凡的一年，既是疫情防控阻击之年，污染防治攻坚战成效考核之年，也是"十四五"生态文明建设谋篇布局之年。这一年，"十三五"生态环境保护工作顺利收官，蓝天、碧水、净土三大保卫战取得重要成效，污染防治攻坚战阶段性目标任务超额完成，生态环境明显改善。疫情和复杂的国际形势给环保产业带来了冲击，同时也产生了新的机遇。据中国环境保护产业协会（以下简称中环协）统计，2020 年全国环保产业营业收入约 1.95 万亿元，"十三五"期间产业年均复合增速约 14.1%，环保产业规模继续扩大，增速放缓。

1 我国环保产业发展的总体情况

1.1 环保产业发展政策环境进一步优化

2020 年上半年受疫情和国际形势的影响，我国环保产业发展受到一定冲击。国家紧急出台多项利好政策，继续完善法律法规，给产业发展提供了可靠的支持和保障。在政策保障方面，中共中央办公厅、国务院办公厅发布《关于构建现代环境治理体系的指导意见》，提出健全环境治理的领导责任体系、企业责任体系、全民行动体系、监管体系、市场体系、信用体系及法律法规政策体系七大体系内容。国家发展和改革委员会等六部门联合印发《关于营造更好发展环境支持民营节能环保企业健康发展的实施意见》，围绕营造公平开放的市场环境、完善稳定惠普的产业支持政策、推动提升企业经营水平、畅通信息沟通反馈机制 4 个方面，提出了十二条支持民营节能环保企业健康发展的政策措施。在资金引导和税收方面，中国人民银行等多部门联合印发《关于进一步强化中小微企业金融服务的指导意见》，要求要不折不扣落实中小微企业复工复产信贷支持政策等。"十三五"期间，我国节能环保财政支出累计超过 3.00 万亿元，截至 2020 年年底，环保信贷余额达到 11.95 万亿元，规模居世界第一位。2020 年 7 月，由财政部、生态环境部、上海市共同发起设立的国家绿色发展基金股份有限公司在上海市揭牌运营，旨在通过政府撬动社会投资进入环保领域。

1.2 区域发展战略布局持续完善

区域发展战略不断细化，在京津冀协同发展、长三角一体化发展、长江经济带发展、黄河流域生态保护和高质量发展、粤港澳大湾区建设五大区域发展总体战略下，出台了一系列区域环保发展细则，如第十三届全国人民代表大会常务委员会第二十四次会议表决通过《长江保护法》；水利部太湖流域管理局联合江苏省、浙江省、上海市河长办印发出台《关于进一步深化长三角生态绿色一体化发展示范区河湖长制加快建设幸福河湖的指导意见》；工业和信息化部印发《京津冀及周边地区工业资源综合利用产业协同转型提升计划（2020—2022年）》；生态环境部等多个部门与相关地方联合政府联合发布《京津冀及周边地区、汾渭平原2020—2021年秋冬季大气污染综合治理攻坚行动方案》《长三角地区2020—2021年秋冬季大气污染综合治理攻坚行动方案》；京津冀三地联合印发《京津冀河（湖）长制协调联动机制》等。

1.3 疫情对环保产业产生一定影响

疫情对2020年中国环保产业发展的影响不容忽视。2020年上半年疫情打乱了企业运营生产的节奏，项目停滞，国际市场开拓不畅，造成全行业企业盈利同比下滑。部分领域在疫情防控常态化背景下，发展方向产生了变化。我国持续推出支持性财政政策、货币政策和产业政策，通过环保信贷、财政支出等政策工具，引导环保企业在生产环境物资、设备生产等方面，强化疫情地区大气、水质监测等领域。疫情同样对固废处理、处置领域产生了较大影响，刺激了医疗废物处置行业的发展，目前我国医疗废物处置能力达到 6200 t/d，相比疫情前增加了 27%。疫情还给传统监测行业带来了新机遇，催生了市场对环境应急检测仪器设备的新需求，引导生态环境监测从理化指标的常规监测，进入生命健康安全的生态安全监测领域。

2 我国环保产业各领域市场发展概况

2.1 水污染治理

总体上看，"十三五"期间我国碧水保卫战取得显著成效。截至2020年年底，全国地表水水质达到或好于Ⅲ类的国控断面比例提高到83.4%，水污染治理产业在问题诊断、工艺设计、技术装备及系统解决方案的水平和质量上稳步提升。2020年上半年新冠肺炎疫情来袭，涉水环保企业纷纷投入疫情防控阻击战，确保全国医疗污水和城镇污水监管与排查工作百分之百完成。进入复工复产阶段后，水环境市场需求短期内持续释放，发展接近往年水平。政策与法律法规的不断完善在平衡地区间水环境质量改善、加强生活源污水治理力度、改善农村人居环境、管控城镇（园区）污水处理等方面起到了重要作用。2020年4月，国家发展和改革委员会等五部门联合印发《关于完善长江经济带污水处理收费机制有关政策的指导意见》，推动了城镇污水治理企业的健康发展。12月，生态环境部发布了《关于进一步规范城镇（园区）污水处理环境管理的通知》，为困扰污水处理厂多年的"进水超标导致出水超标"问题提供了解决方案。2020年12月，第十三届全国人民代表大会常务委员会第二十四次会议通过了《长江保护法》。

2.2 大气污染治理

总体上看，京津冀及周边地区、汾渭平原、长三角地区仍是我国有机废气污染严重和$PM_{2.5}$浓度最高的区域，因此2020年的政策重点继续以这3个地区为主，持续出台了相关治理计划与方案。此外，对非电燃煤行业大气污染治理提出了更严格的标准，夏季开展VOCs（挥发性有机化合物）治理攻坚行动，秋冬季推进清洁取暖散煤治理，有序推进钢铁行业超低排放改造、工业炉窑和燃煤锅炉治理，确保如期完成打赢蓝天保卫战既定目标任务。在超低排放已常态化的情况下，2020年燃煤电厂电除尘市场继续萎缩，冶金、建材等非电行业的超低排放改造市场保持火热。在疫情暴发、国际形势复杂和钢材涨价等因素的影响下，电除尘大多数企业产值较同期有所下降。袋式除尘企业生产总体繁忙，部分滤料生产企业还在口罩等个人防护用品的生产中获得了可观的经济效益。"十三五"期间我国VOCs的治理工作进展快速，2020年年底，VOCs重点排放行业已全部推行排污权许可证制度，第三方服务、咨询、培训业务量增长迅速，全国从事VOCs治理相关的企业约3000余家，拥有核心技术和从事VOCs检/监测业务的企业发展势头良好，下一步的治理工作将向精细化深度治理阶段发展。

2.3 固体废物处理、处置

2020年4月，第十三届全国人民代表大会常务委员会第十七次会议审议通过了新修订的《固体废物污染环境防治法》，明确了固体废物处理的减量化、资源化和无害化原则，强化了政府及其有关部门的监管责任。随着修订后的《固体废物污染环境防治法》和各类固体废物政策标准的实施，2020年注册的固体废物处理相关企业约为2.5万家，同比增长77.99%，但整体上以中小型企业居多，大型企业较少。当前我国的固废处理技术仍以无害化为主。国家统计局发布的《中国统计年鉴2020》显示，2019年我国城市生活垃圾无害化处理率达到99.20%，但在危险废物、大宗工业固体废物和有机固体废物等固体废物综合利用领域，与德国、美国等国家相比，我国还存在一定差距。2020年"无废城市"建设、生活垃圾分类与禁止洋垃圾入境等工作均取得阶段性进展。"无废城市"建设试点工作初步凝练出一批可复制可推广的示范模式；2020年11月，生态环境部等部门联合发布《全面禁止进口固体废物有关事项的公告》，自2021年1月1日起，我国已禁止以任何方式进口固体废物，禁止我国境外的固体废物进境倾倒、堆放、处置；2020年10月，国家发展和改革委员会等部门公示了《2020年餐厨废弃物资源化利用和无害化处理试点城市验收结果》，共有24个试点城市通过验收。

2.4 噪声污染治理

2020年全国范围内从事噪声污染治理业务的企业仍以小型企业为主。随着人们对生活质量要求的提高，噪声问题逐渐得到更多重视。但现阶段我国噪声污染治理市场仍以定制化为主，依靠高密集的劳动力来生产制作，缺乏自动化、机械化的生产线，整体技术水平没有突破。2020年下半年复工复产后，专业性强的企业最早开始复苏，在市场竞争中优势明显。轨道交通噪声与振动控制领域的市场份额依然保持良好的增长态势。

2.5 环境监测

整个"十三五"期间，空气和地表水环境质量是行业重点。至2020年，全国生态环境监测建设网络已经完全形成，建立起国控、省控、市控、县控事实上的四级监控网络，全面覆盖大气、水质、污染源（废气和废水）等应用场景，并已实现相关监测数据的上传和汇总。根据中国环境保护产业协会环境监测仪器专业委员会统计，2020年环境监测行业企业累计生产监测仪器产品约13.7万台（套），销售约12.7万台（套），覆盖环境应急监测、空气质量监测、水环境质量监测、污染源监测、采样器、数采仪等类别。从行业企业产销数据来看，单纯环境监测仪器的销售收入占总营收的比率已经降至29%，间接证明行业大多数企业在推动业务的多元化转型，生态环境监测数据的可用化、价值化、应用智能化是行业发展的新方向。

2.6 环境影响评价

环境影响评价信用平台是环境影响评价领域首个全国统一的信用管理系统。该平台自2019年11月上线启动以来，截至2020年年底，共有6626家环境影响评价编制单位和13290名环境影响评价工程师在该平台进行登记。从登记数量来看，广东省、山东省、江苏省、四川省、河北省注册的环境影响评价编制单位均超过300家。2020年9月，生态环境部印发《环评与排污许可监管行动计划（2021—2023年）》，提出了打击和遏制环境影响评价弄虚作假、粗制滥造、不落实环境影响评价要求、无证排污、不按证排污等违法行为。2020年11月，生态环境部发布《建设项目环境影响评价分类管理名录（2021年版）》，提出了进一步落实国务院深化"放管服"改革、优化营商环境的总体要求。

3 我国环保产业技术水平发展现状

3.1 水污染治理

水污染治理领域的技术发展主要体现在"常规污染物协同处理与优化"和"难降解污染物高效利用"两方面。技术相对成熟的城镇污水处理技术致力于提质增效；工业废水治理技术集中于处理高盐废水、高浓度氨氮废水和难降解有机废水；农村生活污水处理向源头削减发展；在黑臭水体治理中，控源截污是最重要的措施。经过十多年的发展，我国现已形成 4 条污泥处理处置主流技术路线，即"厌氧消化＋土地利用""好氧发酵＋土地利用""干化焚烧＋灰渣填埋或建材利用""深度脱水＋填埋"。未来在绿色、低碳、循环的发展趋势下，突破污泥资源化能源化利用瓶颈是该领域技术的创新研发重点。

3.2 大气污染治理

我国袋式除尘行业在节能高效、新结构大型化的开发与应用，高温超净电袋复合超低排放技术，多功能袋式除尘一体化净化装置，烟气多污染物协同净化，催化脱硝功能滤料及纳米级滤料的开发应用等方面具有突破性进展。电除尘技术向精细化提效方向不断发展，从"通用技术"向"难、特、协同"技术转型，从"粗放"向"效能"转型。对于 VOCs 治理，吸附、焚烧、催化等主流技术不断发展完善，新型吸附材料和催化剂得到快速开发，生物治理技术的适用范围也在不断拓宽，在低浓度 VOCs 废气和恶臭异味治理方面快速发展。

3.3 固体废物处理处置

处理工业固体废物的"基于水热法的工业副产石膏资源化技术"、处理生活垃圾的"热盘炉水泥窑协同焚烧处置生活垃圾技术"、处理危险废物的"生活垃圾焚烧飞灰高温等离子体熔融技术""废铅蓄电池破碎分选及资源回收技术""废矿物油'旋风闪蒸薄膜再沸＋双向溶剂'精制再生技术""炉排式生活垃圾焚烧炉协同应急处置医疗废物技术"入选了生态环境部《2020 年国家先进污染防治技术目录》，"固废基高性能尾矿胶结充填胶凝材料制备和应用技术"入选了《绿色技术推广目录（2020 年）》。

3.4 噪声污染治理

噪声污染治理仍以传统降噪产品为主，市场产品竞争激烈，低价竞争现象层出不穷。随着技术创新和知识产权的日益受到重视，注重技术创新的企业的综合竞争能力处在了领先的位置，例如，阵列式消声器在轨道交通和工业企业中得到大规模应用，轨道隔振降噪新技术不断涌现，并在工程中得到实际应用，建筑隔振技术蓬勃发展。

3.5 环境监测

现阶段我国环境监测技术整体发展特点呈现出自动化监测普及、应用场景不断拓展、生态环境大数据技术深入应用等特征。强化多污染物协同控制、加强细颗粒物和臭氧的协同控制，成为 2020 年比较重要的市场动向，作为臭氧前体物的 VOCs 组分的监测需求在 2020 年的环境监测领域实现突破性增长。伴随着"十三五"收官，黑臭水体在线监测系统占比大幅提升，针对水质自动监测系统的辅助装置出现了多种定制化需求。2020 年，随着 5G（第五代移动通信技术）时代的到来，可更便捷高效地实现远程操控与超高清视频细节监测，大幅提升监测仪器和传感器的效率，实现对环境的实时监测和管理。

4 我国环保产业的发展机遇

根据《中共中央关于制定国民经济和社会发展第十四个五年规划和二〇三五年远景目标的建议》（以下简称《建议》），"十四五"期间，我国推动生态文明、建设美丽中国的任务仍然艰巨，深入打好污染防治攻坚战与碳达峰行动需求将协同推进，生态保护修复需求将持续释放。"十四五"提出减碳降污和持续推进重点流域保护的新要求，并将进一步规范环境影响评价管理工作，完善固废管理相关政策。根据国家节能环保战略，要全面提高资源利用率，构建资源循环利用体系，大力发展绿色经济，构建绿色发展政策体系。

水污染治理方面，《建议》中指出要推进城镇污水管网全覆盖，基本消除城市黑臭水体。"十四五"期间，长江经济带的生态环境治理和城镇污水治理将迎来重大发展机遇。在国家高度重视下，城市污水再利用行业将稳步发展。

大气污染防治方面，空气质量持续改善仍是"十四五"期间生态环境领域的重点工作，而钢铁行业高质量实施超低排放改造仍将是重要抓手，突破性低碳技术的研发和示范将占据较大市场，从而为实现碳中和奠定基础。大气治理企业将向智能化、资源化、标准化方向发展。

噪声污染治理方面，2020年生态环境部完成了《环境噪声污染防治法》修订草案建议稿，并纳入全国人大常委会2021年重点立法计划中，预计"十四五"时期将完成修改并实施。

固体废物处理处置方面，我国陆续出台的一系列法律法规和政策标准引导了固体废物处理处置及资源化行业规范化发展，行业内企业规模逐步扩大，特别是在生活垃圾处理领域，处理处置技术基本成熟。

环境监测方面，在系列政策的支持下，"十三五"期间我国逐渐实现了从"数字环保"到"智慧环保"的转变，在加强感知环境信息化和物联网数据管理建设的同时，环境监测产业迎来了新的发展契机。新物联网技术的应用、生态大数据场景的拓展将是环境未来环境监测领域的发展方向。

水污染治理行业 2020 年发展报告

1 行业概况

1.1 中国水污染治理产业发展的政策环境进一步优化

2020 年中央打好污染防治攻坚战、推动绿色发展、建设美丽中国的决心不变，多项环保产业发展利好的政策法规相继出台，助益厚植全面建成小康社会的绿色底色和成色。

在政策保障方面，中共中央办公厅、国务院办公厅先后印发了《关于构建现代环境治理体系的指导意见》（以下简称《指导意见》）和《省（自治区、直辖市）污染防治攻坚战成效考核措施》（以下简称《考核措施》）。《指导意见》提出了健全环境治理领导责任体系、环境治理企业责任体系等七大体系。《考核措施》明确了"党政主体责任落实情况""生态环境质量状况及年度工作目标任务完成情况"等五方面内容，并对依规、依纪、依法问责、追责作出规定。两项文件的发布为全面加强生态环境保护、持续改善生态环境质量、推进美丽中国建设提供了强大的政策保障。

在资金支持和引导方面，国务院办公厅印发了《生态环境领域中央与地方财政事权和支出责任划分改革方案》；生态环境部办公厅等发布了《关于推荐生态环境导向的开发模式试点项目的通知》，开展生态环境导向的开发模式（EOD）试点，探索将生态环境治理项目与资源、产业开发项目有效融合的方式。

在税收方面，开展水资源税改革试点，采取费改税方式，不断完善政府绿色采购政策、优化执行机制，扩大政府绿色采购范围。此外，设立国家绿色发展基金，充分发挥财政资金引导作用和市场在资源配置中的决定性作用，深入推动建立多元化投入机制，加快推进生态环境治理体系和治理能力现代化建设。

在优化市场配置和资源方面，为支持引导地方建立流域横向生态补偿机制，财政部陆续牵头出台《支持引导黄河全流域建立横向生态补偿机制试点实施方案》，建立奖励激励机制，鼓励流域上下游之间构建机制。此外，国家发展和改革委员会等六部门联合印发了《关于营造更好发展环境支持民营节能环保企业健康发展的实施意见》，进一步优化节能环保领域市场营商环境，保障民营企业公平、公正参与竞争，推动民营节能环保企业健康发展。

在配套实施方面，围绕水环境质量改善、基础设施建设、农业污染源、城镇（园区）四方面出台了一系列举措。

（1）针对水环境质量改善地区间不平衡的问题，生态环境部印发了《流域水污染物排放标准制订技术导则》（HJ 945.3-2020），规范和指导流域水污染物排放标准制定工作。

（2）针对部分地区环境基础设施欠账大、城市收集管网不配套的问题，国家发展和改革委员会印发了《关于加快开展县城城镇化补短板强弱项工作的通知》，瞄准城镇污水管网建设等市场不能有效配置资源、需要政府支持引导的公共领域，以补齐城乡污水收集和处理设施短板，进一步推进城镇污水管网全覆盖，加强生活源污染治理力度。

（3）针对农业污染源问题，农业农村部、国家卫生健康委员会、生态环境部联合印发了《农村厕所粪污无害化处理与资源化利用指南》和《农村厕所粪污处理及资源化利用典型模式》，以降低氮磷负荷为着力点，因地制宜推进农村改厕和污水治理，改善农村人居环境。

（4）针对城镇（园区）污水处理的合理管控问题，生态环境部印发了《关于进一步规范城镇（园区）污水处理环境管理的通知》，依法明晰地方人民政府、纳管企业和运营单位的各方责任，推动各方履职尽责，规范环境监督管理。此外，国家市场监督管理总局发布了《难降解有机废水深度处理技术规范》（GB/T 39308—2020）、《电子工业水污染物排放标准》（GB 39731—2020）以及钢铁、啤酒、硫酸、磷肥、铅、锌、锡、锑、汞等工业水污染物排放标准修改单，进一步控制行业污染物对污水集中处理设施的影响。

1.2 日趋完善的配套政策为产业发展提供有力保障

在京津冀地区，围绕保护和改善海河流域水环境质量，北京、天津、河北三地联合印发了《京津冀河（湖）长制协调联动机制》，进一步明晰水域河（湖）长责任、明确部门职责、完善工作机制，推动形成河（湖）长主导、属地负责、分级管理、协同治理的河湖管理保护工作格局，切实改善边界河湖生态环境，为京津冀协同发展提供环境支撑。此外，北京市发布了《水生生物调查技术规范》（DB11/T 1721—2020）和《水生态健康评价技术规范》（DB11/T 1722—2020）两个地方标准，规范了水生态系统中10类生物指标的监测调查过程，解决了水生态监测及调查工作标准不统一的问题。

在长江经济带，围绕长江流域水环境质量改善、恢复水生态、保障用水安全，2020年12月26日十三届全国人大常委会第二十四次会议表决通过了《长江保护法》，并于2021年3月1日起施行。该保护法是我国首次以国家法律的形式为特定流域立法。以国家和地方流域协调机制"统筹协调"长江流域横向管理关系，综合管理"统筹协调"长江流域自然地理空间和法律管理空间，规范政府职能"统筹协调"长江流域权力配置之重叠、冲突和空白。同时，水利部太湖流域管理局联合江苏省、浙江省、上海市河长办印发出台了《关于进一步深化长三角生态绿色一体化发展示范区河湖长制加快建设幸福河湖的指导意见》，切实助力长三角生态绿色一体化发展示范区的建设。

在黄河流域，围绕黄河流域大保护大治理，陕西省制修订了《陕西省汉江丹江流域水污染防治条例（2020年修正）》和《陕西省饮用水水源保护条例》；山西省还制定了《山西省生态环境保护标准体系》。此外，山东、宁夏、甘肃等省（区）都相继出台了地方性的水污染防治条例。

在东北三省及内蒙古自治区，围绕辽河、松花江两大流域水环境质量改善，内蒙古发布了《内蒙古自治区水污染防治条例》，进一步加强了旗县级以上人民政府生态环境主管部门对水污染防治实施统一监督管理；辽宁、吉林两省份联合印发了《辽宁吉林两省2020年度大气和水污染防治联防联控工作方案》，在信息互通、资源共享、协同联合治污、应急联动等方面合作，合力解决打赢污染防治攻坚战中遇到的重点难点问题；此外，吉林省还发布了《农村生活污水处理设施水污染物排放标准》（DB22/3094—2020），进一步加强了对农村生活污水的防控。

在其他各省（区、市），如广东、安徽、福建等地也相应制定了地方水污染治理防治方案，主要集中对黑臭水体、辖区典型行业特征水体污染物、农村污水治理等方面开展治理。

2 行业发展分析

2020年，环保企业历经"疫情防控阻击战""复工复产"和"全面支撑'涉水'污染防治攻坚战收官"三个阶段。

在"疫情防控阻击战"阶段，我国广大水处理企业积极履行社会责任，踊跃捐款捐物，第一时间为医疗废水治理提供技术支撑，坚守污水处理第一线，确保全国医疗污水和城镇污水监管工作"百分之百"全覆盖，排查出的问题"百分之百"整改完成。同时，为坚决打赢"疫情防控阻击战"，生态环境部办公厅第一时间发布《关于做好新型冠状病毒感染的肺炎疫情医疗污水和城镇污水监管工作的通知》，各省（区、市）生态环境部门积极响应工作，推进强化对医疗机构、隔离场所等的污水处理监管，要求加强对医疗废水的消毒杀菌力度，各地污水处理厂积极落实防控措施，纷纷加大污水处理作业管理力度，加强出水消毒，确保出水达标。

在"复工复产"过渡阶段，贯彻落实习近平总书记关于统筹推进新冠肺炎疫情防控和经济社会发展的重要讲话精神及党中央、国务院决策部署，各部门与企业配合在做好疫情防控的前提下，积极研究措施，有效地推进复工复产。环保企业生产和经营得到有序恢复，设法降低经营成本，因疫情营收下降的企业逐渐收窄了降幅。

从 2020 年第三季度末开始，涉水环保企业全力支撑保障污染防治攻坚战收官，因疫情积压搁置，各地许多停摆、蛰伏的产能和产品在短时间内快速恢复增长，水环境市场需求在短期内持续释放。

"十三五"时期，我国水生态环境保护发生历史性、转折性、全局性变化，碧水保卫战取得显著成效。截至 2020 年年底，全国地表水水质达到或好于Ⅲ类的国控断面比例提高到 83.4%。2019 年，在 1940 个国家地表水考核断面中，我国水质优良断面比例为 74.9%，在一年内这一比例升至 83.4%。根据估算，即便扣除疫情影响，"十三五"末期，"好水"比例也在 80% 左右。此外，水污染治理效果有一定滞后性，水质跃升是长期治理成果的集中显现。

整体来看，水污染治理产业在问题诊断、工艺设计、技术装备以及系统解决方案的水平和质量上稳步提升，新业态、新模式不断涌现，通过持股、合资以及多领域、多维度实现平台型合作，环保产业格局正步入行业巨头横向联合的新阶段。

3 2020 年行业技术发展

3.1 行业技术的总体进展

科技创新与开发和技术转化、转移与推广是我国水污染治理行业发展必不可少的两大基础。从前、现在乃至将来，水污染防治问题都将是我国环境保护的重要工作之一。在国家不断加大节能减排的力度下，水污染治理企业要保持自身企业在整个市场所占的份额和影响力、开拓市场、适应竞争、谋求发展，就要高度重视现实市场和潜在市场中存在的技术难题，进行科技创新、开展技术攻关，并在取得技术突破的基础上，对技术进行大力推广。

精准治污、科学治污的理念引导了污水治理行业的全面发展。主要技术发展体现在"常规污染物协同处理与优化"和"难降解污染物高效处理"两大方面。

在常规污染物协同处理与优化方面，围绕氮、磷等营养物的去除，通过优势菌种的富集、填料的改良、不同物化和生化处理单元多场耦合优化以提高协同处理效果；通过对生物处理单元精确曝气、智能加药和节能降耗提升水厂运营的精细化管理水平。

在难降解污染物高效处理方面，膜-芬顿技术、辐射技术、电场强化水解酸化、臭氧多相催化氧化、树脂吸附回收等技术进一步提高难降解有机污染物去除效果；蒸发结晶分步提盐、浸没燃烧蒸发处理技术以及多段热解炉、耙式炉为反渗透浓水蒸发副产物的处理提供了技术解决途径。

3.2 主要领域的技术发展

3.2.1 污染防控技术方面的技术得到了进一步优化

城镇污水处理方面，围绕污水处理厂"提质增效"的要求，反硝化除磷、短程硝化反硝化、厌氧氨氧化、同时硝化反硝化等技术得到了进一步优化；围绕小城镇、农村、风景区、高速公路收费站污水治理需求，重点开发了分散式污水收集与处理技术，提升了装备的自动化及智能化水平。如智能型膜生物反应器（MBR）、移动床生物流化床填料（MBBR）等技术。

工业废水治理方面，主要集中在高盐废水处理、高浓度氨氮废水处理以及高难降解有机废水处理3个方面。

（1）对于高盐废水处理技术，重点发展柱塞流填充床电解装置、改性纳滤膜资源化处理工艺、耐盐生物载体流化床工艺等，优化了高效复合菌种菌群种类及应用条件，并且针对双膜工艺，进一步解决了浓盐水蒸发后废盐的处理与利用去向和措施。

（2）对于高浓度氨氮废水处理技术，采用"蒸馏/精馏+生物处理""吹脱+生物处理""物化强化（氨吸附、低温蒸氨）"和"化学氧化+生化强化"等工艺，实现工业高浓度氨氮废水的资源化处理。

（3）对于高难降解有机废水处理技术，重点发展了高浓度难降解有机废水强化预处理技术，其中两种或多种强化氧化的协同催化氧化技术能快速大量产生强氧化性的羟基自由基，能够满足此类废水预处理工艺要求，而单一的高级氧化技术处理此类废水的效果有待进一步提高。

农村生活污水处理方面，在分散式污水处理和一体化处理技术的基础上，进一步从"源头"削减下手，开发了畜禽养殖废弃物高效堆肥技术、复合微生物菌剂及功能有机肥生产技术、畜禽养殖场废水生态处理技术，以及水产养殖业的循环经济与区域污染控制技术体系等。

此外，污泥处理技术方面，开发研究了好氧—厌氧两段消化、酸性发酵—碱性发酵两相消化及中温—高温双重消化等新工艺；还开发研究了新的污泥处理技术，主要有污泥热处理—干化处理技术、污泥低温热解处理技术、污泥等离子法处理技术、污泥超声波处理技术等。污泥资源化利用方面，也研发了一些新的技术，如低温热解制油、提取蛋白质、制水泥、改性制吸附剂；通过污泥裂解可制成可燃气、焦油、苯酚、丙酮、甲醇等化工原料。其他处置方法还包括用于建筑材料、制备合成燃料、制备微生物肥料、用作土壤改良剂。

3.2.2 生态修复技术为水体环境质量的长效保持提供了有力支持

生态修复总体进展体现在：修复理念由景观设计转变为生态系统改善；示范工程规模由小规模转变为大区域水体示范；生态退化机理的探究由主观判断转变为驱动因子识别；修复的联动性由孤立的河段修复转变为全流域的综合治理。

水生态生境修复技术进展主要是在以下四个方面：

（1）污染源控制技术：研发了缓冲区和水陆交错带技术、生态清淤技术等新技术。

（2）水环境质量改善技术：研发了前置库技术、稳定塘技术、生物操纵技术和水动力循环技术等新技术。

（3）水资源生态回用技术：研发了污水厂强化脱氮除磷技术、污水厂净化效能提升技术、污水厂尾水深度净化技术和雨水植物缓冲带技术等新技术。

（4）岸坡和底质修复技术：发展了微纳米曝气技术、河道内栖息地修复技术、河岸修复技术和流域内栖息地修复技术等新技术。

4 行业发展问题、建议与展望

4.1 行业发展问题与建议

4.1.1 问题与原因

当前环保产业市场存在的主要问题主要包括以下几个方面：

（1）政策支持和倾斜力度不足。

（2）环保产业的财税政策优惠和专项资金扶持力度仍需加大。

（3）各种垄断壁垒，如行业垄断、政府垄断仍然存在。

（4）中小企业融资困难。

（5）中小企业技术研发、推广能力较弱。

（6）行业进入门槛过低。

（7）农村环境的长效管理后劲不足。

产生上述问题的主要原因：

（1）在突发疫情的形势下，环境保护和污水处理领域投资规模及活跃程度均受到一定影响。

（2）政策措施不够完善，制约了行业健康发展。虽然国家出台了一系列环境保护和市场经济政策措施、法律法规、规章制度，但是目前行业相关经济政策仍是薄弱环节，一方面基于最终环境效益的激励治理污染和保护的生态的环境经济政策不够完备，另一方面着力于提升行业供给能力的鼓励政策没有得到应有的重视。

（3）自主创新能力仍需加强。随着生态保护的不断深化，对环保技术与装备提出了越来越高的要求，但国内企业的自主研发创新能力仍较为薄弱，核心部件和关键材料上自主创新能力和水平与发达国家有较大差距。

（4）环境保护市场的监管亟待加强，市场秩序直接影响当前我国环保产业健康发展。长期以来，环境保护市场监督管理缺位，环境保护监督执法与市场监管分离，行业自律能力薄弱，造成市场不正当竞争现象十分严重，影响了统一、开放市场的形成。

4.1.2 解决对策和建议

（1）加强国家的政策、法规和财税、专项资金的支持。根据行业发展需要组织制定相应的技术政策、工程技术规范及其他相应的法规。

（2）增加水污染治理行业基础设施、新技术、新工程的财政资金、基金和相应税收优惠政策，为中小企业提供相应减免负担的政策。

（3）提高水污染治理行业准入门槛。提高行业准入门槛，避免出现鱼龙混杂的局面。同时消除各种壁垒，建立公正、公平的竞争环境。

（4）继续加大对水污染治理企业的融资支持。

（5）出台针对农村环境的长效管理与保障的规范。从制度和资金上对农村环境的长效管理予以配套，并对从事这项工作的企业给予一定的政策优惠，进行市场化的管理。

4.2 展望

现阶段行业发展的主要问题就涉水治理技术的中长期发展而言，可归结为"点、线、面、体"四个维度。

（1）在"点"上，围绕环境保护设施中"卡脖子"关键核心部件、材料和药剂，如各类污水处理专用机械和设备中核心部件、水处理药剂、催化剂、膜组件、吸附材料等环境保护产品仍将有极大的市场需求。

（2）在"线"上，围绕固定源污染源全过程管理和多污染物协同控制，深化细分行业绿色减排与水污染全过程控制技术，传统污水处理厂与"云"无缝衔接技术会有效弥补IT（信息技术）层和OT（运营技术）层之间的断层，进一步促进污水处理厂向智能、安全、时效、协同的方向转型升级。

（3）在"面"上，围绕陆海统筹、流域、区域性污染问题控制，流域水生态重建与功能恢复技术原理和方法、农业面源治理、智慧水系统构建将进一步发展。生态环境保护基础设施建设与5G、人工智能、工业互联网等产业融合的市场机制将进一步完善。

（4）在"体"上，围绕地下水、地表水、土壤污染协同防治，打通地上和地下，形成地表水和地下水环境治理技术合力，将构建解决系统性跨介质污染处理技术。

城镇污水治理行业 2020 年发展报告

1 2020 年行业发展环境分析

2020 年 2 月，新冠肺炎疫情蔓延之时，住房和城乡建设部发布了《新冠肺炎疫情期间加强城镇污水处理和水环境风险防范的若干建议》，针对公众和业界对新冠病毒可能存在粪口和气溶胶传播途径的疑虑和担忧，从病毒暴露风险防范关键环节、现行排放标准与再生水标准、水专项成套技术支撑、从业人员风险防范工作要点等方面深入研讨，提出了针对性的对策措施建议，及时为疫情之下的城镇污水治理工作提出指导意见。同月，财政部发布了《污水处理和垃圾处理领域 PPP 项目合同示范文本》（财办金〔2020〕10 号），目的是推动污水处理厂网一体化及垃圾处理领域政府和社会资本合作（PPP）项目规范运作，加强项目前期准备和合同管理，同时规范 PPP 项目全生命周期绩效管理工作。

2020 年 3 月，财政部印发了《政府和社会资本合作（PPP）项目绩效管理操作指引》（财金〔2020〕13 号），中共中央办公厅、国务院办公厅发布了《关于构建现代环境治理体系的指导意见》，提出健全环境治理的领导责任体系、企业责任体系、全民行动体系、监管体系、市场体系、信用体系以及法律法规政策体系等内容，健全价格收费机制。按照补偿处理成本并合理盈利原则，完善并落实污水、垃圾处理收费政策。严格执行环境保护税法，促进企业降低水污染物排放浓度。

2020 年 4 月，国家发展和改革委员会、财政部等五部委联合印发了《关于完善长江经济带污水处理收费机制有关政策的指导意见》（发改价格〔2020〕561 号），严格开展污水处理成本监审调查，健全污水处理费调整机制，加大污水处理费征收力度，推行污水排放差别化收费，创新污水处理服务费形成机制，降低污水处理企业负担，探索促进污水收集效率提升新方式。对推动城镇污水治理企业的健康、良性发展发挥了极大的促进作用。

2020 年 5 月，在第十三届全国人民代表大会第三次会议政府工作报告中提到"要打好蓝天、碧水、净土保卫战，实现污染防治攻坚战阶段性目标"。污染防治持续推进，打好碧水保卫战仍是现阶段国家重点部署内容。

2020 年 10 月，中共中央第十九届中央委员会第五次全体会议通过的《中共中央关于制定国民经济和社会发展第十四个五年规划和二〇三五年远景目标的建议》中指出，要推动绿色发展，促进人与自然和谐共生，持续改善环境质量，治理城乡生活环境，推进城镇污水管网全覆盖，基本消除城市黑臭水体。全面实行排污许可制，推进排污权、用能权、用水权、碳排放权市场化交易。

2020年12月，生态环境部发布了《关于进一步规范城镇（园区）污水处理环境管理的通知》（环水体〔2020〕71号），困扰污水处理厂多年的"进水超标导致出水超标"问题终于迎来解决方案，虽然污水处理厂还是不能完全免责，但有了统一标准。同月，国务院常务会议审议通过了《排污许可管理条例（草案）》，明确根据污染物产生量、排放量、对环境影响程度等，对排污单位实行分类管理，规范排污许可证申请审批程序，要求排污单位建立环境管理台账记录制度、公开排放信息，强调加强事中事后监管，对违法行为加大处罚力度，采取按日连续处罚和停产整治、停业、关闭等措施从严处理，提高违法成本。同时，我国第一部流域法律《中华人民共和国长江保护法》在十三届全国人大常委会第二十四次会议表决通过，并将于2021年3月1日起施行。

2 行业经营状况及市场分析

截至2019年年底，全国共有城镇污水处理厂4359座，同比增加约5.34%，总处理能力为2.28亿t/d，全年污水处理总量约537.00亿t，同比增加约5.61%。

截至2019年年底，全国城市市政公用设施建设固定资产投资中排水行业总投资1562.4亿元，其中，污水处理755.6亿元，污泥处置58.1亿元，再生水利用48.1亿元。全国城市排放污水554.6亿 m^3（供水总量628.3亿 m^3，综合排放系数0.883），污水处理总量为525.8亿 m^3，城市污水处理率达到94.81%，比上年增加1.31%。城市污水处理厂2471座，比上年增加150座，污水厂日处理能力17 863万 m^3，比上年增长5.80%，其中达到二级处理及以上标准的处理能力1.79亿 m^3/d，全年处理污水量500.11亿 m^3；其他污水处理设施处理能力1307.8万 m^3/d，年处理量11.1亿 m^3。全年城市污水处理厂产生干污泥量1102.7万t，干污泥处置量1063.8万t。排水管道长度74.4万 km，比上年增长8.85%。其中污水管32.5万 km，雨水管31.5万 km，雨污合流管10.4万 km。全国城市再生水生产能力4428.9万 m^3/d，年利用量116.1亿 m^3，再生水管道长度12 140 km。

3 行业技术发展

3.1 总体技术进展分析

随着我国环境法律法规的不断完善与日益严格的监管督察，配合宽松的创新创业政策助推，我国的环境技术创新和发展面临着前所未有的历史机遇。国内外领先研究机构及水务公司相继投入到对污水处理理念及工艺升级的探索，在膜处理、高级厌氧消化、短程脱氮、厌氧氨氧化、好氧颗粒污泥、黑臭水体治理、厂网一体化、智慧水务等前沿技术领域均取得了显著的突破，行业对城市污水处理厂的定位由单纯污染物削减转变为水源工厂、能源工厂和资源工厂，相关政策、标准、技术、实践等也随之发生广泛而深刻的变革。

3.2 新技术开发应用分析

3.2.1 "厂网河一体化"治理

"厂网河一体化"是以系统性思维并经历多年研究、探索、实践、总结出来的城镇排水系统运营模式。北京中心城区为此提供了一个较好的范例，在保障城市安全运行和健康发展、防治水体污染和内涝灾害、资源再生利用和节能减排等方面创造了巨大的价值。随着"厂网河一体化"运营的不断推进和逐步完善，污水收集处理率逐年提高，北京中心城区黑臭河道已全部还清，同时，污水经过中心城区再生水厂处理，产生出高品质再生水，占北京水资源需求总量的 1/3 以上，再生水已成为北京的第二水源。

3.2.2 好氧颗粒污泥技术

20 世纪 90 年代后期，通过在 SBR（序批式活性污泥法）反应器的基础上设定一些特定的实验条件后，在实验室内首次实现了稳定好氧颗粒污泥的培养。之后，荷兰公司 Royal Haskoning DHV 一直致力于好氧颗粒污泥技术的开发以及商业化推广。2005 年这一技术在荷兰的一家名为 Vika BV 的奶酪厂有了第一个日处理规模为 250 t 的商业化应用案例。目前全球范围内约有 30 个 Nereda（一种好氧颗粒污水处理技术）装置在运行，除此之外，还有更多的项目正在设计或建造中。经过了 10 多年的发展，许多早期的工程案例已经稳定运行了一段时间，受到了市场的认可，因此在过去的 2～3 年内该技术在世界范围内得到了快速推广。目前全球范围内许多公司正在投入资源进行好氧颗粒污泥技术的研发，其中一大研究方向就是连续流的好氧颗粒污泥技术。

3.2.3 城市黑臭水体治理技术

经过 5 年的系统治理，我国城市黑臭水体的治理取得了重大进展，根据生态环境部信息，截至 2019 年年底，全国 295 个地级以上的城市中 232 个城市建成区排查出 2899 个黑臭水体，消除比例达 86.7%；其中 36 个重点城市建成区排查出 1063 个黑臭水体，消除比例达 96.2%，其他地级城市建成区排查出 1836 个黑臭水体，消除比例达 81.2%。长江经济带 110 个地级及以上城市建成区排查出 1372 个黑臭水体，消除比例达 87.0%。黑臭水体治理中，控源截污是最重要的措施，除了控源截污外，还需重视水体底泥污染治理与生态补水，将城市黑臭水体治理与城市品质提升有机结合，把管网和污水处理厂建设放在重要和突出位置上，重视污水系统提质增效，消除黑臭水体污染。

3.2.4 厌氧氨氧化技术

厌氧氨氧化技术是生物处理的前沿工艺，是较为经济的污水处理技术之一，短程硝化耦合厌氧氨氧化技术具有重要的应用前景和研究价值。北京排水集团建设了 5 座厌氧氨氧化处理设施，处理能力为 15 900 t/d，用于处理 5 座污泥处理中心产生的高氨氮消化液，目前运行稳定，节约电耗 60%，节约碳源 100%，污泥产量减少 50%，实现了绿色低碳的目标，对我国城镇污水处理厂提标改造提供了借鉴。厌氧氨氧化工艺也是 2018 年的热点话题之一。

3.2.5 污泥处理处置技术

我国在近 30 年间，尤其是近 10 年，制定了一系列污泥处理处置相关法律法规，指导污泥处理处置工作的开展。大量相关单位针对污泥处理处置进行了卓有成效的创新研究，取得了巨大的技术进步。污泥处理处置技术得到国内研发人员的持续关注，各项创新专项技术不断涌现，为全球污泥处理处置技术的发展做出了重要贡献。经过"十一五""十二五""十三五"期间科技发展和科研投入，我国已经形成了 4 条污泥处理处置主流技术路线，即"厌氧消化＋土地利用""好氧发酵＋土地利用""干化焚烧＋灰渣填埋或建材利用""深度脱水＋填埋"。未来污泥处理处置技术将充分考虑到污泥的量和质的变化、国家未来政策导向，在基于"绿色、低碳、循环、健康"的基础上，突破污泥资源化利用瓶颈，不断研发新型污泥处理处置技术，实现污泥处理处置的全链条打通。预计，污泥处理处置新技术研发在相当长一段时间内将仍然是水务行业关注的热点问题。

3.3 行业技术竞争力分析

2019 年，党中央、国务院就加强生态文明建设和生态环境保护做出了一系列重大决策部署，有利于环保产业发展的政策措施不断完善。同时，随着污染防治攻坚战的实施，我国环保产业市场需求进一步释放，环保产业发展的营商环境持续改善，环保产业规模继续保持较快增长，全行业工艺和技术装备水平稳步提升，创新模式深入推进，产业结构不断完善，行业格局逐步优化。

从企业规模看，企业的营业收入、环保业务营业收入、营业利润、环保业务营业利润高度集中于营业收入在 1 亿元以上的企业，其以 11.6% 的企业数量占比，贡献了 90.0% 左右的营业收入和利润。

从领域分布看，环保产业主要覆盖水污染防治、大气污染防治、固体废物处理处置与资源化、环境监测四大细分领域，四领域集聚了约 90.0% 的环保企业和 95.0% 的行业营业收入和利润。

从地域分布看，统计范围内企业有近半数集聚于东部地区，东部地区环保企业的营业收入占比为62.1%，超过了中、西部和东北3个地区企业的营业收入之和，北京、浙江、广东、江苏4省（市）贡献了全国近52.0%的营业收入。

未来5年，智慧水务的潜在市场投资规模将会持续增加。从市场投资需求来看，如果未来我国31个省级行政区、334个地级行政区、2800多个区县都推行建设智慧水务的话，加上建成后的运营管理投资，我国智慧水务市场的投资规模必将十分宏大。

4 存在的主要问题

4.1 疫情对行业产生深远影响

在突发新冠肺炎疫情的形势下，环保和污水处理领域投资规模及活跃程度均受到一定影响。疫情对污水处理厂的水量、收费产生了较大影响，对产业链上下游企业带来一定冲击。在疫情防控和降低疫情造成损失等方面，城镇污水治理行业积极发挥重要作用，企业积极投入、助力疫情防控，出台相关标准。

4.2 城镇黑臭水体仍面临问题和挑战

虽然"黑臭在水里，根源在岸上，核心在管网"的提法已深入人心，但是实际工作中还有一些城市对水体黑臭的原因认识有偏差，从而影响了治理进展，加之一些城市要求时间紧迫，导致设计方案中底数不够清晰，影响了黑臭水体治理进展和成效。另外，黑臭水体治理是一项复杂系统性工程，需要系统性地设计方案，确保截污效果，建立明确的管理体制，组织专业的排水设施养护队伍，保障城市黑臭水体治理的长治久清。

4.3 污泥处理处置存在的问题

根据中国城乡建设统计数据，近年来我国污水处理厂污泥处置率达到90%以上，但是由于环保督察力度加大，很多地方出现污泥出路的瓶颈，污泥处理处置能力缺乏，导致污水处理厂积压污泥，曝气池污泥浓度升高，严重影响污水处理工艺的正常运行。我国污泥处理处置技术已有污泥干化焚烧法、污泥碱法稳定和干化法、污泥好氧消化法、污泥石灰除臭灭菌法、污泥好氧肥料法等技术，北京采用"热水解＋厌氧消化＋脱水处理"技术对污泥进行稳定化、无害化、减量化处理，污泥产品资源化利用，生态环境效益良好。然而目前污泥土地利用仍缺乏有力的政策支持，推广困难，现有政策缺乏不同环节、不同部门之间的共同参与和协调机制，使污泥处理方式、处置途径和消纳能力存在很大的不确定性，导致污泥出路不畅。

5 行业发展趋势

5.1 团体标准重要性将进一步提升

经过国家一系列的标准改革工作和多年的积累，城镇污水治理领域的标准数量和质量已基本满足行业需求。但现行标准由政府主导制定偏多，且大多为推荐性标准，在快速反应需求的标准方面还有所不足，标准化工作仍需进一步加强。目前，与国际接轨，更大地发挥国际上通行的团体标准的重要作用，将是城镇污水治理行业标准化工作的一个重要趋势。

5.2 黑臭水体治理仍有较强的行业需求

经过几年来的努力，当前我国城市黑臭水体治理已初见成效，未来工程重点将有所转移，主要集中于农村及非建成区黑臭水体治理及黑臭水体运营维护方面，预计黑臭水体治理在行业内仍有较强需求。

5.3 污泥处理处置的能源化、资源化利用发展迅速

当前"污泥脱水干化＋焚烧""污泥厌氧消化＋沼渣脱水干化＋土地利用"等技术路线陆续在我国重点地区的大中型城市得到示范应用，为下一步明确我国污泥无害化处理处置技术路线奠定了基础，同时也为污泥处理处置先进技术的进一步推广应用提供了良好机遇。资源化、能源化是污泥处理处置未来追求的主要目标，拓展污泥处理产物的出路，探索污泥中有价值资源的回收与利用等，将成为污泥处理处置领域工艺技术研究和发展的主要方向。

5.4 长江经济带的发展给生态环境治理和城镇污水治理带来重大发展机遇

国家"十四五"生态环境保护规划明确提出，改善长江生态环境和水域生态功能，推进长江经济带高质量发展，使长江经济带成为我国生态优先绿色发展主战场、畅通国内国际双循环主动脉、引领经济高质量发展主力军。长江经济带的生态环境治理和城镇污水治理必将迎来重大发展机遇。

5.5 我国城市污水再生利用工作全面启动，再生水利用行业稳步发展

国家高度重视节水工作，坚持节水优先策略，努力推动再生水循环利用技术的创新和发展，积极寻求多种途径缓解我国水资源紧缺矛盾，出台多项政策推动再生水的循环利用。《国家节水行动方案》中提出，到2022年缺水城市再生水利用率达到20%以上。

电除尘行业 2020 年发展报告

1 2020 年行业发展状况及分析

1.1 政策出台稳定持续,彰显精准科学依法治污

2020 年是我国全面建成小康社会的收官之年,也是打赢污染防治攻坚战的决胜之年。面对国际局势变化和新冠肺炎疫情的叠加冲击,国家部委在生态环境领域出台的政策方向不变、力度不减,体现了政策的稳定性和连续性,各项政策进一步细化,突出了精准治污、科学治污、依法治污的鲜明特点。

2020 年 6 月 3 日,生态环境部印发了《关于在疫情防控常态化前提下积极服务落实"六保"任务,坚决打赢打好污染防治攻坚战的意见》,要求不断健全京津冀及周边地区、长三角地区、汾渭平原大气污染联防联控常态化工作机制,推动苏皖鲁豫交界、蒙宁陕交界、成渝等地区加快建立区域协作机制。重点区域完成 65 蒸吨/h 及以上燃煤锅炉节能和超低排放改造,燃气锅炉基本完成低氮改造。稳步推进钢铁行业超低排放改造和评估监测,建材行业产能较大的地区因地制宜研究开展水泥、陶瓷等行业超低排放改造。推动智慧环保设备、环保监管执法装备研发制造和基础能力建设,加强关键环保技术产品自主创新,推动首台(套)重大技术装备示范应用,推动生态环保产业与 5G、人工智能、工业互联网、大数据、云计算、区块链等产业融合,加快形成新业态、新动能,拉动绿色新基建。落实有利于生态环境保护的价格政策和税收优惠政策,继续深入推进园区环境污染第三方治理,探索开展环境综合治理托管、环境医院、环保管家、环境顾问等服务模式。

2020 年 6 月 29 日,生态环境部印发了《重污染天气重点行业应急减排措施制定技术指南(2020 年修订版)》(环办大气函〔2020〕340 号),并配套制定了《重污染天气重点行业绩效分级实施细则》。细化了重点行业绩效分级指标,起到鼓励"先进"、鞭策"后进"的作用,支持、促进企业高质量发展。

2020 年 10 月 28 日和 30 日,生态环境部、国家发展和改革委员会、工业和信息化部、公安部、财政部等部委及相关省(市)相继印发了《京津冀及周边地区、汾渭平原 2020—2021 年秋冬季大气污染综合治理攻坚行动方案》(环大气〔2020〕61 号)、《长三角地区 2020—2021 年秋冬季大气污染综合治理攻坚行动方案》(环大气〔2020〕62 号)。京津冀及周边地区、汾渭平原仍是全国 $PM_{2.5}$ 浓度最高的区域,秋冬季 $PM_{2.5}$ 的平

均浓度是其他季节的 2 倍左右，重污染天数占全年总数的 95% 以上。长三角地区秋冬季 $PM_{2.5}$ 平均浓度比其他季节高 50%～70%，重污染天气占全年总数的 95% 以上，苏北、皖北主要城市 $PM_{2.5}$ 浓度仍处于高位。将实施企业绩效分级、分类管控，持续推进清洁取暖散煤治理，有序推进钢铁行业超低排放改造、工业炉窑和燃煤锅炉治理等，确保如期完成打赢蓝天保卫战既定目标任务。

2020 年 9 月 22 日，国家主席习近平在第 75 届联合国大会一般性辩论上宣布了我国二氧化碳排放力争 2030 年前达到峰值、力争 2060 年前实现碳中和的目标和愿景。2020 年 12 月 12 日，在应对气候变化《巴黎协定》签署 5 周年之际，国家主席习近平在联合国气候雄心峰会上宣布，到 2030 年中国单位国内生产总值二氧化碳排放将比 2005 年下降 65% 以上，非化石能源占一次能源消费比重将达到 25% 左右，森林蓄积量将比 2005 年增加 60 亿 m^3，风电、太阳能发电总装机容量将达到 12 亿 kW 以上。这一重要宣示彰显了中国积极应对气候变化、走绿色低碳发展道路的坚定决心，体现了推动构建人类命运共同体的责任担当。在 2020 年 12 月 18 日闭幕的中央经济工作会议上，"做好碳达峰、碳中和工作"被列为 2021 年的重点任务之一。

1.2 宏观环境对电除尘行业发展的影响

2020 年电除尘行业面临四大挑战：一是新冠肺炎疫情、国际形势复杂多变的双重冲击；二是煤电行业大气治理业务增长乏力、非电行业的市场份额受到袋式除尘挤压的市场竞争环境；三是钢材价格持续增长、企业人工成本增加、企业投融资成本高的经营压力；四是因疫情国际市场开拓不畅。

面对挑战，电除尘行业紧抓国内国际"双循环"的新发展机遇，育新机，开新局；主动作为，主动转型；利用新技术及新渠道积极开拓市场并大力开展创新服务。在新发展阶段努力推动企业的高质量发展，使电除尘行业总体形势保持稳定。

2 2020 年度行业经营状况分析

2.1 2020 年度电除尘行业发展主要特点

2.1.1 电除尘行业发展受阻，挑战大于机遇

受新冠肺炎疫情影响，2020 年上半年电除尘行业开工率不足，营销收入和利润均同比下滑。随着国内疫情逐步得到控制，行业复工复产持续推进，各地环保项目加速释放，企业经营逐步得到恢复。到 2020 年下半年，电除尘行业各企业陆续恢复正常经营。

2020 年度电除尘行业发展整体减缓。主要表现为：煤电行业大气治理业务降低明显；非电行业的市场份额有限；电除尘器所用钢材价格持续增长；企业人工成本增加；企业

应收账款回收不畅，大幅挤压了盈利空间，企业利润有一定幅度下降。受疫情影响，国际市场风险和项目执行不确定性加剧。电除尘行业发展受到较大挑战，挑战大于机遇。

2.1.2 龙头企业的引领作用继续彰显，各中小企业齐头并进

行业龙头强者恒强。行业龙头在科技攻关、技术创新、市场引领、装备制造、海外拓展中继续彰显引领作用。行业龙头企业发展也极大地推动了电除尘行业的技术进步。各中小企业也不甘示弱，抓住非电行业超低排放的机遇，努力开发新技术、新产品，积极开拓市场，使电除尘技术在冶金、建材、有色金属及化工等行业占有一席之地，同时保证了企业的生存发展。

2.1.3 高质量发展已成电除尘主要企业的共识

电除尘企业主动求变，坚定信心，通过技术创新、过硬质量、精准服务来做细分领域的强者。主要骨干企业已从追求规模转向追求效益发展，从装备制造业向环境服务业方向发展，从粗放式经营向智能化方向转变，走专、精、特、强的道路。通过不断加强创新能力建设，提高核心竞争力和盈利能力；通过技术创新和管理创新来创造价值、挖掘增值空间，走高质量发展的道路。

为应对钢材价格波动给电除尘产业带来的影响，中国环境保护协会电除尘委员会在2020年9月1日发布了《关于贯彻落实〈电除尘工程合同引入钢材价格波动条款指南〉的通知》，并已得到主要电除尘企业的响应。各企业结合自身实际，遵守诚信原则，积极落实《电除尘工程合同引入钢材价格波动条款指南》精神，达到供需双赢，保障企业高质量发展，促进电除尘产业良性循环，为国家生态环境质量改善做出积极贡献。

2.1.4 电除尘技术的核心竞争力持续加强

电除尘行业自"十三五"以来已经成为我国环保产业中能与国际厂商相抗衡且最具竞争力的行业。低低温电除尘、湿式电除尘等新技术的快速应用为煤电行业烟气超低排放提供了坚实的技术保障，在煤电超低排放改造中占据绝对的主流位置。电除尘器依然是燃煤电厂的主流除尘设备，低低温电除尘技术几乎成为煤电超低排放的"标配"，技术水平和性能指标均处国际领先，真正意义上实现了我国由电除尘器大国向强国的转变。电除尘企业正进一步利用煤电行业超低排放取得的技术成果和经验，在钢铁、建材、有色及化工等非电行业超低排放中发挥重要作用。

2.2 行业生产经营情况

2020年对电除尘行业51家主要（骨干）企业的经营状况进行了调查统计，其中，本体企业27家，合同额达211.2093亿元，环保销售收入为197.4451亿元，出口额为4.6590亿元；电源及配套件企业24家，合同额为20.6009亿元，环保销售收入为13.3104亿元，

出口额为 0.8479 亿元，如表 1 所示。

表 1 2020 年行业主要企业经营状况统计（单位：亿元）

企业类型	本体（27家）	电源及配套件（24家）	合计
合同总额	211.2093	20.6009	231.8102
环保销售收入	197.4451	13.3104	210.7555
电除尘销售收入	56.9639	28.6231	85.5870
环保纳税	9.7607	0.7398	10.5005
环保利润	11.0137	0.7476	11.7613
环保出口	4.6590	0.8479	5.5069

按以往经验，统计的 51 家本体企业和电源及配套件企业合同额约占全国电除尘合同额的 85%，由此可得 2020 年全行业合同额约为 272.7179 亿元，全行业环保出口额 6.4787 亿元。按产品分类统计，2020 年全国电除尘（含本体、电源、电袋按 1/3 计、配件）销售收入 100.6906 亿元。

2020 年全国电除尘行业电除尘销售收入同比下降 20.78%，本体产值同比下降 33.21%，电源产值同比下降 21.02%，电袋产值同比上涨 11.58%。2020 年全行业环保出口额同比下降 29.30%；全行业销售利润同比下降 4.51%。

2.3 行业生产经营情况分析

从 2020 年的调查情况来看，电除尘行业总的销售收入与上一年度相比有较大下跌，分析原因如下：

（1）2020 年燃煤电厂电除尘市场继续萎缩。新上项目较高峰期有大幅下降，改造项目占比不多。

（2）冶金、建材等非电行业在超低排放的声浪中市场保持火热，但电除尘技术在这些行业的市场占有率不高。冶金行业仅烧结、球团、转炉一次烟气等工序的烟尘治理主要应用电除尘技术，在烧结机尾及建材行业有部分电除尘改造项目采用电袋除尘器。高温电除尘器在有色及建材行业有一定的市场份额。

（3）2020 年受疫情影响，大多数项目实施延期，资金回收也受到影响，企业利润普遍较上一年度下降。

（4）国际市场的电除尘销售份额也受疫情影响，与上一年度相比有较大下降。

（5）少数拥有专业技术的企业，电除尘销售收入未大幅降低，企业利润也未下滑。

2.4 行业成本费用及盈利能力分析

根据对 2020 年电除尘行业 51 家企业经营数据分析，大多数企业通过各种方式加强企业的盈利能力，保证了企业的利润。分析原因如下：

（1）在电除尘市场受到影响的情况下，大中型企业注重了多种经营，积极开拓治理市场，为企业的生存提供更广泛的生存空间。

（2）一些拥有专业技术的企业继续巩固了专业市场，保证了较高的市场占有率，也保证了企业利润。拥有特色技术的企业收入虽不高，但因技术专有，保证了利润。

（3）一些中小企业通过开发新技术、新产品给企业带来了生命力，市场出现了增长点。

（4）上市公司因融资能力较强，拥有生产基地，生产成本相对较低，利润率略高。

（5）部分企业受项目延期执行、应收账款回收不好等因素影响，大幅挤压赢利空间，甚至造成项目执行亏损，个别企业亏损。

3 2020 年电除尘行业技术发展情况

3.1 标准、规范与指南陆续出台

2020 年度，一批电除尘相关标准、规范与指南编制完成或正式颁布。

（1）由浙江菲达环保科技股份有限公司（简称菲达环保）、福建龙净环保股份有限公司（简称龙净环保）、中钢集团天澄环保科技股份有限公司（简称中钢天澄）、浙江大学等单位编制的国家标准《电除尘器》，已进入报批待发阶段。该标准解决了电除尘国家标准缺位的问题，规范了电除尘器技术参数、考核指标；增强了标准约束力、执行力及影响力；形成了完整的大气污染控制装备国家标准系列。

（2）由中国环境保护产业协会组织，中国能源建设集团规划设计有限公司、中国华电科工集团有限公司、菲达环保、龙净环保、国电环境保护研究院有限公司等单位编制的《燃煤电厂高效除尘系统技术评估指南》已进入征求意见阶段。该标准立足于燃煤电厂整体除尘，在以一次除尘技术为核心的基础上，同时考虑二次除尘措施对烟气中烟尘的协同脱除，形成燃煤电厂高效除尘技术路线，并对技术路线进行评估。燃煤电厂高效除尘系统技术评估对于技术的改进和应用，甚至是非电行业超低排放技术应用和实践都具有重要的意义。

（3）由中国环境科学学会、北京市劳动保护科学研究所、浙江大学、国电环境保护研究院有限公司、生态环境部环境工程评估中心及华电电力科学研究院有限公司等单位编制的《燃煤电厂大气污染物超低排放技术验证评价规范》（T/CSES 09-2020）正式发布。该规范规定了燃煤电厂大气污染物超低排放技术的资料收集、验证评价指标、测试要求及验证评价等具体要求，适用于燃煤电厂大气污染物超低排放单项技术或组合技术的验证评价。该规范的发布为燃煤电厂大气污染物超低排放技术的评估、转化、推广应用提供了参考依据，也为电除尘技术作为燃煤电厂超低排放标配技术提供了评价依据，对促进火电行业技术进步、引领产业绿色发展具有重要意义。

（4）电除尘器配套的电源标准《电除尘器用低压控制装置》（JB/T 10862—2008）、《电除尘用恒流高压直流电源》（JB/T 11074—2011）由浙江佳环电子有限公司、浙江菲达环保科技股份有限公司、福建龙净环保有限公司、上海激光电源设备有限责任公司等单位开展了修订工作，并立项对电除尘器配件《电除尘器用瓷绝缘子》（JB/T 5909—2010）进行修订。这些标准的修订将使电除尘技术的各项标准保持先进的技术水平，进一步提高我国电除尘器产品的质量。

3.2 示范工程助力蓝天保卫战

2020年度，电除尘企业攻坚克难，承建的一批电除尘示范工程成功投运，为打赢蓝天保卫战做出了贡献。

（1）世界单机容量最大（1350 MW）的燃煤机组电除尘器成功投运。被业界称为"251工程"①的申能安徽平山电厂1350 MW工程，是世界上首创的单机容量最大的新型高效、洁净、低碳超超临界燃煤发电机组，机组供电标准煤耗为251 g/（kW·h），该机组采用国际首创高低位布置方式的双轴二次中间再热技术以及弹性回热、广义回热及广义变频等一系列创新技术，大幅提高煤炭资源利用效率，从源头上降低烟气污染和二氧化碳的排放。该机组代表了世界火力发电技术的权威，引领着未来燃煤火电行业发展的趋势与方向，是世界绿色电力的标杆。在该工程中，菲达环保承建的五电场低低温电除尘器和浙江佳环电子提供的高频电源、脉冲电源，除尘效率大于99.93%，协同脱汞效率70.00%以上，实现机组超低排放。

（2）龙净环保承建的国电宁夏方家庄发电厂2×1000 MW超超临界燃煤间接空冷机组，机组项目中配套的低低温电除尘器采用BEH高效节能型顶部电磁锤振打技术，配套大容量高频电源，在保证除尘效率的基础上，有效地降低了电耗水平。低温省煤器投运时，出口烟尘排放浓度为6.49 mg/m³，除尘效率达99.97%；低温省煤器解裂时，出口烟尘排放浓度为7.11 mg/m³，除尘效率达99.96%，各项性能指标达到国际先进水平。

（3）兰州电力修造有限公司承建的神华国能宁夏鸳鸯湖2×1000 MW超超临界机组项目中配套的电除尘器成功投运。采用前后小分区供电技术、宽极距和混合极线技术及

---

① 指机组设计能耗目标为供电能耗251 g/（kW·h）。

大容量的硅整流变压器等多种技术，提高了电控效能，提升了运行电晕功率，保证了运行效率。低温省煤器投运时，除尘器出口烟尘排放浓度 ≤ 6.00 mg/m³；低温省煤器未投运时，出口烟尘排放浓度 ≤ 8.10 mg/m³，各项性能指标达到国际先进水平。

（4）中钢天澄承建的印度尼西亚德信钢铁 2×230 m² 烧结机机头电除尘器成功投运。采用烟道及喇叭口流场组合模拟、前后电场极配及电源形式优化匹配等技术，提升电源在恶劣的自然环境和工况下的适应能力，提高电除尘器对微细粉尘的捕集效率，除尘器出口烟尘排放浓度 ≤ 30.00 mg/m³。尽管地处新冠肺炎疫情中心，但中钢天澄迎难而上，一手抓疫情防控，一手抓复工复产，众志成城、齐心协力坚守海外施工阵地，以实际行动践行初心使命，扎实做好疫情防控，坚决推进施工生产，保证了该项目的顺利投运，展现了中国企业的良好国际形象。

（5）西安西矿环保科技有限公司（简称西矿环保）承建的河南大地水泥 5000 t/d 水泥熟料生产线"高温电除尘器 +SCR（选择性催化还原）脱硝"成功投运，达到超低排放水平，说明水泥 SCR 脱硝前置高温电除尘器可以降低脱硝入口含尘浓度，提高催化剂寿命，减少系统能耗，该技术路线是目前实现水泥窑超低排放的有效途径之一。

（6）厦门绿洋环境技术股份有限公司（简称厦门绿洋环境）承建的中国铝业集团有限公司、国家电投集团山西铝业有限公司一批熟料窑、焙烧炉的电除尘改造工程相继投运，电除尘器出口烟尘排放浓度 ≤ 10.00 mg/m³，再次证明了采用电除尘超低排放集成创新技术，可有效突破电除尘难以实现超低排放和持续稳定超低排放的技术瓶颈，提升了电除尘技术在蓝天保卫战的技术竞争优势。

4 电除尘技术研究最新进展

4.1 低低温电除尘技术升级

低低温电除尘技术应用于超低排放火电燃煤机组中，不仅提高了电除尘的收尘效率，还可实现余热回收、协同捕集 SO_3、节约风机电耗、降低脱硫水耗等多重功效，成为燃煤机组的标配技术。但运行一段时间后，换热器磨损造成泄漏、堵灰等风险会影响设备的安全运行。为此，整体式螺旋翅片管、椭圆管、真空光管等技术升级产品投放市场，用以解决上述问题，为低低温电除尘技术的持续推广应用保驾护航。

4.2 径流式电除尘技术研究进展

以燃煤电厂烟尘排放浓度低于 5.00 mg/m³、提升节能减排效果为目标，通过新型放电极、泡沫金属阳极板等收尘系统研发，蒸汽和压缩空气吹扫等吹扫系统研发，DCS（分散控制系统）远程控制、热风系统控制等控制系统研发，开发出具有除尘效率高、可靠性高、稳定性好、能耗和水耗较低、运行费用低等优势的径流式电除尘器。在燃煤电厂烟气脱硫后烟尘浓度低于 30.00 mg/m³ 的条件下，径流式电除尘器可将烟尘排放浓度控制在 1.50 mg/m³ 以下。北京华能达电力技术应用有限责任公司开发的该技术获得了 2020 年度环境保护科学技术进步奖二等奖。

4.3 均流式电除尘技术研究进展

针对烧结机烟尘比电阻高、颗粒细、粒径小、黏度大等特点，均流式静电除尘技术从"板极配合"角度对电除尘器内部流场及电场进行设计和优化，采用计算机模拟联合智能优化算法进行方案设计，确定导流和扰流部件几何形状及在电场内的排布方式、电除尘器入口气流分布板的气流分布方案，使得烟尘气体以蛇形的形式流过电场，延长粉尘捕集时间。风力带动粉尘会在相邻通道中完成多次穿越，振打下来的粉尘在沉落的过程中颗粒可完成多次再荷电再穿越，从大颗粒粉尘到细小颗粒粉尘都依次完成吸附并沉降，从而延长受尘时间，提高有效除尘面积，增大粉尘颗粒受力和团聚吸附，显著提高静电除尘效率。10 余家钢厂烧结机应用效果显示，出口烟尘排放浓度小于 20.00 mg/m³。由北京力博明科技有限公司研发的该项技术通过了由中国环境科学学会组织的成果鉴定，成果整体上达到国际先进水平，技术入选 2020 年重点生态环境保护实用技术和示范工程推荐名录。

4.4 电除尘节能技术研究进展

当前煤电机组普遍无法长期保持 100% 负荷运行，中低负荷运行为常态化。超低排放改造完成后，需要在不同工况下降低电除尘的运行能耗，从而在确保排放达标的前提下实现节能降耗和优化运行。西安热工研究院对多种负荷（100%，75%，50% 负荷）、多工况下电除尘器和湿式电除尘器的排放及节能进行了研究：在 330 MW 双室四电场低低温电除尘器，在 3 种负荷、10 种工况下，在高负荷时提高电除尘器前部电场电源参数值，可以提高除尘效率；适度提高末电场的电源参数值，可以有效降低粉尘的最终排放浓度。在电除尘器运行中，适当增加末电场电源参数值，可以更有针对性地收集微细烟尘和二次扬尘。在 660 MW 超超临界燃煤机组的 3 种负荷下，每种负荷的湿式电除尘器以高功率和节能优化 2 种模式运行、共 6 种工况下，对多种负荷、多工况下湿式电除尘器 $PM_{2.5}$ 脱除效率及排放特征进行研究表明，在高负荷下，湿式电除尘器采用节能模式会导致总烟尘、PM_{10}、$PM_{2.5}$ 浓度均显著升高，甚至排放质量浓度超过 5.00 mg/m³，而在中低负荷下，湿式电除尘器采用节能模式会导致总烟尘排放浓度显著升高，但 PM_{10}、$PM_{2.5}$ 浓度则变化不显著，且粒径越小变化越小，在保证实现超低排放的前提下，中低负荷下湿式电除尘有一定的节能空间。

4.5 离子风技术研究进展

电除尘器内部流场形态对颗粒物的捕集有很大的影响，尤其是亚微米颗粒的捕集与其在电除尘器内运动轨迹息息相关。研究离子风本身特性，有利于加深对电除尘器内粒子与气流运动规律的认识。调整放电电压及板间距均可有效地对离子风进行调控。西安建筑科技大学基于粒子成像测速技术（PIV）的电除尘器流场可视化实验研究，提出对电除尘器流场优化和结构改造的主方向有两个方面：一是对流场的调控，减弱离子风对流场以及细颗粒物捕集效率的影响；二是对电除尘器的结构进行改造，诱导出合理的流型，利用离子风来提高细颗粒物的捕集效率。

针对脱硫后烟气中的$PM_{2.5}$，SO_3和雾滴等烟气污染物传统机械除雾技术负荷适应性差、性能不稳定等技术难点，龙净环保开发的EPM电风拦截技术，采用窄间距、通流式、紧凑型电场技术，创新应用烟气引流与预荷电复合技术，达到气流均布及烟气粒子快速荷电的双重效果，解决了在高风速（5～6 m/s）下实现低阻力（100～150 Pa）的烟气污染物深度净化，相比于传统的机械除雾器可减少近50%的阻力损失，在各种负荷下均能保持稳定高效运行，保证了运行的经济性，确保满足超净排放的环保要求。

4.6 电除尘器模拟仿真技术研究进展

龙净环保采用连续介质数值方法、离散单元模拟方法、理论控制方程与经验关联式结合等方法，建立一系列不同尺度、不同区域的电除尘器模拟仿真子模型，如气流模型、电场模型、颗粒流模型、颗粒荷电模型、比电阻模型及酸冷凝模型等，将这些相对孤立的子模型通过不同方法联系起来，集成一个电除尘器综合模型，并进行一系列实验验证，形成电除尘器系统模拟仿真技术。通过该技术可以实现除尘器的性能预测及设计指导等。该技术获得了2020年度环境保护科学技术奖二等奖。

4.7 电除尘控制技术研究进展

电除尘器的运行参数主要依据运营人员的经验进行调控，使得高压整流设备、电加热系统及振打系统很难实时达到最佳运行状态。当燃用煤种及机组负荷发生变化时，各种设备所受影响程度不一且交互干扰，加大了超低排放治理难度和能源、物耗的浪费。龙净环保通过运用大数据技术深度学习算法，构建电除尘的每个室在不同工况下，运行参数与出口粉尘及运行能耗的关联模型；运用群智优化算法，以出口粉尘和能耗双目标同时最小为目标，计算出各室的运行参数非劣解集合；再依据专家择优策略，筛选出电除尘总出口粉尘排放不超标条件下的最小能耗组合，作为电除尘的最佳运行策略。智慧环保监控设备通过互联网连接远程数据分析平台，将平台分析得出的控制策略，实时在线推送，指导相关人员操作设备或者远程数据分析平台将数据模型训练完成后，把模型和智能控制系统部署在生产控制区的人工智能服务器上，实现对生产区电除尘设备的智能控制。

浙江大维高新技术股份有限公司开发的IEMS（智能能量管理系统）电除尘智慧能量管理系统，结合了智慧能量控制、无功调节、谐波治理、云端大数据支持为一体，可极大提高设备稳定可靠性，并在确保排放达标的前提下节能降耗，综合节能量可达10%~60%，已成功应用于华能安源电厂600 MW机组等多个电厂，节能效益可观。

4.8 电除尘技术在耦合生物质发电中的研究进展

我国火电机组的二氧化碳排放总量较大，大型燃煤锅炉耦合生物质发电技术将是"十四五"期间燃煤发电机组发展的主要技术之一。国家能源局和生态环境部在2018年6月批准的84个燃煤机组（包括300 MW亚临界至1000 MW超超临界燃煤机组）的生物质耦合发电试点项目已在2020年陆续投运，其中华能琅琊电厂2×600 MW污泥耦合发电等项目的成功投运，将推动煤电行业在较大范围内进行生物质耦合发电改造工作。

根据国内外类似工程的经验及相关研究表明，污泥与煤的掺烧比在10%以下时，粉煤炉掺烧污泥基本不影响其正常运行。广东电力科学研究院在华润海丰电厂（1000 MW燃煤锅炉）污泥掺烧试验研究表明：随着污泥（含水率为60%）掺烧比例的增加，煤的热值逐渐降低，Car含量逐渐减少，灰分含量逐渐增加，烟气量、理论燃烧温度、飞灰浓度略有增加，但幅度变化均比较小；只要掺烧比例控制在10%以内，烟囱出口处的NO_x，SO_2和粉尘浓度都能满足超低排放要求，烟囱出口二噁英浓度低于0.1 ng/m³；电除尘灰中Cr、Pb、P、Ni等重金属元素含量较多，Hg、Cd、As、Be等重金属元素含量较少。

因此，掺烧污泥对电除尘器的影响主要体现在两个方向：一是由于污泥含水率较高，在实际运行过程中应密切监视电除尘器运行状态，防止出现粉尘浓度排放超标；二是由于煤中重金属含量极低，国家没有出台针对燃煤电厂重金属排放标准，要适时制定燃煤电厂掺烧污泥烟气排放标准、电除尘器除尘灰重金属排放标准。

4.9 电除尘技术在烟气脱汞中的研究进展

目前的超低排放机组外排烟气中汞浓度均达到国家排放要求，但用美国MATS（汞及空气污染物标准）现役燃煤的标准来看，达标率只有45.5%，超过一半的机组不能达标。燃煤机组的超低排放不同改造技术路线对烟气脱汞性能的影响不同。山东电力工程咨询院和武汉大学总结了我国20个超低排放电厂、48个工况的汞排放数据研究表明：以低低温电除尘为核心的技术路线协同脱汞性能最佳，从脱汞效率和脱汞稳定性来看，低低温电除尘器＞电袋除尘器＞普通电除尘器,其中温度、飞灰颗粒粒径对除尘器脱汞的影响很大。浙江大学对电除尘器中汞与颗粒污染物协同脱除的研究表明,在电除尘内汞吸附主要存在悬浮颗粒吸附和壁面颗粒层吸附两种不同的吸附机制作用,且壁面吸附除汞效率较低。烟气速度越小,协同效率越高。当运行电压升高时,协同脱除效率先迅速增加后缓慢降低。

4.10 电除尘在协同脱硫废水中的研究进展

针对脱硫废水零排放的难题,华中科技大学、武汉天空蓝环保科技有限公司在鄂州电厂 330 MW 机组上创造性地采用团聚除尘协同脱硫废水蒸发技术,利用脱硫废水配制团聚剂除尘,有效地解决了脱硫废水零排放的难题,同时大幅提高电除尘器的除尘效率、降低烟气中的 SO_3 含量。在电除尘器入口烟道雾化喷入团聚剂溶液和脱硫废水的混合液,团聚剂会加强细颗粒之间的碰撞、絮凝,使难以捕集的 $PM_{2.5}$ 细微颗粒不断"长大",更加有利于被电除尘捕集,从而提高了电除尘的除尘效率,减少粉尘排放量。同时烟气温度最大降幅约 9 ℃,烟气湿度增加＜1%,降低了粉尘比电阻,在一定程度上有利于提高电除尘的效率。

4.11 BIM 技术在电除尘工程建设全过程中的应用进展

BIM(Building Information Modeling,建筑信息模型)技术在电力、钢铁工程建设中逐渐得到较多应用,许多设计单位和建设单位投入了专人开展该工作。近年来,河南荥阳 2×660 MW 机组超低排放工程、山东邹县 2×1000 MW 机组超低排放工程、一些湿式电除尘器工程等均应用了 BIM 技术,验证了 BIM 技术的可靠性,优化了设计,减小了工程投资费用,节约了工期,降低了能源消耗,取到了良好的经济效益。同时,一些海外工程项目中也要求工程设计单位提供基于 BIM 技术的数字化交付产品。

在电除尘工程规划、设计、施工及运维阶段的全生命周期中,应用 BIM 建模软件建立电除尘器的模型,通过数据库进行系统分析计算、参数优化设计及三维模拟检查碰撞等,实现一致性检查、性能分析、设计优化、限额设计、成本控制、过程计量、变更计量、采购支付、模块化、标准化设计及固化协作流程等功能,使工程造价估算更精确,提高了设计的准确度和项目的管控能力,实现项目的可视化、集成化、协同化、仿真化、动态化、可优化及动态化管理。

5 2021 年市场特点分析

5.1 政策方面

2021 年是"十四五"开局之年,也是"两个一百年"目标交汇与转换之年,生态环境部正在抓紧制定"十四五"生态环境保护规划，将《中共中央关于制定国民经济和社会发展第十四个五年规划和二〇三五年远景目标的建议》提出的各项要求转化成具体的"施工图"和"路线图"。目标是"十四五"期间要实现生态环境新的进步、2035年实现生态环境根本好转。以改善生态环境质量为核心，从注重末端治理向更加注重源头预防和治理，推动生态环境源头治理、系统治理及整体治理。生态环境部将编制"十四五"应对气候变化专项规划，以2030年前二氧化碳排放达峰倒逼能源结构绿色低碳转型和生态环境质量协同改善，倒逼总量减排、源头减排、结构减排，推动产业结构、能源结构、交通运输结构、农业结构加快优化调整。以细颗粒物和臭氧协同控制为核心，探索重点污染物协同治理。继续深入打好污染防治攻坚战，补齐环保领域投资短板，缓解环保行业融资难题。

5.2 市场方面

电除尘产业虽然面临较大的挑战，但也蕴含着发展的重大机遇，企业主动融入国内大循环中心、国内国际双循环战略的大格局中，育先机、开新局、化危为机，电除尘产业仍有非常好的舞台，未来值得期待。

5.2.1 煤电行业

我国以煤为主要能源的结构决定了未来一定时期内煤电仍是我国电力安全可靠供应的基石，新时代要求煤电行业向清洁、低碳、高效、智能方向发展。国际能源署制定的2030年的燃煤电厂污染物排放目标：烟尘 $< 1 \text{ mg/m}^3$，$SO_2 < 10 \text{ mg/m}^3$，$NO_x < 10 \text{ mg/m}^3$。目前中国已有部分电厂稳定实现了国际能源署2020年的目标，但与2030年的目标尚存在差距。可见，中国燃煤发电大气污染物控制还有很长的路要走，需要在技术上继续突破，进一步减少火电大气污染物的排放。因此，电除尘企业在煤电行业"十四五"期间有五大发展机遇。

一是虽然截至2019年底全国约8.9亿kW煤电机组实现了超低排放，占煤电总装机容量的86%，但还有14%未达到超低排放的煤电机组要实现超低排放。"十四五"期间除了部分淘汰关停之外，约1.3亿kW煤电机组开展超低排放深度攻坚。该部分机组主要涉及燃用低挥发分无烟煤机组、未改造的循环流化床机组及部分小容量机组。

二是新建机组的超低排放，以及由于前期超低排放工期紧、投资低导致排放不达标的再改造项目，未来几年会有二次改造的市场。

三是随着《除尘器能效限定值及能效等级》（GB 37484—2019）等国家标准的实施，传统的电除尘及电控设备预计未来几年也存在改造机会。

四是电除尘在燃煤锅炉耦合生物质（农林废弃残余物、市政污泥的资源化）发电中的应用，以及在特殊煤种（低热值煤及高灰煤）的应用等领域存在机会。

五是为实现多污染物深度控制和协同控制，电除尘在协同处置煤电废气、废液、固废、重金属等非常规污染物方面会发挥重要作用。

5.2.2 非电行业

随着煤电超低排放改造的趋于完成，非电烟气治理改造需求持续升温。钢铁、焦化、水泥等行业大量的企业仍未能完成超低排放改造或达到新的特别排放限值要求，烟气治理市场空间前景广阔。

生态环境部等五部委发布的《关于推进实施钢铁行业超低排放的意见》提出，到2020年年底前重点区域钢铁企业力争60%左右产能完成超低排放改造，2025年年底前重点区域钢铁企业改造基本完成，全国力争80%以上产能完成改造。随着生态环境部制定的《重污染天气重点行业绩效分级实施细则》相关工作的不断深度开展，鼓励环保绩效水平高的"先进"企业，鞭策环保绩效水平低的"后进"企业，以"先进"带动"后进"，在重点行业全面推进绩效分级差异化管控将是大势所趋，这有助于带动钢铁、建材、有色金属、焦化及铸造等重点行业的超低排放工作。电除尘技术需要在适应性、可靠性、稳定性等多方面进行深入研究，以应对非电行业不同工况条件、不同运维水平及不同除尘技术等方面的严峻挑战。

5.2.3 国际市场

2020年初，突如其来的新冠肺炎疫情席卷全球，国际经济形势也随之受到巨大影响。同时国际上的民粹主义、单边主义思潮开始大行其道，发展中国家的基础建设资金投入受到美元回流影响，严重削减。国际形势对于正在执行的国际项目、需要调试服务的国际项目及国际市场的开拓造成巨大的影响。国际基础建设和能源建设的停工项目近40%，近50%的新项目开发被迫延迟。2021年电除尘行业国际市场的开拓将会是最难的一年，市场萎缩严重，全球电力需求明显下降，以及能源转型和建设成本的降低，能源开发主体转向水电、风电、光伏和太阳能等取代化石能源发电，进一步挤压了电除尘器的国际市场。

疫情之下，电除尘产业在国际市场的开拓将面临较大的困难和挑战，现阶段各企业以消化在手项目为主，新项目开拓宜采用"借船出海"的设备供货为主，2021年国际市场订单将趋于平缓。

5.3 技术方面

在"十四五"期间电除尘企业要在智能化、资源化、标准化3个方向加大发展力度。环保产业正逐步向环境综合服务业转型，电除尘企业要通过利用大数据，对数据进行精准分析和运用，提升精准解决问题的能力和服务效率。技术创新是提高企业核心竞争力永恒的主题。

（1）精细化提效技术将是电除尘技术未来的发展趋势之一。电除尘技术将从"通用技术"向"难、特、协同"技术转型，主要为特殊煤种超低排放技术，SO_3、$PM_{2.5}$、气溶胶、汞等多种污染物协同脱除技术控制技术；从"粗放"向"效能"转型，主要包括节能技术改造、优化运行、降耗技术；从传统行业向相关行业延伸，主要包括非电行业、生物质发电、工业炉窑烟尘处理等。

（2）电除尘在多煤种、宽负荷、变工况下实现超低排放的技术的研究应用。

（3）电除尘高压电源作为电除尘核心装置，总的发展趋势是控制的智慧化、运行维护的智能化、能耗的节约化。

（4）随着大数据和互联网的发展，电除尘技术充分利用大数据、智能学习等先进的控制理念对技术数据进行归纳与模拟，推动电除尘器合理选型，实现运行的精准控制和节能型的智慧电除尘器。

6 主要（骨干）企业发展情况

13家电除尘主要骨干企业2005—2020年的工业总产值及环保销售收入如图1所示，该数据基本稳定在行业总量的60%以上，大部分电除尘产品销往燃煤电厂。2014年超低排放市场启动后，市场容量可观，至2016年，全行业电除尘器国内年销售收入平稳增

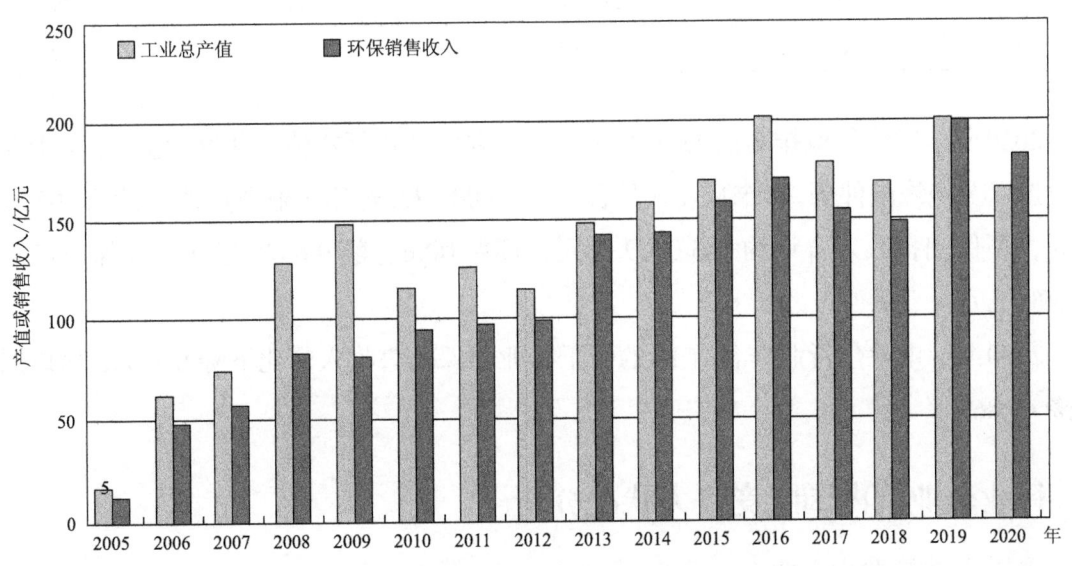

图1 13家电除尘骨干企业2005—2020年经营情况

长，但随着超低排放改造将近尾声，2017 年已现拐点，2018 年销售收入有所下降。2019 年因为多种经营，总收入有一定上涨。2020 年因疫情等影响，有一定下降。

电除尘行业排名前 13 的骨干企业近年来经营状况如表 2 所示。

表 2 近年来行业排名前 13 的骨干企业经营状况表

年度	工业总产值 /亿元	环保销售收入 /亿元	出口 /亿元	环保销售比上一年增幅 /%
2005	63.8600	50.2166	1.5710	27.22
2006	76.4290	58.4358	6.0661	16.37
2007	101.4290	73.0137	8.3720	24.95
2008	130.68714	86.6934	95.5228	18.74
2009	150.8676	83.8329	110.1560	−3.30
2010	118.9793	96.9560	21.4323	15.65
2011	128.2250	99.5066	21.4964	2.63
2012	118.5522	101.5857	10.4947	2.09
2013	150.5339	144.3441	16.1316	42.09
2014	160.4935	145.5423	8.4980	0.83
2015	171.4817	160.9347	9.9299	10.58
2016	204.2020	172.5114	4.2882	7.19
2017	180.2963	156.8960	5.3428	−9.05
2018	170.5027	149.7721	6.3346	−4.54
2019	202.5737	201.8050	6.3219	34.74
2020	167.2223	185.0169	3.7390	−8.32

2020 年电除尘行业排名前 13 的骨干企业主要业务包括本体、电源、输灰、除尘器达标改造以及绝缘配件等，年末从业人员合计约 15 003 人，全年工业总产值合计约 167.2223 亿元，环保销售收入合计约 185.0169 亿元，环保利润总额 9.6528 亿元，环保出口总额 3.7390 亿元。

2020 年，电除尘行业排名前 13 的骨干企业环保销售收入同比下降 8.32%，出口同比下降 40.86%。

7 行业企业国内国际竞争力状况分析

7.1 国内外主要除尘企业

国外电除尘技术厂家主要有三菱重工（MHI）、日立（HITACHI）、通用电气（GE）

等。国内电除尘技术企业以浙江菲达环保科技股份有限公司、福建龙净环保股份有限公司为龙头。根据中国环境保护产业协会电除尘委员会调研数据，2020年，大多数企业产值比上年度有所下降，部分有专业技术的企业基本持平，少数拥有技术新产品的中小企业略有提高，多数小型企业基本持平。

7.2 行业部分骨干企业2020年新技术、新产品开发情况

7.2.1 菲达环保

（1）菲达环保生产的菲达牌"静电除尘器"通过工业和信息化部第二批全国制造业单项冠军产品复核。

（2）菲达环保主持申报的《燃煤烟气颗粒物趋零排放关键技术与装备》获浙江省科学技术进步奖二等奖，参与完成的《火电厂污染防治关键技术与集成规范应用》获中国环境保护科学技术奖一等奖，参与完成的《全流程燃煤烟气污染物多流程深度脱除创新平台建设及应用研究》获中国电力科学技术奖二等奖；菲达环保独立申报的《深度脱硫除尘净化塔技术与装备》获浙江省环境科技进步奖一等奖、《燃煤电厂烟气非常规污染物脱除关键技术研究及应用》获第三届浙江省青工创新创效大赛金奖。

（3）"深度脱硫除尘净化塔技术与装备""管式冷凝节水及多污染物脱除技术装备"2项科技成果通过省级新产品鉴定，经由院士等行业专家组成的鉴定委员会鉴定认为"总体技术处国际先进水平"。"管式冷凝节水及多污染物脱除技术装备"被浙江省经济和信息化厅确认为省内首台（套）产品；"深度脱硫除尘净化塔技术与装备"被浙江省经济和信息化厅确认为浙江制造精品。

（4）在国家重点研发计划课题方面，菲达环保继续牵头推进《大气环保产业创新创业基地试点建设》《高灰煤超低排放技术与装备集成及应用》和《新型高效静电除尘装备》3个课题的实施，其中，《大气环保产业创新创业基地试点建设》通过科学技术部项目绩效评价，课题圆满结束，在行业性科技创新服务平台、烟气治理前沿技术开发等方面获得专家认可和好评；《高灰煤超低排放技术与装备集成及应用》课题已完成温度湿度调控增效、湿法脱硫系统除尘效能等关键技术的研制，依托工程新疆大坝电厂600 MW机组已投入运行，计划2021年3月完成课题验收；《新型高效静电除尘装备》课题研究了多种新型极配型式，开发出了高性能脉冲电源及多类电源智能集成控制系统，依托工程新疆准东五彩湾北三电厂1号660 MW机组电除尘器正在安装，预计2021年6月完成课题验收。

（5）在浙江省重点研发计划项目方面，菲达环保承担实施"工业废气有色烟羽消除及多污染物协同控制技术研究与工程示范"项目，依托工程已落实并建设完成，正在进

行第三测试,预计 2021 年 4 月完成验收。

(6) 2020 年完成了《燃煤电厂、工业炉窑烟气脱 Hg 及 SO_3 关键技术与装备研制》《水泥炉窑烟气 NO_x 超低排放技术及配套设备的开发》等 8 项内部科研项目。

(7) 在知识产权方面,2020 年,菲达环保新授权发明专利 1 项、实用新型专利 33 项;发表论文 33 篇;2020 年颁布实施 17 项以菲达环保为主或参与制修订的行业标准。

(8) 菲达环保承担的"钢铁行业燃气锅炉烟气超低排放处理设备"列入浙江省台(套)装备工程化攻关项目,承担的国家能源局能源自主创新及重点产业振兴和技术改造(能源装备)项目"燃煤电站细颗粒物'超低排放'控制装备技术改造项目"于 2020 年 12 月通过验收。

(9) 2020 年自主研发的创新成果转化共 10 项,分别为深度脱硫除尘净化塔技术与装备、管式冷凝节水及多污染物脱除技术装备、合金塔烟气脱硫除尘一体化、焦化烟气 SDA(旋转喷雾干燥吸收)脱硫、球团超低排放、燃气锅炉烟气 SDS(干法)脱硫、导电滤网电除尘器、有色冶炼高温电除尘器、生物质焚烧烟气 SDA 脱硫技术、烟气脱 Hg 及 SO_3 关键技术与装备。通过科技开发,为公司在煤电和非电行业的工程项目执行上取得了大突破:2020 年公司承担的山西晋能大土河 2×350 MW 低热值煤热电联产工程环保岛 EPC(总承包工程)顺利通过中国电力建设企业协会评审,获评"2020 年度中国电力优质工程奖";参建的湖北江陵发电有限公司一期 2×660 MW 超超临界燃煤发电机组工程(公司承担炉后环保岛),获得"2020 年度第一批中国建设工程鲁班奖(国家优质工程)";承制的百万机组级旋转电极式电除尘器——华润电力曹妃甸二期工程 2×1000 MW 超超临界燃煤工程 4# 机组顺利通过 168 h 满负荷试运行并成功竣工投产;公司承担的首台套高温电除尘器在金川集团镍冶炼厂顶吹炉(烟气温度 ≥ 300 ℃)空升调试一次性成功;广投来宾电厂环保岛运营项目已连续运营 4 个多月,保持"零事故",各项经营数据远超预期,炉后环保设备节能降耗效果明显,有效降低了运营成本;下属浙江菲达电气工程有限公司承担的重庆钢铁炼铁厂 1#、3# 烧结机头电除尘器升级改造设计、采购、施工总承包工程完成了阶段性工作——1# 机电除尘器正式进入投运阶段。

(10) 通过技术积累,进一步增强了公司的产品竞争能力和市场开拓能力,在新环保业务领域或首台(套)等方面取得一系列标志性的突破,成功中标海南昌江华盛天涯水泥 4# 炉 12 000 t/d 生产线脱硫项目,为世界上最大的 12 000 t/d 生产线之一,现公司已拥有 2500 t/d、5000 t/d、10 000 t/d 的主要系列水泥生产线除尘、脱硫、"脱白"等业绩成功案例;中标连云港石化产业基地公用工程岛项目一期 3×440 t/h 除尘、脱硫首个环保岛大成套项目,实现石油化工领域的首个环保岛大成套,提升公司在石油化工领域环保项目的总承包能力,为菲达环保实现区域化、系统化的环境综合治理目标打下良好基础;中标华能济阳 130 t/h 生物质发电炉后输灰、SDA 脱硫、除尘环保设备总承套,为菲达环保首台采用 SDA 脱硫技术的生物质发电项目,也是华能集团首个生物质发电项目。目前华能集团等国内各大电力集团正大力发展生物质发电项目,以提高清洁能源发电比例,市场前景看好。

7.2.2 龙净环保

(1)承担"低成本超低排放技术与高端制造装备""耦合增强电袋复合除尘装备"等国家重点研发计划课题子课题 4 项,"燃煤烟气治理环保岛大数据智能应用关键技术开发与示范""燃煤烟气高温除尘脱硝超低排放一体化技术与装备的研发及应用"等省市重大科技项目 9 项,参与大气重污染成因与治理攻关总理基金项目子课题 1 项。2020 年度"新型圆盘污泥干化技术开发及应用""脱硫废水烟道蒸发机理及流场优化数值模拟和试验研究"获得福建省科技计划立项支持,"堆浸淋洗槽式增渗反应器开发及成套化设备"获得龙岩市科技计划立项。

(2)2020 年度"湿法烟气脱硫(WFGD)吸收塔流场的数值模拟和试验研究"福建省自然科学基金资助项目、"非电行业臭氧脱硝关键技术及装备的研发应用"龙岩市重大科技创新项目、"湿法脱硫后烟囱消白技术理论及实验研究"龙岩市科技计划青年人才项目等省市科技项目顺利通过验收。完成了"火电厂烟气治理环保岛智慧运行"等 8 项企业技术开发项目的验收,开发成功的各项重大新技术新产品已投入工业应用。

(3)"燃煤烟气多污染物干式协同超净技术及装置"荣获福建省科技进步奖一等奖,"烧结烟气干法脱硫及多组分污染物协同净化装置"荣获福建省标准贡献奖一等奖,"烟气治理装备模拟仿真关键技术开发与工程应用"荣获环境保护科学技术奖二等奖,"一种除尘用叠加式电源控制系统"荣获福建省专利奖二等奖。参与完成的"工业烟气多污染物协同深度治理技术及应用"通过 2020 年度国家科技进步奖一等奖初评,"湿烟羽中非常规污染物测试与治理工程评估关键技术研发及应用"荣获电力科技创新奖一等奖。中国环境保护产业协会在北京组织召开"多领域干式协同超净治理技术及产业化"科技成果技术鉴定会,由郝吉明等院士专家组成的鉴定委员会一致认为:"在干式烟气多污染物深度净化领域达到国际领先水平。"

(4)自主研发的"HLT 型高温复合滤筒尘硝协同脱除装备""焦炉烟气 SCR 脱硝装置"获福建省首台(套)重大技术装备国内首台(套)认定,"NLQ-400 K 紫外消毒系统"获福建省首台(套)重大技术装备省内首台(套)认定。《烧结(球团)烟气多污染物半干式烟气协同净化技术及装置》《高温超净电袋复合除尘技术》入选中国环境保护产业协会重点环境保护实用技术名录。《催化裂化再生烟气干法处理装备》《高温电袋复合除尘器》《选择性催化还原水泥窑烟气脱硝装备》《高温复合滤筒尘硝协同脱除装备》等技术产品入选工业和信息化部、科学技术部、生态环境部联合发布的《国家鼓励发展的重大环保技术装备目录（2020年版）》。

（5）《燃煤电站金属板卧式湿式电除尘技术与装备》《烧结（球团）烟气多污染物干式协同净化技术及装置》入选国家发展和改革委员会、科学技术部、工业和信息化部、自然资源部联合发布的《绿色技术推广目录（2020年）》。

（6）新增授权专利72项；新增制修订行业标准5项，参与制修订行业标准3项。

7.2.3 西矿环保

（1）随着节能减排要求的逐渐深入，水泥行业粉尘排放要求越来越高，目前水泥行业烟气粉尘排放浓度普遍进入 10 mg/m³ 超低排放时代，部分生产线甚至要求粉尘排放浓度＜5 mg/m³。西矿环保在非电行业电除尘器经过多方面研究以及配套电源技术的快速发展，通过增加收尘面积、对进口气流进行精细模拟改善气流均布装置、选用高效的电源配置（三相、高频、脉冲）、进行烟气调制、精准化安装施工等一系列措施，部分电除尘器经改造可以满足出口排放 ≤ 10 mg/m³ 的要求。西矿环保已应用于多台水泥除尘改造项目中。

（2）西矿环保以"高温电收尘+SCR（选择性催化还原）"技术路线为代表的SCR脱硝是当前NO_x水泥行业超低排放治理的主流技术之一，高温电除尘器布置在脱硝反应器前段，降低进入脱硝反应器烟气的粉尘浓度，最终提高SCR催化剂的催化效率和使用寿命。高温电除尘是电除尘器在水泥行业新的应用方向，目前已经成功投运9台（套）。随着生态环境部《重污染天气重点行业应急减排指南（2020年修订版）》中对重点行业实行绩效分级的减排举措，其中A级企业的窑尾烟气粉尘、SO_2、NO_x 排放浓度分别不高于 10 mg/m³、35 mg/m³、50 mg/m³，可不受减排措施停产限制，这将加快NO_x超低排放的进程，同时也为电除尘器的发展带来新的契机。

（3）在冶金转炉一次烟气除尘及煤气回收方面，成功开发放散段金属滤筒精除尘技术实现超低排放。西矿环保的HLG转炉煤气干法除尘系统技术将转炉煤气深度净化、粉尘循环回收利用、煤气回收、系统节能及安全防控等进行系统集成，可实现资源有效回收、粉尘超低排放的效果，具有节电、节水、资源利用最大化的节能降耗优势，处于世界先进水平。

7.2.4 中钢天澄

（1）作为主要技术成果完成单位，公司2项科研成果荣获国家科技进步奖，"工业烟气多污染物协同深度治理关键技术及应用"项目获 2020 年国家科学技术进步奖一等奖，"钢铁行业多工序多污染物超低排放控制技术与应用"获 2020 年国家科学技术进步奖二等奖。

（2）2020 年度获得工业和信息化部"先进适用环保装备系统集成应用——大气治理及低碳装备"绿色制造系统解决方案供应商。"预荷电袋式除尘器""催化裂化再生烟气干法处理装备"和"焦炉烟气多污染物干法协同处理装备"入选工业和信息化部《国家鼓励发展的重大环保技术装备目录（2020 年版）》；"我国钢铁行业超低排放核心技术取得重大突破"及"工业烟气多污染物协同深度治理关键技术"入选"中国生态环境十大科技进展""钢铁烟尘超低排放预荷电袋滤器" 等 3 项技术荣获中钢集团科技创新奖。

（3）2020 年度签订了科学技术部课题《长江流域中游大型综合性工业园区全过程大气污染防治支撑技术集成示范》项目，《密闭铁合金炉煤气干法净化技术及示范》和《球团烟气多污染物超低排放技术及示范》课题按既定进度计划有序开展。《城市料场（灰场）扬尘控制阳光膜封闭技术与材料》和《烧结机（球团）烟气细颗粒物超低排放技术》课题按计划完成验收工作。

（4）作为我国较早"走出去"的环保企业之一，积极开拓海外市场，在广阔而竞争激烈的国际市场中准确定位，增强自己的实力，承建的印度尼西亚德信钢铁有限公司年产 350 万 t 钢铁项目 2×230 m² 烧结工程烧结机头 2×480 m² 电除尘项目已完全投入运行。

（5）针对烧结机头电除尘灰进行资源化利用，从机头电除尘灰中提取氯化钾，同时富集回收铁、铅、银等金属元素，消除烧结灰中有害元素对钢铁生产的不利影响，实现烧结机头电除尘灰无害化、资源化。该技术 2020 年在多个钢铁企业得到了进一步推广。

7.2.5 浙江天洁环境科技股份有限公司

在公路隧道中，隧道烟尘的主要来源是汽车尾气和扬尘，其中汽车尾气含有 CO、NO_x、HC、PM、CO_2、SO_2 等，PM 是燃料燃烧不充分的产物，炭烟和扬尘不仅能影响隧道中的能见度，而且会严重影响人的呼吸系统，对人体危害极大。

浙江天洁环保环境科技股份有限公司开发出置顶式隧道废气处理系统，隧道烟气净化系统是有效净化隧道空气的高效环保设备，通过机械预过滤器、静电除尘器、NO_x 净化系统、自动水洗系统、废水处理系统等设备系统集成。

7.2.6 南京国电环保科技有限公司

（1）开展了纳秒电源的技术研究，提高了设备的稳定性，同时开展了纳秒电源在工业尾气 VOCs（挥发性有机物）降解技术研究，研究了全套工艺流程、反应器和纳秒电源的适配性能参数，并通过试验研究了纳秒电源在 VOCs 治理过程中的应用范围、脱除效率等。

（2）根据多年多套高频电源、高频脉冲电源的运行经验，研究了新一代的"高效、高可靠性高压除尘电源关键技术"，荣获江苏省科学技术奖一等奖。

（3）精准智能喷氨的智慧脱硝专家系统通过验收，在原有基于脱硝流场全断面诊断控制、前后多点浓度反馈技术的基础上，进一步优化了预测控制算法，采用物联网、数据仓库、数据可视化等技术，丰富了智能喷氨技术的大数据管控平台。

（4）为响应"碳达峰、碳中和"的低碳目标时代对工业排放烟气中碳的监控，开展了二氧化碳排放监测仪器的研发，完成了国产光谱仪在特定场景下替代进口光谱仪的可行性验证，对原有的多组分烟气监测仪进行了软硬件的升级，增加了二氧化碳的测试模块，并在电厂完成了设备的中试。

（5）电厂的煤场智慧管理技术得到进一步应用，智慧盘煤、堆取料机无人值守、机器人巡检等产品和技术通过工程验证；实现了煤场的全权监测、三维温度场技术和UWB安全定位、防碰撞等智能安全管理，对机器人巡检技术等进行了重点开发；基于激光诱导的在线快速煤质分析系统得到工程应用，有效地指导了电厂的配煤掺烧和锅炉燃烧优化。

7.2.7 兰州电力修造有限公司

兰州电力修造有限公司紧跟国家能源安全战略及"碳达峰、碳中和"目标，积极推进新技术、新产品的研究与开发工作。积极推进框架组合型电除尘器、褐煤干燥布袋除尘器等新技术的研发，保证除尘器产品的多样化；除尘器无人检修技术路线、阴极系统声波清灰及阳极系统多层振打项目研发有序开展。

7.2.8 厦门绿洋环境

（1）中国铝业集团有限公司旗下12台氧化铝熟料窑电除尘超低排放工程，改造后，第三方测试结果均低于10 mg/m³，最长运行案例中州5#熟料窑项目，已连续运行超过3年，仍保持低于10 mg/m³运行状态。其中横置旋转极板电除尘专利技术运行可靠，从未发生断链重大事故。

（2）以横置旋转极板电除尘＋三相高效脉冲高压电源为核心的电除尘超低排放技术方案，继氧化铝熟料窑之后，2020年又在氧化铝焙烧炉、烧结机头和燃煤锅炉电除尘超低排放改造中，实现了电除尘出口烟尘浓度低于10 mg/m³的业绩。

8 2020年行业发展中存在的问题及解决措施

8.1 行业发展中存在的问题

（1）电除尘的主要市场煤电行业已大幅降低，非电行业电除尘市场份额目前远远比不上袋式除尘器，提高电除尘在非电行业的应用是行业亟须解决的首要问题。

（2）电除尘行业主要企业都在积极寻找新的技术和产品，但新技术新产品的创新需要周期，如何缩短开发周期，使电除尘技术尽早满足超低排放的要求是行业面临的共性问题。

（3）钢材涨价影响依然是影响电除尘企业生存发展的重要因素之一。

（4）市场低价竞争仍然存在，利润不足，项目回款不到位是企业面临的生存压力。

8.2 解决措施

（1）未来电除尘在煤电行业的应用重点转向技术改造上，新建项目走多污染物协同治理路径。营销模式可转向运行维护等方向。

（2）要通过技术进步，充分发挥电除尘高效率、低阻力、长寿命等特长，快速提高电除尘在非电市场的占有率。

（3）对于钢材涨价对企业造成的影响，中国环境保护产业协会电除尘委员会组织行业各主要企业认真贯彻落实《电除尘工程合同引入钢材价格波动条款指南》的相关条款，以减少钢材价格剧烈波动对双方造成的损失，保证电除尘建设质量和可靠运行。

（4）国家相关部门应进一步加大规范市场招标的力度，行业协会应努力协调各企业之间的合作关系，为会员在经营风险管控方面提供合理建议。

附录：电除尘行业主要企业简介

1. 浙江菲达环保科技股份有限公司

浙江菲达环保科技股份有限公司创建于1969年，是中国燃煤电站烟气净化的先行者，现公司已发展成为全国环保行业的龙头企业，全球最大的燃煤电站除尘设备供应商，主要从事燃煤电站及工业锅炉烟气环保岛大成套及固废处置、污水治理等环保工程EPC、BOT、PPP建设。2002年公司在上海证券交易所发行上市（股票代码：600526）。公司注册资本5.47亿元，占地约167 hm^2，职工总数2325人，在美国、印度以及我国浙江杭州、江苏等地设有研究院和产业基地，初步构建了国际化布局。

公司建有国家认定企业技术中心、国家级工业设计中心、全国示范院士专家工作站等创新平台，已承担实施国家高技术研究发展计划、国家重点研发计划等省部级以及以上项目30多项，获国家科技进步奖二等奖1项、省部级科技进步奖一等奖14项，拥有有效的国家专利225项、软件著作5项，起草国家、行业和浙江制造标准135项，牵头编制行业专著3部。公司产品已出口40多个国家和地区，100万kW超超临界机组电除尘器国内市场占有率60%以上，荣获中国名牌和全国单项冠军产品。

2. 福建龙净环保股份有限公司

福建龙净环保股份有限公司（简称龙净环保）是全国生态环保产业龙头企业之一、全球最大的大气污染治理企业。公司创建于 1971 年，50 年来专注于环保技术装备的研发、设计、制造、安装、调试、技术服务、BOT（建造—运营—移交）运营，自主研制的电除尘、电袋除尘、袋式除尘、干法脱硫、湿法脱硫、烟气脱硝以及供电电源、节能系统、物料输送等大气环保装备广泛应用于电力、钢铁、冶金、建材等行业领域的重点工程，全面达到国际水平。龙净环保于 2000 年在上海证券交易所发行上市（股票代码：600388）。龙净环保现有资产总额 250 亿元，员工 7000 多人，在龙岩、厦门、福州、上海、西安、武汉、天津、张家港、宿迁、盐城、乌鲁木齐等地建立了研发和生产基地，构建了辐射东、西、南、北、中的全国网络布局，并拓展海外。如今，龙净环保业务已涵盖了大气污染治理、水污染处理、固废处理、土壤修复、生态保护等领域，提供生态环境综合治理系统解决方案，已成为中国环保产业的领军企业和国际知名的环境综合治理服务企业。

龙净环保是国家创新型企业、国家技术创新示范企业、全国知识产权示范企业、全国制造业单项冠军示范企业，并建有国家企业技术中心、国家环境保护工程技术中心、国家地方联合工程研究中心、国际科技合作基地、博士后科研工作站等创新平台。龙净环保先后承担国家科技支撑计划、国家重点研发计划等国家和地方重大科技任务 100 多项，编制国家和行业标准超过 100 项，获国家科技进步奖和省部级科技奖 60 多项，授权有效专利超过 1000 项。

3. 中钢集团天澄环保科技股份有限公司

中钢集团天澄环保科技股份有限公司（简称中钢天澄）是中国环保产业骨干企业，专业从事大气污染治理和低碳节能技术的研发、装备制造、工程设计与咨询、环保设施运营、工程总承包等业务，拥有生态建设和环境工程咨询甲级、环境工程（大气污染治理、固体废物处理处置）设计专项甲级、环保工程专业承包一级、脱硫脱硝运营一级等多项行业内顶级资质，是行业内为数不多的拥有全甲级资质的环保公司之一。

中钢天澄是科学技术部"国家工业烟气除尘工程技术研究中心"、生态环境部"国家环境保护工业烟气控制工程技术中心"两个国家级工程技术中心的依托单位，与清华大学等单位共建国家发展和改革委员会"烟气多污染物控制技术与装备国家工程实验室"；还设有国内唯一以钢铁行业超低排放技术为主攻方向的"院士专家工作站"。

中钢天澄充分发挥在大气污染防治及低碳装备生产等方面的技术优势，聚焦大气治理及低碳装备领域，开展大气治理及低碳装备的理论和产品设计研究、大气污染防治技术研究，打造绿色环保装备生产及应用示范基地，为钢铁、电力、石油化工等多行业客户提供大气污染防治关键共性技术绿色系统解决方案，以优异的质量和高效、环保的特性，为用户解决各类大气治理及低碳装备领域关键共性技术难题，提升客户绿色制造能力水平、降低能源消耗及资源环境影响。

4. 浙江天洁环境科技股份有限公司

浙江天洁环境科技股份有限公司（简称天洁环境）是综合大气污染防治解决方案供应商，从事环保设备制造已有 20 余年，并于 2015 年 10 月 12 日在香港联合交易所主板成功挂牌上市。

天洁环境的前身是其控股股东天洁集团有限公司。天洁集团有限公司由边建光先生于 1983 年在浙江省诸暨市成立，主要从事综合大气污染防治解决方案系统和设备的设计、制造、安装、服务及其他业务。2009 年，天洁集团有限公司将大气污染防治解决方案的业务转让予天洁环境，天洁集团有限公司不再从事大气污染防治解决方案的相关业务。

天洁环境主要从事燃煤烟气超低排放一站式处理系统和工业废气超低排放一站式处理系统，产品包括：（干式、湿式、移动极板、高温、低低温）电除尘器、布袋除尘器、电袋复合除尘器；（干法、半干法、湿法）脱硫系统；（SCR、SNCR（选择性非催化还原）、氧化法）脱硝系统；烟气消白系统；气力输送系统及造纸碱回收系统和工业废水零排放系统。

天洁环境是国家环境污染防治专用设备制造行业的排头兵，中国四大电除尘器生产企业之一，具有省环保产业协会环境污染治理工程总承包资质；住房和城乡建部环境工程专项甲级设计资质；环境专项施工二级资质；一、二类压力容器制造许可证以及 ASME（美国机械工程师协会）认证和 CE（欧洲标准）认证。天洁环境具备强大的生产制造能力，各类环保设备制造年生产能力可达 20 万 t，配有大型高效生产加工设备，还自主研发了 850 型阳极板生产线，480 C 型极板生产线，590 湿式电除尘器专用阳极板生产线等专用设备，电除尘器管形芒刺线全部采用整体式结构，自主创新开发了连续焊接移动阳极板焊接设备、连续焊接移动电极阳极板和移动电极阳极板连续焊接工艺等新装备和新工艺。

天洁环境不断拓展产品领域，每年都有新产品的研发和新技术应用，并通过省级新产品的鉴定，每年都有新技术获得国家专利，电解铝废气脱氟+干法脱硫系统、垃圾焚烧尾气处理超低排放系统采用 SDA 和 CFB 两种脱硫工艺都得到了很好的应用效果，近期开发了隧道空气净化系统、电除油雾器等新产品。

凭借在环保行业市场的丰富经验，多年以来，天洁环境的大气污染防治设备广泛应用于越南、韩国、泰国、印度尼西亚、印度、智利、巴拿马及俄罗斯等 10 多个国家。

5. 西安西矿环保科技有限公司

西安西矿环保科技有限公司（简称西矿环保）总部位于西安高新技术开发区，注册资本 2.5 亿元，是专业从事工业烟气治理设备研发、设计、制造、安装、运营一条龙服务的大型环保企业，是中国环保产业骨干企业、国家高新技术企业。公司制造基地位于西安经济开发区，并建有"陕西省工业烟尘治理技术研究中心"。拥有自营进出口权，通过了 ISO 9001（质量管理体系）、ISO 14001（环境管理体系）、ISO 45001（职业健康安全管理体系）等体系认证及欧盟 CE 认证。

多年来，西矿环保获得了众多国家和省部级奖励及荣誉，其中"转炉煤气 HLG 干法深度净化与烟尘原位回用集成技术与应用"技术荣获国家环境保护科学技术奖二等奖；自主开发并承建了国内首台水泥 SCR 脱硝示范工程，国内首台烧结烟气前置式 SCR 脱硝工程，水泥行业首台尘硫一体化脱除工程。西矿环保拥有 100 余项国家专利，被陕西省知识产权局授予"省专利产业孵化计划重点项目单位"。

西矿环保专注于冶金、建材等非电领域大气污染治理技术的研发与应用，在冶金行业，拥有烧结烟气除尘技术、各类脱硫技术、SCR 脱硝技术、转炉煤气 HLG 干法净化与回收技术等，服务于宝钢、武钢、鞍钢、首钢、柳钢等大型钢铁集团。在建材行业，拥有 SK505 高效脱硝除尘除雾技术、水泥烟气 SCR 脱硝超低排放技术、各类超低排放除尘技术，服务于海螺集团、红狮集团、金隅冀东集团等众多水泥企业。

西矿环保拥有雄厚的技术研发实力、强大的装备制造能力和专业的服务保障水平，可为广大客户提供烟气超低排放治理岛全套技术及服务，全方位满足国家非电领域最新的超低排放要求。

6. 兰州电力修造有限公司

兰州电力修造有限公司隶属中国能源建设集团装备有限公司，成立于 1965 年，注册资本 1.43 亿元，为甘肃省高新技术企业，是集产品研发、设计、生产、安装、测试、售后服务为一体的国内领先环保企业。

主要产品有高压静电除尘器、电（布）袋除尘器、低低温电除尘器、湿式电除尘器、移动电极型电除尘器、顶加侧电除尘器、烟气"脱白"、光热定日镜支架等，提供环保及电力技术开发、咨询、服务等业务。产品及服务遍销全国，并出口到东南亚国家。

公司电除尘器产品曾荣获国家科技进步奖二等奖、国家优质产品金质奖、国家技术开发优秀奖、国家优秀新产品金龙奖、国家环保最佳实用 A 类技术、水电部科技进步奖一等奖以及甘肃省优质产品等多项国家和省、部级奖励。起草并制定了我国电力行业燃煤电厂《电除尘器》（DL/T 514—2017）标准。拥有发明专利 2 项，实用新型专利 24 项，生产技术资质 16 项，年生产加工能力 5 万 t，产值 5 亿元以上。

7. 河南中材环保有限公司

河南中材环保有限公司（简称中材环保）是由中国建材集团旗下中材国际工程股份公司控股的大型专业环保公司，是我国环保产业龙头企业之一、中国环保产业骨干企业、国家高新科技企业、河南省创新型企业，是全国环境保护产业协会理事单位、中国环境保护产业协会电除尘委员会副主任委员、袋除尘委员会常委单位。公司拥有进出口自营权并取得 ISO 9001 质量体系、ISO 14001 环境体系和 GB/T 28001 职业健康体系三体系认证。公司拥有工程技术人员 200 多人，其中教授级高级工程师 10 人。公司建设有河南省工业除尘工程技术研究中心和"省级企业技术中心"。公司主导产品袋式除尘器、电除尘器以及电袋复合式除尘器、高温低尘 SCR 脱硝技术装备等通过欧盟 CE 认证，其中袋式除尘器荣获"中国名牌产品""河南省名牌产品"称号。

公司在大气除尘研究、产品开发、设备制造和安装领域具有国内领先优势，主导产品在引进国际技术基础上自主开发的"中材环保牌"袋式除尘器和电收尘器及 NO_x 治理技术装备，技术水平在国内处于领先地位，其中部分产品的技术指标填补了国内空白，能够满足当代国际先进环保标准，具有国际先进、国内领先水平。产品广泛应用于建材、电力、冶金、化工等行业，畅销全国并出口美国、德国、澳大利亚、塞内加尔、沙特阿拉伯等 60 多个国家和地区。

8. 江苏蓝电环保股份有限公司

江苏蓝电环保股份有限公司（原泰兴市电除尘设备厂）始建于 1984 年，坐落于江苏新型滨江工业城市泰兴市。公司是江苏省高新技术企业，中国环保产业协会和电除尘委员会成员单位，中国硫酸工业协会、中国磷肥工业协会和有色冶金总公司电除尘器配套生产企业，可与国外制造大型制酸电除尘设备企业相媲美。建厂以来，为有色冶炼、硫铁矿制酸、电力、钛白粉、造纸、水泥等行业提供电除尘器、布袋除尘器、脱硫脱硝及配套设备和服务，已有 1000 多台"蓝电"牌电除尘器、布袋除尘器、几十套大型脱硫装置在国内外稳定运行，产品遍及全国各地，成套设备已出口到欧洲、非洲、亚洲等 10 多个国家。

公司拥有一支几十年从事电除尘器研究设计、实践经验丰富的专家队伍，具有较强的新产品开发能力,获得了 6 项发明专利,22 项实用新型专利,并将这些专利技术用于电除尘器和脱硫设备的重要部位。研制的开放式电石炉烟气除尘用电除器和预处理技术填补了国内空白,生产的 LD1201 型电除尘器获国家技术进步奖三等奖、部级科技进步奖二等奖,大型电除尘器获首届北京国际博览会银牌奖。多方位旋转高效电除尘器和新型极配电除尘器被认定为江苏省高新技术产品。参加了《有色金属冶炼厂收尘设计规范》等国家标准的编制。

公司被评为中国工业排头兵企业,环保产业百强企业,执行标准优秀企业,重质量、守信誉公众满意单位;并被授予质量、信誉双保障示范单位,中国绿色产品保护优秀企业荣誉单位。"蓝电"牌电除尘器被评定为江苏名牌产品,"蓝电"商标被省工商局认定为江苏省著名商标。

9. 浙江佳环电子有限公司

浙江佳环电子有限公司创建于 1969 年 4 月,是国内专业研发生产高端环保装备的国家高新技术企业、中国环保科技先进企业。具有环境污染治理工程总承包、专项设计甲级资质和环保工程专业承包一级资质。公司现有注册资本 8000 万元,固定资产近 2 亿元,在职员工 140 多人,其中:拥有中高级职称人员 69 人,享受国务院特殊津贴 4 人,全国环保产品标准化技术委员会委员 1 人。

公司坚持实施科技兴企和优质名牌战略,发展成为全国环保科技先进企业。先后研发出国内首台中频电源、工频电源、高频电源、静电除尘器,144 kW 大功率、200 kW 超大功率高频电源在国内电除尘行业率先应用。电除尘器产品在近千台(套)机组中推广使用。公司研发生产的除尘电源、电除尘器、智能控制系统等高端环保装备先后荣获:国家科技进步奖、国家科技成果奖、原环境保护部科技进步奖二等奖、中国优秀环境保护装置、浙江省优秀科技成果二等奖,浙江制造精品、浙江名牌产品等 60 多项国家和省部级科技创新成果。公司建有企业院士专家工作站、省级企业技术中心、省级高新技术企业研发中心、市级工业设计中心,拥有授权发明等专利 100 余项。通过了 ISO 9001、ISO 14001、OHSAS 18001(职业健康安全管理体系)和国家知识产权管理规范体系认证,是国家电除尘器高频、工频电源标准主要起草单位,燃煤电厂电除尘器选型报告书制定单位。

公司秉承"让地球更洁净"的使命,朝着"创世界品牌,建百年佳环"的宏伟愿景,通过不懈努力和执着追求,形成了独特的团队精神和优秀的企业文化。50 多年的经营经历浓缩成一个个精彩的成果,得到了众多业主和社会各界的信赖与认同。公司先后获得了:中国 500 家成长型中小企业、中国电子信息行业优秀企业、全国环保行业百强企业、全国 CAD 应用工程示范企业、浙江省环保科技优秀企业、浙江省五个一批重点骨干企业、浙江省环保产业十佳企业、功勋企业、浙江省大数据应用示范企业、两化融合示范企业、创新型示范中小企业、金华市人民政府质量奖、金华市纳税超千万大户、十大突出贡献企业、三名企业、金华开发区政府质量奖等荣誉称号。

10. 南京国电环保科技有限公司

南京国电环保科技有限公司(简称南环科技)位于南京市国家级高新技术产业开发区,致力于提供锅炉烟气治理和过程监测、废水零排放等相关产业的产品、技术和整体解决方案,是国内电除尘器高频电源、脉冲电源以及烟气监测技术的领军企业。

南环科技坚持以科技创新引领企业发展,参与和承担了"燃煤电站多污染物综合控制技术研究与示范"等国家高技术研究发展计划、"二次细颗粒物主要前体物监测仪器开发与应用示范"等国家重大科学仪器设备开发专项、"电除尘高频电源研制"等国家重大产业技术开发专项等国家和省部级重点科技项目 20 余项。

南环科技的多项研发技术先后获得了中国电力技术发明奖一等奖、中国电力科学技术进步奖一等奖、江苏省科学技术奖一等奖、国家能源科技进步奖二等奖等省部级奖励几十项；获得国家发明、实用新型专利等130余项；与中国科学院、环境监测总站、东南大学和南京航空航天大学等联合开展技术开发，共建了江苏省企业研究生工作站、研究生联合培养基地、校企联盟等。

南环科技是科学技术部国家"火炬"计划重点高新技术企业、全国首批环保装备专新特精企业、中国环境保护产业骨干企业，公司产品被认定为高新技术产品、江苏省名牌产品。拥有环保工程总承包、环境治理设计等资质等，通过了三标体系认证。

11. 厦门绿洋环境技术股份有限公司

厦门绿洋环境技术股份有限公司自1996年创建以来，一直专注于大气污染物治理装备的技术创新与新产品开发，是国家级高新技术企业，福建省小巨人领军企业，新三板创新层。2018年入选CCTV《匠心》栏目纪录片展播企业，2019年度入选中国铝业集团建安工程优秀承包商。现任中国环境保护产业协会电除尘专业委员会常委单位，中国机械联合会大气净化设备技术标委会委员单位。

公司核心人员潜心研究电除尘技术30多年，先后在历届电除尘学术年会论文集和环保专业刊物上发表学术论文30余篇。拥有20多项核心专利技术，构筑了世界先进的高效电除尘超低排放技术体系和整体解决方案。已在钢铁烧结机头和氧化铝熟料窑等细分行业，工业燃煤锅炉、转炉煤气等领域，实现了电除尘出口排放值≤10 mg/m³，并获得2019年中国环境保护产业协会环境技术进步奖二等奖和厦门市科学技术进步奖二等奖。2020年在新冠肺炎疫情不利的背景下，销售业绩仍保持快速增长。

2020年末在龙岩市经开区（高新区）购买工业用地约6.2 hm²，成立龙岩绿洋环境保护专用装备有限公司，建设龙岩生产加工基地，以加快新一代低碳多污染协同治理整体解决方案的研发。

12. 浙江大维高新技术股份有限公司

浙江大维高新技术股份有限公司是一家以嵌入式系统为核心的特种高压电源及高端环保应用装置的研发、设计、销售和服务的高新技术企业。注册资金5500万元，占地面积4.2 hm²，总资产超5亿元，员工197人。目前为国家级高新技术企业、知识产权优势企业以及省级"隐形冠军"企业、商标品牌示范企业、创新型示范中小企业，是中国环境保护产业协会电除尘委员会常委单位、大气净化标准化技术委员会委员单位，建有省级企业研究院、博士后工作站、企业技术中心、高新技术企业研发中心和市级院士专家工作站，持有住房和城乡建设部环境工程专项设计乙级、环保工程专业承包二级、机电工程总承包三级资质。

公司研发实力雄厚，具备完善的研发流程和高规格实验室，在嵌入式能量智能优化软件、大功率高压电力电子技术、工业物联网技术，环保系统设计工艺/节能优化技术方面有较高造诣和深厚沉淀，多个专项领域的研究水平已达到国际领先水平。已承担各类科技计划40余项，获得授权各类专利130项，其中授权发明专利16项。研发完成的产品荣获省、市级奖项20余项，参与制定国家标准1项、行业标准3项，主导制定浙江制造标准1项。

公司经过多年的研发投入，目前形成了高频高压供电控制装置、脉冲高压供电控制装置、等离子高压供电控制装置等核心产品，在面临综合、复杂的应用场景时，将产品与相应的工艺装置相配合，为客户提供综合性的环保整体解决方案，目前产品主要应用于粉尘超低排放、等离子多种污染物协同脱除、恶臭气体高效治理、水泥窑烟气 SCR（脱硝）超低排放等领域。

13. 上海激光电源设备有限责任公司

上海激光电源设备有限责任公司是中国科学院上海光学精密机械研究所控股的高新技术企业，主要承担高功率激光装置能源系统及恒流电源的研发、生产和现场集成。

公司掌握工频、高频恒流高压直流电源的核心技术。自有多项技术的发明专利。拥有 30 多年恒流电源设计、生产、配套的经验，是恒流电源首创和行业标准的制定者。自主研发的高频恒流电源，2008 年开始应用于国家重大项目。2009 年首创并致力于推广的电收尘 MEC（集本体机械、电源电气、烟气条件为一体的电除尘系统）升级改造技术，是以最少的投入实现环境标准的升级优选途径。

工频、高频恒流高压直流电源除在国家高功率激光装置上应用外，还在电力、建材、钢铁、有色、化工行业等静电沉积领域有广泛的应用。

公司始终坚持"质量为先、诚信为本"的原则，坚持技术的持续创新。从客户切实需要出发，致力于为客户提供高效可靠的电源设备及静电除尘高低压供电解决方案，以满足客户日益严格的节能减排需求。近年来，产品跟随国家"一带一路"项目畅销国内外环保市场，久经市场检验，优质的产品质量得到了用户的广泛认可和赞誉。

14. 南京兴泰龙特种陶瓷有限公司

南京兴泰龙特种陶瓷有限公司成立于 1992 年，是生产特种精密技术陶瓷的高新技术企业，参与了行业标准《电除尘器用瓷绝缘子》（JB/T 5909—2010）的制定，是中国环境保护产业协会电除尘委员会常委单位、配件组组长单位。公司生产的高铝瓷绝缘子，其各项性能指标均满足于在各种高温、高负荷、强腐蚀和高频脉冲的条件下作耐高压的绝缘构件。公司通过引进国外先进生产工艺、技术标准和特种设备，常年为电除尘行业提供各类高性能、高标准的高铝瓷绝缘子，可覆盖燃煤电厂、钢铁冶炼、有色冶炼、玻璃工业、化工、水泥建材等行业电除尘器的绝缘性能需求。

袋式除尘行业 2020 年发展报告

1 2020 年行业发展现状及分析

1.1 2020 年行业发展环境分析

2020 年是极其不平凡的一年，受新冠肺炎疫情的影响，各行各业都经历了一场史无前例的严峻考验，全国上下一起携手共进、攻坚克难、共渡难关。

2020 年国家和政府坚持"两手抓"。一方面，为应对疫情影响导致的企业长时间停工停产、大批中小企业面临倒闭等严峻局面，国家和地方纷纷出台各种优抚政策，帮扶中小企业复工复产，袋式除尘行业的企业也受益其中；另一方面，面对依然严峻的大气污染形势，环保政策和环境监管毫不放松，各地及各行业的超低排放依旧严格实施，客观上助推了袋式除尘的应用。

同时，对于"特殊"的 2020 年，基于袋式除尘滤料纤维对颗粒物的高效过滤机理，部分滤料生产企业凭借自身在袋除尘滤料生产过程中积累的经验，积极投入到个体防护用品如口罩、口罩基材、防护服的生产与研发中，不仅获得了可观的经济效益，而且有力地支持了中国乃至世界的防疫工作，尤其在疫情初期，防护用品紧缺的情况下，行业的这些积极工作难能可贵。

1.1.1 政策法规的驱动作用

党的十九届五中全会明确提出 2035 年"美丽中国建设目标基本实现"的远景目标和"十四五"时期"生态文明建设实现新进步"的新目标、新任务，为做好"十四五"生态环境保护工作指明了前进方向、提供了根本遵循。

为深入贯彻习近平总书记在民营企业座谈会上的重要讲话精神，落实《中共中央国务院关于营造更好发展环境支持民营企业改革发展的意见》，统筹推进疫情防控和经济社会发展工作，2020 年 5 月 25 日国家发展和改革委员会等六部门联合印发了《关于营造更好发展环境支持民营节能环保企业健康发展的实施意见》（以下简称《实施意见》）。《实施意见》围绕营造公平开放的市场环境、完善与稳定普惠的产业支持政策、推动提升企业经营水平、畅通信息沟通反馈机制 4 个方面，提出了十二条支持民营节能环保企业健康发展的政策措施。特别对完善稳定普惠的产业支持政策等方面提出了具体要求，引导民营企业参与节能环保重大工程建设，贯彻落实好现行税收优惠政策，加大对民营企业绿色金融和绿色技术创新的支持力度。

面对新冠肺炎疫情对中小微企业造成的重大影响，为加快恢复正常生产生活秩序，支持实体经济高质量发展，2020年5月26日，人民银行、国家发展和改革委员会、工业和信息化部、财政部等八部门联合印发了《关于进一步强化中小微企业金融服务的指导意见》（以下简称《意见》）。《意见》要求：要不折不扣落实中小微企业复工复产信贷支持政策、发挥多层次资本市场融资支持作用等，政策要求对行业中小微企业的复工复查与发展提供了支持、树立了信心。紧随其后，为缓解小微企业缺乏抵押担保的痛点，提高小微企业信用贷款比重，2020年6月1日，人民银行等五部委联合印发了《关于加大小微企业信用贷款支持力度的通知》，并明确人民银行应加大对小微企业信用贷款的投放，支持更多小微企业获得免抵押担保的信用贷款支持。

2020年7月1日，国务院第99次常务会议通过《保障中小企业款项支付条例》（以下简称《条例》），自2020年9月1日起施行。《条例》的出台实施，对机关、事业单位和大型企业及时支付中小企业款项，维护中小企业合法权益，优化营商环境，加快企业资金回笼，缓解企业资金困难，保障企业良性发展等起到了积极促进作用。

为落实党的十九届四中全会精神，经国务院同意，2020年7月3日工业和信息化部、国家发展和改革委员会、科学技术部、财政部等17个部门联合印发了《关于健全支持中小企业发展制度的若干意见》，提出完善支持中小企业发展的基础性制度、坚持和完善中小企业财税支持制度、坚持和完善中小企业融资促进制度、建立和健全中小企业创新发展制度、完善和优化中小企业服务体系、建立和健全中小企业合法权益保护制度、强化促进中小企业发展组织领导制度七方面25条具体措施。

2020年10月28日，生态环境部、国家发展和改革委员会等部门联合发布了《京津冀及周边地区、汾渭平原2020—2021年秋冬季大气污染综合治理攻坚行动方案》，对上述地区今冬明春$PM_{2.5}$的平均浓度和重度及以上污染天数分别提出了明确要求和实现目标。

1.1.2 环保标准的引领作用

近年来，国家针对煤电、钢铁、建材、有色、焦化、石油化工、电石等重点污染行业和重点污染源陆续颁布了多项新的大气污染物排放标准，新标准对污染物排放种类和排放限值作了更为严格的规定，实质上对袋式除尘装备净化性能提出了更高的要求。

2020年4月29日，为贯彻《环境保护法》和《大气污染防治法》，完善国家大气污染物排放标准，促进环境空气质量改善，生态环境部组织起草了《玻璃工业大气污染物排放标准》（征求意见稿）、《石灰、电石工业大气污染物排放标准》（征求意见稿）、《砖瓦工业大气污染物排放标准》（GB 29620—2013）和《无机化学工业污染物排放标准》（GB 31573—2015）4项国家环境保护标准的征求意见稿或修改稿，进一步严格了玻璃、石灰、电石、砖瓦等工业的颗粒物、SO_2、NO_x 等大气污染排放标准限值和特别排放标准限值。

为落实《关于推进实施钢铁行业超低排放的意见》和《关于做好钢铁企业超低排放评估监测工作的通知》，为钢铁企业有效实施超低排放改造提供技术支撑，中国环境保护产业协会组织编制并发布了《钢铁企业超低排放改造技术指南》（以下简称《指南》）。该《指南》是在总结现有钢铁企业超低排放改造实践经验的基础上编制的，在技术路线选择、工程设计施工、设施运行管理等方面可为钢铁企业实施超低排放改造提供参考。《指南》对袋式除尘器、预荷电袋滤器、电袋复合除尘器、工业滤筒等颗粒物高效净化新技术和新产品的适用工序、选型原则等进行了明确推荐。

上述诸多政策的出台和标准、指南的发布，确立了节能环保产业发展的目标导向，也确立了新形势下袋式除尘在企业环保提标和超低排放改造中的突出作用与核心地位。特别是国家给予中小企业众多普惠政策，也为中小企业的发展支撑起了坚强后盾，必将进一步为以中小民营企业为主的袋式除尘行业和企业提振更足的发展动力和信心。

1.2 2020 年行业经营状况分析

1.2.1 2020 年行业生产经营状况分析

根据 2020 年袋式除尘行业统计，从事袋式除尘行业的注册企业 170 余家，分布在 26 个省（区、市），其中科研、高校和主机企业 50 余家，纤维和滤料企业 100 余家，配件和测试仪器企业共 10 余家。据不完全统计，2020 年行业总产值约 190.45 亿元/年，产值同比降低约 5.0%；其中纤维滤料产值约 90.00 亿元，产值同比增长约 5.0%，产量增长 10.0%；行业出口额约 11.00 亿元，其中滤料出口约 6.80 亿元；行业利润约 17.22 亿元，利润率 9.0%，行业利润总额同比减少约 13.9%。

袋式除尘行业受政策驱动的影响非常明显，目前超低排放已常态化，特别是生态环境部等五部委《关于推进实施钢铁行业超低排放的意见》的正式发布以来，非电行业实施超低排放改造全面按下"快进键"，全国钢铁企业超低排放改造已完成 60% 以上。近几年从事袋式除尘企业生产总体繁忙，涉及主机、滤袋和配件等整个产业链。2020 年繁忙态势不减，特别是下半年疫情稳定后，行业各骨干生产企业产值增长明显。受全球石油价格低落的影响，纤维及滤料虽然在产量上增加可观，但产值增幅不大。与此同时，2020 年度受新冠肺炎疫情客观影响，上半年行业经营状况普遍不佳，下半年疫情稳定，全面复工复产后呈快速回升态势，但出口额仍回升乏力。值得一提的是，有些企业积极抓住疫情防控对口罩、防护服的强劲刚性需求与供求缺口，大胆开拓，凭借在纤维和滤料研发与生产上的经验，在极短的时间内不仅建立了口罩加工线、防护服加工线，而且建立了口罩熔喷过滤材料生产线，研发并建立PTFE膜（微孔性薄膜）过滤材料线，不仅获得较好的经济效益，而且有力地支持了防疫物资的生产。总体看来，因受疫情影响，全年行业产值和利润均略有下降。

1.2.2　2020年行业成本费用及盈利能力分析

袋式除尘行业竞争充分，盈利水平较低。行业突出问题主要包括行业产能过剩、低价竞争、资金短缺、货款回笼困难等。此外，袋式除尘行业以民营企业为主，企业规模小，技术创新和产品创新能力不足，产品同质化问题突出，一些企业出于示范工程的需要、老用户的维持、新用户的争取、上市所需的业绩销售等原因，在某些招标订单中给出超低价，导致市场恶性竞争和低水平重复等现象始终存在，制约着行业的健康高质量发展。

同时，我国袋式除尘器设计与制造技术水平显著提高，除尘设备和相关产品出口到多个国家，虽受国内外疫情影响，出口额有所下降，但仍呈向好态势。在低阻节能大型化除尘设备、加热炉烟气除尘脱硝一体化装置、烧结烟气多污染物协同净化技术装备、高温超净电袋复合超低排放等新技术的开发应用方面进展较快，在高精度纳米级滤料、催化脱硝多功能过滤材料开发与应用、袋式除尘制造和滤料生产装备智能化数值化升级等方面进步显著，新技术和新成果的应用提升了行业的盈利能力，产品结构调整效应开始显现。

1.3　2020年行业技术进展

1.3.1　行业总体技术进展分析

目前，我国袋式除尘设计技术、制造装备和产业发展水平都已跻身国际先进行列，袋式除尘装备及配套的各种纤维、滤料、配件的性能都已达到国外同类产品的技术水准，众多具有国内自主知识产权的技术步入国际先进行列。袋式除尘工业应用出口粉尘排放浓度＜10 mg/m³、运行阻力控制在1000 Pa以下、漏风率＜2%等关键指标均已呈常态化，滤袋使用寿命不断延长，计算机辅助设计及分析等技术的应用广泛，参数化设计及3D设计方法逐步推广，工程设计周期大幅缩短。目前，袋式除尘器系列产品众多，应用覆盖领域广泛，成为我国工业烟气细颗粒物$PM_{2.5}$控制的主流装备，也是多污染物协同净化不可或缺的重要装备，为我国取得大气污染控制防治攻坚战和"蓝天保卫战"阶段性胜利发挥了举足轻重的作用。

2020年，我国袋式除尘行业在节能高效新结构大型化的开发与应用、高温超净电袋复合超低排放技术、多功能袋式除尘一体化净化装置、烟气多污染物协同净化、催化脱硝功能滤料及纳米级滤料的开发应用等方面具有突破性进展。

1.3.1.1 节能型袋式除尘器结构大型化开发应用

针对传统袋式除尘器存在的结构复杂、流动阻力大、沉降粉尘与气体流动逆向、气流分布不易均匀、灰斗多、占地面积大等问题，中钢集团天澄环保科技股份有限公司（以下简称中钢天澄）自主开发了顶部垂直进风袋式除尘器新结构，已获得了发明专利。2020年中钢天澄又开展了大型化的结构研究与设计，并成功在某钢厂原料除尘系统进行了大型化工程应用，单模块处理风量可达 33 万 m^3/h（图1），运行表明，颗粒物排放浓度约为 5 mg/m^3，设备过滤阻力 500~800 Pa，显著降低了设备阻力和运行能耗，减少占地 30%，节约钢耗 10%~15%，节能减排效果尤为显著，市场前景广阔。

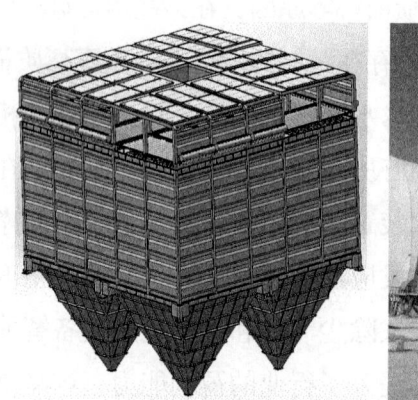

图1 节能型袋式除尘器结构的大型化开发应用

1.3.1.2 高温烟气多污染物除尘脱硝一体化超排技术成功开发

多污染物一体化控制设备可实现尘、硫、硝一体化超低排放，具有工艺简单、系统集成度高、设备少、占地面积小、运行维护方便等优点，技术经济性优良。针对高温烟气多污染物高效协同净化需求，龙净环保在某电厂锅炉高温烟气搭建了尘、硫、硝一体化净化试验台，开展了中试试验并获得成功（图2）。该技术工艺为高温干法脱硫＋高温

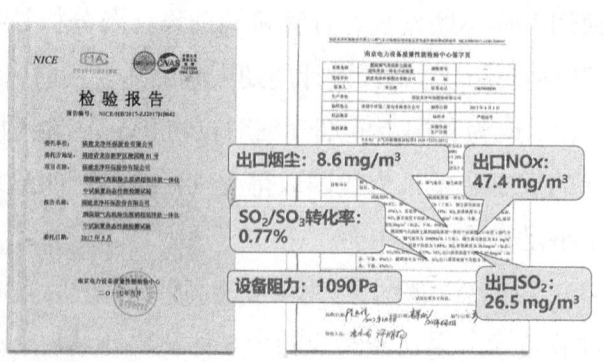

图2 高温烟气多污染物除尘脱硝超低排放一体化试验

超净电袋除尘+低尘 SCR 脱硝一体化技术，试验测试结果表明：经过该工艺净化后，烟尘浓度 8.6 mg/m³、NO_x 浓度 47.4 mg/m³、SO_2 浓度 26.5 mg/m³、SO_2/SO_3 转化率 0.77%、氨逃逸率 ≤ 2 mg/m³（图 2）。该工艺技术通过技术鉴定达到国内领先水平，为燃煤机组高温烟气多污染物超低排放协同控制提供了全新的技术路线。目前正在某燃煤机组上开展工业示范应用。

1.3.1.3　加热炉烟气脱硫、脱硝除尘协同治理取得成功

加热炉烟气含 SO_2 和 NO_x，同时烟气中 CO 含量较高，烟气升温难度加大，SCR 使用效果欠佳。中钢天澄采用开发的 SDS 脱硫+BF 袋式除尘+中低温 SCR 脱硝工艺技术，首次对加热炉烟气多污染物进行协同净化，目前已在河北某厂 5 台加热炉烟气治理项目中获得成功应用，解决了加热炉烟气污染物治理问题，实现了加热炉烟气治理超低排放（图 3）。

图 3　河北沧州某加热炉烟气协同治理项目

1.3.1.4　多功能过滤材料取得突破和应用

功能滤料可协同催化脱硝、脱二噁英和脱除 VOCs 等污染物，是当前的研究热点。近年来，清华大学、中国科学院过程工程研究所、浙江鸿盛环保科技集团有限公司、中天威尔环保科技有限公司等单位相继开展了多功能滤料和催化陶瓷滤管产品研发。

2020 年，由浙江鸿盛环保科技集团有限公司和中国科学院过程工程研究所联合研发的新型催化脱硝除尘功能滤袋取得了突破，并在水泥行业烟气净化项目中获得应用（图 4），

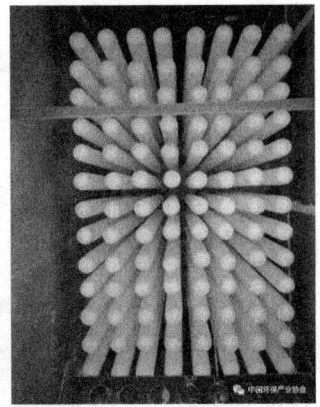

图 4　新型催化脱硝除尘功能滤袋工业应用

以滤袋为载体负载中低温脱硝催化剂，实现了除尘+脱硝耦合烟气治理，可较好地适于烟气温度 200～260 ℃范围，根据脱硝的实际工况通过调整滤袋结构，脱硝效率可达 50.0%～80.0%。工程应用实例测试显示，运行温度 180～220 ℃时，脱硝率可达 92.6%～93.2%；运行温度 220～260 ℃时，脱硝率可达 95.1%～97.4%。NO_x 排放浓度 50～100 mg/m³，颗粒物排放浓度＜5 mg/m³。

1.3.1.5 高温除尘 SCR 脱硝一体化新技术

虽然高温 SCR 脱硝是成熟技术，但对水泥生产工艺而言，需有针对性解决措施。福建远致环保科技有限公司通过技术攻关，提出了高温除尘 SCR 脱硝一体化新技术（图 5），该技术将机械除尘、电除尘和袋式除尘三级除尘有机融合为一体，充分利用三种除尘方式的优点，有效解决预除尘、氨逃逸、催化剂流场均匀性、催化剂堵塞及磨损等问题，实现烟气的高效净化。目前已在水泥企业成功应用（图 5）。测试表明，采用该技术除尘后颗粒物浓度＜10.0 mg/m³，氮氧化物（NO_x）＜30.0 mg/m³，氨逃逸浓度＜2.5 mg/m³。

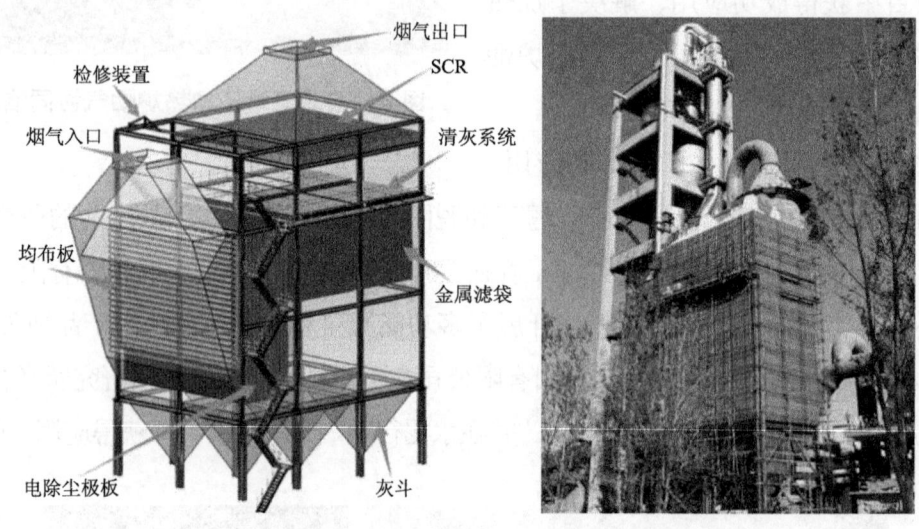

图 5 高温除尘脱硝一体化技术及应用

1.3.1.6 纳米纤维滤料应用新突破

采用纤维纤度≤1.0 Daniel（≈8 μm）的合成纤维或直径 5 μm 以下的无机纤维做迎尘面的滤料为超细面层滤料（引自《袋式除尘用超细面层滤料技术要求（T/CAEPI 24-2019）》）。超细面层滤料具有过滤精度高、透气性佳、阻力低等诸多优点，是当前袋式除尘实现超低排放的主流过滤材料之一。迎尘面所采用的纤维越细，过滤性能越好。近年来各国纷纷开展超细纤维的研究，由东北大学、浙江宇邦滤材科技有限公司和中钢天澄依托国家高技术研究发展计划项目成功开发出纤度为 0.08 Daniel（＜1.0 μm）的海岛纤维，并已实现大规模商业化应用。日本帝人（中国）有限公司近年一直致力于纳米级纤维的研发，目前纤度为 700 nm 的纤维已获得成功，并开始商业化应用。用纳米级（700 nm）纤维做滤料面层的滤料过滤性能更为突出，具有纤维分散性好、滤材精度高、捕集效率更佳、表面微孔更小、不易堵塞（图 6）、透气性好、阻力更低，无纺布材质面层比覆膜更厚（图 7）、不易磨 / 破损而漏尘、安全性高、使用寿命更长等突出特点。

(a) 纳米滤料截面　　　　　　　　(b) 普通滤料截面

图 6　使用后纳米滤料与普通滤料截面对比

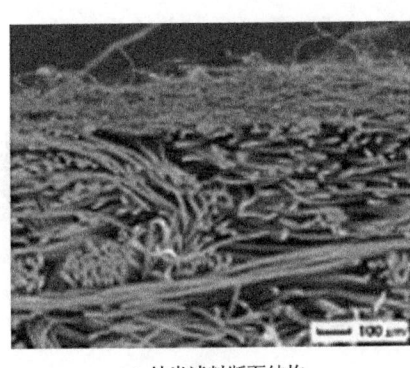 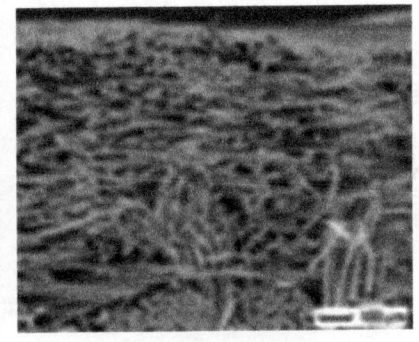

(a) 纳米滤料断面结构　　　　　　　　(b) 覆膜滤料断面结构

图 7　纳米滤料与覆膜滤料断面结构对比

1.3.1.7　金属纤维滤料产品多样化开发应用

金属纤维毡是用不同丝径（1 ~ 100 μm）的耐高温、耐腐蚀性的不锈钢金属纤维进行搭配，采用无纺铺制方法，通过高温烧结而成的多孔滤材，具有耐高温、耐腐蚀、高精度、高强度、高韧性、高透气性、低阻力、无静电吸附、易再生、回收方便、无二次污染和高适应性等诸多优点，同时还可负载催化剂起到多污染物协同净化的功能，还可褶皱制造成为各种结构形状的大过滤面积的滤筒。金属纤维滤料产品日渐成熟和多样化（图 8），开始在水泥、有色、工业锅炉等行业得到应用。

图 8 金属纤维滤料产品多样化

1.3.1.8 袋式除尘器配件技术产品的升级开发

袋式除尘器配件对于袋式除尘器十分重要、不可或缺。

上海袋式除尘配件有限公司侧重智能脉冲清灰控制技术的开发研究（图9），通过设置 RS485 设备通信 ID，采用带有 CRC 校验的 MODBUS-RTU 通信协议来实现本地或远程控制，实时监测并存储脉冲阀工况；可设置过压/欠压报警状态干接点输出；设有低功耗输出控制电路，可有效降低能耗达 66%。

 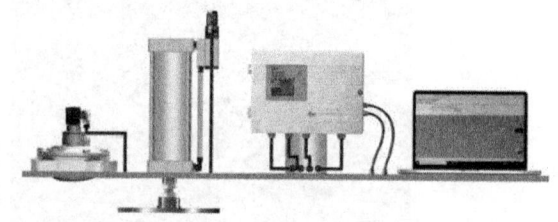

图 9 上海袋配智能脉冲清灰控制新技术新产品

苏州协昌环保科技股份有限公司着力于智能脉冲阀的性能优化与升级，在原先的传感元件中增加了智能硬件，对电磁脉冲阀的运行数据进行预处理，有效减少了数据的传输量，并在数据采集传输装置中使用了 Key-Value 技术，大幅提升了数据传输的可靠性和稳定性。

上海尚泰环保配件有限公司致力于科技创新，研发新型二代脉冲阀和智能喷吹控制装置，为脉冲喷吹袋式除尘器实现超低排放提供配套新技术支撑。通过开发脉冲阀性能测试装置（2.0 版），为新产品开发提供性能测试条件与评价手段，为同类及新老产品性能对比提供数据及科学分析。根据袋式除尘器设备在运行中的常见故障，成功开发滤袋破损及分气箱封堵装置，方便用户故障处理，保证除尘设备长期可靠运行。

1.3.1.9 袋式除尘装备智能化制造升级

为响应国家实施制造强国战略，践行"中国制造2025"，袋式除尘行业骨干企业继续加强加工制造装备的智能化升级。

科林环保装备股份有限公司、上海袋式除尘配件有限公司等分别在主机和配件加工制造装备的智能化升级方面持续发力，焊接机器人及自动化焊接生产线、脉冲阀智能化生产线等自动化生产装备频现。以科林环保为代表，近两年投资上千万元，建立了除尘箱体和圆形筒体除尘器制造的智能自动化焊接工作站（图10），箱体板加工尺寸可达 10 000 mm×3 000 mm，圆形筒体加工尺为直径 4500 mm×5000 mm，焊接板材厚度为 2.50 ~ 6.00 mm。

在脉冲阀加工制作方面，上海袋式除尘配件有限公司综合应用数字化传感、网络化管理、智能化改造新技术，开创了产品的全自动智能装配和检测分选，实现了电磁脉冲阀的无人化数字智能生产。

图10　袋式除尘器的智能自动化焊接工作站和脉冲阀无人化智能生产线

1.3.2　新技术开发应用分析

1.3.2.1　绿色技术预荷电袋滤推广应用迅猛

中钢天澄研发的国家高技术研究发展计划项目成果预荷电袋滤技术示范应用以来，因技术指标先进（颗粒物排放浓度持续稳定＜ 10 mg/m³、设备阻力 700 ~ 950 Pa、运行能耗可下降 40%）、运行稳定可靠，在钢铁行业反响强烈，先后在日照钢厂、新余钢厂、方大特钢、防城港、柳钢等国内大型钢铁企业推广应用（图11），截至2020年年底已累计应用近50台（套），并继续保持强劲势头，已成为钢铁炉窑烟气细颗粒物超低排放设备的主流技术。2020年入选《国家先进污染防治技术目录》《国家鼓励发展的重大环保技术装备目录》和《国家绿色技术推广目录》。

图 11　预荷电袋滤技术在钢铁行业的应用

1.3.2.2　高温超净电袋复合技术的应用领域扩大

福建龙净环保股份有限公司开展的超净电袋的开发研究，继 2019 年超净电袋在煤电行业获得大量成功应用后，2020 年再次进行技术升级，成功突破耐高温的合金滤料关键技术，在高温超净电袋复合技术方面实现新应用，性能优越，具有耐高温（400 ~ 800 ℃）、超低排放、滤袋超长寿命（≥ 8 年），且易回收、高价值、无二次污染等突出特点。适用于工况复杂、高难的烟气治理，已在有色（氧化铝、铜、铅、锌、钛白粉）、钢铁、水泥、化工等领域获得较多工程应用（图 12），特别适用于有回收价值的粉料收集。目前，该项技术在氧化铝焙烧炉高温超净电袋已取得 33 台（套）的应用案例，烟尘排放均＜ 5 mg/m³。

图 12　高温超净电袋复合技术在废碱炉炉窑中的应用

1.3.2.3　大型烧结机 CFB 干法脱硫 +BF 袋式除尘 +SCR 脱硝协同技术的应用

福建龙净环保股份有限公司开发的大型烧结机烟气单 CFB 干法脱硫塔 +BF 袋式除尘

+ 超大型单 SCR 脱硝协同技术，首次应用于 450 m² 大型烧结机烟气多污染物控制（图 13），在用超大型单 CFB 干法脱硫塔无缝集成超大型单 SCR 脱硝反应器的方案中袋式除尘起到关键性作用，某钢厂 450 m² 烧结机超低排放装置于 2020 年 5 月 10 日一次成功投运，装置的出口排放指标均优于国家超低排放要求，同时实现了多污染物高效协同净化和零废水排放，烟囱排气透明，无视觉污染，运行成本低，受到用户的高度肯定。

图 13　大型烧结机烟气 CFB 脱硫 +BF 袋式除尘 +SCR 脱硝技术的应用

1.3.2.4　高效工业滤筒及褶皱滤袋应用增量明显

工业滤筒和褶皱滤袋均可大幅增加过滤面积，降低过滤风速和阻力，利于 10 mg/m³ 甚至 5 mg/m³ 的超低排放的实现。同时其改造方法相对简单和快捷，改造工作量相对较小，工期简短，特别适合于现场空间受限、含尘浓度不高、烟气湿度较低、黏性较小的除尘改造项目，越来越备受用户认可。

针对市场需求，广州市华滤环保设备有限公司、苏州恒清环保科技有限公司、抚顺天宇滤材有限公司等通过多项技术创新，开发了适于工业烟气净化的高效滤筒或褶皱滤袋，在不改变原有袋式除尘器本体结构的前提下，达到了经济性的超低排放提标改造，近年来成果已成功应用于钢铁、建材等行业（图 14），经济效益和社会效益显著。

图 14　高效滤筒在钢铁行业超低排放项目中的应用

但对于滤筒的使用场合及其存在的产品质量不齐、清灰不均和易磨损失效等现象与问题也值得关注，并须加强针对性研究解决。行业也正在组织制定《工业烟尘超低排放用除尘折叠滤筒技术要求》，以进一步规范产品生产制造要求，提高产品质量，促进工业滤筒的良性发展。

1.3.2.5 耐高温高湿高腐蚀袋式除尘器在固废焚烧行业中的应用

固废焚烧烟气污染物排放具有不稳定、不均衡、水分含量高、腐蚀性强等特点，对袋式除尘器的稳定运行和抗腐蚀性能提出了很高要求。科林环保装备股份有限公司开发的耐高温高湿高腐蚀袋式除尘器，专用于垃圾、污泥、危险废物焚烧烟气净化，具有运行稳定、阻力低、漏风率低、抗结露防腐、不易积灰、除尘效率高等特点，满足超低排放要求。很好地解决了常规除尘器应用于此类行业所产生的系列问题，能保证大型固废焚烧线高效经济稳定运行。截至2020年底已在生活垃圾、工业危废、污泥等焚烧烟气净化项目上累计应用超百台（套）（图15）。该技术产品入选《国家鼓励发展的重大环保技术装备目录（2020年版）》，相关垃圾焚烧烟气脱酸除尘关键技术研发及工程应用获得了2020年度江苏省科学技术奖三等奖，危险废物焚烧烟气多污染物净化技术研发及应用获得了2020年度环境保护科学技术奖二等奖。

图15 耐高温高湿高腐蚀袋式除尘器在固废焚烧烟气中的应用

1.4 2021年市场特点分析及重要动态

1.4.1 袋式除尘在工业烟尘超低净化中继续彰显强劲势头

近年我国大气污染状况改善明显，但形势依然严峻，因此国家大气污染管控措施持续出台和强化，各工业行业排放标准继续缩紧和严格，随着钢铁行业超低排放的深入推进，加之水泥、玻璃、石灰、砖瓦、有色等工业行业新标准和超低排放意见的陆续出台，当前非电行业超低排放改造逐渐步入加速期，鉴于袋式除尘对细颗粒物净化的优异性能和多污染物协同净化的多重功效，预计，2021年袋式除尘将继续引领颗粒物高效净化的市场格局，在工业烟尘超低净化中将继续彰显强劲势头。

1.4.2 袋式除尘在烟气多污染物协同控制中将继续发挥作用

袋式除尘在捕集$PM_{2.5}$等微细颗粒物的同时，可协同去除SO_2，NO_x、二噁英和汞等气态污染物，以袋式除尘为核心的多污染物协同控制工艺已日渐成为主流技术路线。未来几年将继续在烧结、焦化、垃圾/污泥焚烧、水泥、玻璃、石化、燃煤锅炉等各工业领域发挥重要作用，并组合形成多种工艺路线，广泛适应了不同行业的各种烟气条件，其作用不可或缺，地位不可撼动，必将有更大作为。

1.4.3 高精超细面层滤料应用日渐常态化

超细面层滤料利于超低排放，随着非电行业超低排放的全面实行和加速推进，预计，2021年高精超细面层滤料需求持续旺盛，或将成为常态化的市场供给态势。

1.4.4 静电－过滤双效永久驻极滤料正在超低排放中获得应用

由东北大学基于永久驻极技术研制的袋除尘用高效驻极滤料，克服常规驻极材料电性衰减快、在潮湿环境无法用、使用寿命短、不可再生的缺点，研发的滤料采用"静电吸附小粒子——纤维过滤大粒子"的双效捕尘机制，实现对全尺寸粒径谱系粉尘的高效捕集，弥补了常规滤料对小粒子捕集效率低的重大难题。目前该产品已获得应用。

1.4.5 国产功能滤料和集成化装备逐渐崭露头角

功能滤料和多功能复合的一体化装备可大幅倍增袋式除尘器功效，实现"一机多能"，其最大优势可显著减少占地、降低能耗、节省投资及运行费用，是未来技术发展的方向，一直是行业企业关注和研究的热点。2020年，国产催化滤袋等功能滤料研发和应用已获得成功突破，国内在功能复合型一体化集成化装置的开发应用方面也取得了新进展，加之陶瓷滤筒等功能性滤袋在性能方面的日渐成熟，预计功能复合型一体化装置在行业中的应用将逐渐增多。

1.4.6 工业滤筒和褶皱滤袋的需求增速

如前所述，工业滤筒和褶皱滤袋均可大幅增加过滤面积，降低过滤风速和阻力，利于$10\ mg/m^3$甚至$5\ mg/m^3$的超低排放的实现。同时其改造方法相对简单和快捷，改造工作量相对较小，工期简短，特别适合于现场空间受限、含尘浓度不高、烟气湿度较低、黏性较小的除尘改造项目，越来越备受用户认可。预计未来该技术和产品将获得更多的市场应用，需求会更加旺盛。

1.4.7 袋式除尘装置和系统的智能化与网络化发展蓄势待发

通过智能脉冲阀、智能脉冲控制仪及烟尘治理云平台等袋式除尘装置和系统的智能化与网络化，可实现袋式除尘系统运行状态的远程无线传输与数据分析、故障识别及专家系统诊断，可为企业相关人员和政府相关部门实时提供运行信息，减少巡检工作量，及时发现问题和解决问题，提高了管理的时效性，是行业未来技术发展的方向，市场需求很大。

1.4.8 袋式除尘系统专业化运营势在必行

排污企业通常缺乏污染治理专业技术和管理人才，环保设施因缺乏专业的运行管理与维护难以达到理想效果，越来越多的企业用户已经意识到这一点。通过第三方污染治理专业化运营可较好地解决此问题。第三方运营管理是国家鼓励的方向，也是袋式除尘行业发展的必然趋势。

1.5 主要（骨干）企业发展情况

据统计，2020年袋式除尘行业骨干企业共26家，其中主机企业10家、纤维及滤料企业12家、配件企业4家，分别分布在江苏、浙江、上海、福建、辽宁、湖北、山东、安徽等省（市）。主要业务为袋式除尘器、预荷电袋滤器、超净电袋复合除尘器、袋式除尘用滤料、滤袋以及脉冲阀、袋笼等，从业人数1万余人，骨干企业全年营业收入约110.0亿元，出口合同额约8.0亿元，利润总额约10.0亿元，利税总额约13.5亿元。

1.6 行业企业国内国际竞争力状况分析

目前，我国袋式除尘技术和装备整体水平已达到国际先进或领先水平，部分技术和产品，如预荷电袋式除尘技术、顶部垂直进风袋滤技术、煤气干法净化工艺、高温超净电袋复合技术、多污染物一体化净化装备等节能高效袋式除尘技术装备，国产PTFE基高性能过滤材料、新型玻璃纤维复合毡、高效工业滤筒、自封闭型缝纫线、智能化袋笼生产线以及除尘装备智能化远程控制技术等已达到国际先进或领先水平。

国产的聚苯硫醚纤维、聚酰亚胺纤维、芳纶纤维、PTFE纤维无论其产能规模，还是产品品质均可以比肩跨国公司，国际领先水平的聚芳噁二唑纤维（商品名"宝德纶"）纤维由于其优异的高耐温、耐碱性在水泥窑炉的窑头、窑尾和石灰窑的应用获得了成功，中国独有的改性聚苯硫醚纤维由于其耐热、耐腐、耐氧化性能的提高在高炉煤气、焦化、烧结等工艺获得应用。

近年，我国袋式除尘技术和产品已大量出口到世界各地，目前仍以东南亚和"一带一路"倡议沿线国家居多，我国已成为袋式除尘技术和产品的输出国。

袋式除尘行业外资公司德国必达福，美国杜邦、莱德尔、唐纳森，奥地利赢创科技，日本东丽、东洋纺、帝人集团，韩国汇维仕，澳大利亚高原公司等在中国的业务开展得很好，与国内企业形成了良好的合作关系，在原材料和产品上也形成了生态链，合同额均保持明显上升势头。我国袋式除尘的技术进步与产业发展离不开国外企业和先进技术的助推作用。

1.6.1 2020年度外资企业、国内骨干企业在国内市场的发展趋势分析

袋式除尘行业主要靠国内环保企业提供服务，国外企业多在高端纤维原料、高端滤料和脉冲阀方面提供产品，基本不直接参与国内环保项目竞争，如除尘器主机和袋笼全都由国内企业供货，滤料和脉冲阀国内企业市场份额大于90%。外资企业销售额约20亿元，所占市场份额的10%左右。近年国内企业生产的纤维和滤料的性能及质量已显著提升，部分产品的技术指标已赶超国外产品，完全能满足国内市场需求，且外资企业产品的销售价格较国内约高20%，因此，外资企业市场份额有限。

1.6.2 2020年度骨干企业在国外市场的发展趋势分析

2020年袋式除尘行业出口额约11.0亿元，同比略有下降。其中滤料和滤袋方面的出口额约6.8亿元，占比超60%。主机方面的出口主要集中在福建龙净环保股份有限公司、科林环保装备股份有限公司、中钢集团天澄环保科技股份有限公司、浙江洁华环保科技股份有限公司、天津水泥工业设计研究院、浙江菲达环保科技股份有限公司、贵阳铝镁设计研究院有限公司等骨干企业，大多与国外项目配套供货。福建龙净环保股份有限公司以煤电烟气超净电袋复合技术和装备出口为主，主要出口土耳其、印度、塔吉克斯坦等国家；中钢集团天澄环保科技股份有限公司以钢铁行业预荷电袋滤器和煤电行业直通式袋式除尘器为主流产品，部分销往印度尼西亚等东南亚国家；科林环保装备股份有限公司以长袋低压袋式除尘器和单机设备为主产品，销往日本和欧洲；天津水泥工业设计研究院和浙江洁华环保科技股份有限公司的产品主要集中在建材行业的环保设备方面，主要销往东南亚国家；贵阳铝镁设计研究院有限公司以有色行业脉冲袋式除尘器为主，出口印度及东南亚国家居多。主要滤料出口企业包括浙江严牌过滤技术股份有限公司、浙江鸿盛环保科技集团有限公司、南京玻璃纤维研究设计院有限公司、山东奥博环保科技有限公司、安徽元琛环保科技股份有限公司、浙江华基环保有限公司、浙江宇邦环境科技有限公司、烟台氨纶股份有限公司、上海市凌桥环保设备厂有限公司等，产品远销美欧各国；山东奥博环保科技有限公司、抚顺恒益科技滤材有限公司、江苏灵氟隆环境工程有限公司、上海凌桥环保设备厂有限公司、浙江宇邦环境科技有限公司等滤料企业以PTFE膜材料和超细面层滤料为主，产品远销欧洲和东南亚等地区；南京玻璃纤维研究设计院有限公司以高效低阻覆膜滤料为主，面向煤电、建材和煤气净化，产品远销欧美和东南亚各国；安徽元琛环保科技股份有限公司面向电力、钢铁、水泥和垃圾焚烧等行业开发的中高端滤料远销巴西、越南、土耳其、印度和俄罗斯等"一带一路"沿

线国家；苏州协昌环保科技股份有限公司、上海袋式除尘配件有限公司等配件企业生产的脉冲阀出口欧洲、美洲和东南亚等地区。

随着我国"一带一路"倡议的深入实施和国内大循环及国内国际双循环经济发展模式的推进，未来几年包括主机设备在内的行业出口额有望再跃新台阶。

1.6.3 2020年度骨干企业主要技术进展，与国外先进技术的对比分析

我国的袋式除尘技术和装备已达到国际先进水平，在性价比方面优势明显，大型袋式除尘技术和设备已不再依赖进口。中钢集团天澄环保科技股份有限公司的技术进展主要是满足节能和超低排放要求的预荷电袋滤器的拓展应用、顶部垂直进风袋式除尘器大型化开发应用和以袋式除尘为核心的焦炉、加热炉烟气多污染物的协同净化工艺技术与装备等，技术水平达到国际领先；福建龙净环保股份有限公司的技术进展主要是满足超低排放要求的超净电袋、高温超净电袋复合技术和与半干法脱硫配套的高浓度旋转喷吹袋式除尘器，技术水平达到国际领先；江苏科林环保设备有限公司技术进展主要表现在高效、低阻袋式除尘器、三状态分流组合电袋除尘器、烟（煤）气净化袋滤技术和垃圾焚烧烟气成套净化技术，达到国际领先水平；合肥水泥研究设计院有限公司的技术进展主要表现在建材行业超低排放技术、垃圾焚烧和生物质烟气多污染物净化技术，达到国际先进水平；东北大学与浙江宇邦环境科技有限公司合作研发生产的超细海岛纤维，技术水平达到国际领先；山东奥博环保科技有限公司的技术进展主要是联合东北大学共同研发了"永久双极硅盐改性纳米纤维网膜强化过滤材料"，技术水平达到国际领先；福建远致环保科技有限公司的技术进展主要是开发了高温除尘 SCR 脱硝一体化新技术，达到了国际先进水平；浙江鸿盛环保科技集团有限公司在催化脱硝滤袋方面的技术产品有较大进展；苏州协昌环保科技股份有限公司的技术进展主要是在烟尘治理袋式除尘运行管理云平台和智能电磁脉冲阀等方面，技术水平达到国际领先，并开启了大型工业化应用，备受用户青睐；上海袋式除尘配件有限公司的智能脉冲控制仪、防爆电磁脉冲阀和不锈钢脉冲阀等新产品或填补空白或性价比高，技术性能达到国际先进；安徽元琛环保科技股份有限公司在除尘脱硝一体化功能滤料和智能制造方面取得突破和进展，技术水平达到国际先进；际华3521特种装备有限公司和上海博格工业用布有限公司在水刺滤料方面有较大技术进展，技术水平达到国际先进；南京玻璃纤维研究设计院有限公司在耐高温低阻覆膜滤料和高性能玻纤复合毡方面有较大的性能提升，技术产品达到国际先进水平；抚顺天宇滤材有限公司、江苏东方滤袋股份有限公司等在超细面层方面的技术进展较大，技术水平达到国际先进；抚顺天宇滤材有限公司和苏州恒清环保科技有限公司在波形褶皱滤袋应用方面成效显著，技术水平达到国际先进；广州市华滤环保设备有

限公司在高效工业滤筒的创新和性能方面获得突破，跻身国际先进水平；上海尚泰环保配件有限公司在脉冲阀的结构优化及安装方式方面取得创新和进展，技术水平达到国际先进。

1.7 标准制定

为提高袋式除尘产品和技术水平，满足新时期高质量发展的新要求，近年袋式除尘委员会组织行业骨干企业进行行业标准的修（制）订工作。此前已开展的《袋式除尘用滤料技术要求》《袋式除尘用超细面层滤料技术要求》《袋式除尘用滤袋技术要求》和《袋式除尘用覆膜滤料技术要求》4项标准的修（制）订工作进展顺利，已形成新修订的《袋式除尘用滤料技术要求》（T/CAEPI 21—2019）和新制定的《袋式除尘用超细面层滤料技术要求》（T/CAEPI 24—2019）2项标准，并正式颁布实施，另外2项标准已送审。

2020年袋式除尘委员会又启动了《预荷电脉冲袋滤器技术要求》《袋式除尘器波形褶皱滤袋技术要求》和《工业烟尘超低排放用除尘折叠滤筒技术要求》3项中国环境保护产业协会团体标准制定工作，并于2020年8月24日召开了标准立项审查会，目前立项已获报批。

与此同时，浙江菲达环保科技有限公司、福建龙净环保股份有限公司和中钢集团天澄环保科技股份有限公司等袋式除尘委员会骨干主机企业还积极承担《脉冲喷吹类袋式除尘器》《袋式除尘机组》标准的修订工作，已完成征求意见稿。

由东北大学代表中国与日本、德国、美国等国际同行一道参与起草的袋除尘领域ISO国际标准《ISO/FDIS 22031 Sampling and test method for cleanable filter media taken from filters of systems in operation》（袋式除尘用可清灰滤料的采样和测试方法）正在顺利进行，预计2022正式发布；其他3项ISO国际标准《WD 23742 Test method for the evaluation of permeability and filtration efficiency distribution of bag filter medium》（袋式除尘用滤料的透气和过滤效率分布的评价方法）《WD16313-1 Laboratory test of dust collection systems utilizing filter media online cleaned using pulses of compressed gas-Part 1-Systems not utilizing integrated fans》（利用压缩空气在线清灰除尘系统的实验室测试 第一部分 无集成风机系统）和《WD16313-2 Laboratory test of dust collection systems utilizing filter media online cleaned using pulses of compressed gas-Part 1—Systems utilizing integrated fans》（利用压缩空气在线清灰除尘系统的实验室测试 第二部分 有集成风机系统）也正在顺利进行中。

由中国参与起草并已经发布的2项ISO国际标准《ISO 11057—2011 Air quality — Test method for filtration characterization of cleanable filter media》（空气质量——可清灰滤料过

滤性能测试）和《ISO 16891—2016 Test methods for evaluating degradation of characteristics of cleanable filter media》（可清灰滤料性能衰变评价的测试方法），在国际袋除尘领域获得了广泛认同。

中国能参与 ISO 国际标准的起草工作，也说明中国在袋除尘技术领域已经走在世界前列，具有很强的话语权。

2　2020年行业发展存在的主要问题及建议

① 受到全球疫情影响，企业较长时间停工停产，正常生产受到不同程度的影响，上半年订单缩减严重，出口明显下降，企业资金十分紧张，下半年虽有明显好转，但垫资、贷款难的问题依然突出。

② 不规范竞争略有收敛，但依然存在，行业自律仍待持续强化。

③ 企业技术创新及研发能力和动力仍然有限。中小企业相对更侧重于市场的订单，技术创新能力不足，产品的技术含量和附加值较低，核心竞争力不足。

④ 企业利润率低。产品附加值低、欠规范的市场竞争加之劳动力成本大幅增加，导致企业利润水平持续走低。

⑤ 国际市场份额偏低。尽管中国环保产品技术水平已经达到国际先进甚至领先水平，并有较为明显的价格优势，但在国外市场的份额仍然甚小，与我国袋式除尘的产业发展不相符。

3　解决对策和建议

针对上述行业发展的问题，需针对性加以改善和规范。为此，提出以下对策和建议：

① 继续强化常态化疫情防控，切实抓好疫情防控与生产经营工作，力争尽快挽回疫情期间的经济损失，赶超疫情前的经营水平。

② 针对货款回笼困难及行业自律问题，建议充分利用《保障中小企业款项支付条例》等行政法规，制定相应的监管与具体实施细则，继续健全和强化企业信用评价体系建设，对整个产业链所有相关企业（包括环保企业和各厂矿企业用户单位）进行信用等级评价，加强对蓄意拖欠失信企业的惩戒力度，特别是对故意拖欠货款的各类应予提高惩罚成本，必要时对该类企业实行限产、减产或停产等严厉惩处，切实避免货款拖欠等问题。

③ 技术创新方面，袋式除尘委员会已在行业内提出"创建企业研发中心"的倡议，并获得广泛赞许。袋式除尘委员会将通过多种形式的活动提高企业的创新意识和内生动力，组织业内专家进行"点对点"的精准帮扶，指导企业开展技术创新的实践；通过牵

线搭桥，实现校企合作，不断进行技术革新和新产品开发，提升企业核心竞争力。

④ 针对劳动力成本高、企业利润率低的问题，鼓励有条件的企业开展智能化数字化装备升级，提高生产效率和产品质量，降低劳动力成本。管理出效益，袋式除尘委员会邀请管理优秀的企业家与会员交流互鉴，组织到优秀企业参观学习，提升企业精细化管理水平。

⑤ 加强企业国际市场关注度。通过环保设备配套、自身外贸销售、国外代理销售、企业兼并、合资建厂等诸多营销方式进入美国、澳大利亚及欧洲等国家和地区、东南亚等"一带一路"倡议沿线各国。

附录：袋式除尘行业主要企业简介

1. 福建龙净环保股份有限公司

福建龙净环保股份有限公司（简称龙净环保）是中国环保产业的领军企业，为全球最大的大气环保装备制造企业，长期致力于大气污染控制领域环保产品的研究、开发、设计、制造、安装、调试、运营。公司于 2000 年 12 月在上海证券交易所成功上市（股票代码：600388）。

龙净环保近年来业务持续快速成长，步入健康良性的发展轨道，2020 年涉及袋式除尘（含电袋）业务的合同额近 14.86 亿元，实现利税 3.19 亿元，创利 2.16 亿元。在北京、上海、西安、武汉、天津、宿迁、盐城、乌鲁木齐等多个城市建有研发和生产基地，构建了全国性的网络布局。

龙净环保先后获得国家认定企业技术中心、国家级重点高新技术企业、国家级创新型企业、全国环保产业重点骨干企业、全国质量管理先进单位、全国首批守合同重信用企业、福建省最具竞争力上市公司、福建省质量奖等荣誉称号，并被国家授予全国环保行业第一个国家级企业技术中心以及国家地方联合工程研究中心。

龙净环保科研力量雄厚，设有"博士后科研工作站"，现有包括享受国务院特殊津贴专家、教授级高级工程师和外籍博士在内的各类专业技术人员 1000 多人。先后承担国家高技术研究发展计划等国家级科研开发任务数十项，主持了 23 项国家和行业标准的制定。

2. 科林集团·科林环保技术有限责任公司

科林集团·科林环保技术有限责任公司（简称科林环保）致力于袋式除尘研发、设计、制造、销售和工程总包服务，是一家拥有国家环保工程专项设计和总承包资质的高新技术企业。公司 2020 年度涉及袋式除尘业务的合同额 4.63 亿元，出口 7486.00 万元，实现利税 5867.00 万元。

科林环保创建于 1979 年 4 月，现有员工 500 多人，占地面积 18 万 m^2，建筑面积 12 万 m^2。公司自主研发设计的生活垃圾、危废及污泥焚烧烟气协同治理技术和除尘产品、电炉烟气净化和节能成套一体化技术、10 m 长袋及稳压型袋式除尘回收装置等新技术产品，已通过省级技术鉴定，并在国内外客户中得到成功应用。公司销售涵盖全国各地并出口日本、挪威等 20 多个国家和地区，年产品用钢量约 1.80 万 t。

科林环保拥有较强的科研力量，设有"博士后科研工作站"，先后获得国家认定企业技术中心、国家级重点高新技术企业、全国守合同重信用企业和国家级绿色工厂等荣誉称号。并完成国家高技术研究发展计划等国家级科研开发任务3项，主持及参与完成了10多项国家和行业标准的修订任务。

3. 中钢集团天澄环保科技股份有限公司

中钢集团天澄环保科技股份有限公司（简称中钢天澄）是中国环境保护产业协会骨干企业，科学技术部、国务院国资委、全国总工会认定的创新试点企业，国家火炬计划重点高新技术企业，是中国环境保护产业协会袋式除尘专业委员会和电除尘专业委员会秘书长单位。公司科研力量雄厚，设有院士专家工作站，拥有国家工业烟气除尘工程技术研究中心、国家环境保护工业烟气控制工程技术中心、烟气多污染物控制技术与装备国家工程实验室。

中钢天澄始终坚持技术创新，持续承担国家"十五""十一五""十二五""十三五"以及国家高技术研究发展计划课题和重大专项课题攻关，先后开发了直通均流式袋式除尘器、燃煤电厂锅炉烟气微细粒子高效控制技术和装备、钢铁工业炉窑烟尘 $PM_{2.5}$ 预荷电袋滤器等多项成果，为我国电力及非电行业实现超低排放提供了技术和装备支撑。

2020年公司袋式除尘业务合同额11.80亿元，实现利税利5300.00万元，产值同比增长20%。

4. 南京龙源环保有限公司

南京龙源环保有限公司主要从事燃煤电厂烟气环保治理工程，按专业分为3个板块，即除尘、脱硫及脱硝。除尘包括袋式除尘、电袋复合式除尘及湿式电除尘。

2020年公司全年袋式除尘（含电袋复合式除尘）合同额6.86亿元，实现利税6847.00万元。

5. 合肥水泥研究设计院

合肥水泥研究设计院是原国家建材局直属的重点科研设计单位，主要从事水泥工业生产技术装备的开发和应用研究，并承担各种窑型水泥生产线的工程设计、技术服务、设备成套、工程承包、工程监理和环境评价任务。开展科技攻关和引进技术转化设计，创办科技实业，从事科技产品生产和经贸，为全国水泥工厂的技术进步提供新工艺、新装备、新材料等新技术和产品。

合肥水泥研究设计院开发的除尘技术包括：水泥行业去除有害有毒气体的袋式除尘器的开发研究，水泥行业多种污染物现状调研和去除技术的研究，袋式除尘器设备结构大型化、安全化和快装化的研究，高效、低能耗袋式除尘器的开发研究。

2020年度合肥水泥设计院中亚环保公司在袋式除尘器及相关方面取得了较好的销售业绩，袋式除尘器销售合同额约2.30亿元，出口额约2000.00万元，实现利润约1500.00万元，业务范围覆盖了水泥、钢铁、冶金、燃煤锅炉、生物质和生活垃圾焚烧发电等行业，同时也进一步拓展了高硫烟气和高浓度有机物废水高效净化业务，取得了显著成效。利用袋式除尘器实施高效干法脱酸除尘，在广东省深圳市4台750 t/d生活垃圾焚烧烟气净化项目上达到了欧盟2000年标准排放目标；开发了脱硫、脱硝、除尘一体化技术；完成了"捕集 $PM_{2.5}$ 的袋式除尘器"科研项目示范选点和运行测试，达到了预期技术指标；承接的省级科研项目智能化袋式除尘器各项技术攻关进展顺利。

6. 南京际华3521特种装备有限公司

南京际华3521特种装备有限公司的规模位于国内滤料企业前三位。公司的人才优势、科技创新能力在国内滤料企业中首屈一指，获得"高新技术企业"资格，获得"江苏省企业技术中心"称号，是江苏省二噁英滤料分解除尘工程研究中心依托单位，具有很强的核心竞争能力。

南京际华3521特种装备有限公司形成了自主创新、项目合作、购买技术和专利、专家工作站相结合的新型创新体系，其中产学研联盟是公司的一大特色，公司与浙江理工大学、西安工程大学、西北化工研究院合作研发的"耐高温、耐腐蚀、自催化环保滤材项目"对于解决垃圾焚烧尾气中的持久性污染物——二噁英的催化分解具有革命性的意义，目前该项目已取得重要进展，获得国家专利6项，其中授权发明专利2项；公司还与清华大学环境工程学院共同合作，进一步深化该项目的研究，目前该项目正在快速推进之中。同时，公司还与东北大学合作"袋式除尘高性能滤料研究及应用"的国家高技术研究发展计划，对于解决火力电厂微细粒子除尘具有重大意义。

南京际华3521特种装备有限公司环保产业拥有6条无纺滤材生产线，5台套后处理设备和30多台套自动缝制设备，可年产500多万m^2耐高温、耐腐蚀环保滤材。公司目标是致力于打造中国环保滤材的民族产业，建立国际一流的环保滤材科技产业园。

2020年公司签订合同总额2.80亿元，实现利税约2900.00万元。

7. 浙江鸿盛环保科技集团有限公司

浙江鸿盛环境技术集团有限公司（简称鸿盛公司）源于2012年成立的辽宁鸿盛环境技术集团有限公司，位于浙江衢州，是玻纤滤袋研发制造的专业公司，经营范围包括研发环保科技材料，开发和经营各种除尘滤袋、玻纤滤袋、针刺毡滤袋、覆膜滤袋、脱硝滤袋等技术和产品，生产销售过滤袋、空气及水过滤材料、除尘器、水处理设备、脱硫脱硝设备，经营工业烟尘治理项目，脱硫、脱硝、除尘工程建设设备及滤袋安装服务与维修，第三方治理运营管理服务除尘布袋的回收，上述产品的技术咨询、技术服务、进出口等业务。鸿盛公司是除尘滤袋等产品的专业生产加工公司，拥有完整、科学的质量管理体系。鸿盛公司的诚信、实力和产品质量获得业界的认可。

2017年公司研发的高硅氧（改性）覆膜滤料通过专家鉴定，该技术攻克了高硅氧（改性）纤维制备、后处理和覆膜等关键技术，形成了规模化生产，核心技术达到国际领先水平。

2020年公司签订合同总额9.54亿元，其中出口额1.69亿元，实现利税1.58亿元，年度净利润1.14亿元。

8. 烟台泰和新材料股份有限公司

烟台泰和新材料股份有限公司（原名为"烟台氨纶公司"，简称烟台泰和）是一家专业从事高科技特种纤维的研发与生产的企业、国家"火炬"重点高新技术企业、中国特种纤维专业委员会主任单位。拥有国家级企业技术中心，在国内率先实现了氨纶、间位芳纶和对位芳纶的产业化生产，先后填补国内高性能纤维领域的多项空白。拥有资产总额14.00亿元，占地26万m^2，是目前国内规模最大的特种纤维生产企业，各项经济技术指标始终居全国同行业之首。2008年6月，公司在深圳证券交易所上市。为谋求更大的发展空间，公司发挥人才与技术优势，在高科技特种纤维领域不断开拓创新，成功开发出耐高温、阻燃、绝缘的新材料——纽士达&reg芳纶，并实现了工业化生产，彻底打破了发达国家对我国的技术封锁和市场垄断。

烟台泰和主持和参与了多项国家标准、行业标准的修（制）订工作；取得了"彩色氨纶纤维的制备方法、干法氨纶废丝再生为正常氨纶丝的方法、原液着色间位芳纶短纤维及其制备方法"等多项发明专利；先后承担"芳纶系列纤维及其下游产品""对位芳纶长丝及其浆粕中试技术的研究与开发""芳纶有色阻燃纤维及其织物产业化技术开发""年产500吨级对位芳纶关键技术和轮胎帘子布国产芳纶应用技术""年产1000吨对位芳纶产业化项目"等重大科技专项。

烟台泰和依托具有自主知识产权，分别获得国家科技进步奖二等奖——氨纶纤维产业化技术、间位芳纶产业化技术，在特种纤维领域不断发展壮大，取得了显著的经济效益和社会效益。

2020年公司签订合同总额2.40亿元，其中出口1.00亿元，年度利税总额约4500.00万元。

9. 江苏东方滤袋股份有限公司

江苏东方滤袋股份有限公司（简称东方滤袋）是集研发、生产、销售、技术支持与服务为一体的实体型企业，并在"新三板"（股票代码：831824）上市。注册资金5323.00万元，拥有进口自德国奥特发、卡尔迈耶等生产线9条，员工226人。公司主营各类环保滤料产品，年生产能力1000万m^2，营销网点遍布国内外，产品销往全球10多个国家和地区，现为中国产业用纺织品行业协会和中国环境保护产业协会袋式除尘委员会常务理事。

东方滤袋拥有授权专利10项，其中发明专利6项，参与制定国家标准2项、行业标准2项；产品先后荣获江苏省高新技术产品8项、江苏省科学技术奖2项、江苏省环境保护科技进步奖；"耐高温水解间位芳纶滤料"荣获江苏省科技创业大赛优秀奖，研发的部分产品被列入科学技术部国家"火炬"计划项目和国家重点新产品项目，并承担了国家"十二五"科技支撑计划等项目12项。

东方滤袋通过了ISO9001：2008质量体系认证、ISO14001：2004环境体系认证和安全生产标准化二级企业认证，在环保行业率先被评为"国家火炬计划重点高新技术企业""全国守合同重信用企业""国家鼓励发展的重大环保技术装备依托单位"、2014—2015年中国非织造布行业最具成长性企业、第四届中国创新创业大赛优秀企业。江苏东方滤袋股份有限公司本着"追求、务实、诚信、创新"的经营理念，努力提供最好的滤料，为保护美丽环境做出更大的贡献。

2020年公司签订合同总额2.14亿元，实现利税6179.00万元，年度净利润额4950.00万元。

10. 抚顺天宇滤材有限公司

抚顺天宇滤材有限公司主攻领域为：燃煤电厂超净排放、钢铁SDA烧结机、铝电解净化系统。近年来主要创新点为：燃煤电厂超低排放，如河南平顶山神马集团坑口电厂前置半干法脱硫5 mg/m^3超低排放项目、东营胜利电厂600 MW机组10 mg/m^3超低排放项目、湛江电厂2×300 MW机组10 mg/m^3超低排放项目、新疆天山铝业300 MW机组前置半干法脱硫10 mg/m^3超低排放项目。

近年来，随着波形皱褶滤袋的开发及其成功应用，在铝电解净化系统、燃煤电厂等超低排放项目上，达到粉尘出口排放浓度＜5 mg/m^3。

公司2020年新签合同额1.32亿元，利税总额1236.00万元。

11. 抚顺恒益科技滤材有限公司

抚顺恒益科技滤材有限公司（原名为"抚顺恒益滤布有限公司"）成立于2001年9月，是一家致力于技术类无纺针刺工业用滤布开发研制及生产的专业性公司。为中国环境保护产业协会袋式除尘专业委员会成员单位，是杜邦公司NOMEX®纤维及帝人CONEX®纤维在我国6家高温滤材特许生产商之一，是ISO9001：2000国际质量体系认证企业。经过几年的迅猛发展，公司于2006年7月在抚顺经济开发区置地超2 hm^2，并以高科技型滤材为"恒益®滤布"的发展方向，"恒久品质，益在环保"是企业发展的宗旨，现年滤料生产能力可达500万m^2。公司可专业生产各种常温、中温、高温恒益®无纺针刺毡系列产品并可根据不同工况条件的工艺要求加工制作各种除尘布袋及骨架，2003年恒益常温滤材的销量居国内同行业榜首。产品现已广泛应用于电厂燃煤锅炉、钢铁、水泥、冶金、建材、机械、化工、医疗、食品、沥青搅拌以及环保设备厂等各行业。

公司2020年签订合同额2.04亿元，利润2761.00万元。

12. 上海袋式除尘配件有限公司

上海袋式除尘配件有限公司（简称上海袋配）的前身为上海碳素厂环保部门，于1978年开始对外供应脉冲阀等除尘产品，1997年与美国戈尔公司组建合作公司，2017年由宁波盛达自动化公司收购控股，2018年同英国LECE品牌联合建立全面战略合作伙伴关系，2020年斥资收购东风（十堰）汽车液压动力有限公司80%股权，从液气密角度成功布局汽车工业，是国内生产除尘产品品种齐全、质量优异的知名企业。

上海袋配主营"SBFEC"品牌的袋式除尘器用脉冲阀、大口径脉冲阀、智能控制系统、脉冲喷吹控制仪、远传先导控制盒、气包、滤袋、气缸、气源处理设备、敲击锤、振动器、液压、气动、高端仪器传感等专用产品，广泛应用于钢铁冶金、火力发电、水泥、化工、建筑、垃圾焚烧等烟尘治理领域，产品远销50余个国家和地区。

上海袋配是中国环境保护产业协会常务理事单位、中国电机工程学会电力专业委员会除尘学组副组长单位、中国石油和石化工程研究会常务理事单位、中国环保机械行业协会理事单位、高新技术企业、重大环保技术装备依托单位、AAA级守合同重信用企业。

上海袋配通过TUV ISO 9001质量管理体系认证，产品获得中国环保产品认证、CE认证、PCEC（防爆）认证、ROHS（欧洲电子电气设备）认证，由中国平安投保。公司拥有知识产权50余项，主导制定国家标准1项、行业标准4项、团体标准3项，参与制定行业标准6项。

2020年，上海袋配与旗下东风（十堰）汽车液压动力品牌销售额达5.05亿元，实现利税6076.00万元，利润3632.00万元。

有机废气治理行业 2020 年发展报告

1 行业发展环境分析

2020 年是《"十三五"挥发性有机物污染防治工作方案》《打赢蓝天保卫战三年行动计划》（以下简称《三年行动计划》）的收官之年。全国空气质量持续改善，雾霾天气明显减少。1—12 月，全国 337 个地级及以上城市平均优良天数比例为 87.0%，同比上升 5.0 个百分点；$PM_{2.5}$ 平均浓度为 33 mg/m³，同比下降 8.3%；PM_{10} 平均浓度为 56 mg/m³，同比下降 11.1%；O_3 平均浓度为 138 mg/m³，同比下降 6.8%；SO_2 平均浓度为 10 mg/m³，同比下降 9.1%；NO_2 平均浓度为 24 mg/m³，同比下降 11.1%；CO 平均为浓度为 1.3 mg/m³，同比下降 7.1%。京津冀及周边地区"2+26"城市平均优良天数比例为 63.5%，同比上升 10.4 个百分点；$PM_{2.5}$ 年均浓度为 51 mg/m³，同比下降 10.5%。长三角地区 41 个城市平均优良天数比例为 85.2%，同比上升 8.7 个百分点；$PM_{2.5}$ 年均浓度为 35 mg/m³，同比下降 14.6%。汾渭平原 11 个城市平均优良天数比例为 70.6%，同比上升 8.9 个百分点；$PM_{2.5}$ 年均浓度为 48 mg/m³，同比下降 12.7%。

2020 年政策重点是继续以重点区域（京津冀及周边地区、长三角地区、汾渭平原等区域）为主，持续开展大气污染防治行动，并在重点区域、苏皖鲁豫交界地区及其他 O_3 污染防治任务重的地区城市，开展夏季攻坚行动，实施 VOCs（挥发性有机物）和 NO_x（氮氧化物）协同减排，进一步改善大气环境质量。

1.1 宏观政策法规

针对夏季污染问题，2020 年 6 月，为贯彻落实《打赢蓝天保卫战三年行动计划》（国发〔2018〕22 号）有关要求，确保完成"十三五"环境空气质量改善目标任务，生态环境部制定了《2020 年挥发性有机物治理攻坚方案》（环大气〔2020〕33 号）。该方案提出在全国范围内开展夏季（6—9 月）VOCs 治理攻坚行动，提升 VOCs 治理能力，在京津冀及周边地区、长三角地区、汾渭平原等重点区域、苏皖鲁豫交界地区及其他 O_3 污染防治任务重的地区城市，针对重点行业通过开展夏季攻坚专项行动，监测、执法、人员、资金保障等重点向 VOCs 治理攻坚行动倾斜，加强相关部门、行业协会等协调配合，由各级环境管理人员、行业专家、技术支撑团队等组成现场评估和帮扶工作小组，深入一线为企业提供"一对一、手把手"的精准指导，推动企业持续有效减排，整体上使 VOCs 排放量明显下降，夏季 O_3 污染得到一定程度遏制。配套《2020 年挥发性有机物治理攻坚方案》实施、监管执法检查与帮扶工作，生态环境部同时还发布了《挥发性有机物治理实用手册》《臭氧及挥发性有机物综合治理知识问答》《重点行业企业挥发性有机物现场检查指南（试行）》等文件，以指导各地VOCs深化治理工作。

各地积极落实《2020年挥发性有机物治理攻坚方案》，持续推进VOCs治理攻坚各项任务措施，完成重点治理工程建设，做到"夏病冬治"。2020年12月底前，各地对夏季臭氧污染防治监督帮扶工作中发现存在的突出问题进行了总结，指导企业制定整改方案；培育树立一批VOCs治理的标杆企业，加大宣传力度，形成带动效应；组织完成石化、化工、工业涂装、包装印刷等企业废气排放系统旁路摸底排查，石化、化工行业火炬排放情况排查，原油、成品油、有机化学品等挥发性有机液体储罐排查，港口码头油气回收设施建设、使用情况排查，建立管理清单。2021年3月底前，各地督促企业取消非必要的旁路，因安全生产等原因必须保留的，通过铅封、安装自动监控设施、流量计等方式加强监管；在确保安全的情况下，督促石化、化工企业通过安装火炬系统温度监控、视频监控及热值检测仪、废气流量计、助燃气体流量计等加强火炬系统排放监管。上海市在6—9月夏季攻坚期间，组织企业开展"三率"自查（重点关注低效的工艺治理设施）、对盛装过VOCs物料的包装容器等完成一次集中清运、长期未更换活性炭的全部更换等工作，并结合VOCs治理2.0的思路，持续推进企业VOCs治理"源头—过程—末端—运维"全过程管控，深化石化、化工、涂装、印刷、园区及产业集群综合治理。

随着企业加快复工复产，许多因疫情影响受到抑制的产能和产量短时间内集中快速增长，秋冬季污染物排放量可能出现反弹，京津冀及周边地区、汾渭平原和长三角地区等重点区域继续落实秋冬季重污染季节大气污染综合治理攻坚行动。为此，2020年10月，生态环境部等部委与相关省（市）协同发布《京津冀及周边地区、汾渭平原2020—2021年秋冬季大气污染综合治理攻坚行动方案》（环大气〔2020〕61号），《长三角地区2020—2021年秋冬季大气污染综合治理攻坚行动方案》（环大气〔2020〕62号），上述重点区域在秋冬季持续推进VOCs治理攻坚。

1.2 标准规范体系

1.2.1 国家排放标准

2020年，关于VOCs污染控制方面的标准规范制定工作持续推进，我国先后发布（包括修订）了《铸造工业大气污染物排放标准》（GB 39726—2020）、《农药制造工业大气污染物排放标准》（GB 39727—2020）、《陆上石油天然气开采工业大气污染物排放标准》（GB 39728—2020）、《储油库大气污染物排放标准》（GB 20950—2020）（修订）、《油品运输大气污染物排放标准》（GB 20951—2020）（修订）、《加油站大气污染物排放标准》（GB 20952—2020）（修订）等国家排放标准（见表1）。《印刷工业大气污染物排放标准》已征求意见。

表1 VOCs国家大气污染物排放标准（截至2020年12月）

序号	标准名称	标准编号
1	恶臭污染物排放标准	GB 14554—1993
2	大气污染物综合排放标准	GB 16297—1996
3	饮食业油烟排放标准（试行）	GB 18483—2001
4	合成革与人造革工业污染物排放标准	GB 21902—2008
5	橡胶制品工业污染物排放标准	GB 27632—2011
6	炼焦化学工业污染物排放标准	GB 16171—2012
7	轧钢工业大气污染物排放标准	GB 28665—2012
8	电池工业污染物排放标准	GB 30484—2013
9	石油炼制工业污染物排放标准	GB 31570—2015
10	石油化学工业污染物排放标准	GB 31571—2015
11	合成树脂工业污染物排放标准	GB 31572—2015
12	烧碱、聚氯乙烯工业污染物排放标准	GB 15581—2016
13	挥发性有机物无组织排放控制标准	GB 37822—2019
14	制药工业大气污染物排放标准	GB 37823—2019
15	涂料、油墨及胶粘剂工业大气污染物排放标准	GB 37824—2019
16	储油库大气污染物排放标准（修订）	GB 20950—2020
17	油品运输大气污染物排放标准（修订）	GB 20951—2020
18	加油站大气污染物排放标准（修订）	GB 20952—2020
19	铸造工业大气污染物排放标准	GB 39726—2020
20	农药制造工业大气污染物排放标准	GB 39727—2020
21	陆上石油天然气开采工业大气污染物排放标准	GB 39728—2020

1.2.2 地方排放标准

截至2020年年底，我国各省（区、市）根据各地产业结构和减排方向，已经发布的与VOCs有关的排放标准如下：北京市15项，上海市11项，山东省9项，重庆市、江西省各6项，河北省、广东省、浙江省、江苏省（新发布2项）、河南省（新发布4项）各5项，天津市（新修订1项）、湖南省、福建省各3项，辽宁省、湖北省、山西省各2项，宁夏回族自治区、陕西省、四川省各1项（见表2）。

新发布和修订的相关标准包括：《天津市工业企业挥发性有机物排放控制标准》

（DB 12/524—2020）、《江苏省半导体行业污染物排放标准》（DB 32/3747—2020）、《江苏省汽车维修行业大气污染物排放标准》（DB 32/3814—2020）、《河南省工业涂装工序挥发性有机物排放标准》（DB 41/1951—2020）、《河南省钢铁工业大气污染物排放标准》（DB 41/1954—2020）、《河南省炼焦化学工业大气污染物排放标准》（DB 41/1955—2020）、《河南省印刷工业挥发性有机物排放标准》（DB 41/1956—2020）。

表2 VOCs地方大气污染物排放标准（截至2020年）

	序号	标准名称	标准编号
北京	1	储油库油气排放控制和限值	DB 11/206—2010
	2	油罐车油气排放控制和限值	DB 11/207—2010
	3	铸锻工业大气污染物排放标准	DB 11/914—2012
	4	防水卷材行业大气污染物排放标准	DB 11/1055—2013
	5	炼油与石油化学工业大气污染物排放标准	DB 11/447—2015
	6	印刷业挥发性有机物排放标准	DB 11/1201—2015
	7	木质家具制造业大气污染物排放标准	DB 11/1202—2015
	8	工业涂装工序大气污染物排放标准	DB 11/1226—2015
	9	汽车整车制造业（涂装工序）大气污染物排放标准	DB 11/1227—2015
	10	汽车维修业大气污染物排放标准	DB 11/1228—2015
	11	大气污染物综合排放标准	DB 11/501—2017
	12	有机化学品制造业大气污染物排放标准	DB 11/1385—2017
	13	餐饮业大气污染物排放标准	DB 11/1488—2018
	14	加油站油气排放控制和限值	DB 11/208—2019
	15	电子工业大气污染物排放标准	DB 11/1631—2019
上海	1	半导体行业污染物排放标准	DB 31/374—2006
	2	生物制药行业污染物排放标准	DB 31/373—2010
	3	餐饮业油烟排放标准	DB 31/844—2014
	4	汽车制造业（涂装）大气污染物排放标准	DB 31/859—2014
	5	印刷业大气污染物排放标准	DB 31/872—2015
	6	涂料、油墨及其类似产品制造工业大气污染物排放标准	DB 31/881—2015
	7	大气污染物综合排放标准	DB 31/933—2015
	8	船舶工业大气污染物排放标准	DB 31/934—2015

续表

	序号	标准名称	标准编号
上海	9	恶臭（异味）污染物排放标准	DB 31/1025—2016
	10	家具制造业大气污染物排放标准	DB 31/1059—2017
	11	畜禽养殖业污染物排放标准	DB 31/1098—2018
山东	1	饮食油烟排放标准	DB 37/597—2006
	2	挥发性有机物排放标准 第1部分：汽车制造业	DB 37/2801.1—2016
	3	挥发性有机物排放标准 第2部分：铝型材工业	DB 37/2801.2—2019
	4	挥发性有机物排放标准 第3部分：家具制造业	DB 37/2801.3—2017
	5	挥发性有机物排放标准 第4部分：印刷业	DB 37/2801.4—2017
	6	挥发性有机物排放标准 第5部分：表面涂装行业	DB 37/2801.5—2018
	7	挥发性有机物排放标准 第6部分：有机化工行业	DB 37/2801.6—2018
	8	有机化工企业污水处理厂（站）挥发性有机物及恶臭污染物排放标准	DB 37/3161—2018
	9	钢铁工业大气污染物排放标准	DB 37/990—2019
重庆	1	汽车整车制造表面涂装大气污染物排放标准	DB 50/577—2015
	2	大气污染物综合排放标准	DB 50/418—2016
	3	摩托车及汽车配件制造表面涂装大气污染物排放标准	DB 50/660—2016
	4	汽车维修业大气污染物排放标准	DB 50/661—2016
	5	家具制造业大气污染物排放标准	DB 50/757—2017
	6	包装印刷业大气污染物排放标准	DB 50/758—2017
江西	1	挥发性有机物排放标准 第1部分：印刷业	DB 36/1101.01—2019
	2	挥发性有机物排放标准 第2部分：有机化工行业	DB 36/1101.02—2019
	3	挥发性有机物排放标准 第3部分：医药制造业	DB 36/1101.03—2019
	4	挥发性有机物排放标准 第4部分：塑料制品业	DB 36/1101.04—2019
	5	挥发性有机物排放标准 第5部分：汽车制造业	DB 36/1101.05—2019
	6	挥发性有机物排放标准 第6部分：家具制造业	DB 36/1101.06—2019
广东	1	家具制造行业挥发性有机化合物排放标准	DB 44/814—2010
	2	包装印刷行业挥发性有机化合物排放标准	DB 44/815—2010
	3	表面涂装（汽车制造业）挥发性有机化合物排放标准	DB 44/816—2010
	4	制鞋行业挥发性有机化合物排放标准	DB 44/817—2010
	5	集装箱制造业挥发性有机物排放标准	DB 44/1837—2016
浙江	1	生物制药工业污染物排放标准	DB 33/923—2014
	2	纺织染整工业大气污染物排放标准	DB 33/962—2015
	3	化学合成类制药工业大气污染物排放标准	DB 33/2015—2016
	4	制鞋工业大气污染物排放标准	DB 33/2046—2017
	5	工业涂装工序大气污染物排放标准	DB 33/2146—2018

续表

	序号	标准名称	标准编号
河北	1	青霉素类制药挥发性有机物和恶臭特征污染物排放标准	DB 13/2208—2015
	2	工业企业挥发性有机物排放控制标准	DB 13/2322—2016
	3	炼焦化学工业大气污染物超低排放标准	DB 13/2863—2018
	4	钢铁工业大气污染物超低排放标准	DB 13/2169—2018
	5	生活垃圾填埋场恶臭污染物排放标准	DB 13/2697—2018
河南	1	餐饮业油烟污染物排放标准	DB 41/1604—2018
	2	工业涂装工序挥发性有机物排放标准	DB 41/1951—2020
	3	钢铁工业大气污染物排放标准	DB 41/1954—2020
	4	炼焦化学工业大气污染物排放标准	DB 41/1955—2020
	5	印刷工业挥发性有机物排放标准	DB 41/1956—2020
江苏	1	表面涂装（汽车制造业）挥发性有机物排放标准	DB 32/2862—2016
	2	化学工业挥发性有机物排放标准	DB 32/3151—2016
	3	表面涂装（家具制造业）挥发性有机物排放标准	DB 32/3152—2016
	4	半导体行业污染物排放标准	DB 32/3747—2020
	5	汽车维修行业大气污染物排放标准	DB 32/3814—2020
天津	1	餐饮业油烟排放标准	DB 12/644—2016
	2	恶臭污染物排放标准	DB 12/059—2018
	3	工业企业挥发性有机物排放控制标准	DB 12/524—2020
湖南	1	家具制造行业挥发性有机物排放标准	DB 43/1355—2017
	2	表面涂装（汽车制造及维修）挥发性有机物、镍排放标准	DB 43/1356—2017
	3	印刷业挥发性有机物排放标准	DB 43/1357—2017
福建	1	工业挥发性有机物排放标准	DB35/1782—2018
	2	工业涂装工序挥发性有机物排放标准	DB35/1783—2018
	3	印刷行业挥发性有机物排放标准	DB35/1784—2018
辽宁	1	工业涂装工序大气污染物排放标准	DB 21/3160—2019
	2	印刷业挥发性有机物排放标准	DB 21/3161—2019
湖北	1	印刷行业挥发性有机物排放标准	DB42 1538—2019
	2	表面涂装（汽车制造业）挥发性有机物排放标准	DB42 1539—2019
山西	1	再生橡胶行业大气污染物排放标准	DB 14/1930—2019
	2	钢铁工业大气污染物排放标准	DB 14/2249—2020
宁夏	1	煤基活性炭工业大气污染物排放标准	DB 64/819—2012
四川	1	固定污染源大气挥发性有机物排放标准	DB 51/2377—2017
陕西	1	挥发性有机物排放控制标准	DB 61/T1061—2017

1.2.3 其他相关标准

《印刷工业污染防治可行技术指南》（HJ 1089—2020）、《蓄热燃烧法工业有机废气治理工程技术规范》（HJ/T 1093—2020）、《石油炼制工业废气治理工程技术规范》（HJ 1094—2020）发布实施；《包装印刷业有机废气治理工程技术规范》行业标准完成审议稿。

发布的分析检测标准有：《固定污染源废气 醛、酮类化合物的测定 溶液吸收—高效液相色谱法》（HJ 1153—2020）、《环境空气 醛、酮类化合物的测定溶液吸收—高效液相色谱法》（HJ 1154—2020）、《定制家具 挥发性有机化合物现场检测方法》（GB/T 39386—2020）等。

2020年3月，国家市场监督管理总局发布了《低挥发性有机化合物含量涂料产品技术要求》（GB/T 38597—2020）、《油墨中可挥发性有机化合物（VOCs）含量的限值》（GB 38507—2020）、《木器涂料中有害物质限量》（GB 18581—2020）、《建筑用墙面涂料中有害物质限量》（GB 18582—2020）、《车辆涂料中有害物质限量》（GB 24409—2020）、《工业防护涂料中有害物质限量》（GB 30981—2020）、《胶粘剂挥发性有机化合物限量》（GB 33372—2020）、《清洗剂挥发性有机化合物含量限值》（GB 38508—2020）8项涉VOCs物料含量限值标准。

上述各项标准的实施时间如表3所示。

表3 2020年编制与发布的相关行业标准和国家标准实施时间

	标准名称	标准编号	实施时间（年.月.日）
技术指南规范类	印刷工业污染防治可行技术指南	HJ 1089—2020	2020.1.8
	蓄热燃烧法工业有机废气治理工程技术规范	HJ/T 1093—2020	2020.1.14
	石油炼制工业废气治理工程技术规范	HJ 1094—2020	2020.1.14
	固定污染源废气中非甲烷总烃排放连续监测技术指南（试行）	环办监测函〔2020〕90号	2020.3.2
	包装印刷业有机废气治理工程技术规范		完成审议
分析检测标准类	固定污染源废气 醛、酮类化合物的测定 溶液吸收—高效液相色谱法	HJ 1153—2020	2021.3.15
	环境空气 醛、酮类化合物的测定 溶液吸收—高效液相色谱法	HJ 1154—2020	2021.3.15
	定制家具 挥发性有机化合物现场检测方法	GB/T 39386—2020	2021.6.1
产品有害物质限量标准类	木器涂料中有害物质限量	GB 18581—2020	2020.12.1
	建筑用墙面涂料中有害物质限量	GB 18582—2020	2020.12.1
	车辆涂料中有害物质限量	GB 24409—2020	2020.12.1

续表

标准名称	标准编号	实施时间（年.月.日）
产品有害物质限量标准类 工业防护涂料中有害物质限量	GB 30981—2020	2020.12.1
胶粘剂挥发性有机化合物限量	GB 33372—2020	2020.12.1
清洗剂挥发性有机化合物含量限值	GB 38508—2020	2020.12.1
低挥发性有机化合物含量涂料产品技术要求	GB/T 38597—2020	2021.2.1
油墨中可挥发性有机化合物（VOCs）含量的限值	GB 38507—2020	2021.4.1

1.3 管理制度建设

1.3.1 排污许可制度建设

在排污监管制度建设方面，《排污许可管理办法（试行）》2018年正式实施，《排污许可管理条例草案》公开征求意见，发布《固定污染源排污许可分类管理名录》（2019年版），以"按证排污、持证排污"为原则的基础性污染源管理制度框架基本确立。2020年12月9日，国务院总理李克强主持召开国务院常务会议通过了《排污许可管理条例（草案）》，为地方生态环境主管部门的监管带来更明确的法律依据，有利于管理部门依照排污许可证对企业污染物排放进行监管，也便于社会公众监督，为"十四五"达到"全面实行排污许可制"目标奠定了坚实基础。截至2020年年底，已经发布了总则和石化、化工、炼焦、聚氯乙烯工业、农药制造、纺织印染、汽车制造、现代煤化工、酒饮料制造、制药工业、电子工业、人造板、家具制造、印刷工业、畜牧养殖业、食品制造、橡胶塑料制品、运输设备制造、制鞋工业等涉VOCs排放行业的排污许可证申请与核发技术规范，总则和石油炼制、石油化工、钢铁、炼焦化学工业、造纸、制药、农药制造、化学纤维制造等涉VOCs排放行业的排污单位自行监测技术指南。2020年年底，VOCs重点排放行业全部推行排污权许可证制度，VOCs排放企业都将建立VOCs自行监测、台账记录和定期报告体系，将进一步推动我国VOCs污染防治工作进入精细化管理阶段。

1.3.2 监测管理体系

《2020年挥发性有机物治理攻坚方案》要求"加快完善环境空气VOCs监测网。加强大气VOCs组分观测，完善光化学监测网建设，提高数据质量，建立数据共享机制。已开展VOCs监测的城市，要进一步规范采样和监测方法，加强设备运维和数据质控，确保数据真实、准确、可靠。尚未开展VOCs监测的城市，要参照《2020年国家生态环境监测方案》《关于加强挥发性有机物监测工作的通知》，抓紧加强能力建设，开展相关监测工作"。《关于加强挥发性有机物监测工作的通知》（环办监测函〔2020〕335号）提出，2020年，全国337个地级及以上城市均要开展环境空气挥发性有机物监测，重点地区开展117种VOCs组分和非甲烷总烃（NMHC）监测，重点排污单位及工业园区加强固定污染源废气VOCs监测，为精准治污、科学治污、依法治污提供数据支撑。2020年3月，生态环境部发布了《固定污染源废气中非甲烷总烃排放连续监测技术指南（试行）》，有利于规范排污企业开展非甲烷总烃自动监测，进一步强化全国VOCs的监测工作。

2020年2月，生态环境部审议并原则通过了《生态环境监测条例（草案）》。全国首部生态环境监测地方性法规《江苏省生态环境监测条例》于2020年5月1日起正式施行。条例将从法规制度上规范监测单位活动、保障监测数据的"真准全"。上海发布了《上海市环境监测社会化服务机构管理办法（修订草案）》《关于本市加快推进社会信用体系建设构建以信用为基础的新型监管机制的实施意见》（沪府办规〔2020〕9号），偏向于从大数据与信用管理的角度，确保监测数据的"真准全"。2020年，通过继续在重点地区部署环境空气VOCs监测，组织加强VOCs加密监测、走航监测，推动建立大气光化学监测网，持续推进全国监测数据联网共享，与国家电网公司开展电力大数据战略合作等，构建全方位的立体监测网络体系。2020年7月，生态环境部发布了《2020年排污单位自行监测帮扶指导方案》（环办监测函〔2020〕388号），按照"时间随机、对象随机"的原则，开展排污单位自行监测评估、抽测和比对监测工作。

1.4 环境执法监督帮扶体系建设

改革创新环境治理方式，对企业既依法依规监管，又重视合理诉求、加强帮扶指导，对需要达标整改的给予合理过渡期，避免处置措施简单粗暴、一关了之。2020年共开展五轮次O_3污染防治监督帮扶，发现问题企业3.3万家，各类挥发性有机物问题10.5万个。继续开展秋冬季大气污染综合治理攻坚和蓝天保卫战秋冬季监督帮扶。对于不满足无组织控制要求的环境违法行为依法依规予以处罚，加大打击偷排、超标排放等各类违法行为。

2020年，中央生态环境保护督察继续进行，第二轮第二批采取边督察边改的形式。在精准执法、科学执法上，大力推进智能监控和大数据监控的执法应用，推动新型传感技术、卫星遥感监测、无人机航测等高效监侦技术手段与环境执法工作深度融合，按照"双随机、一公开"模式优化执法监管方式，不断提升执法能力和效率。

2 行业市场分析

我国VOCs的治理工作在"十三五"期间快速发展，到目前为止大部分的污染源已经得到了治理。2020年疫情基本得到控制以后，从5月份开始，生态环境部组织进行新一轮的环保督察，其中VOCs的治理工作是督察的重点，年底对督察情况进行了总结。从督察情况来看，"十三五"期间，我国VOCs治理工作取得了一定的成效，但由于推进速度太快，前期治理工作存在的问题多，治理市场混乱，大部分的污染源，特别是中小型污染源多采用低效或无效的治理技术，VOCs减排效果差。为此在《2020年挥发性有机物治理攻坚方案》中提出了细化的深度治理要求，大量的污染源面临二次提升改造的问题，VOCs的治理工作向精细化深度治理阶段发展，从6月份以后开始全面提速。

2.1 VOCs治理工作向源头—过程—末端—运营全过程深化治理的方向发展

随着《挥发性有机物无组织排放控制标准》（GB 37822—2019）、涂料油墨胶粘剂、制药、油品储运等排放标准的发布和修订，低挥发性有机物含量的系列产品标准出台，我国VOCs的治理工作开始从粗放型治理的1.0版向精细化治理的2.0版迈进，即向源头、过程、末端和设施运营全过程深度治理的方向发展。

目前，我国很多行业尚处于粗放型生产阶段，源头减排的潜力巨大，由此催生的环保型原材料，如涂料、油墨、胶粘剂、清洗剂等的市场需求巨大。通过对企业的提质改造，包括生产工艺、生产设备和原材料的更改与改进，提高清洁生产水平，从源头上实现VOCs的减排是目前喷涂、印刷、涂布等众多行业VOCs减排的重点。如汽车和家具生产行业喷涂生产线的改造，更换水性涂料或低VOCs含量的涂料；包装印刷行业复合与印刷生产工艺改进，更换水性油墨和水性胶粘剂等。《打赢蓝天保卫战三年行动计划》中提出了"重点区域禁止建设生产和使用高VOCs含量的溶剂型涂料、油墨、胶粘剂等项目"的要求。过去几年，北京、上海、广东深圳、江苏等省、市纷纷制定了汽车、家具、包装印刷等行业环保型涂料、油墨、胶粘剂替代计划。京津冀区域环境保护标准《建筑类涂料与胶粘剂挥发性有机化合物含量限值标准》（DB 11/3005—2017）对建筑类涂料与胶粘剂中VOCs的含量进行了限制。2020年3月，为大力推进低（无）VOCs原辅材料替代，强化源头控制，生态环境部配合市场监管总局、工业和信息化部发布了涂料、胶粘剂、清洗剂等产品VOCs含量限值等7项强制性国家标准以及《低挥发性有机化合物含量涂料产品技术要求》（GB/T 38597—2020），《2020年挥发性有机物治理攻坚方案》中提出鼓励推广低（无）VOCs含量原辅材料替代，这将对涂料涂装、油墨、胶粘剂、清洗剂及相关行业产生重大影响。从短期来看，生产工艺、生产设备改进投入大，但从长期来看，可以促进产业升级，提高企业的核心竞争力。

在环保督察中发现，在化工、喷涂、印刷、制药、农药等众多行业中，VOCs 无组织逸散的问题依然非常严重，废气收集效率低，有些行业 VOCs 的无组织排放量占到 60% 以上。因此，按照《挥发性有机物无组织排放控制标准》（GB 37822—2019）的要求，强化废气收集，完善废气收集措施，是目前各地涉 VOCs 排放企业管控的重点。生产设备与管线泄露检测与修复（LDAR）是石化等行业 VOCs 减排的重点，近年来逐渐扩展到普通化工、制药等行业。废气的有效收集是进行末端治理的前提，应着重提高废气收集效率。在《"十三五"挥发性有机物污染防治工作方案》中明确提出了重点行业的收集效率要求。《挥发性有机物无组织排放控制标准》（GB 37822—2019）也对废气收集等的要求作出了详细规定。在诸如化工、制药、农药等行业，由于涉及 VOCs 和恶臭物质排放工艺环节多，废气收集系统是废气治理实施的重要组成部分。废气的收集系统需要根据不同行业的特点进行规范化设计，目前已经出现了一些具有较强技术实力的专门从事通排风和废气收集的工程公司和设计团队。在包装印刷和喷涂行业中废气的循环增浓技术（ESO）得到广泛应用，通过废气循环提高废气浓度，达到一定浓度时直接使用蓄热燃烧技术（RTO）等进行焚烧处理，省去了沸石转轮等吸附浓缩设备，从而达到高效和降低设备成本的目的。在船舶制造行业，露天表面喷涂中无组织废气的排放污染问题也越来越得到重视，移动式收集—沸石吸附浓缩—催化氧化一体化技术等有很好的应用前景。

2.2 治理工作逐步从重点地区、重点行业向全国各行各业发展

《大气污染防治行动计划》颁布以后，我国 VOCs 治理重点的区域主要集中在"三区""十群"所涉及的区域，从 2016 年开始扩展到中西部地区，如重庆、成都、郑州、太原、石嘴山等地区，2018 年《打赢蓝天保卫战三年行动计划》将汾渭平原纳入大气污染防治重点区域。《2020 年挥发性有机物治理攻坚方案》提出，在京津冀及周边地区、长三角地区、汾渭平原等重点区域、苏皖鲁豫交界地区及其他 O_3 污染防治任务重的地区城市，针对重点行业开展夏季污染治理攻坚行动。

行业减排是我国各地 VOCs 综合整治的重要抓手。由于产业结构不同，各地涉及 VOCs 排放的重点行业不同，很多地区集群式的产业特点突出，如彩钢板、玻璃钢、橡胶制品、纺织印染、制鞋、皮革/人造革、各类化工品生产等。各地政府部门制定的减排计划主要以石油化工、有机化工、工业涂装和包装印刷等行业为整治重点，同时根据各地的产业结构制订行业减排计划，从重点行业/重点污染源做起，分阶段、有步骤地逐渐推进治理工作。

目前，重点行业的第一轮治理任务已经基本完成，其他非重点行业的治理工作正逐步受到重视。其中众多行业涉及"异味"治理，考虑到民生问题，各地对异味排放源的治理抓得最紧，所以近年来异味治理的市场激增，从事异味治理的企业数量增长最快。橡胶、彩钢板、纺织印染、煤化工等非重点行业、非典型源排放，对局部地区的空气质量影响也很大，其治理工作也越来越受到重视。

2.3 第三方服务的范围与规模日益扩大

《国务院办公厅关于推行环境污染第三方治理的意见》（国办发〔2014〕69号）及《环境保护部关于推进环境污染第三方治理的实施意见》（环规财函〔2017〕172号）等文件鼓励环境污染行业积极推进第三方治理模式。随着我国VOCs治理市场越来越大，治理工作要求越来越精细化和规范化，政府、企业也逐渐认识到VOCs治理的复杂性，第三方服务工作得到快速发展，咨询和培训业务量增长迅速，"一市一策""一行一策""一厂一策"等治理方案的编制业务需求成为VOCs治理行业的有效支撑，检测与数据管理、治理设施运营服务成为行业发展趋势。国家政策鼓励积极推进工业园区和企业集群建设涉VOCs"绿岛"项目，统筹规划建设一批集中涂装中心、活性炭集中处理中心、溶剂回收中心等，实现VOCs集中高效处理。

2.3.1 活性炭集中再生平台

活性炭吸附净化设施在VOCs治理设施中占有重要的地位。《重点行业挥发性有机物综合治理方案》中提出"采用一次性活性炭吸附技术的，应定期更换活性炭，废旧活性炭应再生或处理处置。有条件的工业园区和产业集群等，推广集中喷涂、溶剂集中回收、活性炭集中再生等，加强资源共享，提高VOCs治理效率"。在诸如喷涂（如4S店喷涂）、印刷（包装印刷和书刊印刷）、化工、制药等行业，存在大量分散的小型VOCs排放企业，VOCs的排放量小、排放浓度低，活性炭吸附技术是其首选的治理技术。大量的恶臭异味治理设施为了提高净化效率也采用了活性炭吸附装置。由于单个企业建立相应的活性炭再生系统费用高，采用分散吸附、集中再生的服务模式，集中收集吸附饱和的活性炭，建立统一的活性炭异位（地）再生平台，是目前工业园区（如化工园区、制药园区、纺织印染园区）等中小企业集中区域VOCs和恶臭异味治理的最为可行且成本低的模式。近年来，江苏、山东、河北、广东等地纷纷建立了一批活性炭年再生量几万吨规模的集中再生基地，很好地解决了局部地区分散吸附后活性炭的循环利用问题，预计今后几年在全国各地将会建设更多的活性炭集中再生设施。

2.3.2 回收溶剂集中提纯利用中心

在很多行业中，如包装印刷、服装涂布整理、化工、制药、纺织印染、锂电池生产、

PVC 手套生产、化纤生产等行业，溶剂使用量大，进行溶剂回收通常具有很好的经济效益。目前，随着各地对工业园区综合治理规划的实施，引入第三方运营机制，在单个企业中安装吸附、冷凝等溶剂回收设施，并通过建立统一的溶剂提纯回收中心（设施）对分散回收的溶剂集中进行提纯再利用，是一种合理可行的溶剂回收运营模式，也符合国家资源回收利用政策。目前已经有锂电池行业、服装涂布行业、包装印刷行业、手套生产等行业采用该模式进行 VOCs 的综合治理，取得了很好的治理效果和社会经济效益。

2.3.3 集中喷涂中心

喷涂行业是 VOCs 排放的最大来源，大量存在于汽修、金属加工、家具生产等小型企业的 VOCs 治理工作非常困难，单一企业的治理成本高，企业往往难以承担，目前绝大部分采用的都是一些低效和无效的治理设施，成为困扰地方政府的一大难题。为了解决汽修、家具制造等行业 VOCs 污染和异味扰民的问题，便于对喷涂废气进行集中治理，目前北京等地已经开始探索建立集中喷涂中心（钣喷中心）。多个地区在 VOCs 治理规划中也已经提到，在有条件的园区可以考虑建立集中的喷涂中心，统一建设废气治理设施。集中喷涂中心可采用第三方运营机制，由第三方负责建设和运行，建立统一的废气治理设施，解决该行业 VOCs 治理的难题，将具有良好的应用前景。

2.3.4 检/监测服务

由于 VOCs 的种类多，排放条件复杂，检/监测已经成为目前制约 VOCs 治理的一个关键问题，检/监测市场需求巨大。VOCs 检/监测市场主要包括 3 个方面：一是对污染源的常规检测。污染源的常规检测主要是为污染治理设备的选择与建设提供基础数据，也是为生态环境部门的执法服务。二是污染源的在线监测。为了对污染源进行有效的监管，工业固定源（特别是较大型的污染源）的在线监测是目前的一个发展趋势。目前大部分省（区、市）已经明确规定了 VOCs 污染源的在线监测要求。三是环境空气质量监测站点的建设。之前大部分地区在进行环境空气质量监测站点的建设时未考虑 VOCs 检测，如果增加总 VOCs 和非甲烷总烃检测项目，需要对检测装置进行升级改造，增加相应的检测设备。为了更好地管控区域空气质量，目前在制造业园区（化工园区）开始建设或增加监测站点或移动式检测装置，对 VOCs 检/监测设备的需求非常大。

2.3.5 末端治理设施的第三方运维

对于工业企业末端治理工程，由治理公司或选择第三方对治理工程进行运营维护，能规范设备运行、落实治理企业责任、提高治理设施的运行效果，并可减轻污染企业的运维负担。近年来，企业和政府逐渐认识到治理设施专业化运维的重要性，设施运维服务的规模开始逐步扩大，推生了一些专门从事治理设施运维服务的企业，从事 VOCs 治理的工程公司运维服务的业务量也在扩大，部分公司运维服务的业务量占到了20%以上。

针对当前餐饮服务单位因专业性不足导致废气净化设备安装设计不合理、清洗维护不到位、废气排放不稳定达标等情况，北京市倡导、鼓励各餐饮服务单位采用第三方治理模式，开展废气净化设备升级改造，委托具备专业清洗能力的第三方定期清洗维护净化设备和排油烟管道。

2.3.6 城市/园区/企业环保管家服务

环保管家，即合同环境服务，是治理环境污染的一种商业模式，是指环保服务企业为政府或企业提供合同式综合环保服务，并视最终取得的污染治理成效或收益来收费。环保管家服务为企业提供一站式环保托管服务，统筹解决企业环境问题；可提高决策的科学性，保证服务效果，有效降低企业环保管理成本，同时降低环境产业各个环节脱节产生的高昂交易成本。

VOCs治理领域，环保管家服务分3个层次：城市政府部门、有条件的工业园区和企业。在城市层面上，第三方机构向政府部门（针对中小型城市）提供"一市一策"治理方案制定、污染源排查、环境空气质量监测、全域或局部环保综合治理等，VOCs综合治理一般是结合大气综合污染治理一并进行，但在很多地区是以VOCs的综合治理为主。在园区层面上，向园区提供集监测、监理、环保设施统筹建设与运营于一体的环保管家服务，特别是在化工园区，该模式近年来开始逐步推广，并取得了良好的效果。在企业层面上，向企业提供环保排查与技术诊断、固定污染源监测、制定"一企一策"治理方案、治理设施建设、环保设施运营维护服务等。

3 行业技术发展进展

3.1 总体技术进展

VOCs治理技术近年来得到了快速的发展和提升。主流的治理技术，如吸附技术、焚烧技术、催化技术不断发展和完善；生物治理技术的适用范围不断拓宽；一些新的治理技术，如常温催化氧化技术、低温等离子体降解技术、光解技术、光催化技术等也在不断地发展完善中。随着《挥发性有机物无组织排放控制标准》（GB 37822—2019）和《重点行业挥发性有机物综合治理方案》的发布实施，对VOCs和恶臭异味的治理要求不断提高，各地开始强调对VOCs的深化治理工作，针对重点行业的VOCs的深度治理技术和治理工艺、各类集成净化技术和组合净化工艺逐渐得以完善。

3.1.1 废气预处理技术

各类VOCs净化技术都有其特定的适用范围和使用条件，如污染物的成分、浓度、颗粒物含量、气体的温湿度等。由于废气的产生条件非常复杂，进入 VOCs 治理设备的废气在大多数情况下需要进行除尘、降湿、除漆雾等预处理过程，优先去除颗粒物、高沸点、易致催化剂和吸附剂中毒及影响后续脱附的 VOCs 组分，以提高治理设施的净化效率。在 VOCs 的治理工艺中，废气的预处理技术通常占有重要地位，如漆雾 / 颗粒物的多级过滤技术、废气吸附之前的除湿技术、废气中无机气体的吸收技术等。漆雾及颗粒物的多级过滤技术近年来得到了快速的发展，各种级别（高、中、低效）的过滤材料在 VOCs 治理工艺中得到了广泛应用；静电吸附油雾净化技术近年来也得到了不断的改进提升；各类除湿技术，包括沸石转轮吸附除湿技术在高湿废气的治理中也得到了广泛的应用。

3.1.2 主流末端治理技术

（1）冷凝技术

冷凝技术是利用不同物质的饱和蒸气压不同，通过降温冷凝的方法分离和回收某些组分气体，通常适用于高浓度、高沸点 VOCs 的回收，如油库、加油站、各类储罐的油气 / 溶剂回收，一些浓度较高的工艺尾气中有机物的冷凝回收，如化工、制药等行业工艺尾气中含氯溶剂的回收以及经过吸附浓缩以后高浓度的 VOCs 的冷凝回收等。冷凝法具有回收纯度高、设备工艺简单、自动化程度高等优点。但对制冷系统要求很高，能量消耗大。有些情况下需要深度冷凝、多级冷凝才能达到排放要求，研究热点主要集中在对冷凝系统的节能优化设计方面。近年来，在含卤素（氯、溴）溶剂的回收方面，由于市场需求大，冷凝回收技术得到了快速发展，冷凝工艺系统不断完善。

（2）吸收技术

传统的吸收技术是利用不同气体在一定溶剂中的溶解度不同，将 VOCs 从气相转移到液相，再通过对吸收液进行解吸处理，回收有机物，同时实现溶剂再生。吸收液的解吸过程往往操作复杂，采用有机溶剂作为吸收剂时存在安全隐患，因此传统的吸收技术在 VOCs 治理中目前实际应用较少。目前多以水为吸收剂，用于废气的前处理工艺以去除废气的酸碱气体和水溶性有机物，如化工、制药、电子等行业废气的 NH_3、HCl 的前处理，水性涂料中乙醇的吸收净化等。当采用水基吸收剂时，污染物由气相转移到水相，通常需要进行水处理。采用离子液可以有选择性地对某些有机物进行吸收回收，在某些领域也得到了应用，回收的溶剂品质较高，但该技术目前成本较高，选择性强，目前尚在发展过程中。

（3）吸附技术

吸附技术按脱附方式划分，主要有变温吸附技术和变压吸附技术两种。因脱附介质不同，变温吸附技术可分为低压水蒸气脱附再生技术、氮气保护脱附再生技术和热空气脱附再生技术。其中，低压水蒸气脱附再生技术应用最为广泛，主要用于各类有机溶剂的吸附回收工艺；氮气保护脱附再生技术与水蒸气再生技术相比，安全性好，在包装印刷行业的应用最为广泛，目前正逐步拓展到其他行业；热空气脱附再生技术目前在工程上主要应用于低浓度VOCs废气的吸附浓缩装置，通常和CO（催化燃烧）、RCO（蓄热催化燃烧）、RTO装置配合使用，如蜂窝状活性炭的再生、沸石转轮的再生等。真空（降压）解吸再生技术主要应用在高浓度油气回收和储运过程中的溶剂回收领域。目前在VOCs治理中常用的吸附材料主要包括颗粒活性炭、蜂窝活性炭、活性碳纤维、改性沸石、大孔树脂以及硅胶等。在碳减排的背景下，溶剂的回收技术可以实现资源的循环利用，今后将会逐步得到重视，具有很好的发展前景。

在大部分的工业行业中，VOCs是以低浓度、大风量的形式排放的，为了降低治理费用，通常是利用吸附材料首先对低浓度废气进行吸附浓缩，然后再进行冷凝回收、催化燃烧或高温焚烧处理。在包装印刷、石油化工、化学化工、原料药制造、涂布等行业中，吸附+冷凝回收工艺因具有一定的经济效益而得到广泛应用。低浓度的废气吸附浓缩后一般采用燃烧装置进行净化，旋转式沸石（分子筛）吸附浓缩技术（盘式转轮和立式转塔，采用多种类型的硅铝分子筛配伍作为吸附剂）是很多行业低浓度VOCs治理的主流技术。该技术净化效率高，尾气排放浓度稳定，采用高温热气流再生时安全性好，应用范围非常广泛，是目前诸如汽车制造等喷涂行业的最佳可行治理技术，已经被写入汽车制造、家具制造等行业治理技术指南。

颗粒活性炭是VOCs治理中应用最广泛的吸附材料，近年来正朝着技术含量和附加值高的单一用途活性炭的方向发展，如不同类型的溶剂（含氯溶剂、酮类溶剂等）回收用活性炭、油气回收专用活性炭等。活性炭材料在介孔调变、表面基团改性方面等有一定进展。在活性碳纤维制造方面，除了粘胶基纤维，在高性能的聚丙烯腈基和酚醛树脂基活性碳纤维研制方面也已经取得了重要进展。二氯甲烷等专用活性碳纤维研发取得了突破，应用效果良好。固定床颗粒活性炭、活性碳纤维溶剂吸附回收设备在我国已经得到了大量应用，技术水平也得到了显著提升。在水蒸气再生工艺中，吨溶剂的水蒸气用量减少，降低了设备运行成本；氮气再生工艺设备不断得到完善，逐步应用于除包装印刷以外的其他行业。

疏水改性硅铝分子筛是沸石转轮的关键吸附材料，国内公司在硅铝分子筛的制备成型及改性技术方面已经实现了突破，工程应用越来越多。盘式转轮和立式转塔的制造技术得到了突破，技术水平不断提升，目前已经有一批企业形成了具有自主知识产权的多品牌多型号的旋转式吸附设备。除了固定床、转轮等以外，为了快速实现吸附剂的更换和再生，移动床吸附净化近年来得到了发展。在高浓度废气的溶剂回收方面，采用移动床吸附，吸附饱和的活性炭可快速继续再生后继续用于吸附过程，再生可采用水蒸气或氮气脱附工艺，溶剂通过冷凝方式回收；在低浓度废气的治理方面，吸附后的活性炭既可以采用原位再生，也可以采用异地再生。随着该技术的不断完善，在很多行业将会推广应用，市场潜力较大。

（4）燃烧技术

高温焚烧是比较彻底处理有机废气的方法，也是目前VOCs治理的主流技术之一，在化工、制药、喷涂、包装印刷等众多行业中高浓度含VOCs废气治理中得到了广泛应用。其中，热回收式热力焚烧装置（TNV）由于可以较为充分地回收利用燃烧后产生的热能，被应用于某些行业的高浓度VOCs治理中。但由于工业生产过程中产生的有机废气大部分具有大风量、低浓度的排放特点，单纯高温焚烧技术的应用受到限制。蓄热燃烧技术（RTO）是指将工业有机废气进行燃烧净化处理，并利用陶瓷蓄热体对待处理废气进行换热升温、对净化后排气进行换热降温的工艺。蓄热燃烧技术因具有热回收效率高、适用浓度范围广、设备运行费用低等优点而成为VOCs治理的主流技术之一。

具有高热容量的陶瓷蓄热体是蓄热燃烧装置（RTO）中蓄热系统的关键材料。RTO采用直接换热的方法将燃烧尾气中的热量蓄积在蓄热体中，高温蓄热体直接加热待处理废气，换热效率可达90%以上，而传统的间接换热器的换热效率一般在50%~70%。新型的多层板片组合式陶瓷蜂窝填料目前应用较为广泛，该材料的特点在于每个薄片上开有沟槽，两片组合后构成内部相通的通道，使气流可以横向和纵向地通过填料，在达到相同热效率的条件下，所需的容积比传统的陶瓷蜂窝体少，堆体密度、比表面积、孔隙率等与传统的陶瓷蜂窝体性能接近。

（5）催化燃烧技术

催化燃烧技术又称催化氧化技术，是VOCs治理的主流技术之一，适用于中高浓度有机废气的治理。该技术使用催化剂降低反应的活化能，使有机物在较低温度下氧化分解，设备的运行费用较低。蓄热催化燃烧技术（RCO）是在催化燃烧的基础上增加直接换热装置，以提高热能回收效率，适用范围也得以拓宽。热能回收原理与蓄热燃烧技术相同。催化燃烧的反应温度根据催化剂类型的不同而有差别，采用贵金属催化剂时为300~350℃，采用非贵金属催化剂时一般为400℃以上，低于直接燃烧法的燃烧温度650~800℃，因此能耗比直接燃烧法为低，在废气中不含易引起催化剂中毒的有机物（不含硫、卤素和有机金属等）的情况下，是很多行业VOCs污染治理的首选技术。催化氧化技术的核心材料氧化催化剂，一般包括含 Pd、Pt 的贵金属氧化催化剂以及含过渡金属、稀土金属等金属氧化物催化剂，两类催化剂的应用都很广泛。针对不同类型的有机化合物（碳氢化合物、芳烃、醇类、脂类、醛类等）的转化与反应，催化剂的起燃温度、净化效率等存在差异，市场上需要的通常是广谱有效的催化剂产品。目前市场上贵金属催化剂的性能差异较大，催化剂的贵金属含量、催化效率、催化剂寿命等缺乏标准规范，存在虚标贵金属用量等问题。金属氧化物催化剂的反应温度较高，可以用于含氧、硫、卤素等有机物的净化，目前在市场上也有很多的应用。总体来看，贵金属催化剂市场上可选的产品性能比较稳定，金属氧化物催化剂选型与性能有待进一步提高。为了规范催化剂的生产和应用，中国环境保护产业协会目前正在组织制定氧化催化剂的产品性能标准。

（6）生物净化技术

生物净化技术是利用微生物的新陈代谢作用使污染物转化为简单的无机物或细胞自身组成物质。生物净化工艺可分为生物洗涤、生物过滤、生物滴滤、膜生物反应器等。膜生物反应器技术目前尚不成熟，且成本较高，工程应用相对较少。生物法具有绿色环保、运行费用较低的优点，在国外发达国家 VOCs 净化领域特别是恶臭净化领域的占比较高。生物净化技术具有很强的选择性，不适用于难生物降解的废气，且占地面积较大。

近年来生物法处理有机废气取得了长足进展，不同种类的生物菌剂和新的生物填料的开发不断深入，适用范围不断拓宽，除在以往的除臭领域的应用外，已成为某些行业低浓度、易生物降解有机废气治理的主要技术之一。针对废气组分性质差异化的特点，开发出以生物净化为主的组合净化工艺，通过反应过程定向调控，显著提高了气态污染物的水溶性和可生物降解性，并把它们作为生物净化的预处理或深度处理工艺，实现了对难生物降解、低水溶性气态污染物的深度净化。

真菌/细菌复合降解技术是利用微生物种间协同作用来高效降解成分复杂的污染物，能提高净化目标污染物的效率。两相分配生物反应器能强化液相传质，可有效缓冲污染物冲击负荷的波动。三维骨架填料研发用以改善生物滤床的性能。微生物胶囊包埋技术用于缓解生物过滤塔在处理含卤族元素的挥发性有机物时造成的塔内 pH 下降，相较于其他的微生物固定化技术具有较高的活性生物量浓度、对于有毒有害化合物较强的抗性、较高的质粒稳定性等优点。

随着技术的发展和市场规模的不断扩大，近年来我国从事生物净化技术的工程公司数量快速增加，规模不断壮大。

3.1.3 行业最佳集成治理工艺技术

VOCs 的治理技术体系极其复杂，每种单一净化技术都有其特定的使用条件和适用范围。在实际应用中，通常针对的都是复杂体系污染物的净化问题，在大多数情况下单一技术不能达到排放要求，通常需要针对污染源的特征选择适宜高效的集成净化工艺。针对不同行业的VOCs废气排放特征，选择合理可行的集成净化工艺，可以增强治理效果，降低治理成本。针对高浓度的VOCs废气，通常先采用吸收或者冷凝等技术进行回收利用，再用吸附、燃烧、催化燃烧等技术进一步进行达标治理；针对低浓度废气，通常先采用吸附浓缩工艺将有机物增浓后再利用RTO、RCO进行处理，也可以进行冷凝回收。

随着对重点行业VOCs排放特征认识的加深以及工程实践的不断积累，涂装、包装印刷等行业的最佳集成净化工艺路线逐渐明确，将以技术指南的形式固化下来，以此指导各行业的VOCs治理工作，如汽车涂装工序采用漆雾预处理+沸石转轮吸附浓缩+RTO集成净化工艺；包装印刷行业的溶剂型凹版印刷工序采用沸石转轮吸附浓缩+RTO集成净化工艺/循环风浓缩+RTO净化工艺，溶剂型干复工序采用活性炭/活性碳纤维吸附+冷凝回收集成净化工艺等；在油气回收行业，冷凝吸附技术组合使用能降低冷凝成本，又能减少吸附高浓度油气时存在的安全隐患；在制药、农药、精细化工等行业，通常工艺路线长，且对恶臭异味的净化要求非常高，涉及吸收、冷凝、吸附、焚烧等多技术的集成，需要针对重要的排污工序完善集成工艺设计。

3.2 新材料、新技术开发与应用

近年来，由于市场需求的驱动，VOCs的治理技术，特别是新材料的发展较快。在治理技术方面，主要是在现有技术的基础上进行改进提高，使技术的应用更有针对性，同时注重集成技术的开发与应用。集成技术不是简单的技术叠加，需要对行业废气的排放特征进行详细的研究，结合单一净化技术的使用条件确定合理可行的集成净化工艺，在满足净化效果的基础上降低废气的治理成本。新材料的发展主要是针对不同类型污染物的净化而开发，其中新型的吸附材料和催化剂得到了快速的发展。

3.2.1 复合功能催化剂

随着污染控制的精细化，针对不同种类污染物的复合氧化催化剂引起关注，中国科学院大学针对含氮有机物的治理开发了具有选择氧化+还原功能的双效复合催化剂。该技术可以将含氮有机物的氮元素选择氧化为N_2，同时将碳元素氧化为CO_2，少量过氧化生成的NO_x可以通过催化还原进一步处理，这样就可以实现VOCs与NO_x同时排放达标。另外在一些杂原子有机污染物的处理中，也有采用水解氧化催化剂技术。

3.2.2 树脂吸附材料与溶剂回收技术

树脂吸附材料在非极性溶剂特别是含氯等溶剂的回收方面具有一定的优势。近年来，我国树脂吸附剂的制造技术得以突破，并在化工、制药、农药等行业含氯溶剂的回收方面得到了大量应用，在其他类型如含苯溶剂的回收等方面也具有很好的应用前景。根据有机物的分子结构和特性，该材料可以进行骨架结构的特殊设计，以保证其净化效果，特别适用于高浓度、小风量废气的溶剂回收。

3.2.3 介孔活性炭与高沸点溶剂回收技术

作为一种价格低廉的吸附材料，活性炭在VOCs净化方面得到了大量的应用。针对高沸点、难解吸的有机物，如各类溶剂油的吸附回收问题，近年来国内研究开发了以介孔（大于2 nm的孔隙）为主的活性炭吸附材料，应用于高沸点溶剂油的吸附回收，在诸如70号溶剂油（以三甲苯等重芳烃为主）的回收方面实现了突破，取得了良好的经济和社会效益。

3.2.4 高碘值蜂窝活性炭

蜂窝活性炭吸附＋热空气再生＋催化燃烧工艺在我国已经有了近30年的发展历史，主要适用于低浓度VOCs的净化。近年来在各个行业的VOCs治理中得到了大量的应用，但存在的问题也较多。一是安全性问题不易解决，当用于某些成分如酮类、烯烃类有机物的净化时，由于在热空气再生过程中发生氧化或聚合反应放热，易造成活性炭床层着火；二是蜂窝活性炭没有产品标准，市场上的蜂窝活性炭质量良莠不齐，吸附性能差，净化效率低，难以实现稳定地达到标排放要求。《2020年挥发性有机物治理攻坚方案》中对活性炭的吸附性能提出了明确的要求，碘值保证在800 mg/g以上。活性炭生产企业经过技术攻关，目前部分企业已经突破了高碘值蜂窝活性炭的生产技术，并在部分治理工程中得到了应用。为了规范蜂窝活性炭的生产和应用，中国环境保护产业协会已计划尽快完成蜂窝活性炭产品标准的制定。

3.2.5 移动床活性炭吸附技术

采用活性炭进行VOCs净化，之前的吸附工艺主要采用的是固定床，包括活性炭吸附水蒸气/氮气再生溶剂回收、活性炭吸附降压再生油气回收、活性炭吸附（以蜂窝活性炭为主）热空气再生催化燃烧等工艺。之前有些企业曾经尝试采用流化床吸附工艺，但由于存在吸附材料磨损等问题，没有得到推广应用。为了解决活性炭的快速更换和再生问题，采用移动床吸附工艺，将吸附饱和的活性炭采用连续或间歇式流出吸附床层，采用水蒸气或高温氮气解吸再生并进行溶剂回收，与固定床吸附装置相比，该工艺活性炭的更换简单，工作强度低，特别适用于低浓度、大风量的VOCs和恶臭异味废气的净化。对于复杂组分难以解吸的污染物，采用该工艺快速更换下来的活性炭也可以通过异地再生的方式进行活性炭再生后回用。

3.2.6 高级氧化—生物净化集成净化工艺

近年来，为了解决一些难生物降解的污染物的净化问题，发展了高级氧化—生物净化集成净化工艺，该工艺采用紫外光或低温等离子体对此类废气进行预处理，将其转化为可生化性的物质，再被后续的生物滤床降解净化。这类耦合或集成处理工艺在难降解有机废气（如氯代烃类）的处理中会得到越来越多的应用。光降解—生物过滤集成技术能有效解决有毒副产物排放、过量生物量积累和冲击负荷等问题。光降解技术难以将VOCs彻底转化，并容易产生有害中间体和臭氧等副产物，而生物过滤技术面临着疏水性VOCs的处理、滤床堵塞、生物气溶胶排放和系统不稳定性等一系列挑战。光降解—生物过滤集成技术中，光降解过程中产生的臭氧能通过氧化部分微生物和EPS（胞外聚合物），控制后续生物过滤过程中生物膜的厚度；臭氧作为一种消毒剂和强氧化剂，还能去除多余的生物来改善过滤床的结构。光降解预处理通过改变VOCs生物降解的途径提高生物过滤性能，而引入生物过滤后的光降解，不仅提高了光降解性能，而且降低了光降解能耗。

3.2.7 低温等离子体—催化氧化集成净化技术

为了解决低温等离子体净化技术效率低的问题，近年来发展了低温等离子—催化氧化集成净化技术。前端低温等离子体产生的O_3、$-OH$等高能粒子可以促进后端催化剂的氧化能力，二者形成耦合效应，可以明显提高单一低温等离子体净化技术的净化效率。近年来该工艺的研究已经取得了较快的进展，并初步得到了应用。

4 主要企业发展情况

4.1 行业企业经营状况分析

2020年上半年，因为新冠疫情造成的停工停产导致相关治理企业的生产经营受到很大的影响，但在下半年复工复产后，经济得以迅速复苏，各项工作重回正轨，前期积累的治理需求迅速释放，特别是在《2020年挥发性有机物治理攻坚方案》发布设施以后，对下半年VOCs的治理工作起到了很大的推动作用，各地明显加大了对VOCs污染的管控力度，治理需求快速提升，治理业务量明显增加，主要企业的经营状况明显好转。综合分析，虽然受到上半年疫情的影响，但各重点企业的全年业绩比2019年还是有所提高。

"十三五"期间因为VOCs治理相关政策法规和标准密集出台，VOCs治理产业迅猛发展，全国从事VOCs治理、检测和服务（咨询、培训和运营服务）的企业大量涌现。《打赢蓝天保卫战三年行动计划》中明确提到"扶持培育VOCs治理和服务专业化规模化龙头企业"。骨干企业的发展迎来新的契机，大部分大中型企业稳步发展。但由于VOCs

污染源具有小而分散的特点，单个治理项目的合同额一般较小，与从事污水处理、除尘脱硫等行业的企业相比，单一 VOCs 治理企业的规模一般不大。据不完全统计，目前全国从事 VOCs 治理相关的企业在 3000 家以上，亿元以上规模的企业上百家，产值超过 2 亿元的在 35 家以上，少数企业达 4 亿元以上规模。此外，还有大量的产值在 3000 万至 1 亿元的中等规模企业以及 3000 万元以下的小型企业。从企业规模来看，部分之前单一从事低温等离子体、光氧化 / 光催化的企业被淘汰出局，相较 2019 年骨干企业的数量和规模没有明显的变化。

从近几年的企业发展情况来看，拥有核心技术在企业发展过程中起着重要的作用。一些拥有核心技术且技术能力较强的企业，如拥有焚烧技术（RTO、TO、TNV 等）、催化氧化技术（RCO、CO）、吸附回收技术、吸附浓缩技术、生物技术等的企业呈良好的发展势头，发展速度最快，这部分企业是目前我国 VOCs 治理的主力。由于 VOCs 治理行业正处于快速发展时期，虽然企业数量众多，但尚未形成具有显著影响力的龙头企业，一些较大型的产值在亿元以上的企业正处于齐头并进的发展阶段。

近年来部分后起的企业有了快速的发展。这部分企业主要是从污水、固废、除尘、脱硫脱硝和废气检测等其他的环保领域转到 VOCs 治理领域的，依托其较强的市场开拓能力和融资能力，通过企业兼并、人才引进和技术引进等措施，发展速度普遍高于单一从事 VOCs 治理的企业，优势企业如山东格瑞德集团有限公司、福建龙净环保股份有限公司、宇星科技发展（深圳）有限公司等。此外，还有部分通过技术引进等近年来新成立的企业。在以上超过亿元产值的企业中，约有 1/3 的企业为 2015 年开始起步的新企业，有部分企业产值甚至超过了 3 亿元，表现出明显的后发优势。

VOCs 治理市场整体向好，但是企业分化明显。部分企业缺乏核心技术，企业发展没有后劲，遇到技术风险时对企业经营往往会造成重大影响；部分企业风险控制意识不强，盲目扩张，在国家金融政策变化的大背景下，资金链出现问题，经营出现困难，部分前几年规模较大的企业出现了退步甚至被淘汰。

从事 VOCs 检 / 监测业务的企业发展势头良好。一些大型的环境监测企业，包括一些上市公司，VOCs 检测业务已经发展成为主营业务之一。总体上看，从事检 / 监测业务的企业发展速度要高于从事治理业务的企业。随着排污许可制度提出企业自行监测要求，环境空气中 VOCs 指标纳入国家监测体系，部分地区提出重点 VOCs 污染源自动监测等要求，从事检 / 监测设备生产及检测服务的企业还有很大的发展空间。

4.2　行业企业竞争力分析

日、美及欧洲的发达国家早在二十世纪七八十年代即开始重视 VOCs 的治理工作，相关治理技术发展得比较完善，如溶剂回收技术、吸附浓缩技术、催化燃烧技术、高温焚烧技术、生物技术等。我国的 VOCs 治理工作从 20 世纪 90 年代开始起步并逐步得到发展，进入"十二五"以后，我国的 VOCs 治理工作正式提上了议事日程，特别是 2013 年《大气污染防治行动计划》颁布实施以来，由于巨大的市场需求的推动，我国 VOCs 治理技术水平快速发展，企业竞争力也有了较大的提升。

在溶剂回收领域，通过引进、消化、吸收与自行开发，我国在 20 世纪 90 年代即开始进行活性炭（活性碳纤维）吸附回收技术研究，该技术也是溶剂回收的主流技术。目前颗粒活性炭吸附水蒸气/氮气保护再生工艺技术已趋于成熟，总体技术水平基本与国外技术持平。优势公司包括武汉旭日华环保科技股份有限公司、青岛华世洁环保科技有限公司、中科天龙（厦门）环保股份有限公司、河北天龙环保科技股份有限公司、西安蓝晓科技新材料股份有限公司、福建利邦环境工程有限公司等（不完全统计，下同）。

在采用颗粒活性炭吸附、降压（真空）解吸油气（溶剂）回收技术领域，海湾环境科技（北京）股份有限公司率先引进了国外技术，中国石化青岛安全工程研究院近年来也开发了相关的油气回收技术。以上两家公司占了我国油气回收市场的最大份额，但在核心吸附材料（油气回收用活性炭）的开发应用方面明显滞后。虽然近几年国内企业在油气回收用活性炭研制方面已经取得了突破，但实际应用速度缓慢，目前还主要依赖进口产品。

沸石转轮吸附浓缩技术近年来已经成为我国汽车制造、包装印刷、化学化工等行业低浓度 VOCs 治理的主流技术。沸石转轮作为该技术的核心设备，前几年主要依靠进口产品，日本和美国等外国公司占有大部分的市场份额。近年来我国企业进行了大量的技术研发工作，技术水平提升较快。在核心材料疏水型蜂窝沸石的研究开发方面已经实现了产业化生产，近年来国内涌现出一批从事沸石转轮制造的企业，数量预计有 20 家以上，个别企业的技术水平已经得到了国外产品的水平，市场占有率不断提高。优势公司主要包括青岛华世洁环保科技有限公司、江苏楚锐环保科技有限公司、可迪尔空气技术（北京）有限公司、上海云汇环保科技有限公司等。日本西部技研工业株式会社、瑞典蒙特集团、日本东洋纺等公司均在我国建立了沸石转轮生产基地，其产品在国内市场占有较大的份额。

蓄热式高温焚烧技术（RTO）和蓄热式催化燃烧技术（RCO）具有节能效果好、适用范围广、净化效率高、运行稳定等优点，近年来得到了大量应用，在主流的 VOCs 治理产品中市场规模最大。国外企业（美、欧、日、韩等）采用建立独资公司、合资公司和技术引进吸收消化等形式已经纷纷进入我国市场，如恩国环保科技（上海）有限公司、杜尔涂装系统工程（上海）有限公司、科迈科（杭州）环保设备有限公司、山东皓隆环境科技有限公司、无锡爱德旺斯科技有限公司以及韩国、日本的一些企业等，占据了石化、化工、汽车制造等的一些高端市场。近年来我国企业的技术水平得到了快速提升，部分企业技术水平已经达到或接近发达国家水平，相关企业得到了快速发展，在相关行业中占据了很大的市场份额。我国优势公司主要包括西安昱昌环境科技有限公司、江苏天通源环保装备有限公司、上海安居乐环保科技股份有限公司、江苏中电联瑞玛节能技术有限公司、德州奥深节能环保技术有限公司、中国启源工程设计研究院有限公司等。

近年来，生物技术在低浓度VOCs废气和恶臭异味治理方面得到了快速发展。通过一些高校和科研机构的持续研究开发，我国企业的技术水平不断提升。但与国外的先进技术相比，我国技术水平在生物菌种的开发和工艺设计方面存在一定的差距，在大型治理工程总体净化工艺设计上缺乏实际经验。优势公司主要包括广东南方环保生物科技有限公司、西原环保工程（上海）有限公司、浙江工业大学工程设计集团有限公司、浙江菲尔特环保工程有限公司、青岛金海晟环保设备有限公司、江苏朗逸环保科技有限公司、东莞市博大环保科技有限公司、青岛软控海科环保有限公司等。

在功能材料生产领域，油气回收活性炭、活性碳纤维、蜂窝沸石分子筛、大孔吸附树脂、氧化催化剂、蓄热体、生物填料等一直是制约我国相关技术发展的瓶颈问题。近年来在相关领域国内企业也已取得了长足的进步。在颗粒活性炭生产方面，优势公司包括宁夏华辉活性炭股份有限公司、山西新华化工有限公司等；在再生活性炭方面，优势公司有淄博鹏达环保科技有限公司、徐州绿源鑫邦再生资源科技有限公司等；在蜂窝活性炭生产方面，优势公司包括景德镇佳奕新材料有限公司、苏州克拉克森活性炭有限公司、广东韩研活性炭科技股份有限公司等；在活性碳纤维生产方面，优势公司包括江苏苏通碳纤维有限公司、安徽佳航碳纤维有限公司、青岛华世洁环保科技有限公司等；在催化剂生产方面，优势公司包括南通斐腾新材料科技有限公司、淄博正轩稀土功能材料股份有限公司、杭州凯明催化剂股份有限公司、中国船舶重工集团公司第七一八研究所、昆明贵研催化剂有限责任公司、无锡威孚力达催化净化器有限责任公司等；在蓄热陶瓷材料方面，优势公司有蓝太克环保科技（上海）有限公司、江西博鑫精陶环保科技有限公司、德州奥深节能环保技术有限公司等。在树脂吸附材料方面，西安蓝晓科技新材料股份有限公司近年来取得了突破。

在VOCs检/监测领域，前几年国外企业具有明显的技术优势，在便携式检测设备方面占据大部分的国内市场，如赛默飞世尔科技（中国）有限公司等。近年来国内检测技术有了快速发展，特别是在线监测技术部分已经趋于成熟并得到了大量的应用，优势公司包括河北先河环保科技股份有限公司、聚光科技（杭州）股份有限公司、北京雪迪龙科技股份有限公司、山东海慧环境科技有限公司、天津七一二通信广播股份有限公司、佛山市南华仪器股份有限公司等。

5 存在的主要问题与建议

5.1 全面完善行业标准规范体系

排放标准体系和行业技术指南是重点行业进行VOCs治理的主要依据。由于VOCs排放涉及的重点行业众多，各个行业均需要制定相关的排放标准和技术指南。"十三五"期间对于VOCs排放量较大的重点行业的排放标准的制修订力度很大，已经发布实施21项，恶臭污染物（修订）、餐饮油烟（修订）等标准也会尽快出台。对于排放量较大的重点行业，除已发布的炼焦化学工业、印刷工业外，纺织工业、制药、家具制造、汽车制造和涂料油墨生产需要逐个尽快完成污染防治可行技术指南的制定工作，排放标准与可行技术指南协同发布，为排污企业的治理工作提供具体指导，也为管理部门对污染源的监管提供技术依据。另外一些排放量较大的行业如粘胶带制造行业、漆包线制造行业、PVC防护手套生产行业等，尚未启动标准制定工作，这些行业的VOCs年排放量均在10万t以上，急需排放标准和技术指南进行规范。

在已经发布的行业排放标准中，部分标准由于包含的范围广，包含的产品和工艺环节多，某些指标设置不合理，如《石油化学工业污染物排放标准》（GB 31571—2015）中，丙烯腈要求达到 0.5 mg/m^3，理论上可以做到，但是投资和运行成本巨大且环境综合效益低，执行起来非常困难；又如2011年发布的《橡胶制品工业污染物排放标准》（GB 27632—2011）中规定的基准排风量，适合于当时的行业生产状况，但随着行业的发展，生产工艺已经有了很大变化，目前工艺条件下的排风量已经提高了10倍左右，给VOCs和恶臭治理工作造成很大的困扰。石油化学工业排放标准提出了NMHC（非甲烷总烃）含量≥95%（重点地区NMHC含量≥97%）的要求，在应用中也产生了一些问题，一是排放浓度高（几万毫克/立方米）的企业虽然可以满足≥97%的要求，但排放浓度可能会达到上千毫克/立方米；二是排放浓度（几十毫克/立方米）低的企业无法得到的效率要求。国家最近几年来的排放标准以浓度排放限值为主，不再设置排放速率限值，这种控制体系间接导致了企业加大吸风量以降低排放浓度，但却无法实现实质性减排的现象，不利于区域环境质量改善。需要根据现实存在的问题、限值与措施并重的标准制定思路对部分有需要的现行行业排放标准进行修订。

由于部分国家标准出台晚于地方标准，导致国家和地方排放标准在局部地区还存在较大差异，NMHC 的控制力度处于不同的水平要求，地方标准与国家标准的衔接有问题，不利于区域联防联控。综上，多项国家标准需要按照新思路进行进一步修订，重视国家和地方标准体系的衔接。另外，不同地区、不同行业 NMHC（或者 VOCs）的排放标准具有明显差异，这也可能造成了部分产业在局部区域内简单转移，如江苏省的涂料油墨行业排放限值宽松于上海市、北京市、山东省等地；从大部分涂装工序的排放标准来看，上海市偏严于长三角其他地区，北京市也明显比河北省严格。各地方根据各地污染行业特点制定排放标准，但在长三角地区、京津冀及周边城市、珠三角等需要区域联防联控的区域，可以选择重点行业制定区域统一的排放标准体系，统一研究、统一制定、统一发布，同时也可以考虑差异化的限值，有利于区域联防联控和区域环境容量控制。下一步将进一步做好涉 VOCs 行业排放控制标准的制修订工作，鼓励、支持和指导重点区域制定区域一体化限值或排放标准，促进区域协同控制。

5.2 从技术经济角度合理选型设计、全面提高治理设施质量

近年来我国的 VOCs 治理装备得到了快速的发展和提升，虽然部分治理装备和净化材料技术水平与国外先进技术相比尚存在一定的差距，但是吸附回收、沸石转轮、RTO/RCO 各种主流技术设备均取得了长足的进步，出现了一批拥有自主知识产权的企业。目前存在的问题是，由于 VOCs 治理技术体系非常复杂，无论是业主单位还是管理部门相关的经验都不足，加上限期治理和标准加严的影响，造成治理设施需要提标改造。在石化、化工等综合要求（特别是安全性要求）较高的高端市场占比还偏弱。

在净化材料方面，附加值较高的油气回收专用活性炭、不同类型的溶剂（含氯溶剂、酮类溶剂等）回收专用活性炭/活性碳纤维等国内产品的性能近年来虽然已经有了一定的提高，但目前实际应用的还是国外产品居多；疏水改性硅铝分子筛是沸石转轮的关键吸附材料，我国的一些公司在硅铝分子筛的改性技术方面也取得了进展，并实现了工程应用；高端市场的专用催化剂与德国等发达国家还是有一定的差距，另外具有高热容量的陶瓷蓄热体是蓄热燃烧装置（RTO）中蓄热系统的关键材料，目前在实际应用中国外产品占据一定的优势。针对以上一些关键净化材料，需要进一步加大研发力度，真正实现产、学、研、用相结合，推出高性能的产品。

5.3 强化源头控制，推进低（无）VOCs 原辅材料替代

2020 年，生态环境部配合市场监管总局、工业和信息化部发布了涂料、胶粘剂、清洗剂等产品 VOCs 含量限值等 7 项强制性国家标准以及《低挥发性有机化合物含量涂料产品技术要求》，2020 年 12 月至 2021 年 4 月陆续实施。2020 年 6 月，生态环境部发布了《2020 年挥发性有机物治理攻坚方案》，鼓励、推广低（无）VOCs 含量原辅材料替

代，各地积极进行部署和宣传，督促企业实施源头替代。另外国家重点研发计划"大气污染成因与控制技术研究"重点专项，突破了环保型水基油墨开发与绿色印刷技术、无溶剂胶粘剂与复合工艺装备技术等关键技术，开发了符合欧盟环保要求的轨道车辆、钢管、合成革的水性涂层和防腐涂层材料等。

随着《低挥发性有机化合物含量涂料产品技术要求》（GB/T 38597—2020）的实施，在推进绿色涂装的过程中，还存在很多问题，如由于不同行业所使用的水性涂料中VOCs的含量水平差距较大，部分行业即使使用了水性涂料，仍需对喷涂工艺废气进行治理。在源头替代的过程中，还需要加强适用于各种用途的环保型油墨、涂料、胶粘剂、清洗剂的研发和应用力度。

5.4 注重废气收集问题，大力降低无组织排放

在众多的行业中，VOCs的无组织逸散通常是废气的主要排放形式。由于涉VOCs排放的工艺环节多，点源多而分散，废气的收集往往非常困难，大部分企业的废气收集系统收集效率低；同时，在进行废气治理设施建设的过程中，废气收集问题往往没有得到足够的重视，大部分的工程公司缺乏废气收集系统设计经验。以上问题造成企业即使安装了高效的末端治理设备依然达不到治理要求，特别是在化工、制药、农药等行业，恶臭异味排放问题依然得不到有效解决。为此，《挥发性有机物无组织排放控制标准》（GB 37822—2019）和《重点行业挥发性有机物综合治理方案》都对废气收集系统作出了详细规定，对重点行业提出了收集效率、排气罩风速等具体要求。

在进行治理设施建设的过程中，需要把废气收集系统作为废气治理实施的重要组成部分，按照相关规范进行废气收集系统的设计，提高废气收集效率，使无组织废气变为有组织废气，实现废气的高效治理。

5.5 针对行业特点，加强末端集成治理技术研发

VOCs的治理技术体系极其复杂，每种单一净化技术都有其特定的使用条件和适应范围。在实际工程中，通常遇到的都是复杂工况条件和复杂污染物体系的净化问题。在实施治理工程时，通常需要针对污染源的排放特征选择适宜高效的集成净化工艺。针对不同行业的VOCs废气排放特征，选择合理可行的集成净化工艺，制定行业治理技术指南，是近年来管理部门正在推动的重要工作。随着工程实践的不断积累以及对重点行业VOCs排放特征认识的不断深入，涂装、包装印刷等行业的最佳集成净化工艺路线逐渐明确，将以技术指南的形式固化下来（其中印刷行业的治理技术指南已经发布实施），以此指导各行业的VOCs治理工作，如汽车涂装工序采用漆雾预处理＋沸石转轮吸附浓缩＋RTO集成净化工艺；包装印刷行业的溶剂型凹版印刷工序采用沸石转轮吸附浓缩＋RTO

集成净化工艺 / 循环风浓缩 +RTO 净化工艺，溶剂型干复工序采用活性炭 / 活性碳纤维吸附 + 冷凝回收集成净化工艺等。

在制药、农药、精细化工等行业，对恶臭异味的净化要求非常高，通常净化工艺路线长，涉及吸收、冷凝、吸附、焚烧等多技术的集成，工艺设计非常复杂，一些技术细节往往决定着净化效率的高低。例如，在常用的水吸收 + 沸石转轮吸附浓缩 +RTO 净化工艺中，由于水吸收后废气湿度高，将严重影响后续沸石转轮的吸附净化效率，很多设计中往往忽略了废气的除水除湿环节，造成沸石转轮的吸附净化效率低，难以实现达标排放。因此，为了充分发挥集成工艺的技术优势，针对不同行业重要的排污工序，需要不断地通过工程案例和经验积累，逐步完善工艺设计。

部分行业废气中含有苯乙烯等易聚合物质（如玻璃钢生产行业），或是含有油雾（如金属加工、PVC 手套生产等行业用到的溶剂油等）等高沸点物质，由于该类通常是以大风量、低浓度的形式排放，不适宜直接采用焚烧氧化装置进行处理，而采用吸附浓缩时易造成吸附材料的"中毒"，吸附材料再生困难。该类废气的治理技术需要进一步加强研究工作。

附录：有机废气治理行业主要企业简介

1. 青岛华世洁环保科技有限公司

青岛华世洁环保科技有限公司成立于 2004 年，是一家专业从事工业有机废气治理技术开发、工艺设计及装备制造的国家级高新技术企业，拥有多项自主知识产权核心技术。该企业主要产品有沸石转轮吸附浓缩—催化燃烧装置、活性炭（纤维）吸附回收装置、工业有机废气蓄热氧化装置、高效工业除尘设备等具有国际先进水平的高科技环保装备。经过 10 余年的研发积累，拥有分子筛吸附浓缩转轮、差异化特种活性碳纤维、基于静电纺丝的纳米纤维过滤技术及装备等核心环保材料的产业化关键技术。应用领域涉及喷涂、精细化工、石油化工、印刷包装等行业，拥有江淮汽车、上海大众、徐工集团、立邦油漆、日本住友等国内外知名企业案例 1000 余项。拥有各类专利 80 余项，其中发明专利近 30 项。现有员工总人数 693 人，中高级技术职称 78 人。2020 年总营业收入达到 52 000 万元。

2. 西安昱昌环境科技有限公司

西安昱昌环境科技有限公司成立于 2016 年，是一家从事工业有机废气污染治理的高新技术企业，建有西安航天研发设计中心、杨凌生产基地，可年产 RTO 设备 180 套左右。公司以旋转式蓄热氧化焚烧炉（RTO）和沸石分子筛转轮为核心产品，结合自身拥有的环保和热能系统工程技术专长，可为客户提供"环保 + 节能"VOCs 废气治理整体解决方案。西安昱昌环境科技有限公司骨干团队来自航天液体火箭发动机研究院，利用航天军工"燃烧、热能、密封、自控"四大核心技术转化应用，专注于挥发性有机物（VOCs）废气综合治理及节能技术开发，成为环保高端装备制造的高新技术企业。公司具有温度场仿真、空气流场仿真建模计算能力，80%以上骨干技术人员具有机电一体化高端装备设计制造和热能系统工程设计制造经验。拥有发明专利12项（公开）、实用新型专利17项、软件著作权1项。现有员工总人数318人，中高级职称人数79人，2020年涉VOCs治理合同额43 000万元。

3. 航天凯天环保科技股份有限公司

航天凯天环保科技股份有限公司为中国航天科工集团控股公司，于1998年与德国百年环保企业合资成立，是一家集环境规划、环保产品研发设计、装备制造、工程安装、设施运营为一体的绿色生态环境综合服务商，以绿色生态环保智慧城市、绿色生态美丽乡村、绿色生态工业园区和绿色生态健康家庭为核心业务领域，是原环境保护部授予的首批17家环境服务试点单位、"AAA"级环保信誉企业及中国环境保护产业协会副会长单位。拥有博士后工作站、院士工作站、长沙环保工业技术研究院、国家级实验室、国家级企业技术中心、国家级中试基地、环境监测（检测）中心等技术研发平台。公司拥有5个事业部、12个分公司、10个子公司、1个研究院、四大生产基地。现有员工总人数1320人，中高级职称人数285人，2020年总营业收入248 665万元，涉VOCs治理合同额24 500万元。

4. 无锡爱德旺斯科技有限公司

无锡爱德旺斯科技有限公司是美国TANN公司在亚洲市场的战略合作伙伴，负责区域内的市场营销、生产制造、安装调试及售后服务等。公司的RTO设备技术引自美国TANN公司，并结合国内实际进一步优化提升。到目前为止已有近千套废气治理设备，应用案例超过30年，国内应用案例已有19年仍然保持安全稳定达标排放。公司从2014年开始，致力于将美国的30年治理经验在国内进行推广和应用，为企业提供真正高效、稳定和安全的设备。主要优势设备：热力氧化设备、RTO蓄热式氧化炉及热回收系统集成制造、蓄热式催化焚烧炉（RCO）、催化焚烧炉（CO）等，主要应用行业集中于烟包、软包、喷涂、化工等。公司现拥有专利50余项，其中发明专利3项。现有员工总人数350人，中高级职称人数30人，涉及VOCs治理人员200人，年VOCs治理工程120套（台），2020年总营业收入30 000万元。

5. 山东格瑞德集团有限公司

山东格瑞德集团有限公司成立于1993年，拥有全自动法兰焊接机、焊接机器人、数控激光切割机、数控砖塔冲床、数控剪板机、数控折弯机等国内先进水平的大型加工设备，致力于环境治理技术研发、环保装备加工制造、环保治理工程设计及施工等。该公司具备活性炭吸附设备、RTO设备、吸附浓缩燃烧设备、光氧光催化设备、低温等离子体除臭设备、生物滤池等设计生产能力。公司拥有由教授、博士及行业专家组成的研发团队和已有多年环保产品开发经验的工程技术骨干团队，具备强大的研发创新能力，先后与韩国昌源大学、上海曙光环境治理新技术研究中心等国内外知名院校建立了合作平台，并成立上海技术研发中心。公司现有员工总人数2200人，中高级职称人数600人，涉及VOCs治理人员600人，年VOCs治理工程800套（台），2020年总营业收入67 000万元。

6. 大连兆和环境科技股份有限公司

大连兆和环境科技股份有限公司成立于 1994 年，是以环保技术研发、生产制造、市场营销、运维服务为主的国家级高新技术企业，业务涵盖有机废气处理、烟尘治理、油雾净化、空气调节、机电通风等领域，为国内外客户提供高品质工业厂房空气治理系统解决方案。在工业涂装、精细化工、石油化工领域拥有有机废气治理设施业绩 110 余套。拥有 RTO、CO、吸附、冷凝等各种工艺技术及设备自主设计、生产能力；为立邦、阿克苏、丰田、本田、宝马、奔驰、东阳光制药、中石化、地方炼化等各行业龙头企业提供稳定可靠的有机废气治理系统。公司与上海第二工业大学、中国科学建筑研究院、东北大学工业爆炸及防护研究所等多家科研院所开展产学研合作，并引进德国、瑞典、日本等国际知名企业的产品技术。公司已获取 110 项专利技术，其中发明专利 18 项、实用新型专利 90 项、软件著作版权 2 项。公司现有员工总人数 323 人，中高级职称人数 39 人，2020 年总营业收入 42 000 万元。

7. 可迪尔空气技术（北京）有限公司

可迪尔是由西班牙 Herver-9 集团于 1996 年创建的品牌，总部位于西班牙马德里，一直专注于为全世界提供空气清洁技术和产品服务，其产品应用于欧美的工业厂房等处。2014 年公司进入中国，并在中国开展了研发、生产、销售和售后服务等业务。可迪尔涉足 VOCs 治理领域已 10 年有余，拥有独立的科研团队，掌握全球领先的低浓度、大风量 VOCs 治理技术，拥有丰富的实操经验，曾多次荣获"绿英奖—工业废气治理标杆企业""有机废气（VOCs）治理十佳环保企业""北极星杯十大 VOCs 治理企业"等。可迪尔筒式沸石转轮成为首批"中国清洁技术 100"入围项目，并且与多家高校进行产学研深度合作，形成专业、产业相互促进、共同发展、产学双赢的局面。公司现拥有专利 30 余项，其中发明专利 8 项，实用新型专利 26 项。公司员工总人数 265 人，中高级职称人数 7 人，年 VOCs 治理工程 75 套（台），2020 年总营业收入 20 000 万元。

8. 广东省南方环保生物科技有限公司

广东省南方环保生物科技有限公司是集环保技术、设备、工程、服务于一体的国家高新技术企业，主营业务为恶臭与 VOCs 治理，市场占有率稳居国内前列，在业内具有较高的品牌知名度。公司开发的生物滤池除臭装置被评为"2009 年国家重点环境保护实用技术""2010 年国家重点新产品""2017 年全国 VOCs 监测与治理创新成果"，核心专利产品"微生物除臭技术及设备"获得 2013 年"广东省环境保护科学技术奖一等奖"及"国家环境保护科学技术奖三等奖"，低浓度恶臭气体生物净化技术入选 2018 年国家先进污染防治技术目录（大气污染防治领域）推广技术。通过持续研究自有核心技术和产品，实现了物联网技术与恶臭及 VOCs 治理技术相结合，开启了系统智慧运营模式；拥有自主知识产权的新型核壳填料专利产品。截至 2020 年 12 月，公司的恶臭及 VOCs 处理气量累计已达到 1768 万 m^3/h。公司现有员工总人数 208 人，中高级职称人数 5 人，2020 年总营业收入 20 363 万元。

9. 福建龙净环保股份有限公司

福建龙净环保股份有限公司（简称龙净环保）成立于 1971 年，专注从事大气污染控制领域环保产品的研发和制造，拥有活性炭（颗粒炭、蜂窝炭、碳纤维）吸附、分子筛吸附、热力燃烧（TO、CO、RTO、RCO）、多级冷凝、复合吸收、常温催化、低温等离子体、生物滴滤等多种异味与 VOCs 治理方面的技术和产品，并在实际工程中得到广泛运用。龙净环保是国内大气污染治理行业的首家上市公司（股票代码：600388），龙净环保从最早单一的电除尘器产品，逐步发展成为国内大气污染治理行业最大的管理综合化大型专业环保企业，具备产品多元化，机、电、智能控制一体化，研发、设计、制造、安装、调试、试验和运营管理综合化的优势，各项经济技术指标均居国内同行业首位。龙净环保先后在电力、冶金、建材、涂装、烟草、家具、印刷、轻工、化工等众多行业承接了国内外1000多个项目近3000台（套）环保治理设备的设计、制造和安装调试任务。龙净环保成立了行业内第一个"国家级企业技术中心""国家级环保技术研发中心"，多年来获得的科技进步奖项以及技术专利证书冠居同行。2006年，公司设立了同行中首家大气环保博士后科研工作站，先后被国家授予中国环保产业"百强企业"、全国环保科技先导型企业等荣誉称号。公司员工总人数7456人，涉及VOCs治理人员238人，2020年涉VOCs总合同额15 000万元。

10. 江苏天通源环保装备有限公司

江苏天通源环保装备有限公司的前身是扬州市恒通环保科技有限公司，成立于1999年，是一家专注于VOCs有机废气治理的高新技术企业。主要治理设备包括蓄热式焚烧炉（RTO，两室、三室、旋转）、催化燃烧装置、活性炭吸附装置、直燃式焚烧炉、蓄热式催化燃烧装置（RCO）、沸石转轮吸附+RTO装置、活性炭吸附+催化燃烧装置等，特别是焚烧炉（RTO、TNV）以及余热利用系统有机废气处理设备的研究与制造，产品的安全性、稳定性、可靠性已经达到了国外同类产品的先进水平。在国内外汽车、化工、电子、印刷等行业的高端品牌企业中有数以千计的成功使用案例。公司拥有自主研发及设备全部自制能力，公司已授权专利18项。公司现有员工总人数256人，中高级职称人数10人，2020年涉VOCs治理合同额20 000万元。

11. 嘉园环保有限公司

嘉园环保有限公司（简称嘉园环保）成立于1998年，是集科研、设计、制造、安装、销售服务于一体的从事挥发性有机废气（VOCs）治理的国家高新技术企业、国家环保产业骨干企业、国家知识产权示范企业。2014年，嘉园环保与汉威科技集团股份有限公司（股票代码：300007）进行重大资产重组，成为汉威集团智慧环保板块旗舰企业。拥有多项自主知识产权的VOCs治理技术，主营产品有活性炭吸附—催化氧化、沸石转轮组合氧化设备、活性炭吸附—水蒸气脱附—溶剂回收、活性炭吸附—氮气脱附—溶剂回收、蓄热式热力焚烧等，广泛应用于涂装、化工、包装印刷、医药制造、涂料等行业，在全国范围内应用装备超过900套。拥有专利、软件著作权等核心自主知识产权近100项（其中已获授权发明专利19项）。公司现有员工总人数508人，中高级职称人数122人，2020年总营业收入达到48 600万元，涉VOCs治理合同额14 700万元。

12. 蓝太克环保科技（上海）有限公司

蓝太克环保科技（上海）有限公司是美国蓝太克有限公司亚太区投资公司，成立于2001年。它是一家致力于陶瓷与塑料填料研发、应用的创新科技企业，为全球企业提供陶瓷蓄热产品和塑料填料产品。公司核心价值是通过对行业应用的了解而自主开发针对性的专利产品，通过对专利产品使用的了解和积累的使用经验为客户提供技术服务。公司拥有由多名具备广博的热传与质传知识的知名专家组成的研发和设计团队，已陆续研发了3个系列的陶瓷蓄热产品和6个系列的塑料填料产品专利，并广泛应用于全球有机废气和废水治理系统中。公司现有员工总人数766人，中高级职称人数61人，2020年总营业收入15 000万元。

13. 淄博鹏达环保科技有限公司

淄博鹏达环保科技有限公司成立于 2012 年，是一家集环保与催化功能材料生产、销售、技术开发与技术服务、VOCs 治理与资源化成套工艺、烟气多污染治理技术及气、液、固一体化治理成套技术开发为主的高新技术企业。公司是中国石油和化工联合会—工业催化产业技术创新战略联盟理事单位，中国环境保护产业协会废气净化委员会常委单位，中国循环经济协会理事单位，2020 年被认定为"山东省瞪羚企业""山东省专精特新中小企业"。公司专注于碳基固废资源化利用领域，重点突破高端碳基功能材料的制备与应用，其碳基功能材料广泛应用于 VOCs 治理、烟气多污染治理、油气回收、污水治理等领域，碳基材料年综合生产能力 4.6 万 t。公司现有员工总人数 300 人，2020 年总营业收入 17 215 万元。

脱硫脱硝行业 2020 年发展报告

1 2020 年度脱硫脱硝行业发展概况

1.1 主要政策变化

1.1.1 电力行业

（1）地方燃煤与污泥耦合电厂相关政策标准发布

2020 年 9 月，江苏省发布《省发展改革委关于进一步促进煤电企业优化升级高质量发展的指导意见》（苏发改能源发〔2020〕994 号），鼓励煤电企业依托高效发电系统和污染物集中治理设施，实施燃煤耦合生物质（秸秆、污泥）发电技术改造，为环境治理履行社会责任。

2020 年 11 月，上海市发布《燃煤与污泥耦合电厂大气污染物排放标准》（征求意见稿），要求 600 MW 及以上燃煤与污泥耦合电厂颗粒物、SO_2、NO_x 排放浓度不高于 5 mg/m³、35 mg/m³、50 mg/m³。相较于火电发电厂烟气排放标准，新增了氯化氢（限值 10 mg/m³）、二噁英类（限值 0.01 mg/m³），锑、砷、铅、铬、钴、铜、锰、镍、钒及其化合物之和（限值 0.05 mg/m³）等污染物限值。

（2）地方燃煤电厂大气污染物排放标准再加严

2020 年 11 月，江苏省发布《燃煤电厂大气污染物排放标准》（征求意见稿），提出颗粒物、SO_2、NO_x 排放浓度限值为 5 mg/m³、25 mg/m³、30 mg/m³，较超低排放（10 mg/m³、35 mg/m³、50 mg/m³）更加严格。该标准一旦正式发布，将成为我国目前最严燃煤电厂大气污染物排放标准。

（3）加快燃煤电厂液氨改尿素

继 2019 年 4 月国家能源局发布《切实加强电力行业危险化学品安全综合治理工作的紧急通知》，2020 年 8 月国家能源局再次发文《关于加强电力行业危化品储存等安全防范工作的通知》（国能综通安全〔2020〕85 号），要求积极开展液氨罐区重大危险源治理，加快推动燃煤电厂尿素替代液氨改造。

1.1.2 非电行业

（1）多地对钢铁企业试行超低排放差别化电价政策

为进一步推动钢铁行业高质量发展，促进产业转型升级，2020 年山东、河南、江苏、山西等地发布关于钢铁企业试行超低排放差别化电价政策的通知，对逾期未完成超低排放改造或改造后未达超低排放要求的钢铁企业,实行分阶段分层次电价加价。以山西为例,2020年12月发布《关于钢铁企业试行超低排放差别化电价政策的通知》,要求山西全省钢铁企业在"有组织排放、无组织排放、清洁运输方式"中,有一项未达到超低排放要求的,用电价格每千瓦时加价0.01元;两项未达超低排放要求的,用电价格每千瓦时加价0.03元;三项未达超低排放要求的,用电价格每千瓦时加价0.06元。完成全部超低排放改造的,用电不加价。河南省在试行钢铁企业差别化电价的同时,同步试行超低排放差别化水价政策。

(2)地方钢铁工业大气污染物排放标准落地

2020年5月,河南省发布地方标准《钢铁工业大气污染物排放标准》,其中烧结(球团)颗粒物、SO_2、NO_x 排放浓度不高于10 mg/m³、35 mg/m³、50 mg/m³,新建企业自标准实施之日起,现有企业自2021年1月1日起实施。

2020年11月1日起,山东省现有钢铁企业实施地方标准《钢铁工业大气污染物排放标准》(DB 37/ 990—2019),其中烧结颗粒物、SO_2、NO_x 限值为10 mg/m³、35 mg/m³、50 mg/m³。

为向多地钢铁企业超低排放改造提供技术指导,中国环境保护产业协会发布《钢铁企业超低排放改造技术指南》。指南基于已成功运行且评估合格的案例,从源头减排、有组织排放治理、无组织排放治理、清洁运输四方面,提出了超低排放改造的工艺、技术、参数选择要求。

(3)水泥工业超低排放改造逐步推进

水泥工业大气污染物排放标准日益收严。

2020年3月,安徽省发布《安徽省水泥工业大气污染物排放标准》,覆盖水泥工业从源头到运输的全部生产领域,其中有组织排放的颗粒物、SO_2、NO_x 排放限值分别为10 mg/m³、50 mg/m³、100 mg/m³,分别为目前执行的国家《水泥工业大气污染物排放标准》(GB 4915—2013)特别排放限值(20 mg/m³、100 mg/m³、320 mg/m³)的50%、50%、31.2%。

同月,河北省发布《水泥工业大气污染物超低排放标准》,要求颗粒物、SO_2、NO_x 的排放限值分别为10 mg/m³、30 mg/m³、100 mg/m³。

2020年5月,河南省发布《水泥工业大气污染物排放标准》,要求水泥窑及窑尾余热利用系统颗粒物、SO_2、NO_x 限值分别为10 mg/m³、35 mg/m³、100 mg/m³。

2020年11月,四川省发布《四川省水泥工业大气污染物排放标准(征求意见稿)》,其中要求水泥窑及窑尾余热利用系统颗粒物、SO_2、NO_x 限值分别为10 mg/m³、35 mg/m³、

100 mg/m^3。

2020年12月，江苏省发布《水泥行业大气污染物排放标准（征求意见稿）》，要求水泥窑及窑尾颗粒物、SO_2、NO_x排放浓度不高于10 mg/m^3、35 mg/m^3、50 mg/m^3。

2021年5月，山西省制定《水泥行业超低排放改造实施方案》，提出到2024年12月底前，全省水泥企业全面完成超低排放改造，升级改造指标要求水泥窑及窑尾余热利用系统烟气颗粒物、SO_2、NO_x排放浓度分别不高于10 mg/m^3、35 mg/m^3、50 mg/m^3，氨逃逸浓度不高于5 mg/m^3。

自超低排放实施多年来，多省份陆续发布水泥工业超低排放政策，2020年排放标准更严、改造力度更大。

（4）垃圾焚烧发电大气污染物治理引起重视

我国生活垃圾焚烧发电产业近年来发展迅猛，随之而来的污染物排放逐渐引起重视。

2020年1月，海南省印发《海南省生活垃圾焚烧污染控制标准》，其中颗粒物、SO_2、NO_x的24 h均值限值分别为8 mg/m^3、20 mg/m^3、120 mg/m^3。

2020年3月，福建省再次对《生活垃圾焚烧氮氧化物排放标准》公开征求意见，生活垃圾焚烧NO_x排放24 h均值不得高于100 mg/m^3。

2020年4月，河北省发布《生活垃圾焚烧大气污染控制标准》（征求意见稿），其中颗粒物、SO_2、NO_x的24 h均值限值分别为8 mg/m^3、20 mg/m^3、120 mg/m^3，并根据不同的脱硝工艺对氨的排放限值作了具体要求，采用SCR脱硝工艺的焚烧炉执行2.5 mg/m^{3}的限值，采用SNCR—SCR联合脱硝的焚烧炉执行3.8 mg/m^{3}的限值，采用其他脱硝工艺的执行8 mg/m^{3}的限值。

上海、广东深圳等地均已发布生活垃圾污染控制标准，其中广东深圳生活垃圾处理设施NO_x排放限值为80 mg/m^3，是目前全球最严限值。以上地方标准均在《生活垃圾焚烧污染控制标准》（GB 18485—2014）的颗粒物、SO_2、NO_x的排放限值（20 mg/m^3、80 mg/m^3、250 mg/m^3）基础上收严，较欧盟垃圾焚烧大气污染物排放标准（2000/76/EC）颗粒物、SO_2、NO_x的排放限值（10 mg/m^3、50 mg/m^3、200 mg/m^3）更为严格。

（5）钢铁、水泥以外非电行业超低排放标准出台

2020年3月，河北省发布《平板玻璃工业大气污染物超低排放标准》，规定玻璃熔窑烟气中颗粒物、SO_2、NO_x排放限值分别为10 mg/m^3、50 mg/m^3、200 mg/m^3，并要求氨逃逸浓度限值为8 mg/m^3。

2020年5月，河南省发布《工业炉窑大气污染物排放标准》《炼焦化学工业大气污染物排放标准》《铝工业污染物排放标准》，均要求颗粒物、SO_2、NO_x排放限值各自为

10 mg/m³、35 mg/m³、100 mg/m³。

2020 年 8 月，河北省印发《陶瓷工业大气污染物排放标准》，加强对陶瓷窑及喷雾干燥塔的大气污染物排放要求，规定了颗粒物、SO_2、NO_x 的排放限值为 10 mg/m³、30 mg/m³、100 mg/m³，与国家标准相比，分别收严了 20 mg/m³、20 mg/m³、80 mg/m³。

1.2 脱硫脱硝产业发展概况

为深入了解我国燃煤烟气污染物控制情况，更好地服务行业和企业，服务好政府的宏观政策管理，中国环境保护产业协会组织脱硫脱硝委员会连续 4 年开展了有关燃煤烟气脱硫脱硝行业运行情况调查工作。本着各会员企业自愿参与调查和可核查原则，对参与调查的各会员企业 2020 年度电力行业和非电行业脱硫脱硝运营情况进行了总结，具体详情见表 1 至表 18。

1.2.1 电力行业脱硫脱硝发展概况

2020 年，全国全口径发电装机容量达 220 058 万 kW，同比增长 9.5%。2020 年，全国全口径火电装机容量达 124 517 万 kW，同比增长 4.7%，占全部装机容量的 56.58%。其中，煤电装机容量为 107 992 万 kW，同比增长 3.8%，占全部装机容量的 49.07%，首次降至 50% 以下；气电装机容量为 9802 万 kW，同比增长 8.6%，全部装机容量的 4.45%。

（1）2020 年度电力行业烟气脱硫工程新签合同机组容量

表 1 给出了参与调查的各会员企业 2020 年度电力行业烟气脱硫工程新签合同机组容量情况，不包括历史累计容量。截至 2020 年年底，参与调查的各企业电力行业烟气脱硫工程新签合同机组总容量为 43 422 MW。其中北京清新环境技术股份有限公司、国能龙源环保有限公司和国家电投集团远达环保股份有限公司等企业的电力行业烟气脱硫工程新签合同机组容量较突出，分别为 13 885 MW、11 535 MW 和 9940 MW。

表 1 2020 年度电力行业烟气脱硫工程新签合同机组容量情况

（按 2020 年度电力行业烟气脱硫工程新签合同机组容量大小排序）

序号	单位名称	电力新签合同 /MW
1	北京清新环境技术股份有限公司	13 885
2	国能龙源环保有限公司	11 535
3	国家电投集团远达环保股份有限公司	9940
4	福建龙净环保股份有限公司	2015
5	浙江天地环保科技有限公司	1377
6	山东创宇环保科技有限公司	1350
7	北京博奇电力科技有限公司	1320

续表

序号	单位名称	电力新签合同 /MW
8	江苏科行环保股份有限公司	1190
9	国能（山东）能源环境有限公司	600
10	浙江菲达环保科技股份有限公司	210
	总容量	43 422

（2）2020年度电力行业烟气脱硫工程新投运机组容量

表2给出了参与调查的各会员企业2020年度电力行业烟气脱硫工程新投运机组容量情况，不包括历史累计容量。截至2020年年底，参与调查的企业电力行业烟气脱硫工程新投运机组总容量为31 424 MW。其中国家电投集团远达环保股份有限公司、国能龙源环保有限公司、福建龙净环保股份有限公司和北京清新环境技术股份有限公司的电力行业烟气脱硫工程新投运机组容量较大，分别为12 400 MW、6515 MW、3556 MW和3280 MW。

表2 2020年度电力行业烟气脱硫工程新投运机组容量情况

（按2020年度电力行业烟气脱硫工程新投运机组容量大小排序）

序号	单位名称	电力新投运 /MW
1	国家电投集团远达环保股份有限公司	12 400
2	国能龙源环保有限公司	6515
3	福建龙净环保股份有限公司	3556
4	北京清新环境技术股份有限公司	3280
5	山东创宇环保科技有限公司	1550
6	浙江天地环保科技有限公司	1320
7	北京博奇电力科技有限公司	1000
8	浙江菲达环保科技股份有限公司	723
9	国能（山东）能源环境有限公司	600
10	江苏科行环保股份有限公司	480
	总容量	31 424

（3）2020年度电力行业烟气脱硝工程新签合同机组容量

表3给出了参与调查的各会员企业2020年度电力行业烟气脱硝工程新签合同机组容量情况，不包括历史累计容量。截至2020年年底，参与调查的企业电力行业烟气脱硝工程新签合同机组总容量为59 079 MW。其中国能龙源环保有限公司和福建龙净环保股份有限公司的电力行业烟气脱硝工程新签合同机组容量较大，分别为24 620 MW和23 595 MW。

表3 2020年度电力行业烟气脱硝工程新签合同机组容量情况

（按2020年度电力行业烟气脱硝工程新签合同机组容量大小排序）

序号	单位名称	电力新签合同/MW
1	国能龙源环保有限公司	24 620
2	福建龙净环保股份有限公司	23 595
3	国家电投集团远达环保股份有限公司	4262
4	北京博奇电力科技有限公司	3300
5	浙江天地环保科技有限公司	1497
6	山东创宇环保科技有限公司	950
7	国能（山东）能源环境有限公司	600
8	江苏科行环保股份有限公司	140
9	北京清新环境技术股份有限公司	115
	总容量	59 079

（4）2020年度电力行业烟气脱硝工程新投运机组容量

表4给出了参与调查的各会员企业2020年度电力行业烟气脱硝工程新投运机组容量情况，不包括历史累计容量。截至2020年年底，参与调查的企业电力行业烟气脱硝工程新投运机组总容量为39 252 MW。其中主要以国能龙源环保有限公司、国家电投集团远达环保股份有限公司和福建龙净环保股份有限公司为主，分别为16 900 MW、7775 MW和7198 MW。

表4 2020年度电力行业烟气脱硝工程新投运机组容量情况

（按2020年度电力行业烟气脱硝工程新投运机组容量大小排序）

序号	单位名称	电力新投运/MW
1	国能龙源环保有限公司	16 900
2	国家电投集团远达环保股份有限公司	7775
3	福建龙净环保股份有限公司	7198
4	山东创宇环保科技有限公司	2000
5	浙江天地环保科技有限公司	1920
6	北京清新环境技术股份有限公司	1399
7	浙江菲达环保科技股份有限公司	1320
8	国能（山东）能源环境有限公司	600
9	江苏科行环保股份有限公司	140
	总容量	39 252

（5）2020年度电力行业在运的第三方运维机组容量

表5和表6给出了参与调查的各企业2020年度电力行业在运的第三方运维（含特许和运维）烟气脱硫脱硝工程机组容量情况，不包括历史累计容量。电力行业脱硫第三方运维公司主要包括国能龙源环保有限公司、国家电投集团远达环保股份有限公司、北京清新环境技术股份有限公司、北京博奇电力科技有限公司等企业。各参与调查的企业在运的烟气脱硫第三方运维容量为128 666 MW，在运的烟气脱硝第三方运维容量为63 123 MW。

表5　2020年度电力行业在运的脱硫第三方运维机组容量情况

（按2020年度电力行业在运的脱硫第三方运维机组容量大小排序）

序号	单位名称	电力第三方在运/MW
1	国能龙源环保有限公司	38 610
2	国家电投集团远达环保股份有限公司	28 136
3	北京清新环境技术股份有限公司	24 810
4	北京博奇电力科技有限公司	15 780
5	福建龙净环保股份有限公司	9620
6	上海申欣环保实业有限公司	6320
7	浙江天地环保科技有限公司	2400
8	浙江菲达环保科技股份有限公司	2390
9	山东创宇环保科技有限公司	600
	总容量	128 666

表6　2020年度电力行业在运的脱硝第三方运维机组容量情况

（按2020年度电力行业在运的脱硝第三方运维机组容量大小排序）

序号	单位名称	电力第三方在运/MW
1	国家电投集团远达环保股份有限公司	20 738
2	国能龙源环保有限公司	18 160
3	北京清新环境技术股份有限公司	9035
4	北京博奇电力科技有限公司	5260
5	福建龙净环保股份有限公司	4540
6	浙江天地环保科技有限公司	2400
7	浙江菲达环保科技股份有限公司	2390
8	山东创宇环保科技有限公司	600
	总容量	63 123

1.2.2 2020年非电行业脱硫脱硝发展现状

在火电行业污染治理已取得显著成果的情况下，近几年，国家和地方政府针对非电燃煤行业大气污染治理出台了更加严格的政策和标准。关于推进钢铁超低排放改造工作高质量开展的政策频出，钢铁超低排放改造全面开展。截至2020年底，全国共229家钢铁企业、6.2亿t左右粗钢产能已完成或正在实施超低排放改造，重点区域钢铁企业超低排放改造进展相对较快。近两年，多地出台水泥行业超低排放标准。2020年，超低排放概念被逐步引入平板玻璃、陶瓷、工业炉窑等非电行业。非电行业大气污染物治理已从钢铁超低排放改造的一枝独秀向全面开展的局势发展。

为解决国内缺乏权威的非电行业脱硫脱硝第一手数据的问题，脱硫脱硝委员会本着各会员企业自愿参与调查和可核查的原则，对参与调查的各企业2020年度非电行业脱硫脱硝产业运营情况进行了总结，具体详情见表7至表12。

（1）2020年度非电行业新签脱硫工程烟气处理情况

表7给出了参与调查的各会员企业2020年度非电行业新签的脱硫工程烟气处理情况，不包括历史累计脱硫工程情况。与电力行业不同，非电行业缺乏统一标准，因此本报告以脱硫脱硝委员会提出的万标立方米（10^4 Nm^3/h）烟气量作为企业之间比较的标准。2020年，参与调查的企业全国非电行业新签合同的脱硫工程总处理烟气量为9436.8万Nm^3/h。其中福建龙净环保股份有限公司和江苏科行环保股份有限公司的非电新签合同脱硫烟气量较为突出，分别为4029.2万Nm^3/h、1271.1万Nm^3/h。

表7 2020年度非电行业新签合同脱硫工程处理烟气量情况

（按2020年度非电行业新签合同脱硫工程处理烟气量大小排序）

序号	单位名称	非电新签合同/（万Nm^3/h）
1	福建龙净环保股份有限公司	4029.2
2	江苏科行环保股份有限公司	1271.1
3	北京清新环境技术股份有限公司	802.4
4	国能龙源环保有限公司	752.4
5	中晶环境科技股份有限公司	739.8
6	浙江菲达环保科技股份有限公司	709.8
7	北京博奇电力科技有限公司	662.0
8	浙江天蓝环保技术股份有限公司	440.3
9	国能（山东）能源环境有限公司	29.8
	总烟气量	9436.8

（2）2020年度非电行业新投运脱硫工程烟气处理情况

表8给出了参与调查的各会员企业2020年度非电行业新投运的脱硫工程处理烟气量情况，不包括历史累计脱硫工程投运情况。截至2020年年底，参与调查的企业全国非电行业新投运的烟气脱硫工程总烟气量为7853.3万 Nm^3/h。其中福建龙净环保股份有限公司和北京清新环境技术股份有限公司在非电行业新投运的脱硫工程业绩较为突出，分别为3144.6万 Nm^3/h 和1344.1万 Nm^3/h。

表8 2020年度非电行业新投运脱硫工程处理烟气量情况

（按2020年度非电行业新投运脱硫工程处理烟气量大小排序）

序号	单位名称	非电新投运/（万 Nm^3/h）
1	福建龙净环保股份有限公司	3144.6
2	北京清新环境技术股份有限公司	1344.1
3	浙江菲达环保科技股份有限公司	876.4
4	浙江天蓝环保技术股份有限公司	767.2
5	江苏科行环保股份有限公司	668.8
6	中晶环境科技股份有限公司	576.3
7	浙江天地环保科技有限公司	128.0
8	国能龙源环保有限公司	119.9
9	国家电投集团远达环保股份有限公司	116.0
10	北京首钢国际工程技术有限公司	112.0
	总烟气量	7853.3

（3）2020年度非电行业新签脱硝工程烟气处理情况

表9给出了参与调查的各会员企业2020年新签合同的非电行业脱硝工程处理烟气量情况，不包括历史累计脱硝工程情况。截至2020年年底，参与调查的企业全国非电燃煤新签合同脱硝工程处理总烟气量为6169.4万 Nm^3/h。

表9 2020年度非电行业新签合同烟气脱硝工程处理烟气量情况

（按2020年度非电行业新签合同烟气脱硝工程处理烟气量大小排序）

序号	单位名称	非电新签合同/（万 Nm^3/h）
1	福建龙净环保股份有限公司	2034.6
2	北京博奇电力科技有限公司	1015.3
3	江苏科行环保股份有限公司	905.2

序号	单位名称	非电新签合同/（万 Nm³/h）
4	中晶环境科技股份有限公司	886.5
5	浙江天蓝环保技术股份有限公司	549.1
6	浙江菲达环保科技股份有限公司	201.3
7	国能龙源环保有限公司	260.4
8	北京清新环境技术股份有限公司	207.8
9	国家电投集团远达环保股份有限公司	86.0
10	国能（山东）能源环境有限公司	23.2
	总烟气量	6169.4

（4）2020年度非电行业新投运脱硝工程烟气处理情况

表10为参与调查的各会员企业2020年新投运非电燃煤烟气脱硝工程处理烟气量情况，不包括历史累计投运的脱硝工程。截至2020年年底，参与调查的企业全国非电行业新投运的脱硝工程处理的总烟气量为5078.1万 Nm³/h。

表10　2020年度非电行业新投运脱硝工程处理烟气量情况

（按2020年度非电行业新投运脱硝工程处理烟气量大小排序）

序号	单位名称	非电新投运/（万 Nm³/h）
1	福建龙净环保股份有限公司	2660.4
2	中晶环境科技股份有限公司	751.0
3	江苏科行环保股份有限公司	692.0
4	浙江天蓝环保技术股份有限公司	333.4
5	北京清新环境技术股份有限公司	300.3
6	浙江菲达环保科技股份有限公司	161.0
7	北京首钢国际工程技术有限公司	112.0
8	北京博奇电力科技有限公司	68.0
	总烟气量	5078.1

（5）2020年度非电行业在运的第三方运维烟气处理情况

表11、表12给出了参与调查的各会员企业2020年度非电行业在运的脱硫脱硝第三方运维处理烟气量情况，脱硫第三方运维总处理烟气量为6475.2万 Nm³/h，脱硝第三方运维总处理烟气量为4095.7万 Nm³/h。

表 11　2020 年度非电行业在运的脱硫第三方运维处理烟气量情况

（按 2020 年度非电行业在运的脱硫第三方运维处理烟气量大小排序）

序号	单位名称	非电第三方在运 /（万 Nm³/h）
1	福建龙净环保股份有限公司	1657.6
2	北京中航泰达环保科技股份有限公司	1401.0
4	北京博奇电力科技有限公司	1033.0
4	国家电投集团远达环保股份有限公司	977.0
5	中晶蓝（北京）运营科技有限公司	702.7
6	浙江天蓝环保技术股份有限公司	250.0
7	江苏科行环保股份有限公司	206.0
8	山东创宇环保科技有限公司	193.0
9	中晶环境科技股份有限公司	54.9
总烟气量		6475.2

表 12　2020 年度非电行业在运的脱硝第三方运维处理烟气量情况

（按 2020 年度非电行业在运的脱硝第三方运维处理烟气量大小排序）

序号	单位名称	非电第三方在运 /（万 Nm³/h）
1	北京博奇电力科技有限公司	1273
2	中晶蓝（北京）运营科技有限公司	987.4
3	北京中航泰达环保科技股份有限公司	661.0
4	福建龙净环保股份有限公司	418.0
5	中晶环境科技股份有限公司	392.3
6	江苏科行环保股份有限公司	192.0
7	山东创宇环保科技有限公司	172.0
总烟气量		4095.7

1.2.3　2020 年度燃煤烟气脱硫脱硝产业综合分析

为了更加直观地表达各参与调查的企业在电力行业和非电行业中脱硫和脱硝机组总容量情况，更加客观地反映行业、企业的现状，我们对表 1 至表 12 的数据进行了汇总，详情见表 13 至表 18。这里，将各参与调查的企业报送在电力行业机组处理的烟气量也进行了统计，从而得到电力行业和非电行业脱硫脱硝新签合同和新投运总处理烟气量情况，详情见表 13 至表 18。

（1）2020年度燃煤烟气全行业新签脱硫工程烟气处理情况

表13给出了参与调查的各会员企业2020年度电力和非电行业新签合同的脱硫工程总处理烟气量情况。截至2020年年底，参与调查的各企业新签合同脱硫工程处理的总烟气量为26 400.6万Nm^3/h（包括电力行业和非电行业），其中电力行业新签合同容量约占64%，非电行业新签合同容量约占36%。其中北京清新环境技术股份有限公司、福建龙净环保股份有限公司、国能龙源环保有限公司和国家电投集团远达环保股份有限公司新签的脱硫工程处理烟气量较大，分别为6285.9万Nm^3/h、4778.7万Nm^3/h、4692.9万Nm^3/h和4421.0万Nm^3/h。

表13 2020年度电力和非电行业新签合同脱硫工程总处理烟气量情况

（按2020年度各单位新签合同脱硫工程总处理烟气量大小排序）

序号	单位名称	电力新签合同/（万Nm^3/h）	非电新签合同/（万Nm^3/h）	合计新签合同/（万Nm^3/h）
1	北京清新环境技术股份有限公司	5483.5	802.4	6285.9
2	福建龙净环保股份有限公司	749.5	4029.2	4778.7
3	国能龙源环保有限公司	3940.5	752.4	4692.9
4	国家电投集团远达环保股份有限公司	4421.0	0.0	4421.0
5	江苏科行环保股份有限公司	522.0	1271.1	1793.1
6	北京博奇电力科技有限公司	573.1	662.0	1235.1
7	浙江菲达环保科技股份有限公司	71.3	709.8	781.1
8	中晶环境科技股份有限公司	0.0	739.8	739.8
9	山东创宇环保科技有限公司	540.0	0.0	540.0
10	浙江天地环保科技有限公司	458.2	0.0	458.2
11	浙江天蓝环保技术股份有限公司	0.0	440.3	440.3
12	国能（山东）能源环境有限公司	204.7	29.8	234.5
	总烟气量	16 963.8	9436.8	26 400.6

（2）2020年度燃煤烟气全行业新投运脱硫工程烟气处理情况

表14给出了参与调查的各会员企业2020年度电力和非电行业新投运脱硫工程总处理烟气量情况。截至2020年年底，参与调查的各企业新投运脱硫工程总处理烟气量为19 842.5万Nm^3/h（包括电力行业和非电行业），其中电力行业新投运约占60%，非电行业新投运约占40%。其中国家电投集团远达环保股份有限公司、福建龙净环保股份有限公司和北京清新环境技术股份有限公司在2020年度新投运脱硫工程处理烟气量较为突出，分别为5346.0万Nm^3/h、4239.3万Nm^3/h和2784.5万Nm^3/h。

表 14 2020 年度电力和非电行业新投运脱硫工程总处理烟气量情况

(按 2020 年度各单位新投运脱硫工程总处理烟气量大小排序)

序号	单位名称	电力新投运/(万 Nm^3/h)	非电新投运/(万 Nm^3/h)	合计新投运/(万 Nm^3/h)
1	国家电投集团远达环保股份有限公司	5230.0	116.0	5346.0
2	福建龙净环保股份有限公司	1094.7	3144.6	4239.3
3	北京清新环境技术股份有限公司	1440.4	1344.1	2784.5
4	国能龙源环保有限公司	2217.2	119.9	2337.1
5	浙江菲达环保科技股份有限公司	245.7	876.4	1122.1
6	江苏科行环保股份有限公司	217.0	668.8	885.8
7	浙江天蓝环保技术股份有限公司	0.0	767.2	767.2
8	山东创宇环保科技有限公司	637.0	0.0	637.0
9	中晶环境科技股份有限公司	0.0	576.3	576.3
10	浙江天地环保科技股份有限公司	392.7	128.0	520.7
11	北京博奇电力科技有限公司	309.8	0.0	309.8
12	国能(山东)能源环境有限公司	204.7	0.0	204.7
13	北京首钢国际工程技术有限公司	0.0	112.0	112.0
	总烟气量	11 989.2	7853.3	19 842.5

(3) 2020 年度燃煤烟气全行业新签合同脱硝工程烟气处理情况

表 15 给出了参与调查的各会员企业 2020 年度电力和非电行业新签合同脱硝工程总处理烟气量情况。截至 2020 年年底,参与调查的各企业新签合同的脱硝工程总处理烟气量为 25 989.4 万 Nm^3/h(包括电力行业和非电行业),其中电力行业新签约占 77%,非电行业新签约占 23%。其中福建龙净环保股份有限公司、国能龙源环保有限公司、北京博奇电力科技有限公司和国家电投集团远达环保股份有限公司新签合同的烟气脱硝工程处理烟气量最大,分别为 9046.8 万 Nm^3/h、8635.3 万 Nm^3/h、2137.3 万 Nm^3/h 和 1542.0 万 Nm^3/h。

表 15 2020 年度电力和非电行业新签合同脱硝工程总处理烟气量情况

(按 2020 年度各单位新签合同脱硝工程总处理烟气量大小排序)

序号	单位名称	电力新签合同/(万 Nm^3/h)	非电新签合同/(万 Nm^3/h)	合计新签合同/(万 Nm^3/h)
1	福建龙净环保股份有限公司	7012.2	2034.6	9046.8
2	国能龙源环保有限公司	8374.9	260.4	8635.3
3	北京博奇电力科技有限公司	1122.0	1015.3	2137.3

续表

序号	单位名称	电力新签合同/(万Nm³/h)	非电新签合同/(万Nm³/h)	合计新签合同/(万Nm³/h)
4	国家电投集团远达环保股份有限公司	1456.0	86.0	1542.0
5	江苏科行环保股份有限公司	44.2	905.2	949.4
6	中晶环境科技股份有限公司	0.0	886.5	886.5
7	浙江天地环保科技股份有限公司	557.1	0.0	557.1
8	浙江天蓝环保技术股份有限公司	549.1	0.0	549.1
9	浙江菲达环保科技股份有限公司	197.4	310.3	507.7
10	山东创宇环保科技有限公司	480.0	0.0	480.0
11	北京清新环境技术股份有限公司	61.2	207.8	269.0
12	国能（山东）能源环境有限公司	204.7	23.2	227.9
13	浙江菲达环保科技股份有限公司	0.0	201.3	201.3
	总烟气量	20 058.8	5930.6	25 989.4

（4）2020年度燃煤烟气全行业新投运脱硝工程烟气处理情况

表16给出了参与调查的各会员企业2020年度电力和非电行业新投运脱硝工程总处理烟气量情况。截至2020年年底，参与调查的各企业新投运脱硝工程处理的总烟气量为18 842.0 万 Nm^3/h（包括电力行业和非电行业），其中电力行业新投运约占73%，非电行业新投运约占27%。其中福建龙净环保股份有限公司、国能龙源环保有限公司和国家电投集团远达环保股份有限公司在2020年度新投运脱硝工程处理烟气量最突出，分别为5818.8 万 Nm^3/h、5748.1 万 Nm^3/h 和 2363.0 万 Nm^3/h。

表16 2020年度电力和非电行业新投运脱硝工程总处理烟气量情况

（按2020年度各单位新投运脱硝工程总处理烟气量大小排序）

序号	单位名称	电力新投运/(万Nm³/h)	非电新投运/(万Nm³/h)	合计新投运/(万Nm³/h)
1	福建龙净环保股份有限公司	3158.4	2660.4	5818.8
2	国能龙源环保有限公司	5748.1	0.0	5748.1
3	国家电投集团远达环保股份有限公司	2363.0	0.0	2363.0
4	浙江天地环保科技股份有限公司	868.6	0.0	868.6
5	山东创宇环保科技有限公司	780.0	0.0	780.0
6	中晶环境科技股份有限公司	0.0	751.0	751.0
7	江苏科行环保股份有限公司	44.2	692.0	736.2
8	北京清新环境技术股份有限公司	399.5	300.3	699.8

续表

序号	单位名称	电力新投运/(万 Nm^3/h)	非电新投运/(万 Nm^3/h)	合计新投运/(万 Nm^3/h)
9	浙江菲达环保科技股份有限公司	197.4	161.0	358.4
10	浙江天蓝环保技术股份有限公司	0.0	333.4	333.4
11	国能（山东）能源环境有限公司	204.7	0.0	204.7
12	北京首钢国际工程技术有限公司	0.0	112.0	112.0
13	北京博奇电力科技有限公司	0.0	68.0	68.0
	总烟气量	13 763.9	5078.1	18 842.0

（5）2020年度燃煤烟气全行业在运营的第三方运维烟气处理情况

表17和表18给出了2020年度各会员企业电力和非电行业在运营的脱硫脱硝第三方运维总处理烟气量情况。从调查结果可知，2020年度各企业在运营的脱硫第三方运维处理的总烟气量为51 501.1万 Nm^3/h；2020年度各企业在运营的脱硝第三方运维处理的总烟气量为29 012.9万 Nm^3/h。

表17 2020年度电力和非电行业在运营的脱硫第三方运维总处理烟气量情况

（按2020年度电力和非电在运营的脱硫第三方运维总处理烟气量大小排序）

序号	单位名称	电力在运/(万 Nm^3/h)	非电在运/(万 Nm^3/h)	合计在运/(万 Nm^3/h)
1	国能龙源环保有限公司	13 557.7	0.0	13 557.7
2	国家电投集团远达环保股份有限公司	9790.0	977.0	10 767.0
3	北京清新环境技术股份有限公司	9105.2	0.0	9105.2
4	北京博奇电力科技有限公司	5376.9	1033.0	6409.9
5	福建龙净环保股份有限公司	3479.7	1657.6	5137.3
6	上海申欣环保实业有限公司	2148.8	0.0	2148.8
7	北京中航泰达环保科技股份有限公司	0.0	1401.0	1401.0
8	浙江天地环保科技股份有限公司	816.0	0.0	816.0
9	中晶蓝（北京）运营科技有限公司	0.0	702.7	702.7
10	浙江菲达环保科技股份有限公司	511.6	0.0	511.6
11	山东创宇环保科技有限公司	240.0	193.0	433.0
12	浙江天蓝环保技术股份有限公司	0.0	250.0	250.0
13	江苏科行环保股份有限公司	0.0	206.0	206.0
14	中晶环境科技股份有限公司	0.0	54.9	54.9
	总烟气量	45 025.9	6475.2	51 501.1

表 18 2020年度电力和非电行业在运营的脱硝第三方运维总处理烟气量情况

（按2020年度电力和非电在运营的脱硝第三方运维总处理烟气量大小排序）

序号	单位名称	电力在运 /（万 Nm^3/h）	非电在运 /（万 Nm^3/h）	合计在运 /（万 Nm^3/h）
1	国家电投集团远达环保股份有限公司	6664.0	0.0	6664.0
2	国能龙源环保有限公司	6108.5	0.0	6108.5
3	北京清新环境技术股份有限公司	4784.7	0.0	4784.7
4	北京博奇电力科技有限公司	1940.7	1273.0	3213.7
5	上海申欣环保实业有限公司	2148.8	0.0	2148.8
6	福建龙净环保股份有限公司	1703.9	418.0	2121.9
7	中晶蓝（北京）运营科技有限公司	0.0	987.4	987.4
8	浙江天地环保科技股份有限公司	816.0	0.0	816.0
9	北京中航泰达环保科技股份有限公司	0.0	661.0	661.0
10	浙江菲达环保科技股份有限公司	511.6	0.0	511.6
11	山东创宇环保科技有限公司	240.0	171.0	411.0
12	中晶环境科技股份有限公司	0.0	392.3	392.3
13	江苏科行环保股份有限公司	0.0	192.0	192.0
	总烟气量	24 918.2	4094.7	29 012.9

1.3 2020年行业技术发展进展

1.3.1 行业总体技术发展进展

1.3.1.1 电力行业

（1）主要 SO_2 超低排放控制技术

1）石灰石—石膏湿法脱硫

① 单塔双塔双循环脱硫

石灰石—石膏湿法脱硫工艺采用氧化钙（CaO）或碳酸钙（$CaCO_3$）浆液在湿式洗涤塔中吸收 SO_2，具有脱硫效率高（高达95%以上）、技术成熟、对煤种变化适应性强及吸收剂资源丰富、价格便宜等优点。随着技术的发展，市场逐渐涌现出单塔双循环、双塔双循环、双托盘脱硫、旋汇耦合脱硫等湿法脱硫升级技术。

单塔双循环技术最早源自德国诺尔公司，该技术与常规石灰石—石膏湿法烟气脱硫工艺相比，除吸收塔系统有明显的区别外，其他系统的配置基本相同。该技术实际上是相当于烟气通过了两次 SO_2 脱除过程，经过了两级浆液循环，两级循环分别设有独立的循环浆池、喷淋层,根据不同的功能,每级循环具有不同的运行参数。烟气首先经过一级循环,此级循环的脱硫效率一般在30%～70%,循环浆液pH控制在4.5～5.3,浆液停留时间约4 min,此级循环的主要功能是保证优异的亚硫酸钙氧化效果和充足的石膏结晶时间。经过一级循环的烟气进入二级循环,此级循环实现主要的洗涤吸收过程,由于无须考虑氧化结晶的问题,所以pH可以控制在高达5.8～6.2的水平,这样可以大幅降低循环浆液量,从而达到较高的脱硫效率。国内首台单塔双循环机组于2014年7月在广州恒运电厂顺利实现投产,浙能滨海电厂二厂滨海电厂海机组、浙能乐清电厂二组、浙能乐清机组等数个项目均采用该技术实现了SO_2的超低排放。

② 双塔双循环脱硫

双塔双循环技术采用了两塔串联工艺,对于改造工程,可充分利用原有的脱硫设备设施,双塔双循环技术可以较大提高SO_2脱除能力,但对两个吸收塔控制要求较高,适用于场地充裕,中、高硫煤增容改造项目。

2)烟气循环流化床法脱硫

烟气循环流化床脱硫技术是以循环流化床原理为反应基础的烟气脱硫除尘一体化技术。针对超低排放,主要是通过提高钙硫摩尔比、加强气流均布、延长烟气反应时间、改进工艺水加入和提高吸收剂消化等措施对原工艺进行了一定的改进,同时基于烟尘超低排放的需要,对脱硫除尘器的滤料选择也提出了更高的要求。循环流化床锅炉炉内脱硫后飞灰中含有大量未反应CaO,且SO_2浓度较低,因此烟气循环流化床法脱硫工艺主要以炉后脱硫方式,在山西国金、华电永安等10余台300 MW级循环流化床锅炉项目上实现了SO_2和颗粒物超低排放。同时,也在郑州荣齐热电等个别200 MW级特低硫煤机组煤粉炉项目上实现了SO_2和颗粒物超低排放。

3)氨法脱硫

氨法脱硫技术的核心是通过氨吸收烟气中的SO_2气体,先进行酸碱中和反应,即氨和SO_2反应生成亚硫酸铵,再发生氧化反应,将亚硫酸铵氧化成硫酸铵。针对超低排放,主要是通过增加喷淋层以提高液气比、加装塔盘强化气流均布传质等措施进行了一定的改进。氨法脱硫对吸收剂来源距离、周围环境等有较严格的要求,在宁波万华化工自备热电5号机组、辽阳国成热电等数个100 MW级(以锅炉烟气量计)化工企业自备电站项目上实现了SO_2的超低排放。

(2)主要NO_x超低排放控制技术

火电厂NO_x控制技术主要有两类:一是控制燃烧过程中NO_x的生成,即低氮燃烧技术;二是对生成的NO_x进行处理,即烟气脱硝技术。烟气脱硝主要有SCR、SNCR和

SNCR/SCR 联合脱硝技术等。

1）低氮燃烧技术

低氮燃烧技术是通过降低反应区内氧的浓度、缩短燃料在高温区内的停留时间、控制燃烧区温度等方法，从源头控制 NO_x 生成量。目前，低氮燃烧技术主要包括低过量空气技术、空气分级燃烧、烟气循环、减少空气预热和燃料分级燃烧等技术。该类技术已在火电厂 NO_x 排放控制中得到了较多的应用。目前已开发出第三代低氮燃烧技术，在 600～1000 MW 超超临界和超临界锅炉中均有应用，NO_x 浓度在 170～240 mg/m³。低氮燃烧技术具有简单、投资低、运行费用低的特点，但受煤质、燃烧条件限制，易导致锅炉中飞灰的含碳量上升，降低锅炉效率；若运行控制不当会出现炉内结渣、水冷壁腐蚀等现象，影响锅炉运行的稳定性，同时在减少 NO_x 生成方面的差异也较大。

2）NO_x 脱除技术

① SCR 脱硝技术

SCR 脱硝技术是目前世界上最成熟、实用业绩最多的一种烟气脱硝工艺，其采用 NH_3 作为还原剂，将空气稀释后的 NH_3 喷入 300～420 ℃的烟气中，与烟气均匀混合后通过布置有催化剂的 SCR 反应器，烟气中的 NO_x 与 NH_3 在催化剂的作用下发生选择性催化还原反应，生成无污染的 N_2 和 H_2O。该技术自 20 世纪 90 年代末从国外引进吸收，在我国火电行业已得到广泛应用，并在工艺设计和工程应用等多方面取得突破，业界已开发出高效 SCR 脱硝技术，以应对日益严格的环保排放标准。目前 SCR 脱硝技术已应用于不同容量机组，该技术的脱硝效率一般为 80%～90%，结合锅炉低氮燃烧技术后可实现机组 NO_x 排放浓度 < 50 mg/m³。SCR 技术在高效脱硝的同时也存在以下问题：锅炉启停机及低负荷时，烟气温度达不到催化剂运行温度要求，导致 SCR 脱硝系统无法投运；氨逃逸和 SO_3 的产生导致硫酸氢氨生成，进而导致催化剂和空预器堵塞；废弃催化剂的处置难题；采用液氨做还原剂时安全防护等级要求较高；氨逃逸引起的二次污染等。

② SNCR 脱硝技术

SNCR 脱硝技术在锅炉炉膛上部烟温 850～1150 ℃区域喷入还原剂（氨或尿素），使 NO_x 还原为水和 N_2。SNCR 脱硝效率一般在 30%～70%，氨逃逸一般 > 3.8 mg/m³，NH_3/NO_x 摩尔比一般 > 1。SNCR 技术的优点在于不需要昂贵的催化剂，反应系统比 SCR 工艺简单，脱硝系统阻力较小、运行电耗低。但存在锅炉运行工况波动易导致炉内温度场、速度场分布不均匀，脱硝效率不稳定；氨逃逸量较大，导致下游设备的堵塞和腐蚀等问题。国内最早在江苏阚山电厂、江苏利港电厂等大型煤粉炉上应用 SNCR，随后在各种容量的循环流化床锅炉和中小型煤粉炉得到大量应用，目前在 300 MW 及以上新建煤粉锅炉应用很少。工程实践表明，煤粉炉 SNCR 脱硝效率一般为 30% ~ 50%，结合锅炉采用的低氮燃烧技术也很难实现机组 NO_x 超低排放；循环流化床锅炉配置 SNCR 效率一般在 60% 以上（最高可达 80%），主要原因是循环流化床锅炉尾部旋风分离器提供了良好的脱硝反应温度和混合条件，因此结合循环流化床锅炉低 NO_x 的排放特性，可以在一定条件下实现机组 NO_x 超低排放。

③ SNCR/SCR 联合脱硝工艺

SNCR/SCR 联合脱硝工艺，主要是针对场地空间有限的循环流化床锅炉 NO_x 治理而发展来的新型高效脱硝技术。SNCR 宜布置于炉膛最佳温度区间，SCR 脱硝催化剂宜布置于上下省煤器之间。利用在前端 SNCR 系统喷入的适当过量的还原剂，在后端 SCR 系统催化剂的作用下进一步将烟气中的 NO_x 还原，以保证机组 NO_x 排放达标。与 SCR 脱硝技术相比，SNCR/SCR 联合脱硝技术中的 SCR 反应器一般较小，催化剂层数较少，且一般不再喷氨，而是利用 SNCR 的逃逸氨进行脱硝，适用于部分 NO_x 生成浓度较高、仅采用 SNCR 技术无法稳定达到超低排放的循环流化床锅炉，以及受空间限制无法加装大量催化剂的现役中小型锅炉改造。但该技术对喷氨精确度要求较高，在保证脱硝效率的同时需要考虑氨逃逸泄露对下游设备的堵塞和腐蚀。该技术应用于高灰分煤及循环流化床锅炉时，需注意催化剂的磨损。

1.3.1.2 非电行业

随着超低排放政策推动，电力行业污染物得到妥善地控制，污染物减排成效显著。大气污染物减排重点行业重点转向以钢铁行业为代表的非电燃煤领域。

（1）非电领域主要脱硫技术

1）湿法脱硫技术

该技术采用石灰石、石灰等作为脱硫吸收剂，在吸收塔内，吸收剂浆液与烟气充分接触混合，烟气中的 SO_2 与浆液中的碳酸钙（或氢氧化钙）以及鼓入的氧化空气进行化学反应从而被脱除，最终脱硫副产物为二水硫酸钙即石膏。该技术的脱硫效率一般 > 95%，可达 98% 以上。SO_2 排放浓度一般 < 100 mg/m³，可达 50 mg/m³ 以下。单位投资大致为 150 ~ 250 元/kW 或 15 万 ~ 25 万元/m² 烧结面积，运行成本一般低于 1.5 分/（kW·h）。

湿法脱硫工艺优点在于技术成熟，脱硫效率高，对煤种适应性强，设备可靠性高。但这种脱硫工艺应用于非电行业也存在较明显缺点，如初始投资大、运行费用较高、占地面积大等。

2）氨法脱硫技术

氨法烟气脱硫技术具有脱硫效率高、无二次污染和可资源化回收等特点。其主要原理是以氨基物质（液氨、氨水、碳铵和尿素等）作吸收剂。在吸收塔内，吸收液与烟气充分接触混合，烟气中的 SO_2 与吸收液中的氨进行化学反应而被脱除，吸收产物被鼓入的空气氧化后最终生成脱硫副产物硫酸铵，硫酸铵经干燥和包装后，得到水分 < 1% 的商品硫酸铵。

国际上，氨法脱硫于 20 世纪 70 年代首次应用。在我国，氨法脱硫技术首先用于硫酸行业，主要用于制酸尾气的吸收治理。在烟气脱硫领域，氨法的发展较迟。近年来，随着合成氨工业的不断发展以及氨法脱硫工艺自身的不断改进和完善，我国氨法脱硫技术取得了较快的发展，在氨逃逸控制、高硫煤的脱硫效率、氨的回收利用率等多方面实现突破，并已建成工程案例。

该技术脱硫效率一般为 95.0% ~ 99.5%，能保证出口 SO_2 浓度在 50 mg/Nm^3 以下，单位投资大致为 150 ~ 200 元 /kW，运行成本一般低于 1 分 /（kW·h）。该技术成熟稳定、脱硫效率高且投资及运行费用适中，装置设备占地面积小，适用于燃煤锅炉烟气脱硫。该技术燃煤硫分适应强，可用于 0.3% ~ 8.0% 甚至更高的硫分燃煤，且应用于中、高硫煤时经济性更加突出，煤的含硫量越高，副产品硫酸铵产量越大，脱除单位 SO_2 的运行费用越低。同时锅炉也因为使用中、高硫煤使得成本降低。环保效益和经济效益一举两得。

3）活性焦/炭脱硫脱硝一体化法

活性焦/炭协同净化以物理—化学吸附和催化反应原理为基础，能实现一体化脱硫、脱硝、脱重金属及除尘的烟气集成深度净化，SO_2 被氧化成 SO_3 后制成硫酸，氮氧化物则在还原剂 NH_3 的气氛下，经由催化作用生成了无害的 N_2 和 H_2O，其脱硝反应温度不低于 100 ℃，且脱硝过程在脱硫过程之后。反应温度要求脱硫必须采用干法，因此形成活性焦脱硫脱硝一体化技术。整个反应过程无废水、废渣排放，无二次污染。

活性焦脱硫脱硝一体化法已应用于钢铁烧结机的烟气脱硫脱硝，是适应烧结烟气脱硫和集成净化的先进环保技术。从日本住友在太钢 450 m^2 烧结机上兴建的国内首套全进口活性焦协同净化项目，到由上海克硫环保科技股份有限公司、中冶北方工程技术有限公司于江苏永钢 2 号 450 m^2 烧结机建成的首套自主知识产权的活性焦一体化脱除技术，表明我国已在此领域有了较大突破，投资和运行成本均有较大幅度的降低，理论上可实现 90% 以上的脱硫效率与 50% 以上的脱硝效率。虽然仍存在较多实际问题，如运行稳定性等，但此法作为目前唯一在国内具备成功应用案例的协同治理工艺，随着进一步的摸索改进，可作为一种较适用的治理技术。

对于有色炉窑来说，活性焦脱硫脱硝一体化技术的优势在于，不存在重金属氧化物使催化剂中毒问题。脱硝过程位于收尘和脱硫之后，对冶炼、收尘和脱硫过程没有影响。不利之处在于采用活性焦脱硫脱硝反应效率都不高，更适合处理 NO_x 浓度 300～500 mg/m³，含 SO_2 浓度 1000～3000 mg/m³ 的烟气，否则一次性投资和运行成本会大大增加。而有色冶炼烟气含 SO_2 浓度普遍偏高。太钢公司的 450 耐烧结机组采用日本的活性焦脱硫脱硝一体化技术，烟气中初始 NO_x 浓度约 300 mg/m³，SO_2 浓度约 820 mg/m³；出口 NO_x 浓度约 180 mg/m³，SO_2 浓度约 35 mg/m³。其脱硝效率达到 33%，脱硫效率达到 95%。

（2）非电领域主要脱硝技术

由于运行负荷变化较大，炉内工况较为复杂，燃煤工业锅炉烟气 NO_x 的控制存在一些困难。同时，大多数燃煤工业锅炉都没有预留改造空间，改造场地较为紧张，增加了 NO_x 治理工程的难度。目前，在京津冀等执行特别排放限值的地区，鼓励优先采用低氮燃烧技术、脱硫脱硝除尘一体化控制技术，如果仍不能达标，采用尾端治理技术。在工业锅炉尾端治理技术中，应用较多的是 SNCR 脱硝技术、SCR 脱硝技术、臭氧氧化脱硝技术以及上述各技术的组合。

1）SNCR 脱硝技术

SNCR 脱硝技术以氨或者尿素为还原剂，将还原剂喷入烟气中，然后还原剂与氮氧化物发生反应，生成氮气和水，在合适的温度范围内，脱硝效率可超过 60%。当进口浓度在 350 mg/Nm³ 以内时，出口浓度可以实现 100 mg/Nm³。投资费用比同等条件下 SCR 低 60% 左右。

2）SCR 脱硝技术

SCR 脱硝技术采用选择性催化还原法，以氨为还原剂，利用商用或自主开发的新型脱硝催化剂，将烟气中的 NO_x 还原为氮气。该技术的脱硝效率一般 > 80%。

3）臭氧氧化脱硝技术

臭氧氧化脱硝技术以臭氧为氧化剂将烟气中不易溶于水的 NO 氧化成 NO_2 或更高价的氮氧化物，然后以相应的吸收液（水、碱溶液、酸溶液或金属络合物溶液等）对烟气进行喷淋洗涤，使气相中的氮氧化物转移到液相中，实现烟气的脱硝处理。

全套臭氧氧化脱硝工艺系统简单，容易在原有脱硫塔基础上改造并实现脱硫脱硝同时进行，脱硝效率高（可达 90% 以上）。根据烟气中氮氧化物的实时监测，可实现氧化剂（臭氧）投加量的精确控制，使系统的运行效率不受锅炉运行状态影响。系统运行温度低，可实现低温脱硝处理。系统运行效率不随运行时间增加而下降，大大减少脱硝系统的停机检修时间。臭氧的氧化能力也能实现对烟气中其他有害成分（如汞）的氧化脱除，能满足将来越来越严格的环保要求。目前，该技术在国内石化行业有较为广泛的应用,其脱硝效率一般>85%,可达90%以上。该技术成熟稳定、运行简单和脱硝效率高,且可以运用于温度较低的烟气脱硝中,但由于投资高,且臭氧极不稳定,对工况要求较高,因此相比SCR和SNCR两种脱硝技术应用较少。

在国家相关科技计划的资助下,我国在臭氧发生器放电结构和放电介质的设计研究,大功率变频谐振电源与臭氧发生器的参数研究,整体结构和放电管模块化结构的图纸设计研究,冷却系统、检测系统、PLC控制系统的研究设计以及臭氧发生系统的可靠性分析等方面取得重要进展,大幅提高了大型臭氧发生器的制造水平,使装置具有高效率、低能耗、体积小、寿命长、运行稳定可靠和价格低等显著优点。

1.3.2 行业新技术开发与应用

1.3.2.1 低温法污染物一体化脱除技术

目前,我国燃煤机组污染物一体化脱除技术路线多是基于传统脱硫脱硝技术的改造升级,虽然基本满足了当前的环保需求,但同时也带来脱硫废水处理、脱硝催化剂失效、石灰石过度开采、氨逃逸二次污染、工艺流程繁复、运行成本高等诸多难题。同时,受限于工艺原理,当前主流脱硫脱硝技术的脱除效率也难以在目前超低排放基础上获得进一步提升。此外,随着环保要求的日趋严格,烟气中SO_3、重金属以及VOCs等污染物预期也将会逐步纳入烟气污染物排放控制体系。这些问题将在未来50~10年逐步显现。因此,研发烟气污染物一体化脱除技术,实现烟气污染物全面近零排放,具有重要的意义和必要性。

近日,中国华能集团有限公司"低温法污染物一体化脱除技术研发和中试验证"项目在岳阳电厂通过验收。该技术利用烟气中污染物组分在低温下的溶解特性和吸附特性进行,脱除系统主要包括省煤器、空气预热器、静电除尘、烟气冷却塔和低温吸附塔。处理后,据第三方检测结果,烟气SO_2和NO_x排放低于1 mg/Nm^3;粉尘排放低于2 mg/Nm^3;SO_3、Hg、ClH和VOCs(挥发性有机物)的脱除率高于97%。据介绍,与常规技术相比,该技术无须消耗石灰石、尿素、脱硝催化剂,可实现烟气余热深度利用。

1.3.2.2 废弃SCR脱硝催化剂再生和回收利用技术

目前我国仅燃煤电厂就安装了超过110万m^{3}脱硝催化剂(寿命3年),每年预计产生30万~40万m^{3}废弃钒钨钛系脱硝催化剂。催化剂更替淘汰量巨大,如何处置大量废脱硝催化剂是亟待解决的重大难题。

近年来,欧洲及美、日等发达国家针对催化剂再生问题已开展了大量研究探索,取得了一定成效。目前主要催化剂再生技术有水洗再生、SO_2酸化热再生、热还原再生、酸液处理再生等。日本的化学工业集中,便于回收,日本已从废烟气脱硝催化剂中回收有用金属多达 24 种。美国环保法规定，废催化剂随便倾倒、掩埋须缴纳巨额税款，由于回收贵金属催化剂的价值远远超过了回收成本，该国几乎所有的贵金属冶炼厂都从事贵金属催化剂回收。美国阿迈克斯金属公司年处理废催化剂 16 000 t，每年可回收 1360 t 钼、130 t 钒和 14 500 t 三水氧化铝。欧洲最大的废催化剂回收公司 Eurecat，回收能力为 215 000 t/a，占全球总回收量的 5% ~ 10%。我国废催化剂回收工作起步较晚，随着国家对环保的重视以及其他金属资源的价格上扬，也积极开展了废催化剂的回收利用研究，陆续有多家从事固废处理的企业或单位，通过技术创新和实践，探究废脱硝催化剂资源化利用技术。2020 年 5 月，国能龙源环保工程有限公司牵头申报的国家重点研发计划固废资源化重点专项——"废弃环保催化剂金属回收和载体再用技术研发及工业示范"项目正式获批立项。

1.3.2.3 基于大数据的电厂智能精准控氨技术

火电厂实施脱硝环保已 10 余年，逐渐暴露出了一系列运行、控制、排放、能耗等方面的问题，带来的直接影响就是氨消耗量增大、一些电厂空预器阻力升高、引/送风机电耗增加、机组提升负荷困难等。

当前国内市场上存在几种脱硝喷氨优化解决方案，原理基本相同，均是在脱硝流场优化设计的基础上，将反应器入口、出口对应划分成多个分区，在入口分区喷氨支管上设置调节阀，在反应器出口各个分区按序轮测 NO_x 浓度，以来指导喷氨调整。该方法一般所需调整周期长、实时性较差、效率较低、滞后性较为明显；另一方面，此方法只是简单将反应器出口分区测量值与入口分区在线喷氨调节量线性匹配，调整策略较为初级。

当前在煤电机组全面推进超低排放以及环保设施进入精细化运维的形势下，现有催化剂管理模式难以满足 SCR 脱硝装置的运行稳定性、可靠性、经济性要求。多家环保企业已围绕该需求投入研究，国能龙源环保工程有限公司自主研发成功的大数据人工智能 i-SCR 测量及控制系统，通过大数据、人工智能等新技术，在现有烟气 NO_x 超低排放技术的基础上，实现烟气成分跨越时空限制的精确测量、智能控制脱硝系统喷氨等，提高烟气流场均匀性和单位氨气脱硝比例，解决脱硝系统局部氨逃逸过大、烟气成分检测不准、NO_x 无法实现稳定排放等难题，达到脱硝系统节氨、节能、高效率稳定运行的目的。目前该技术已成功应用在霍州电厂 2×600 MW 燃煤机组、大武口电厂 1×600 MW 燃煤机组、谏壁电厂 1×1000 MW 燃煤机组、衡丰电厂 2×600 MW 燃煤机组。

1.3.2.4 电力大数据监测碳排放技术

随着我国"碳达峰、碳中和"目标的提出，加强对碳排放的监测管理，对能源结构优化和供给侧结构改革都有促进作用。电力在能源的转化和使用中占据平台和枢纽地位，重要性显著。利用电力大数据监测碳排放，一方面为执法部门日常监管、执法取证、应急管控以及污染排查提供帮助，减少过程中人力物力的投入，助力精准治污；另一方面，为企业污染监测、碳排放测算、治理以及清洁能源项目减排效果提供依据，为碳排放交易提供数据支撑，为企业碳排放量抵扣提供依据，为政府出台鼓励政策提供支撑。

2021年2月，浙江省首个电力系统碳排放监测平台上线，中国华电杭州华电半山发电有限公司相关生产大数据正式接入浙江省电力系统碳排放监测平台，可即时了解企业碳排放量。2021年3月，苏州市生态环境局与国网苏州供电公司签署"电力大数据助力生态环境精准治理"战略合作协议。重点在碳排放监测、分析和核算领域加强合作，应用电力大数据提升对区域碳达峰、碳中和目标实现进程的评估和预警能力。南方电网公司在国内率先建成首个能源消费侧碳排放监测平台，实现对南方电网公司经营范围内各区域、各行业乃至各企业的碳排放总量、单位GDP碳排放强度的测算及动态监测。通过应用企业碳排放总量数据，结合碳中和目标下的年度碳预算，构建企业碳中和发展指数。

1.4 技术发展展望

1.4.1 电力行业

1.4.1.1 脱硝装置还原剂"液氨改尿素"成为趋势

2019年3月，江苏省盐城市响水县化学储罐发生爆炸事故，同年4月，国家能源局综合司发布《切实加强电力行业危险化学品安全综合治理工作的紧急通知》，要求推进燃煤发电厂开展液氨罐区重大危险源治理，加快推进尿素替代升级改造进度，2020年8月，国家能源局再次发布《关于加强电力行业危化品储存等安全防范工作的通知》，要求各电力企业要把危化品储存使用安全作为当前电力安全生产重点工作来抓，未来尿素水解市场容量巨大。尿素水解制氨技术具有能量消耗低、运行过程中安全稳定、占用厂房面积小的优点，同时需克服难点包括水解反应器腐蚀问题、机组负荷变化响应时间问题、管道输送产品气冷凝问题。

1.4.1.2 脱硝装置氨逃逸问题引起重视

电力行业超低排放后，脱硝装置氨逃逸问题逐渐引起重视。过量喷氨的原因影响因素复杂，主要包含以下几点：①SCR技术存在一定缺陷，难以同时保证出口氮氧化物浓度和氨浓度达标，尤其是催化剂活性不足或流场不均时。此时如果只关注出口氮氧化物浓度，势必导致过量喷氨，氨逃逸严重。②脱硝系统运行管理水平欠缺，在实际运行过程中，大部分电厂运行人员都以手动调节代替阀门自动调节，当机组入口NO_x波动较大或机组负荷低时，喷氨自动控制会出现调节不及时的情况，容易造成喷氨过量。③现有环保管理政策并不考核氨的排放，电力行业虽然对氮氧化物排放量提出了越来越严格的指标，但是对脱除氮氧化物造成的氨逃逸却至今未出台明确的标准。④现有的氨在线监测仪表准确度不能满足要求：氨逃逸检测存在灵敏度不够、校正难，以及只能监测氨逃逸中的气态氨等问题，导致精度无法满足要求。⑤现有的氨在线监测方法不能满足要求：目前氨逃逸监测仪表的测量方式主要有激光抽取式、激光原位对穿、原位渗透测量、化学发光法，这4种测量方法在实际应用中都存在相应的不足，无法准确在线测量氨浓度。

为了实现氨逃逸的有效控制，就要结合强化测试诊断、优化流场设计、分区喷氨优化、出口取样测量和智能控制等手段，从"大水漫灌"式喷氨转为"精准滴灌"。通过精细化喷氨系统对脱硝系统的优化，可以实现氨耗量大幅降低。根据原脱硝系统流场条件，氨耗量可降低10%～50%。以国家能源集团为例，国能龙源环保工程有限公司从测试诊断、流场设计优化、取样测量、大数据控制、增值服务等方面提出了"脱硝深度优化全流程服务"解决方案，某电厂实施后300 MW机组供氨量下降了近30%，600 MW机组下降了10%，效果明显。

1.4.1.3 发展低成本、高效率脱硫废水零排放技术

废水处理技术在国内外发展较为成熟，但对于处理脱硫废水这种水质比较恶劣的废水，现有技术就面临着成本高、难度大等一系列问题。烟气余热蒸发工艺是实现脱硫废水零排放的可行的技术路线之一。在该技术路线中，脱硫废水经过蒸发浓缩后大幅度减量，并析出大量杂盐，称为高盐污泥（粉末或颗粒）。该部分高盐污泥颗粒被烟气携带进入静电除尘器，随粉煤灰的脱除而脱离烟气系统。然而，由于该部分高盐污泥中含有大量的氯离子和其他金属离子，如果对进入静电除尘器的高盐污泥量不加以控制，污泥中的氯离子和其他金属离子将会降低粉煤灰的品质，影响粉煤灰在下游产业中的工业应用。

"低温烟气浓缩减量＋高温热风干燥固化"的废水零排放工艺是控制脱硫废水排放的有效手段。该工艺是在利用电厂废弃的低温烟气的余热实现高含盐废水的浓缩减量，并利用少量热二次风实现最终的干燥固化的工艺流程。该系统的特点是，最大程度利用余热，实现节能低成本的目的。系统将锅炉燃烧、湿法脱硫、二次风干燥等系统有机串联，并提出了燃煤—水质—废水排放—烟气余热—热风的整体计算模型，涵盖了系统的能量平衡、水平衡计算、氯平衡，对于大型燃煤电厂的脱硫系统设计和废水零排放设计，以及与现有热力系统的匹配具有指导作用。在工业化装置上实现了低能耗、高浓缩倍率的废水减量，浓缩减量1/5～1/10，浓缩后氯离子浓度达到30 g/L，浆液总含盐量超过40%，实现了后续干燥固化工艺的节能降耗，最大限度地降低了对机组热效率的影响。

通过低温余热浓缩+高温干燥固化之间的匹配，确保了废水彻底实现零排放，同时不影响锅炉热力系统、尾部烟风道系统的正常运行。

该技术提供了低成本解决脱硫废水零排放的可行性和可靠性的方案，以目前国内10亿kW的燃煤发电机组来说，常规废水零排放的投资成本约为350万元/（t水），运行成本80元/（t水）；若全部采用低成本废水零排放技术，有望节约投资500.0亿元，年节约运行费用22.5亿元，具有显著的社会和经济效益。

1.4.2 非电行业

1.4.2.1 SCR脱硝技术是钢铁行业烟气脱硝市场的主流选择

据排污许可信息平台显示，我国钢铁行业（不含铸造、铁合金）共794台烧结机。通过生态环境部大气环境司调度全国钢铁行业超低排放改造情况来看，共有626台烧结机已经完成或正在实施烟气脱硫脱硝治理。目前我国钢铁行业烧结烟气脱硝率约80%，脱硝技术基本以SCR为主，活性炭（焦）、氧化法为辅。626台统计机组中，实施烟气脱硝治理的有517台，其中采用SCR脱硝工艺的有326台，占确定脱硝工艺烧结机总台数（463台）的71%；采用活性炭（焦）法脱硝工艺的有66套，占确定脱硝工艺烧结机总台数的14%；采用氧化法脱硝工艺的有66套，占确定脱硝工艺烧结机总台数的14%。钢铁行业经过近几年的市场实践与探索，SCR烟气脱硝技术占据钢铁行业脱硝市场的主流。

1.4.2.2 干法/半干法脱硫技术逐步占据钢铁企业烟气脱硫市场主流

目前非电市场上主要烟气脱硫技术方案有活性炭法、湿法脱硫、SDA旋转喷雾法、SSC循环流化床半干法等。通过生态环境部大气环境司调度全国钢铁行业超低排放改造情况来看，共有626台烧结机已完成或正在实施烟气脱硫脱硝治理。626台统计机组中，实施烟气脱硫治理的有536台，其中采用石灰石/石灰—石膏法脱硫工艺的有262台，约占确定脱硝工艺烧结机总台数（523台）的50%；采用循环流化床脱硫工艺的有92套，采用活性炭（焦）法脱硫工艺的有72套，采用旋转喷雾法、氧化镁法、密相干塔法脱硫工艺的分别有32套、11套、9套，该统计中还涉及氨法、双碱法等其他脱硫工艺。

由于"十二五"期间钢铁行业先开展烧结烟气脱硫治理，基本以湿法为主；随着逐步实施烧结烟气脱硫，传统的石灰石/石灰—石膏法（湿法脱硫）逐渐被干法/半干法脱硫所取代。

1.4.2.3 无组织排放引起广泛重视

钢铁行业实施除尘改造和烟气脱硫脱硝大气污染治理工程，有组织排放量大幅下降，无组织排放问题在钢铁行业越发凸显。钢铁行业物料吞吐量大、粉粒料较多、产尘点数量多、料场扬尘、运输扬尘、厂房烟尘外逸等无组织排放问题突出。生态环境部发布《关于推进实施钢铁行业超低排放的意见》（以下简称《意见》）将无组织排放要求也纳入钢铁超低排放指标中。

据统计，粗钢年产量在 1000 万 t 左右的钢企内部无组织排放源数量在 2000～3000 个；从排放数据来看，企业无组织排放总量占到全厂颗粒物排放量的一半以上，且无组织排放中 PM_{10} 排放量占比大，其逸散浓度远高于超低排放后的有组织排放源。扩散并沉降至周边道路上的颗粒物经过运输车辆碾压后，易产生大量二次无组织扬尘，严重影响钢铁企业周边区域环境。

为规范超低排放评估监测程序，确保钢企高质量实施超低排放，生态环境部于 2019 年 12 月 18 日印发了《关于做好钢铁企业超低排放评估监测工作的通知》（以下简称《通知》）。《通知》明确提出要建立无组织排放清单，钢企需要对全厂无组织排放源进行排查，建立全覆盖的无组织排放源清单。同时，明确各排放源的治理和监控措施，并对照《意见》要求，对每一处污染物治理设施进行措施符合性分析，查缺补漏。

同时，《意见》和《通知》要求，在厂区建设高清视频监控设施、颗粒物监测微站的基础上，建设全厂无组织排放治理设施集中控制系统，实现厂内无组织排放源所有治理设备、监测监控设施集中管理，记录并保存抑尘、除尘、清洗等无组织排放源相关生产设施运行情况，以及颗粒物监测数据和监控视频历史数据。

1.5 市场特点及重要动态

1.5.1 电力行业

1.5.1.1 超低排放成效显著

根据《中国电力行业 2020 年度发展报告》数据显示，截至 2019 年年底，煤电超低排放改造完成率已达 86%，全国 8.9 亿 kW 的燃煤机组达到了天然气的排放水平，全国 6000 kW 及以上火电厂供电标准煤耗 306.4 g/(kW·h)，比上年降低 1.2 g/(kW·h)，其所排放的烟尘、SO_2、NO_x 排放量分别约为 18 万 t、89 万 t、93 万 t，分别比上年下降约 12.2%、9.7%、3.1%。

2020 年 10 月，《大气重污染成因与治理攻关》总理基金项目顺利通过验收，研究结果显示我国电力行业开展超低排放以来成效卓越，体现在 4 个方面：一是燃煤电厂在线仪表测量结果普遍可信，满足当前执法要求；二是电力行业实施超低排放以来，燃煤电厂已普遍实现达标排放，大气污染物 NO_x、SO_2、粉尘排放量大幅降低；三是燃煤机组烟气中颗粒物总和平均排放浓度低；四是燃煤机组排放烟气中的重金属、SO_3 浓度低，现有环保装置协同脱除效果明显。

1.5.1.2 煤电企业转型升级

近年来，国家和地方鼓励综合能源建设政策频出，2020 年 9 月，江苏省发布《省发展改革委关于进一步促进煤电企业优化升级高质量发展的指导意见》，提出鼓励煤电企业由单纯发电业务向"发电+"的综合能源服务型企业转变。一方面煤电企业在对外供电供热的同时，拓展供冷、供压缩空气、供除盐水和中水回用等业务；另一方面鼓励煤电企业实施耦合生物质（秸秆、污泥）发电技术改造。各大电力企业积极开展相关业务，其中华润电力控股有限公司投产全球最大污泥耦合掺烧全量处置工程，掺烧处置能力达到 6000 t/d（含水率按 80% 计），国能龙源环保有限公司、华能长江环保科技有限公司等企业均有污泥耦合掺烧相关业绩。

1.5.2 非电行业

1.5.2.1 钢铁行业超 6 亿 t 产能实施超低排放改造

钢铁行业推进超低排放是打赢蓝天保卫战的重要举措，据中国钢铁工业协会数据显示，截至 2020 年年底，全国共有 229 家企业 6.2 亿 t 左右粗钢产能已完成或正在实施超低排放改造。2019 年 12 月，生态环境部发布《关于做好钢铁企业超低排放评估监测工作的通知》。自 2020 年 8 月起，中国钢铁工业协会开展了钢铁企业超低排放改造和评估监测进展情况公示，其内容包含有组织、无组织、清洁运输 3 项。截至 2020 年年底，已有 16 家企业在钢协网站进行公示（部分企业完成公示内容中的 1 项或 2 项超低排放改造与监测评估）。以首钢迁钢为例，2020 年 1 月，经钢协网站公示，首钢股份公司迁安钢铁公司成为全国第一家通过全工序超低排放评估监测的企业。为实现超低排放，首钢迁钢对全工序对表梳理，确定并实施 70 个深度治理项目，总投资 16.5 亿元。评估单位对有组织排口监测、无组织管控、清洁运输、监测监控设施水平系统进行核查，各项指标均达到要求。未来，钢铁行业超低排放改造将走上更加规范、绿色低碳、高质量的发展之路。

1.5.2.2 建材行业超低排放改造提上日程。

水泥工业首当其冲。按照"十三五"规划要求，每吨水泥熟料综合能耗从 112 kg 标准煤降至 105 kg 标准煤，主要污染物排放量平均降低 30% 以上。2020 年以来，部分省（区、市）除发布水泥工业大气污染物超低排放标准（或征求意见稿）外，还发布超低排放改造行动方案，明确改造具体日程。2020 年 4 月，河南省郑州市印发《2020 年工业结构调整专项行动方案》，要求 10 月底前力争全市所有水泥企业全部完成超低排放改造；同月河北省石家庄市出台《大气污染防治 2020 年强化攻坚方案》，力争 9 月底前 11 家水泥企业实现超低排放；四川省计划到 2022 年全省水泥制造企业达到超低排放要求。

除水泥工业以外，部分地区还发布关于平板玻璃、陶瓷等建材行业超低排放标准或超低排放改造工作方案。以当前的政策趋势来看，未来超低排放改造将在更多的非电力行业领域推广实施。

2 行业发展展望及存在的主要问题

2.1 电力行业

2.1.1 碳达峰、碳中和对煤电行业影响重大

在 2020 年 9 月第七十五届联合国大会上，中国提出"二氧化碳排放力争于 2030 年前达到峰值，努力争取 2060 年前实现碳中和"。2020 年 12 月，《2019—2020 年全国碳排放权交易配额总量设定与分配实施方案（发电行业）》《纳入 2019—2020 年全国碳排放权交易配额管理的重点排放单位名单》发布，2225 家发电行业重点排放单位进入 2019—2020 年全国碳市场名单。煤电是我国二氧化碳排放重点行业，在碳达峰、碳中和的大背景下，煤电企业面临着转型的巨大压力，如何实现突出碳中和取向的绿色低碳转型成为行业研究热点。

2.1.2 脱硝系统氨逃逸控制尚待解决

煤电行业为应对脱硝系统氨逃逸超标运行的突出问题，各发电企业正积极开展脱硝装置喷氨系统的改造。以国家能源集团为例，其自主研发的大数据人工智能 i-SCR 测量及控制系统，通过大数据、人工智能等新技术实现对烟气成分精确测量、智能控制脱硝系统喷氨等功能，解决氨逃逸过大、烟气成分检测不准、NO_x 无法实现稳定排放等难题。

2.1.3 燃煤电厂智慧运维成为行业热点

燃煤电厂实现超低排放后的智慧运维成为近年来行业研究热点。国能龙源环保研发的"基于大数据的燃煤电厂烟气超低排放智慧管理平台"，在燃煤电厂"环保岛"脱硫、脱硝、电除尘等设备生产运行环节中，运用大数据技术进行数据采集、处理、存储、建模分析、机器学习和辅助决策，对设备运行工况、能耗及排放指标进行实时监控及展示，开展节能降耗统计分析，在实现环保指标最优基础上最大限度地降低能源消耗。同时，对设备的运维和检修进行故障预警，实现燃煤电厂环保设备的"预知维护、安全管控、智能执行"。

2.1.4 废弃脱硝催化剂的处置问题

SCR 脱硝催化剂的使用寿命在 3 年左右，预计未来我国将每年产生 30 万~40 万 m^3 的废弃脱硝催化剂。工业烟气选择性催化脱硝过程产生的废烟气脱硝催化剂属于危险废物，目前国内的废脱硝催化剂再生技术还处于起步阶段。

未来几年,随着大量催化剂达到使用寿命,如何对这部分催化剂进行妥善的最终处理是一个重大问题。另外,在催化剂再生处理时,存在部分催化剂因破损等物理结构破坏而无法再生的问题,亟待开发废催化剂的回收技术来解决,最终实现废弃脱硝催化剂的低成本资源化利用。

2.2 非电行业

2.2.1 钢铁行业距离全面高质量发展还有一定距离

自钢铁行业超低排放改造开展以来,钢铁企业环保水平参差不齐,与《关于推进实施钢铁行业超低排放的意见》要求尚存在较大差距。2019年12月,生态环境部发布《关于做好钢铁企业超低排放评估监测工作的通知》,明确钢铁企业是实施超低排放改造和评估监测的责任主体,对超低排放工程质量和评估监测内容及结论负责。随着近几年非电行业烟气治理技术的进步、市场实践的积累以及相关政策的完善,钢铁行业将逐步走上规范化、高质量的发展道路。

在技术层面,目前钢铁行业超低排放改造面临的问题主要体现在三方面:一是超低排放改造还需应用更多突破性创新治理技术。铁前工序能耗占70%以上,SO_2、NO_x排放量约占全流程的2/3,是污染物排放治理的重点。二是无组织排放控制亟待加强。无组织排放源点多、线长、面广,占钢铁工业颗粒物排放的50%以上,是超低排放改造的重中之重。三是清洁运输实现难度较大。每生产1 t粗钢需4~5倍的厂外运输量,运输带来的实际污染物排放量占钢铁行业污染物排放总量的30%以上,有些区域难以实现铁运、海运等集中运输方式。

2.2.2 水泥厂大气污染物排放限值加严面临脱硝难题

SCR脱硝是水泥炉窑超低排放改造当前主流工艺。据统计,截至2020年年底,全国已有10多条水泥熟料生产线SCR脱硝装置投运。西安西矿环保科技有限公司承建了我国首台水泥SCR脱硝项目,采用"高温电除尘器+SCR脱硝一体化"组合技术,实现污染物排放浓度颗粒物≤10 mg/m³、SO_2≤35 mg/m³、NO_x≤50 mg/m³。SCR脱硝技术根据布置点位的不同,分为高温高尘、中温高尘和低温低尘3种布置方式,其中水泥工业以高温高尘为主。高温高尘SCR脱硝工艺配套预除尘处理后,NO_x排放浓度可达50 mg/m³以下,但是存在改造难度大、经济性欠佳、占地大等问题。更受企业青睐的低温低尘SCR脱硝工艺,虽然具有SCR反应器尺寸减小、成本降低、占地较少等优点,但低温催化剂抗硫性能不佳,成功应用业绩尚未见报道。新型低温催化剂的配方与成型制备成为当前的研究热点。

附录：脱硫脱硝行业主要企业简介

1. 国能龙源环保有限公司

国能龙源环保有限公司（简称龙源环保）是国家能源集团旗下节能环保科技板块的核心骨干企业，成立于1993年，是国内第一家电力环保企业，现拥有分子公司共计44家，员工总数1700多人。多年来，持续深耕环保、能源、低碳三大业务板块，开发电力环保、城市固废处置、综合能源服务、绿色矿山服务、化工环保、新能源开发六大业务市场，着力打造世界一流的能源环保企业。

龙源环保始终秉承"专业聚能无限、创新驱动未来"的企业核心价值，以"赋能绿色发展，建设美丽中国"为使命，持续服务国家生态文明建设。从"九五"至"十四五"，深度参与了"酸雨两控区""蓝天保卫战""乡村振兴""长江大保护"等国家战略，率先实现脱硫脱硝技术装备国产化，累计工程业绩连续15年行业排名第一，累计合同额近1000亿元；累计承担国家级研发项目18项，科研投入总计约24亿元，获省部级以上奖励84项。入选国资委"双百行动"专项工程，推进实施了混合所有制改造、职业经理人任期制契约化管理、骨干员工持股等一系列改革举措，改革经验入选国资委《国企改革双百行动案例集》。近3年，公司利润增长1.5倍，生产经营实现跨越式发展。

2. 福建龙净环保股份有限公司

福建龙净环保股份有限公司（简称龙净环保）是中国环保行业领军企业，于2000年12月上市（股票代码：600388），致力于提供生态环境综合治理系统解决方案，业务涵盖大气环保、废水治理、固废处置、生态修复全领域，现有总资产超过188亿元，员工近7000名，已在上海、西安等10余地建立全国性网络布局。

在烟气治理领域，龙净环保国内首创的烟气余热利用高效低低温电除尘器可实现颗粒物超低排放、多污染物协同治理等，应用业绩超150台（套），连续4年行业第一；国内首创的WBE型湿式电除尘技术器，是同类技术首个通过工业和信息化部鉴定的设备，应用业绩超100台（套），连续3年行业第一；国内首创的电袋复合除尘技术获国家科技进步奖二等奖，技术水平和应用业绩领先全球，广泛应用于电力、化工、冶金等领域，总应用业绩超500台；干式超净+技术及装置以新型高效烟气循环流化床干法技术为核心，总体技术达到国际领先水平，应用业绩超500台（套），位居全球第一。

3. 北京清新环境技术股份有限公司

北京清新环境技术股份有限公司（简称清新环境）成立于2001年，2011年成功登陆深交所中小板（股票代码：002573）。公司是四川发展集团控股的以工业烟气脱硫脱硝除尘为主营业务，兼顾工业水处理及节能、资源综合利用，供热，集技术研发、工程设计、施工建设、运营服务、资本投资为一体的综合性环保服务商。公司注册资本10.81亿元人民币，截至目前，拥有27家子公司及17家分公司，2000余名员工，资产总额超过百亿元。

单塔一体化脱硫除尘深度净化技术（SPC-3D）是清新环境自主研发的专有技术，有机集成了清新环境自主研发的旋汇耦合技术、高效喷淋技术和管束式除尘除雾技术，在一个塔内以低能耗实现了燃煤烟气SO_2和粉尘的超低排放，具有单塔高效、能耗低、适应性强、工期短、不额外增加场地、操作简单等特点。为燃煤电厂实现SO_2和烟尘的深度净化提供了创新性的一体化解决方案，对现役机组提效改造及新建机组实现排放限值及深度净化具有良好的推广价值。截至目前，该技术已成功应用于国内 600 余台（套）火电机组的超低排放运营中，市场占有率业内领先。

4. 国家电投集团远达环保股份有限公司

国家电投集团远达环保股份有限公司（简称远达环保）是国家电投集团唯一的节能环保产业平台，A 股上市公司（股票代码：600292），资产总额 92 亿元。公司是中国工业烟气综合治理、催化剂制造等领域的领军企业，业务范围涉及工程建设、投资运营、产品制造、科技研发及服务等领域，业务遍及国内 29 个省（区、市），以及国外的印度、土耳其、印度尼西亚等 7 个国家。

企业代表性技术：一是沸腾式泡沫脱硫除尘一体化技术（BFI），可满足目前最为严格的超低排放要求，整体技术水平达到国际先进水平；二是高效烟气脱硝技术，SCR/SNCR 脱硝技术＋流场模拟技术、自动喷氨优化技术、高效喷射与混合技术为一体的脱硝技术，解决 W 火焰炉 NO_x 超低排放难题；三是中低温脱硝催化剂技术，满足非电领域工业窑炉烟气脱硝治理需求；四是催化剂再生技术：活性恢复至原生催化剂活性的 97% 以上；五是尿素水解制氨技术，具有安全、可靠、运行成本低、系统设置灵活等优点，在多个电厂推广应用；六是"有色烟羽"治理技术，有 MGGH（三菱煤气加热器）、氟塑料烟气冷却再热、一体化空预器等；七是工业废水零排放技术，纳滤分盐+MVR 蒸发、高温旁路烟道蒸发、低温烟道余热蒸发等技术；八是矿山生态修复技术，拥有的矿山生态恢复及尾矿库修复技术和微生物系列菌群，集毒性处理与污染治理、基质改良、植被恢复、水土保持、工程技术和安全处理为一体；九是工业场地土壤修复：拥有场地调研、固化—稳定化、化学淋洗等多项土壤修复技术，可满足不同污染场地的土壤修复。

远达环保是市场化综合环境服务提供商，成为覆盖气、水、土、固（危）废等环境治理领域，集工程建设、投资运营、装备制造、技术服务于一体的综合环境服务提供商。

5. 浙江菲达环保科技股份有限公司

浙江菲达环保科技股份有限公司（简称菲达环保）为全国大气污染治理行业龙头企业，主要从事燃煤锅炉烟气除尘、脱硫、脱硝，以及垃圾固废处置、污水处理等环保工程大成套、BOT 建设。公司建有国家认定企业技术中心、国家级工业设计中心、全国示范院士专家工作站、燃煤污染物减排国家工程实验室和国家级博士后科研工作站，为我国电除尘委员会主任委员单位和行业标准化委员会秘书处单位。

公司已承担实施国家高技术研究发展计划课题、国家重点研发计划课题、国家国际合作专项和国家重大装备创新研制专项等国家级项目 30 多项，获国家科学技术奖二等奖 1 项、省部级科学技术奖一等奖 11 项，产品已出口 36 个国家和地区，为国内外燃煤电站配套生产除尘、脱硫、脱硝累计业绩超 5 亿 kW，"菲达牌电除尘器"被工业和信息化部授予全国制造业单项冠军产品证书。近年来针对燃煤电站 $PM_{2.5}$ 治理和超低排放要求，公司实施的以"低低温电除尘器"或"湿式电除尘器"为核心的烟气污染物协同治理技术路线已成为行业主流技术，在燃煤电站"超低排放"细分市场领域，公司市场占有率居行业前列。

6. 江苏新世纪江南环保股份有限公司

江苏新世纪江南环保股份有限公司（简称江南环保）是全球领先的从事氨法烟气脱硫脱硝技术的企业。公司本着一切为用户着想的服务宗旨，专业负责为烟气治理工程提供从设计、建设到运营服务的先进整体解决方案。公司具有大型燃煤电站脱硫脱硝工程的开发、设计与施工经验，具有一支研发能力强、工程经验丰富的人才队伍。

氨法烟气脱硫技术是烟气脱硫（FGD）技术的一种，是采用氨水或液氨做吸收剂除去烟气中SO_2等污染物的烟气净化技术。江南环保突破国内外原有技术，成功解决了氨逃逸和气溶胶技术难题，打破传统烟气脱硫吸收段加氨过量、pH上高下低的惯性思维，走出传统烟气脱硫产生气溶胶再脱除的误区，不断满足国家日益提高的标准要求，至今已拥有了四代氨法脱硫技术。江南环保拥有该技术领域的全部自主知识产权，目前已申请100多项国内专利和150多项国际专利，在全球电站锅炉、石油化工行业建成、在建400多套氨法脱硫装置，占据全球氨法脱硫市场80%以上份额。

江南环保通过持续不断的技术创新，在氨法烟气脱硫技术道路上不断自我完善。企业立足国内，走向世界，目前已在中东、印度、欧洲等多个项目取得实质性进展，为全球范围大气污染治理做出贡献。

7. 浙江鸿盛环保科技集团有限公司

公司专注于无机玻纤与氟材料复合材料技术创新与产品应用20年，聚焦于除尘滤料及滤袋、除尘AI运维平台两项业务，主要应用于工业烟尘治理、轨道交通、建材管材、容器、汽车内饰等领域。现拥有衢州新材料与辽宁无机纤维材料两大研发生产基地，占地50万m^2，总资产10亿元。

新型催化脱硝布袋为双层结构，主要适用烧结、生物质发电、水泥等180～260℃的工况。利用中低温SCR催化机理，将ePTFE覆膜高硅氧（改性）滤料高效过滤技术与中低温SCR催化剂的催化功能有效结合，实现除尘+脱硝协同一体化治理，节省大量脱硝设备及运行维护成本，脱硝率50%～95%，预计寿命2～3年。

高硅氧（改性）覆膜滤料为公司自主研发的一种新型纤维材料——以其主要原料制成的高性能环保滤袋。通过覆膜加工，实现深层过滤向表面过滤的转化，提高过滤精度。广泛应用于火电、水泥、垃圾焚烧等领域，不仅可实现≤5 mg/Nm^3，还能为客户节能近30%，可循环性强。

8. 浙江天蓝环保技术股份有限公司

浙江天蓝环保技术股份有限公司（简称蓝天环保）创立于2000年，是国家高新技术企业和国家高技术研究发展计划产业化基地。专业从事烟气治理，提供项目总承包、技术咨询、设备制造、安装调试和运营管理等全方位服务。注册资金8257.2万元，现有员工220余人，中高级职称技术人员70余人。作为该领域的龙头企业之一，领衔起草了2项国家行业技术标准，授权国家发明专利97项。

天蓝环保拥有完整的烟气治理环保岛技术，形成了独具特色的超低排放控制技术。脱硫领域，开发了电石渣—石膏法、石灰石—石膏法、白泥—石膏法、SDA半干法、SDS干法等，其中以电石渣/白泥作脱硫剂的技术实现了以废治污、副产物资源化利用。脱硝领域，开发了SNCR、SCR、臭氧氧化湿法脱硝等，其中端面雾化双流体脱硝喷枪耦合快速响应—反馈系统，保证负荷变化时的稳定运行；中低/高温SCR技术攻克了催化剂低温活性不足的难题，在200～420℃实现高脱硝效率。

建成的环保工程1000余台（套），包括国际首台（套）300 MW电石渣—石膏法烟气脱硫工程与4项国家环保示范工程。

9. 浙江天地环保科技有限公司

浙江天地环保科技有限公司成立于 2002 年，注册资本金为 3.0 亿元，是浙江省能源集团有限公司投资管理的环保高科技公司。公司下设 20 个分公司，拥有一条完整的覆盖废气、废水、固废治理及环保装备制造的环保产业链，主要从事环保工程设计和施工总承包、固体废弃物等资源综合利用、建筑材料的研发与销售、环保及能源技术开发与技术服务等，员工总数达 1100 余人。

公司凭借 10 余年在环保领域的探索和实践，积累了一批先进技术——作为"超低排放技术"的首创者，公司获得了 2017 年度国家科学技术发明奖一等奖，此外公司在"雾霾治理""白烟治理"、消灭"有色烟羽"等方面也掌握了核心技术。近年来，公司紧紧抓住国家"一带一路"及中国制造业发展纲要规划发布、浙江省创建"生态文明示范省"等宝贵机遇，重点推进 VOCs 治理、钢铁行业超低排放、建材行业脱硝、电厂废水零排放、农村生活污水、粉煤灰综合利用、畜禽养殖废弃物综合处置、胶球清洗、船舶脱硫等项目落地，为环保产业的发展做出了积极贡献。

10. 成都锐思环保公司

成都锐思环保公司自 1999 年成立，至今已经 20 多年。公司注册资本 5000 万元，拥有废气治理甲级、废水治理乙级、工程总承包二级资质，是国家级高新技术企业、省级技术中心，公司新修建的 2 万 m^2 研发大楼和 15 000 m^2 的工厂车间，即将完成装修，投入使用。拥有各类技术人员 80 余人。主要从事火力发电厂的废水及废水治理工程，推出了多项引领行业的创新技术。其中，尿素水解制氨技术，自 2009 年开始研发，2012 年开始工业化应用，目前，已经在全国 300 余台机组中成功应用，占有国内 62% 的市场份额。该项技术经鉴定为"填补了国内空白、达到国际先进水平"，尿素水解制氨技术很好地契合了国家取消电力行业重大危险源的宏观政策。由公司生产的尿素水解制氨装置，总应用数量超过了美国 wahlco 公司，成为全球第一。并于 2019 年获得了中国环保产业协会颁发的环保技术进步奖二等奖。

公司自 2003 年开始实施废水处理工程，完成了 100 余台机组的废水"达标排放"工程，并成功应用于印度、孟加拉国、巴基斯坦、津巴布韦等"一带一路"国家。公司自 2011 年开始研发废水零排放技术，2013—2015 年，用两年时间，做了多套不同技术流派的中试装置，并于 2018 年在湖北能源集团股份有限公司鄂州电厂三期 2 台百万机组中成功工业化应用，成果评价为国际领先水平，具有"系统简单、运行费用低、自动化程度高"等特点，该项零排放技术已有 5 套百万机组、3 套 60 万机组 和 4 套 30 万机组在国内应用，并于 2019 年获得了"中能建科技进步奖一等奖"。

机动车污染防治行业 2020 年发展报告

1　2020 年行业发展现状及分析

随着国民经济的快速增长，汽车产业成为我国国民经济发展的支柱产业。2020 年 8 月，生态环境部发布的《中国移动源环境管理年报（2020）》数据显示，我国已连续 11 年成为世界机动车产销第一大国。伴随机动车保有量的持续增长，机动车等移动源污染已经成为我国大气污染的重要来源，其污染物排放也成了造成细颗粒物、光化学烟雾污染的重要原因。2019 年，全国机动车保有量达到 3.48 亿辆，全国机动车一氧化碳（CO）、碳氢化合物（HC）、氮氧化物（NO_x）、颗粒物（PM）排放量分别为 771.6 万 t、189.2 万 t、635.6 万 t、7.4 万 t。汽车是移动源污染物排放总量的主要贡献者，其中柴油车 NO_x 排放量超过汽车排放总量的 80%，PM 排放量超过 90%；汽油车 CO 排放量超过汽车排放总量的 80%，HC 排放量超过 70%。其中，柴油货车排放的 NO_x 和 PM 明显高于客车，是机动车污染防治的重中之重。此外，作为另一污染物的主要贡献者，非道路移动源污染物排放对空气质量产生的影响也不容忽视，其单机 NO_x 和 PM 排放与机动车相当。2019 年度非道路移动源 SO_2、HC、NO_x、PM 排放量分别达 15.9 万 t、43.5 万 t、493.3 万 t、24.0 万 t，NO_x 排放总量接近机动车。重污染天气下，移动源污染物排放贡献率更高。

自蓝天保卫战打响以来，国家已在政策、标准、技术等多个维度提升机动车污染防治工作成效。2020 年作为《柴油货车污染治理攻坚战行动计划》收官之年，各地在推进运输结构调整、提升新生产机动车污染防治水平、规范在用机动车排放检验、移动源排放远程监测、高排放柴油车和非道路柴油机械排放深度治理、强化非道路柴油机械和船舶环保监管、开展车用油品质专项检查、建立完善移动源污染防治体系等方面取得了丰硕的成果。

截至 2020 年年底，我国蓝天保卫战成效持续显现，京津冀及周边地区、汾渭平原、长三角区域三大重点区域城市优良天数不断增加，环境空气质量持续改善。

1.1　移动源环保政策助推产业发展

2020 年，世界范围内汽车产业遭受新冠肺炎疫情影响严重，全球汽车市场面临极大挑战，机动车污染防治产业同样在疫情期间面临巨大困境。为快速复苏国内经济，刺激汽车产业发展，减少疫情带来的巨大损失，国家和地方政府及时出台政策法规、车企车商积极复工复产等，中国汽车业在全球范围内率先复苏。各地通过税费减免、放宽增量指标申请条件等形式，刺激汽车产业消费。

针对汽车生产企业，国家和地方出台了一系列政策，保障企业在疫情形势下的生产经营。自 2020 年 7 月 1 日起，全国范围实施轻型汽车国六排放标准，增加已生产国五车辆销售过渡期，延长国六轻型车 PN（尾气排放中固体悬浮颗粒数量）限值过渡期；北京市 2020 年 1 月 1 日实施轻型汽车国六阶段排放标准后，将 PN 限值过渡期由当年的 7 月 1 日延迟为 2021 年 1 月 1 日。国家和地方政策的出台，为缓解汽车产业在疫情下的窘境提供了有力支持。

同样，对于机动车污染防治行业，国家及地方通过一系列政策措施，刺激机动车污染防治产业链相关企业快速恢复生产经营，首先体现在新车的源头控制方面。新生产机动车的环境管理是从源头预防和控制机动车污染物排放的重要手段。我国对新生产机动车开展的环境管理，从制定和实施机动车污染物排放标准、加强生产及销售环节的环境监管入手，保证新生产机动车合规达标排放。

2020 年，生态环境部继续贯彻落实机动车环保信息公开制度，构建新生产机动车和非道路移动机械排放检验机构联网工作；地方层面，多地提前实施国六阶段排放标准，京津冀、广东、江苏、浙江、湖南、河南等地方政府广泛开展新机动车生产环保一致性抽查工作，严格注册登记环节环保检验，确保新车达标生产销售，切实强化源头管控，减少新车排放。

同样，针对在用车，作为《柴油货车污染治理攻坚战行动计划》和"十三五"收官之年，2020 年各地陆续推进在用车排放控制政策的深度落实，严格在用车环保监管。非道路柴油机械作为移动源环境管理体系中的重要组成部分，由于基础研究薄弱、标准制定滞后等因素，其污染管控相对落后。2020 年，国家及地方相继发布多项政策措施，采用"互联网＋"大数据手段服务监管，实施机动车与非道路机械的智能管控。

2020 年 4 月 26 日，《北京市重型汽车和非道路移动机械排放远程监测管理车载终端安装管理办法（试行）》发布，要求北京市登记注册和长期在北京市行驶的外埠国五及以上排放阶段重型柴油车及燃气车、北京市国四及以上排放标准的非道路移动机械安装车载终端，并与市生态环境局联网；无独有偶，天津、上海、河北、浙江的杭州和宁波等地也相继发布文件，推动重型车及非道路移动机械排放远程在线监控工作的深入开展。

国家和地方各项政策文件的发布和实施，推动了"互联网＋"大数据移动源监管领域技术革新与应用，丰富了机动车污染防治产业产品与技术多样性，为行业提供了更广阔的发展平台。

国家/地方政策带动了汽车行业回暖发展，促进了载体、催化剂、封装衬垫、控制系统等整个柴油车排放后处理产业链的市场发展。2020 年，安徽艾可蓝环保股份有限公司、凯龙高科技股份有限公司等国内自主品牌成功上市，也充分体现了国内在排放后处理领域自主研发、产业化以及市场应用等方面达到领先水平。

1.2 标准法规升级，推动机动车污染防治技术提升

随着机动车排放防治工作的不断深入，一方面重型柴油车排放法规的不断升级，对生产的车辆排放限值更加严格，测试方法也更加合理；另一方面非道路移动机械等成为机动车污染物控制的重点，需要使用更加科学的方法来限制和检测其排放水平。

新车方面，国家和地方管理部门在稳定汽车产业发展的同时稳步提升机动车排放标准实施。北京、天津、上海、河北等地陆续出台政策文件，将重型汽车实施《重型柴油车污染物排放限值及测量方法（中国第六阶段）》（GB 17691—2018）标准实施正式提上日程。重型汽车及发动机国六排放标准在汽车污染物排放检测项目上，在发动机排放检测环节，就国五阶段 CO、HC、NO_x、PM、不透光烟度的基础上，新增对发动机 NH_3、PN（particular number，颗粒物数量）等检测项目，在整车排放检验环节，新增 PN 的检测项；在排气污染物检测方法方面，修改了原工况法及 PEMS（Portable Emission Measurement System，便携式排放测试系统）方法，检测方法更贴近实际道路运行工况，且检测工况更加苛刻；在排放检测测试循环方面，将原 ESC（欧洲稳态循环）、ETC（欧洲瞬态循环）、ETR（负荷烟度试验）工况修改为 WHSC（世界稳态循环）、WHTC（世界瞬态循环）、WNTE（发动机台架非标准循环），整车测试循环采用 C—WTVC（中国重型商用车辆瞬态车辆循环）循环开展污染物排放测试。与此同时，针对重型车污染物主要控制对象，国六排放标准在污染物排放限值方面，NO_x 排放限值加严 77%，PM 排放限值加严 67%。

针对非道路移动机械的排放检验，为规范非道路移动机械环境监督管理工作，2020年12月28日，生态环境部联合国家市场监督管理总局发布了《非道路柴油移动机械污染物排放控制技术要求》（HJ 1014—2020），规定了第四阶段非道路柴油机械及其专用的柴油机污染物排放控制技术要求，在整机排放、颗粒物数量限值、远程监控范围等方面提出具体要求。HJ 1014—2020 标准明确机械总体排放控制技术相关要求，必将促进机械、柴油机及相关零部件企业产品规划和技术升级。

针对在用车，在用车排放检测与维修（I/M）制度是控制机动车尾气排放，保证车辆排放长期、稳定达标的有效措施。为加快建立实施汽车排放检验与维护制度，防治在用汽车排放污染，助力打赢蓝天保卫战，生态环境部发布了《关于建立实施汽车排放检验与维护制度的通知》（环大气〔2020〕31号）、《在用汽车排放检验规范（征求意见稿）》，对汽车排放检验和汽车排放性能维护修理主体责任、违法处罚以及监管提出了明确要求，推动构建汽车排放检验与维护闭环管理制度，有效推进超标排放汽车维护修理。

这些文件规范的发布与实施将进一步推动在用车环保检测能力的建设、替代用污染物控制装置等排放关键产品（如 TWC、DPF、SCR、NO_x 传感器等）的后市场应用。

为满足国家及地方机动车颗粒物与氮氧化物协同治理的需求，中国环境保护产业协会制定并发布了《在用柴油车颗粒物与氮氧化物排放污染协同治理技术指南》，对在用柴油车颗粒物与氮氧化物排放污染协同治理中车辆技术条件、排放污染治理组合后处理装置技术性能、治理后验收和维护保养等内容进行了规范，为相关方开展在用柴油车颗粒物和氮氧化物排放污染治理工作提供技术参考。

1.3 机动车污染防治产业需求分析

作为国家"三大战役"之一，机动车污染防治工作重要性已上升到前所未有的高度。目前国家及各地方在机动车污染防治政策、法规等方面陆续出台诸多文件，强化机动车污染防治工作，也为国内新车和在用车环保市场带来巨大的机遇和挑战。

2020 年，随着扩大内需战略以及各项促进消费政策的持续发展，我国汽车工业经济恢复形势持续向好。根据中国汽车工业协会数据：截至 2020 年 11 月，国内汽车产销分别完成 2237.20 万辆和 2247.00 万辆，我国仍是世界上汽车消费大国的形势没有发生改变。据《中国移动源环境管理年报 2020》显示，2019 年全国机动车保有量达 3.48 亿辆，且重型车一直处于增长势头，尽管移动源污染物排放总量得到初步遏制，但 VOC、NO_x 现在还处于高位振荡，没有出现明显下降的趋势，机动车污染防治工作仍将持续保持十分重要的高度。

随着源头排放把控的逐步强化，国六排放标准新车及国四非道路柴油机械污染物排放的大幅削减势必依赖于后处理技术的提升及控制策略等的优化，形成对后处理关键零部件（载体、催化剂、传感器、控制装置等）的巨大市场；移动源"天地车人"全方位管控的实施，将为移动源排放监测/检测系统及设备（OBD 车载通信终端、OBD 排放快速检测设备、非道路移动机械排放监控设备等）带来前所未有的应用前景；移动源污染物排放精细化管理的需求，还将催生诸如大数据、云计算、图像识别等技术应用于机动车污染防治领域。未来机动车污染防治行业将持续向着多元化、多样化、智能化的方向发展，产业仍具备巨大发展空间。

2 2020 年机动车污染控制技术发展

机动车尾气污染防治主要分为新车和在用车两个方面，其中，新车尾气治理主要是在新车研发生产阶段匹配尾气治理装置产品；在用车尾气治理主要是车在实际使用中采取更换/加装尾气治理装置、更换发动机等措施。移动源的排放治理依赖"车、油、路"统筹，采取法律、行政、经济、技术等综合措施进行防治，在此主要介绍尾气治理装置及相关技术产品。

2.1 汽油机排放控制技术

汽油机主要围绕降低排气管、燃油蒸发和曲轴箱泄漏 3 种来源的污染物排放，其中燃油蒸发排放和曲轴箱泄漏排放的控制方法分别采用活性炭罐吸附技术和闭式曲轴箱通风系统，而排气管排放是污染物控制的重点，分为机内控制技术和机外控制技术。

汽油车主要排放控制技术包括：电控发动机管理系统、配备三元催化转化器技术（TWC）、车载油气回收系统（ORVR）技术以及汽油机颗粒捕集器新技术（GPF）等，随着国六排放标准的实施，ORVR、GPF 等技术产品将成为轻型车上的标配装置。柴油机（道路和非道路）主要排放控制技术包括：排气后处理技术（DPF、SCR、DPF+SCR）、电控高压喷射（共轨、泵喷嘴、单体泵等）技术、发动机综合管理系统、发动机本身结构优化设计技术、可变增压中冷技术、废气再循环（EGR）技术等。国家对非道路柴油机械排放控制持续加严，将极大促进非道路柴油机械排放控制技术和装置的发展应用。

2.1.1 三元催化转化器技术

三元催化转换器（Three Way Catalyst，TWC）是利用装置中贵金属催化剂将汽车尾气排出污染物通过氧化还原作用转变为无害气体。催化剂的催化作用靠废气本身的热量激发，催化反应开始后，因氧化反应放热，催化剂自动保持较高的温度，使一氧化碳和碳氢化合物的氧化过程能够正常进行。

为了保证三元催化转化器的转换效率，采用闭环电控燃油喷射系统，用氧传感器检测排气中氧的浓度变化，"闭环电控燃油喷射 + 三元催化转化器"已成为当前汽油发动机降低排放的基本技术；对于二气门或多气门、非增压或增压发动机的汽油车，可采用"闭环电控燃油喷射系统 + 低起燃温度三元催化转化器"同时降低 CO、HC 和 NO_x 排放。

2.1.2 汽油机颗粒捕集器技术

汽油机颗粒捕集器（Gasoline Particulate Filter，GPF）技术工作原理为：排气以一定的流速通过多孔性的壁面，相邻的两个孔道分别堵住出口端和进口端，排气需要流经两个通道间的载体壁面到达相邻的孔道出口并流出，排气中颗粒物在这个过程中被捕集到载体壁面。GPF 载体多为堇青石材质，其成本低、热膨胀系数小以及耐高温和机械强度高，在过滤效率、初始背压、被动再生以及成本等属性上有较优异的性能。

GPF 可以有效减少颗粒物排放，是汽油机颗粒物排放满足不断升级排放法规的重要技术手段，但经过持续不断地微粒捕集，颗粒物沉积在载体中，排气系统背压也会随之升高而影响汽车的动力性与经济性。促使颗粒捕集器中的碳烟颗粒再次氧化燃烧，去除捕集到的颗粒物的技术称为再生技术。当前 GPF（汽油机颗粒捕集新技术）的研究主要朝再生控制与发动机控制系统结合，灰分对 GPF 的影响及老化后对过滤效率、油耗的影响，GPF 相关 OBD 故障诊断监控及失效处理，GPF 与 TWC 整合为四元转化器等方面开展试验研究。

2.1.3 车载油气回收系统技术

车载油气回收系统（Onboard Refueling Vapor Recovery，ORVR）被设计固定在油箱和燃油加注管之间，能够在车辆加油过程中以及油箱温度变化时有效吸附燃油挥发排放出的油气（挥发性有机化合物）。当汽车加油时，油箱中的燃油蒸汽会被一个具有吸附作用的碳罐吸收。当发动机开始运转时，碳罐中的油气就会进入发动机进气管，从而作为燃料被使用。

ORVR 主要包括以下几个部分：输油管、截止阀、油箱、浮阀、碳罐、碳罐关闭阀、压力传感器、清洗阀、旋转阀等，其通过动态液封法和机械法生成密封输油管，目前市场上普遍采用的是动态液封法。

2.2 柴油机排放控制技术

柴油车排放污染物主要来自排气管和曲轴箱泄漏排放，其排气管排放的控制技术分为机内控制技术和机外控制技术两种。

2.2.1 柴油机氧化催化器技术

柴油机氧化催化器（Diesel Oxidation Catalyst，DOC）主要作用在于消除可溶性有机物（Soluble Organic Fractions，SOF）及细小颗粒物数量（PN）；消除绝大部分 CO 和 HC，将部分的 NO 氧化为 NO_2，放出热量提高 DOC 出口排气温度，为下游 DPF 的低温再生提供反应物和条件，并起到加速 SCR 反应的效果。DOC 不仅可以单独使用，也可与其他后处理技术、机内净化技术共同使用以满足当今严格的排放法规。

DOC 优点主要包括结构简单、制造成本低；缺点主要包括需要高质量高喷射压力的燃油系统、需要高度优化的燃烧技术，对颗粒物的降低能力有限（<30%，主要降低可溶性有机成分 SOF），将尾气中的 SO_2 转化为 SO_3 从而增加硫酸盐颗粒物。仅通过 DOC 后处理技术，不具备从国四阶段升级至国五阶段的技术连续性。由于 DOC 中铂、钯等贵金属催化剂对燃油中硫特别敏感，易引起催化剂中毒，因此 DOC 一般适用于低硫柴油（通常硫含量 <50 ppm[①]）。

2.2.2 柴油机颗粒捕集器技术

柴油机颗粒捕集器（Diesel Particulate Filters，DPF）是目前降低柴油机颗粒物排放

---

① 1 ppm=0.0001%。

最有效的技术，其核心部件除载体外，还包括了催化剂、再生控制装置、再生相关零部件、传感器、远程数据传输装置等。DPF 工作原理与 GPF 相同，通过载体孔壁完成排气中颗粒物的捕集而达到净化尾气排放的效果。

当来自柴油机排气颗粒物的持续累积达到一定程度时，DPF 内部颗粒物增加引起发动机背压升高，发动机性能下降，通过一定技术手段除去沉积的颗粒物以恢复 DPF 的过滤性能的过程称为再生。DPF 系统应用的重点和难点在于寻求既可靠又实用的再生方法。根据再生原理的不同，再生技术分为主动再生技术和被动再生技术两大类：主动再生技术利用外部能量，提高进入 DPF 的尾气温度或 DPF 本身温度，从而将微粒通过燃烧清理掉；被动再生 DPF 技术利用化学方法降低颗粒物的起燃点，颗粒物可以在正常尾气温度下燃烧。两种方法都可通过高效催化剂达到降低颗粒物起燃温度从而达到再生的目的。

自 2008 年起，国内多省（区、市）已经陆续开展在用柴油车颗粒物排放污染治理工作，累计排放治理量达到 5 万余辆，均采用 DPF 技术开展。

2.2.3　选择性催化还原技术

选择性催化还原技术（Selective Catalytic Reduction，SCR）是在催化剂的作用下，通过尿素喷射系统向 SCR 入口端喷入车用尿素水溶液，把尾气中的 NO_x 还原成 N_2 和 H_2O。影响 SCR 系统 NO_x 转换效率的因素很多，除催化剂材料、尿素喷射的控制策略等相关设计参数外，与发动机排气温度有着密切关系。当排气温度低于某个阈值时，被喷射的尿素无法转化为氨气，在低温条件下，催化剂的活性也会显著降低。研究发现，城市公交车装用的 SCR 在部分低速、低温工况下存在系统不起作用、车用尿素溶液结晶等问题，导致车辆 NO_x 实际超标，甚至高于同车型、国三阶段柴油车 NO_x 排放。

国六阶段重型柴油车排放控制系统同时采用 DPF 和 SCR 技术，特别是 SCR 系统位于 DPF 下游时，激活 DPF 再生可能会导致 SCR 失效。此外，钒基催化剂在高温时（600 ℃）还会释放出有毒的钒基化合物（如 V_2O_5）。同时，冷启动的减排已成为实际应用和改进 SCR 性能的关键，特别是在城市道路驾驶和其他低负荷条件下。因此，SCR 催化剂在低温下具有更高的活性来有效减少 NO_x 的实际排放，同时满足燃油经济性。

相比 SSCR，固态氨 ASDS 技术直接向排气管注入氨气，没有高温水解过程，不受排气温度过高的限制。ASDS 技术在发动机低负荷排温阶段能够更好地降低尾气中的氮氧化物。在这个方面远远大于了传统的 SCR 技术。但受产业链及存储运输、罐体尺寸非标准化、售后、市场因素等多方面影响，现阶段 ASDS 技术在工程应用规模较 SCR 小。

2.2.4　固体储氨系统

固体储氨技术（Solid SCR，SSCR）使用固体形式的存储氮氧化物还原剂（能释放氨气）材料，主要为铵盐或氨合化合物。SSCR 系统储氨材料容器包括主固体氨源和启动单元，通过加热使主固体氨源中的氨气释放出来。当主固体氨源内的氨气压力满足设定的工作压力时，计量阀根据发动机的 ECU 数据进行定量喷射，使氨气进入催化转化器，氮氧化物在催化剂和还原剂的作用下净化生成氨气和水。

2.2.5 氨逃逸催化器

氨逃逸催化器（ASC）在载体内壁使用贵金属等催化剂涂层，用于催化氧化还原反应，其主要原理是将 NH_3 氧化为 N_2、N_2O 及 NO_x（后两种为不希望生成的中间产物），并能将 NO_x 还原为 N_2。其主要功能是防止尿素分解产生的氨气排入大气。

传统 ASC 结构在温度为 200～250 ℃ 范围内能够很好地氧化 NH_3，中间产物也较少。但是在中等温度下，N_2O 生成量明显增多，而在高温下，NO_x 生成量明显增多。为了解决这一问题，将 SCR 涂覆在 ASC 的氧化层表面。SCR 涂覆层可以直接与 NH_3 和 NO_x 反应生成 N_2，同时储存 NH_3，这部分 NH_3 可将氧化层中生成的中间产物 NO_x 转化为 N_2，明显降低中间产物生成，特别是 NO_x 生成量。

2.2.6 排放远程监测技术（OBD3）

通信技术的应用，使得远程实时监测机动车排放状况成为可能。对于新车及在用重型柴油车，在车载 OBD 的基础上结合车载无线技术、远程监测和管理技术，及时将车辆排放相关数据、故障代码及车辆运行数据实时上传至监测平台。根据平台接收的数据，环境主管部门可以根据 GPS 技术检测到排放超标车辆位置，减少车辆超标排放。

OBD3 技术已经广泛应用于我国的机动车排放监管与整车开发中：新生产满足国六排放标准的重型汽车须采用 OBD 远程监控技术上传车辆运行数据；多省（自治区、直辖市）先后开展在用车采用 OBD3 技术开展在用车排放监管；经排放治理的在用车利用 OBD3 技术实时检测排放治理装置和车辆的运行情况，通过安装卫星定位及远程排放监控装置、电子围栏平台建设、数据库动态分析等方法，逐步实现对新生产和在用机动车的 OBD 远程排放监控。同时机动车排放控制产业链企业利用 OBD3 技术获取车辆实际道路运行及排放状态数据，指导整车标定开发。

2.3 基于 OBD 的远程监测技术

为满足中重型柴油车国六排放标准限值要求，新生产柴油车必须安装符合要求的 DPF、SCR 等排气后处理装置，且营运重型商用车应采用 OBD 远程监控技术。新生产中重型柴油车 OBD 排放远程监测需求的提出，全面提升了对车辆排放状态的实时监控，及时发现车辆排放故障，保证车辆得到及时和有效的维修。《非道路移动机械污染防治技术政策》要求新生产非道路工程机械增加排放在线诊断系统，对排放关键零部件运行状态进行实时监控。

依据《柴油货车污染治理攻坚战行动计划》要求，建立建成"天地车人"一体化排放监控系统，构建互联互通、共建共享的机动车环境监管能力，整合现有监管手段，形成在用车全链条环境监管，有利于形成基于数据的移动源排放远程在线监管能力。

国家和地方各项政策文件的发布和实施，推动了"互联网+"大数据移动源监管领域技术革新与应用，丰富了机动车污染防治产业产品与技术多样性，也成为极具发展潜力的新型机动车污染防治技术和产业。

3 行业主要企业发展情况

3.1 后处理行业总体概况

近年来，移动源排放造成的环境污染逐渐成为大气污染的主要贡献源，国家已将机动车污染防治工作提升到前所未有的高度，直接拉动了机动车环保产业的发展。据调研统计，2020年机动车环保产业链上相关企业依然保持在170余家，其中，载体生产企业有10家以上、催化剂涂层企业有8家以上、隔热衬垫企业有4家以上、催化器封装企业有60家以上、尿素喷射系统有5家以上、发动机管理系统相关产品生产企业有17家以上、涡轮增压系统生产企业有10家以上、EGR系统生产企业有7家以上、燃油蒸发系统生产企业有25家以上、曲轴箱通风装置生产企业有15家以上、OBD排放监控终端及平台生产和开发企业有20家以上。主要生产企业见表1。

表1 机动车环保产品主要生产企业

企业类别		企业名称
尾气后处理系统	载体	康宁（上海）有限公司、NGK（苏州）环保陶瓷有限公司、江苏宜兴非金属化工机械厂、贵州煌缔科技股份有限公司、云南菲尔特环保科技股份有限公司、山东奥福环保科技股份有限公司
	催化剂	巴斯夫催化剂（上海）有限公司、无锡威孚力达催化净化器有限公司、庄信万丰（上海）化工有限公司、优美科汽车催化剂（苏州）有限公司、昆明贵研催化剂有限责任公司、东京滤器（苏州）有限公司、科特拉（无锡）汽车环保科技有限公司
	衬垫	3M（中国）有限公司、奇耐联合纤维（上海）有限公司
	封装	无锡威孚力达催化净化器有限公司、佛吉亚（中国）有限公司、上海天纳克排气系统有限公司、克康（上海）排气控制系统有限公司、康明斯排气处理系统、东京滤器（苏州）有限公司、埃贝赫排气技术（上海）有限公司、安徽艾可蓝环保股份有限公司、艾蓝腾新材料科技（上海）有限公司、武汉洛特福动力技术有限公司、深圳车佳科技有限公司、上海创怡环境技术有限公司
	尿素喷射系统	博世汽车柴油系统股份有限公司、无锡威孚力达催化净化器有限公司、佛吉亚（中国）有限公司、天纳克（苏州）有限公司
燃油蒸发系统		天津市格林利福新技术有限公司、霸州市远祥汽车配件有限公司、厦门信源环保科技有限公司、廊坊华安汽车装备有限公司

续表

企业类别		企业名称
曲轴箱通风系统		汉格斯特滤清系统（昆山）有限公司、上海曼胡默尔滤清器有限公司、爱三（佛山）汽车部件有限公司、贵州新安航空机械有限责任公司、北京市北汽新峰天霁汽车技术公司、天津认知汽车配件有限公司
燃油喷射系统	柴油机	德尔福（上海）科技研发中心、博世汽车柴油系统股份有限公司、电装（中国）投资有限公司、康明斯燃油系统（武汉）有限公司、成都威特电喷有限责任公司、辽宁新风企业集团吉尔燃油喷射有限公司、亚新科南岳（衡阳）有限公司、江苏南京威孚金宁有限公司
	汽油机	联合汽车电子有限公司、博格华纳、电装（中国）投资有限公司、大陆汽车电子（长春）有限公司
涡轮增压系统		盖瑞特（中国）有限公司、博格华纳、无锡康明斯涡轮增压器有限公司、湖南天雁机械有限责任公司、宁波天力增压器有限公司、上海菱重增压器有限公司
废气再循环系统		北京新峰天霁科技有限公司、无锡隆盛科技有限公司、宜宾天瑞达汽车零部件有限公司、德国胡贝尔自动化股份有限公司
OBD排放远程监控设备		北京蜂云科创信息技术有限公司、深圳市有为信息技术发展有限公司、天津布尔科技有限公司、天津同阳科技发展有限公司、智联万维（北京）网络信息科技有限公司

3.2 产业总体规模分布及技术研发情况

目前的170多家企业中江苏、上海、北京、浙江等地区企业数目位列前4位。通过调研，大量后处理装置技术仍掌握在欧洲及美、日等发达国家，是机动车污染防治产品的主要技术来源。与此同时，我国国产化产品及技术正在快速提升（图1）。

国内后处理行业中生产企业分布见图2。

国内后处理行业中不同研发费用比重企业分布见图3。

图1至图3所述数据均来自机动车污染防治委员会行业调研统计分析结果，未统计

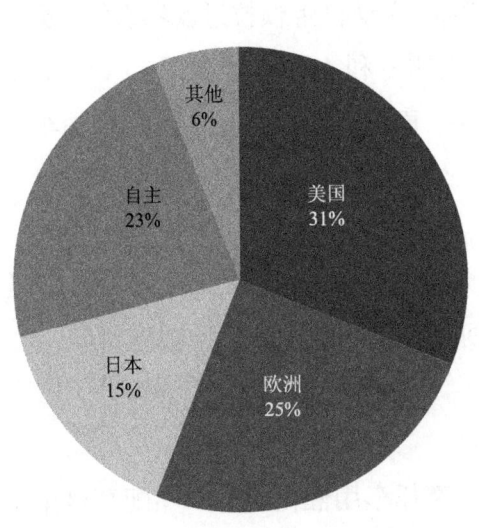

图1 国内后处理行业主要技术来源

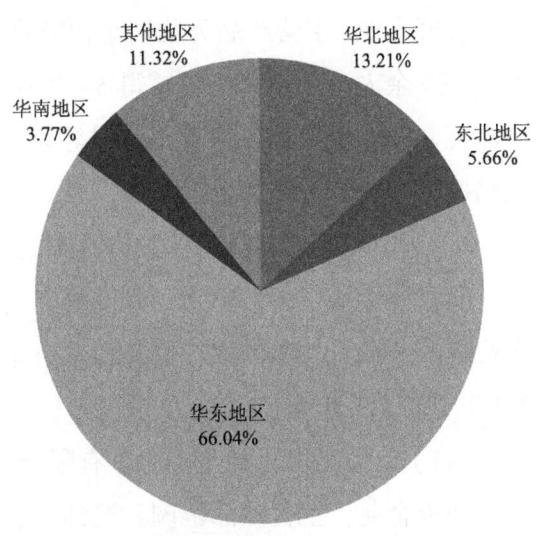

图2 全国后处理行业企业分布

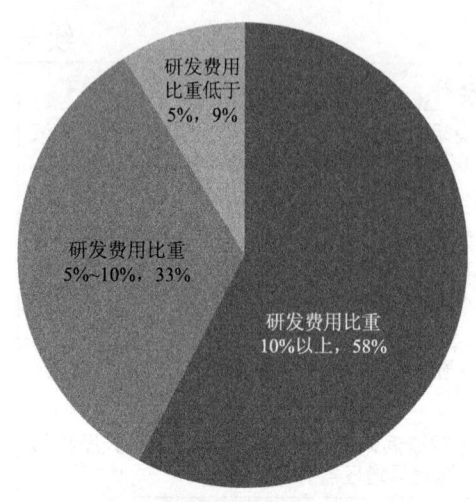

图 3　国内后处理行业不同研发费用比重企业分布

所有后处理企业，仅供参考。

国内后处理企业主要分布在华东地区，其企业数量约占全国后处理行业企业总量的 66%，主要集中在上海、南京、苏州、无锡、杭州等地，这也主要与这些地区的机动车排放标准现状以及油品质量等方面因素有关。

3.3　机动车污染防治行业主要企业

机动车污染防治骨干企业是机动车环保行业的领军企业，在行业中发挥着引领示范作用，推动着产业结构的调整和经济转型升级，带动行业技术创新和进步。生产企业的产品基本满足实施国家机动车排放标准的要求。

3.3.1　载体企业

（1）康宁（上海）有限公司

独资企业。主营产品范围：汽油车尾气净化用蜂窝陶瓷载体，柴油机颗粒物过滤器。产品配套国内欧美系合资企业、奇瑞、吉利等。

（2）NGK（苏州）环保陶瓷有限公司

独资企业。主营产品范围：汽油车尾气净化用蜂窝陶瓷载体，柴油机颗粒物过滤器。产品配套国内日系合资企业、奇瑞、吉利等。

（3）贵州黄帝车辆净化器有限公司

合资企业。主营产品为柴油车颗粒物捕集器载体、主动再生颗粒过滤器系统。员工总数为 500 余人，公司产品已获得 50 个专利，其中发明专利 22 个，国家重点专利 5 个，产品配套整车企业为：奇瑞、长城等以及参与武汉、南京、天津等地区在用柴油车和非道路柴油机械排放改造等。

（4）山东奥福环保科技股份有限公司

股份制企业。主营业务：制造蜂窝陶瓷、蜂窝陶瓷载体、精密陶瓷、填料；经营本企业自产产品及技术的出口业务和本企业所需的机械设备、零配件、原辅材料等。

3.3.2　催化剂企业

（1）巴斯夫催化剂（上海）有限公司

独资企业。主营产品范围：汽油车、柴油车、摩托车用催化剂。产品配套整车企业为：沈阳华晨、上汽通用五菱、奇瑞、安徽江淮、上海大众、玉柴、锡柴等。

（2）优美科汽车催化剂（苏州）有限公司

独资企业。主营产品范围：汽油车、柴油车用催化剂。产品配套整车企业为：长安、上汽通用、奇瑞、沈阳华晨、上海大众、中国重汽等。

（3）庄信万丰（上海）化工有限公司

独资企业。主营产品范围：汽油车、柴油车用催化剂。产品配套整车企业为：上海大众、昌河汽车、北京奔驰—戴姆勒·克莱斯勒、神龙富康、东风本田、长安福特、长城汽车、东南、江铃、吉利、中国重汽等。

（4）昆明贵研催化剂有限责任公司

国有企业。主要产品为机动车催化剂产品：包括汽油车 TWC/NSR 催化剂、柴油机 SCR/DOC/POC 催化剂、摩托车催化剂、替代燃料车用催化剂；贵金属产品：贵金属化合物、失效催化剂回收贵金属；环境催化剂产品：工业废气 NO_x 净化催化剂；化工催化剂产品：炭载催化剂。产品配套整车企业为：沈阳华晨、上汽通用五菱、平原航空、长安、奇瑞、昌河。产品还出口伊朗、泰国和马来西亚、俄罗斯、哈萨克斯坦等国家。

（5）无锡威孚力达催化净化器有限责任公司

股份制公司。主要产品范围：汽油车、柴油车、摩托车、LPG（CNG）和非道路机械用催化剂和催化器封装，员工总数为 700 人，技术人员 280 人。公司建有国内领先的催化剂和后处理系统生产线，具备 800 万件汽柴催化剂、800 万件摩托车催化剂、800 万件通机催化剂和 300 万套催化净化器年产能（其中歧管式净化器年产能 100 万套），产品达国四及以上排放水平。公司集合催化剂和后处理系统集成优势于一身，提供催化剂、净化器（含 SCR、DPF）和消声器三大系列多个品种的后处理产品，与国内各主要汽车、摩托车、通风机厂家进行广泛配套，为主机厂家产品升级换代、满足更高排放标准提供了有力的支撑。产品配套整车企业为：奇瑞、吉利、一汽夏利、一汽海马、北汽福田、江淮、锡柴等。

（6）中自环保科技股份有限公司

股份制企业。是主要致力于汽油燃料发动机、柴油燃料发动机、CNG/LNG/LPG 燃料发动机等尾气净化催化（剂）器研发、生产和销售的国家火炬计划重点高新技术企业。依托四川大学雄厚的科研实力，坚持产学研用相结合的创新发展之路，公司共拥有专利 24 项，其中国际 PCT 发明专利 1 项；国家发明专利 16 项；实用新型专利 7 项；主持和参与制定行业标准 8 项。

3.3.3 电控系统企业

（1）博世汽车柴油系统股份有限公司

合资企业。主营产品范围：柴油机燃油高压共轨喷射系统、尿素喷射系统以及柴油机系统匹配。产品配套主机企业为：潍柴、玉柴、东风、一汽、东风朝柴、大柴、云内等。

（2）联合汽车电子有限公司

合资企业。主营产品范围：汽油发动机管理系统零部件生产、自动变速箱控制系统零部件生产、发动机系统匹配。产品配套整车企业为：吉利、奇瑞、上海大众、上海通用、长安等。

（3）北京德尔福万源发动机管理系统有限公司

合资企业。主要产品为汽油发动机零部件技术——电控燃油喷射系统。公司为上海通用、华晨集团、长安汽车等整车厂的几十种汽车成功开发了电喷系统。前10大客户除以上3家外，还包括沈阳航天三菱、一汽天津丰田、江淮、东风渝安、哈飞、东安三菱及吉利等。

（4）大陆汽车电子有限公司

合资企业。大陆汽车电子传感器及执行器事业部为大陆集团动力总成旗下最重要的事业部之一，产品线丰富于汽车各个领域。其中核心产品氮氧化物传感器、空气流量传感器、爆震传感器、EGR阀体等产品在全球市场占有率居前两位。其中，氮氧化物传感器更是全球的行业技术标准。当前，大陆集团是该产品在全球的唯一成熟供应商，客户涵盖了行业内绝大部分生产制造商。

3.3.4 排放后处理系统企业

（1）佛吉亚（中国）排放控制技术有限公司

该公司下属3家合资公司：上海佛吉亚红湖排气系统有限公司、武汉佛吉亚通达排气系统有限公司和长春佛吉亚排气系统有限公司及佛吉亚独资的佛吉亚（长春）汽车部件系统有限公司上海分公司。主营产品范围：排气歧管、催化转换器、排气消声器、柴油后处理系统集成。产品配套整车企业为：一汽、上汽、上海大众、长安福特、上海通用、广西玉柴、一汽解放、东风汽车、潍柴动力等。

（2）上海天纳克研发中心

公司下属四大合资企业：上海天纳克排气系统公司、天纳克同泰（大连）排气系统有限公司、天纳克—埃贝赫（大连）排气系统有限公司、天纳克陵川（重庆）排气系统有限公司。主营产品范围：催化转化器、排气消声器、排气歧管、柴油机后处理系统集成。产品配套整车企业为：上海大众、上海通用、上汽汽车、奇瑞汽车、长安福特、一汽大众、沈阳华晨、江铃汽车、长城汽车等。

（3）浙江邦得利汽车环保技术有限公司

股份制企业。主营产品为三元催化转化器、排气歧管等。公司各类排放后处理产品年生产能力达到100万套，控股子公司上海歌地催化剂有限公司年生产能力达到300万升。产品配套企业为：一汽夏利、重庆庆铃、东风柳汽、东风轻发、东风朝柴、一汽轿股、东风商用车等。

（4）安徽艾可蓝节能环保科技有限公司

股份制企业。公司已完成汽、柴油和天然气发动机尾气净化产品的全系开发，包括三元净化器（TWC）、氧化催化净化器（DOC）、选择性催化还原器（SCR）及尿素喷射控制系统、主动再生式颗粒物捕集器系统（DPF）和颗粒物氧化器（POC），产品全面达到国四和国五排放标准，可以满足中国未来10～15年的排放升级要求。产品配套企业为：东风、广汽、陕汽、福田、江淮、奇瑞、潍柴、全柴、常柴、合力叉车、金城摩托、宗申摩托等。

（5）艾蓝腾新材料科技（上海）有限公司

独资企业。经营产品范围：柴油机颗粒捕集器系统。产品配套整车企业为：安徽江淮汽车股份有限公司、东风朝阳朝柴动力有限公司、广西玉柴机器股份有限公司、三一重工股份有限公司、恒天动力有限公司。

4 机动车污染控制管理中存在的问题及解决方案

机动车的污染防治工作，需要"油、路、车"的统筹协调和各项资源的互相配合，强化信息公开，采取法律、行政、经济、技术等综合措施进行防治，形成政府主导、部门协作、市场调节、社会监督的工作机制。

当前我国通过实施严格的新车排放标准，逐步淘汰老旧车，我国汽车保有量的结构得到了很大的优化提升，新车和在用车污染物排放量大幅削减，排放总量也得到了初步遏制。但长期来看，我国机动车污染防治工作仍有较大进步空间，VOC、氮氧化物仍处于较高水平，机动车污染防治工作精细化程度还有待进一步提高。

4.1 机动车排放控制管理由浅入深、由广泛入具体

从近20年机动车汽车保有量和排放量发展趋势看，随着我国GDP的快速增长，机动车保有量包括能源消费总量以及二氧化碳排放都在大幅度增加，但污染物排放没有同比增长，一氧化碳和颗粒物分别降低了43%、79%，碳氢排放水平较2000年持平，而氮氧化物相比2000年增加了50%。主要原因自2000年我国开始引入欧盟排放标准体系，短短的20年里排放标准经历了5个阶段，目前已经到国六。通过新车排放标准的实施、老旧车的淘汰，使整个车队结构得到了非常大的优化提升，排放总量也得到了初步遏制。

目前生态环境部已经启动了"十四五"大气污染防治的编制工作，仍将延续"大气

十条"《蓝天保卫战三年行动计划》的思路，主要围绕着空气质量改善和主要污染物减排量方面来设计目标。在《柴油货车污染治理攻坚战行动方案》中，国内针对新车和在用车的污染防治工作进行了系统的梳理和统筹，取得积极效果的同时也面临实际工作难深入、全面监管难实施的问题。

未来针对移动源的排放管控，将逐步从车队管理、企业管理向单车监管转变；交通运输结构也将由聚焦长距离转向近距离运输转变，除了"公转铁""公转水"，短距离运输方面，管道运输、管廊运输也将成为一个可实施性强的解决方案。减少公路客货运需求，从降低重型商用车使用出发，推动货运轨道化，实施深入具体、精细的管理模式。

4.2 移动源排放监管信息化手段仍需加强

近年来，针对移动源的排放管理，京津冀、长三角、珠三角、汾渭平原等区域提出实施协同管理，遏制超标机动车排放，减少区域大气环境污染。区域协同管理重在加强对生产、销售、使用、维修、检验、油品供应等各环节的综合治理和全方位管控；进一步加大处罚力度，综合运用信用惩戒、强制执行、公益诉讼等措施，加强刚性约束等。区域联合防治、区域会商、联合执法、信息共享平台、新车抽检机制等的建立，为实施区域协同管制、强化移动源环保监管提供了有力手段。

实际执行过程中，多地联动、区域协防的工作机制已经建立，但针对移动源排放管控的信息化手段仍需进一步加强：不同地区机动车 OBD 排放联网数据各自割裂、OBD 排放远程监控超标车辆评判标准不统一、地方非道路移动机械环保标识未互认等因素，以致区域协同监管的力度略有不足。

同时，针对在用柴油车及非道路柴油机械，不同地方建立了不同的排放信息化监管平台，对所属区域内的机动车和非道路柴油机械进行远程实时监控，有效控制所属区域内的柴油车和非道路柴油机械的排放水平，实现了对区域内移动源排放的有效监管。由于各地区之间数据格式、参数项不一致，各平台信息化地区并未完成互联互通，无法实现数据的有效交互，不能支持车辆异地监管。

针对移动源排放的信息化监管，国家已经建立了国家层面的平台系统，为统一解决各地平台数据相互割裂提供了可能；同时，大数据分析处理技术的应用和推广，也为精准判定车辆运行状态、降低车辆排放故障率、增强信息化管控力度提供了有力手段。未来国家和地方仍将充分发展移动源排放监管信息化水平，提高精细化监管能力。

5 2021 年机动车排放控制行业发展展望

2021 年是"十四五"规划开局之年，移动源污染防治工作面临的矛盾和问题层次更深、领域更宽、要求更高。2020年中央经济工作会议已将做好"碳达峰、碳中和"工作列为2021年的重点任务之一。生态环境部部长黄润秋提出：生态环境部将以降碳为总抓手，调整优化环境治理模式，加快推动从末端治理向源头治理转变，通过应对气候变化，降低碳排放，从根本上解决环境污染问题。

5.1 移动源排放精细化管理

随着"十三五"规划中重点工作的圆满收官，国家及地方管理部门已初步建立移动源污染防治的基础监管能力。2021年，国家及地方将进一步提升移动源排放精细化管理水平。结合当前实施的OBD远程监控、门禁系统建设、遥感遥测及黑烟抓拍设备的应用，未来将充分运用和发挥物联网、大数据与云计算、智能识别、机器学习等先进技术，形成对用车单位、车辆、发动机的精准管理，同时结合人工智能技术的运用，致力于精准预测机动车排放减少超标风险，切实降低单车/机的污染物排放量。

5.2 进一步提升VOC与NO_x排放管控

通过新车标准的实施、在用车排放管控力度加强及老旧车逐步淘汰，随着车队结构的优化提升，移动源颗粒物排放呈现逐年下降趋势，但VOC和NO_x仍处于高位振荡。2021年，在持续推动颗粒物及NO_x排放管控的同时，机动车VOC排放逐步成为管控的重要对象，针对加油排放和蒸发排放的监管手段将更加完备，面向加油和蒸发排放控制技术及产品也将进一步得到革新与发展。

5.3 非道路柴油机械的排放控制升级

随着《非道路柴油移动机械污染物排放控制技术要求》（HJ 1014—2020）发布与实施，满足国四排放标准非道路柴油移动机械的排放控制技术已经确定，直接带动国内排放控制领域企业的技术升级与开发热潮。同时，随着柴油机管控力度的逐渐加强，用于国二及以下排放阶段非道路柴油机械颗粒物与NO_x协同治理的工作已在国内逐步开展先试先行。2021年满足国二及以下排放阶段非道路柴油机械排放治理的技术及产品或将成为后处理系统后市场的热点。

5.4 近零排放控制技术的研究仍将持续

随着内燃机工业的迅速发展，2020年柴油机已完成50%热效率的成功突破，面向内燃机污染物排放控制的技术也在逐步优化；同时，国家及科研机构已开展满足下阶段排放标准控制技术路线及未来污染物排放限值的研究，面向下阶段排放标准的近零排放（尾气排放与非常规排放）控制技术仍将成为机动车污染防治产业的研究热点。

室内环境控制与健康行业 2020 年发展报告

1 2020 年行业评述

2020 年,全球新冠肺炎疫情持续蔓延,全球经济将萎缩至 2%。但是中国在政府强有力的领导下,国内疫情得到了有效控制,国内经济先降后升。据国家统计局数据显示:2020 年 GDP 首超 100 万亿元,同比增长 2.3%,实现"V"形反弹,成为全球唯一实现正增长的主要经济体。对于室内环境行业而言,2020 同样是充满"意想不到"和"绝处逢生"的一年。伴随着"宅经济""健康经济"的崛起,清洁电器、创意厨房小家电率先恢复增长,内外销一路走高;下半年,随着国内复工复产大局已定,国外疫情暴发,行业出口恢复,一定程度上弥补了内销动力不足的缺憾。

1.1 主要政策

2020 年 1 月,《民用建筑工程室内环境污染控制标准》(GB 50325—2020)正式发布,于 8 月 1 日起实施,与 GB 50325—2010(2013 年版)比较,新标准修订内容包括:①增加了室内空气中污染物种类,增加了甲苯和二甲苯后,合计 7 种;②收严了室内空气中污染物浓度限值;③调整了室内污染物浓度检测点数;④明确了民用建筑室内空气中氡浓度检测方法;⑤增加了苯系物及 TVOC 的取样检测方法;⑥细化了室内空气污染物取样测量要求。

2020 年 7 月,教育部办公厅下发了《关于加强学校新建校舍室内空气质量管理的通知》,高度重视校舍室内空气质量管理。

2020 年 7 月,住房和城乡建设部、国家发展和改革委员会等十三部门联合印发了《关于推动智能建造与建筑工业化协同发展的指导意见》,提出加快建筑工业化升级、加强技术创新、提升信息化水平、培育产业体系、积极推行绿色建造、开放拓展应用场景、创新行业监管与服务模式七项重点任务。目前,我国城镇化率已经超过 50%,在政府的推动下将进一步保持稳定增长,各地方政府也相继出台了城镇化建设规划。未来,国内智能建筑占新建建筑的比例将不断上升,加上已有建筑智能化改造,预计到 2023 年,国内建筑智能化工程市场规模将达到 12 276 亿元,前景可期。

1.2 行业发展

外部环境的不确定性,消费习惯和消费理念的持续蝶变,让 2020 年室内环境产业处于巨大的变革中。综观 2020 年环境健康电器新品有两大特点尤其突出:一是产品对健康维度的突破达到前所未有的高度，背后最大动因主要是疫情的影响，以及用户对品质生活的追求；二是产品向方案的升级迈进一大步，围绕不同家庭场景打造套系化方案成为关键方向和路径，海尔、美的、海信、长虹、格力等一大批企业快速跟进。这印证了用户导向和体验已然成为产业创新的主动能。

1.2.1 空气净化器

随着新冠肺炎疫情的暴发，空气净化器市场同样迎来暴发。根据上海海关数据，2020年仅上海口岸出口家用空气净化器就近553万台，同比增长66.3%。同时，某电商国际站的交易数据显示，2020年4—11月，平台空气净化器出口订单同比增长783.0%。空气净化器出口最大市场为亚太、美国和欧洲市场。业内人士认为，当前我国空气净化器出口量大增是因为疫情之下，海外消费者对空气净化器需求增加以及海外工厂产能下降。但随着我国对疫情的有效控制及国内舆论管控等因素，净化器销售规模随即迅速下滑，整体使我国2020年空气净化器行业依旧大幅下滑。据奥维云网（AVC）推总数据显示，2020年全年净化器市场规模销额62.6亿元，同比下滑30.9%，销量379.5万台，同比下滑18.5%。

随着空气净化器线下市场恢复缓慢，线上占比大幅度提升。据奥维云网（AVC）推总数据显示，2020年线上市场销售额48.1亿元，占比达到76.8%，线下市场销售额14.5亿元，线下同比下滑65.0%，线上市场成为净化器最主要的销售渠道。而在消费者健康需求增长背景下，线上市场新进入企业也不断增多，线下市场格局基本保持稳定。

从价格端看，线上市场出现消费升级，低端走量，中高端、高端升级；线下市场向低端及中低端市场偏移。从净化技术看，净化技术当前无重大突破，依旧以HEPA（高效活性空气净化器）和活性炭为主，更多集中于功能及智能化提升。从用户需求看，净化器当前依然以除醛需求为主，但去烟味、花粉、细菌等需求也不可忽视。

品牌方面：在疫情暴发前，2016年我国空气净化器市场品牌数量有816个，2019年底，市场品牌数量仅剩约423个，3年时间内退出或消失的空气净化器品牌达到了48.0%。在消费者健康需求增长的背景下，品牌数量从2020年第一季度的271个提升至第四季度的329个，线上市场新进入企业不断增多，线下市场格局基本保持稳定。

产品方面：受疫情的影响，使消费者对消毒杀菌有更高要求，净化器由抑菌向灭活细菌病毒方向发展。此外，空气净化器的智能化、多功能、私人化等方面也备受关注，同时，在外观上空气净化器主打家居风，以适应不同的装修风格。

营销方面：多元化的渠道营销，不仅能助推净化器加速普及，还是提升企业知名度、提升销量的重要手段。店铺自播，达人直播，小红书、抖音、快手等自媒体"种草宣传"在2020年是暴发式增长的一年，其互动性更强，大大缩短了消费者从认知到购买的周期，在未来的宣传中仍是十分重要的一环。

场景方面：在目前的空气净化器中，家用场景仍是最主要的场景。车载净化器主要有滤网形式的耗材型产品和以臭氧、负离子等技术为主的无耗材型产品。伴随着年轻消费群体逐渐成为消费主力，私人空间净化受关注，桌面式、便携式空气净化器也在被更多的人所接受。另外还有去味仪、冰箱除味消毒器、臭氧发生器等众多小型化，适用于车内、卫生间、衣橱、鞋柜、冰箱等诸多场所的空气净化产品，都是值得关注的空气净化器细分产品。

未来几年，净化器市场降幅将逐年收窄，有望缓步回升。而且未来空气净化器在产品、营销、场景等方面将不断丰富。无论是功能的集成，还是场景的拓展，叠加消费者对健康重视程度的日益提升，空气净化器在未来仍有再次出现市场高潮的可能。

1.2.2 新风净化系统

2020年，新冠肺炎疫情的突然来袭极大提升了消费者的健康意识，同时也带动了新风类产品的快速增长。根据奥维云网（AVC）地产大数据监测：2020年新风系统销售规模达202.0万台，同比增长38.0%，销售额近200.0亿元，同比增长36.0%。

1.2.2.1 精装修市场新风配套逆势增长，新风配套规模超90.0万套，配套率接近30.0%

近年来，随着精装修市场规模的不断扩大，给工程渠道新风带来更多的机会，新风配套规模呈逐年上升的趋势。据奥维云网（AVC）监测数据显示：2020年精装住宅开盘规模325万套，同比基本持平；新风系统的配套规模为95.8万套，同比涨幅7.2%，配置率接近30.0%，增速跑赢市场大盘。

1.2.2.2 一线城市配套率提升至40.0%，陕西西安领衔高增长

新风系统在各区域的配套情况是不均衡的。从区域表现来看：华东地区新风配套规模最大，领衔全国七大区域。据奥维云网（AVC）地产大数据监测显示：2020年精装修市场新风系统在华东地区的配套规模达43.1万套，同比增长13.3%，配套占比45.0%，远超全国其他各区域。

从城市等级来看，新一线城市新风系统需求最高，配套率均高达40.0%。在新一线城市中，像四川成都、江苏南京、陕西西安新风系统的配套率均超过60.0%。尤其值得一提的是西安，2020年新风的配套率同比提升10个百分点。分析来看，西安精装修楼盘中，总共有36家开发商在此区域新开发项目，其中有27家开发商（75.0%）在新开楼盘配套中都100.0%标配了新风系统，从而推高了该城市新风系统的整体配套率。一方面，由于西北区域空气干燥，沙尘也多，市场对于新风类产品需求较高；另一方面，早在2017年的时候西安就发布过关于印发安装新风系统试点实施意见的通知；另外，自2019年1月

1日起,在全市行政区域内新建住宅推行全装修成品交房,实现住宅装修与土建安装一体化设计,促进个性化装修和产业化装修相统一。诸多利好,未来该区域市场对新风系统需求更大。

1.2.2.3　线上新风系统品牌数量减少,TOP5品牌集中度进一步提升

受疫情影响及新风系统安装受限的影响,2020年线上零售市场新风系统整体增速放缓。据奥维云网(AVC)监测数据显示:2020年新风系统线上零售市场零售量为6.6万台,零售额为2.9亿元。分解全年销售情况来看,2020年新风系统线上的增长有一定的周期性。

据奥维云网(AVC)监测数据显示:2020年1—3月新风系统累计规模5669台,同比下滑50.0%。自4月开始,线上新风系统逐渐呈现复苏迹象。4—6月季度规模实现1.6万套,较上季度增幅近2倍。进入7月,由于疫情基本好转,新风系统规模又出现一定的回落,环比下降22.0%。年末,新冠肺炎疫情再次来袭,再加上线上"双11""双12"促销的带动,新风系统迎来新一轮增长,10—12月累计同比增长了25.0%。进入2021年1月,新风系统继续保持上涨。

1.2.2.4　从品牌来看,新风品牌格局逐步趋于稳定,品牌数量有所减少

据奥维云网(AVC)监测数据显示:2020年线上监测的新风系统品牌数量有91个,较2019年减少8个品牌,但头部品牌稳固把握市场份额。2020年TOP5品牌集中度提升至71.0%,同比增加2个百分点。

作为家电新兴品类,前几年新风产品行业处于快速发展中,加之行业壁垒相对较低,因此很多品牌纷纷进入,参与竞争的品牌难以形成市场防护墙,品牌集中度在这一阶段持续下降。随着市场逐步进入健康可持续发展的轨道,优势品牌凭借着过硬的研发技术和品牌效应、营销战略等措施,占据头部位置,竞争加剧对尾部品牌形成了一定的制约,它们开始逐步退出市场,市场重新进入洗牌阶段。

1.2.2.5　从产品功能来看,新风系统同质化静电除尘、App远程遥控功能提升明显

从新风系统的产品功能来看,当下国内诸多新风企业的主打卖点为净化空气、过滤$PM_{2.5}$、除尘灭菌、全热交换芯等。随着新风系统功能的日趋完善,目前市场上开始进入同质化阶段。具有静电除尘以及App远程遥控的新风系统占比开始逐步提升。据奥维云网(AVC)监测数据显示:2020年带有静电除尘功能的新风系统占比为77.0%,较去年同期提升了9个百分点;具有App远程遥控功能的新风系统占比为68.0%,较2019年提升9个百分点。从畅销型号来看,TOP10畅销型号中,有6款机型都带了App远程遥控功能。静电除尘有8款机型都标配了此功能。

1.2.2.6 国家大力倡导绿色建筑，新风行业将受益迎来大发展

随着国家环保节能战略的实施，绿色建筑将逐渐成为国内建筑的主要发展方向。2020年7月，住房和城乡建设部等十三部门联合发布了《关于推动智能建造与建筑工业化协同发展的指导意见》，要求大力发展装配式建筑，加快建造方式的转变，推动建筑业高质量发展。在此背景下，各省份也纷纷出台当地的《绿色建筑创建行动方案》。要求规定，力争到2022年，当年城镇新建建筑中绿色建筑面积占比达到70.0%。新风净化产业要想乘上绿色建筑的发展东风，除了在技术层面解决新风净化系统的便利装卸维修问题之外，解决节能问题也尤为关键。

另外，新一代的新风产品将会更加健康化、智能化、模块化、集成化。随着家电品类之间的不断融合，产品之间的联动性会更多，这就需要进行整合发展，集成化发展会成为新趋势之一，诸多的技术升级会让新风真正成为健康家居的重要品类之一。

1.2.2.7 2021年新风行业机遇与挑战并存，但机遇大于挑战

借势政策东风，加上消费者认知的提升以及各品牌渠道战略的成熟，线上线下零售，房地产精装修与校园将为市场注入新的增量，成为支撑新风市场规模持续增长的关键渠道。预计未来新风行业每年会以31.9%左右的年复合增长率快速发展。据奥维云网（AVC）地产大数据推总数据：2021年新风行业销售规模近300.0万台，同比增长37.9%左右，销售额预计实现290.0亿元。随着国家政策的引导、品牌的推广、消费者对健康空气的关注、校园新风的发展，将会促进新风的二次普及，迎来新的发展机遇。预计到2025年新风系统销售额将实现千亿元的市场规模，快速发展的同时也面临着技术、安装上的升级，需要企业重点关注。

1.2.3 厨房电器

2020年疫情暴发，对依赖房产装修市场的大厨电行业提出挑战，全年市场出货3839.8万台，同比下滑了4.2%，其中传统大厨电油烟机和燃气灶同比下滑，集成灶、洗碗机和嵌入式产品则实现了不同程度的增长。从产品成长性来看，集成灶在新型厨电品类中占比最大，2020年内销出货218.7万台，占整体大厨电市场的5.7%，同比增长9.8%。

1.2.3.1 集成灶

疫情期间，"宅家"的人们纷纷走向厨房，"厨房经济"火热。随着市场的快速增长，单一功能已无法满足消费者的需求，集成灶的优势在于既可节约空间，又可以满足不同功能的多样化。回顾整体厨电市场的发展，2015—2017年为传统烟灶的上升期，每年都保持3%~5%的稳定增长。而集成灶在2017年的同比增长率达到72.5%，主要原因来自房地产刺激、消费升级催动以及营销的持续发力等。2017年后，集成灶随着基数

的不断增长，增速逐步收窄，但依旧保持远远高于传统烟灶的增长率。

2020年上半年受疫情影响，集成灶市场也出现严重下滑，下半年随着疫情稳定，市场逐步复苏回升，7月以来月度增长率皆超20.0%。分季度来看，第一季度同比下滑31.1%，第二季度同比下滑6.3%，第三季度同比增长24.5%，第四季度同比增长32.6%。最终全年销量同比增长接近10.0%。从最初的烟灶功能到烟灶消的盛行，又有烟灶蒸、烟灶烤的文化刺激，集成灶完美贴合了市场需求，产品模块越来越丰富。2020年增长最好的产品为烟灶蒸烤一体机，市场份额从2019年的8.6%增长到17.7%，受益明显的企业有美大、亿田、火星人、森哥等。从出货量来看，2020年集成灶TOP5企业占比依旧超60.0%。随着新鲜血液进入市场，头部企业集中度效应减弱，竞争格局不断加剧。头部企业凭借资本、渠道、品牌等优势将继续扩大领先优势，而尾部企业凭借高性价比也有一定的生存空间，反而是腰部企业面临的压力最大。

集中上市热开启厨电产业新格局。自2012年5月25日集成灶第一股美大上市，时隔接近8年，2020年10月起截至年底，帅丰电器、亿田智能、火星人厨具3家企业扎堆上市，开启集成灶行业发展新的里程碑。资本市场的入驻有效推动了集成灶行业的发展，2021年头部企业需在存量与增量中破局，不断建立品牌高地，沉淀品牌资产。差异化营销助力长期发展集成灶处于发展红利期，据不完全统计，市场上目前拥有近200家企业，传统厨电企业龙头华帝、老板等都在布局集成灶。集成灶市场还有很大的成长空间，据相关数据，预计在2021年集成灶行业会有20.0%左右的增长率，销量将超过260.0万台。

1.2.3.2 油烟机

根据奥维云网（AVC）推总数据显示，油烟机全年零售量2283.0万台，同比下滑7.6%；零售额319.5亿元，同比下滑9.3%。燃气灶零售量2803.9万台，同比下滑8.1%；零售额188.4亿元，同比下滑5.9%。嵌入式整体零售量126.3万台，同比上涨12.3%；零售额71.7亿元，同比增长11.2%。

2020年虽然呈现全年市场仍然负增长，但结构性差异较大。分月度来看，以油烟机为例，据奥维云网（AVC）监测数据显示，虽然受疫情影响，2020年3月单月市场降幅达到59.4%，但进入4月后市场快速回升，降幅收窄至6.7%，6月迎来第一波小高峰，同比增长7.0%；进入下半年后回暖趋势延续，进入秋装季后，市场完全进入转正提速的上行通道，单月同比增长持续上升，"双11"达到第二峰值，同比增长7.7%。

在原材料成本上升以及品牌结构进一步走向头部的大背景下，全行业普遍开启价格上行通道，在线下表现尤为明显，以油烟机为例，从全年价格表现来看，2020线下油烟机均价1509元，同比上涨4.1%。分月度来看，从下半年开始均价转入上行通道，至第四季度后线上线下均价普遍出现大幅回调，以 12 月为例，线上油烟机均价 1477 元，同比上升 4.0%；线下油烟机均价 1572 元，同比上升 8.7%。

在经营压力持续增大的情况下，龙头加速对下沉渠道的开发，在下沉市场加速品牌的出清。2020 年全年，T3 级市场在销品牌 135 个，同比减少 17 个；T4 级市场在销品牌 123 个，同比减少 13 个。而这也传导到品牌结构上，整体行业集中度进一步上升，线下 CR4（行业前 4 名份额集中度指标）达到 70.7%，首次突破 70.0%；线上 CR4 达到 65.6%，同比增长 2.5%。

虽然在疫情影响下市场需求一定程度上被抑制，但从品类发展来看，对于厨房体验的改善依旧是厨电人不懈的追求。现代厨房日新月异，"集成厨电"和"智慧厨电"的出现，"集成化""智能化""场景化"概念的不断普及，以厨房功能一体化、人性化为前提，厨房的"集成智慧时代"也就此展开，"集成智慧厨房"已然成为厨房生活和厨房行业变革的焦点，未来厨房市场仍旧是全家电行业最值得期待的市场。

1.2.3.3 净水器

净水器经过近几年的发展，其普及进入了一个新的阶段，作为早期主销的一二级市场，新增转化速度开始下滑，而三、四级市场对于净水器来讲，销售渠道不如传统大家电完善，净水行业发展动力在短期内相对匮乏。尤其是在 2020 年，由于疫情的原因，三四级渠道下沉进度受到极大影响，市场继续回缩到以一二级市场销售为主的状态。在线上市场通过高配低价的价格竞争抢占市场份额，而线下市场受 2017—2018 年会销透支等影响，中端市场透支严重。当前市场主要开始以中高及高端市场竞争为主。

从 2020 年高端市场品牌竞争情况来看，在线下市场 A.O. 史密斯、COLMO、卡萨帝保持了份额增长，在线上市场 A.O. 史密斯、COLMO、方太份额增长，通过依然在增长的品牌我们可以看出，当前高端市场里面除了原本定位于高端的品牌通过推新品等拉升份额外，新的品牌也在布局，如"美的"主推的高端品牌 COLMO、方太等。

据奥维云网（AVC）测算数据显示，2020 年行业销售数据中，其中 18.7% 的销量是更新换代需求，约为 199.7 万台，其中 2014 年前购买产品换代需求占比在 73.0%。从当前表现优异的品牌产品的分析来看，高端化产品都有着自己突出的产品特征区别于其他产品。如反渗透产品滤芯以大通量为主，且滤芯寿命以长效反渗透为主，最低滤芯寿命在 3 年。另外，部分机型集成行业领先技术，如 A.O. 史密斯从 2019 年开始主推的集成加热功能，采用行业领先的内胆加热方式提供大出水量热水，满足用户热水饮用及厨房热水需求，在 2020 年 A.O. 史密斯主推带动下，其渗透率增长迅速。

因此对于企业来讲，未来几年也是企业快速构建品牌高端化的关键期，这同时共同促成行业高端市场增长通道被迅速打开，从而带动净水行业快速摆脱因疫情带来的行业低潮。

2 行业总结

2020年是不平凡的一年。这一年，我国的各项经济指标经历了巨大的波动，同时，内生循环带来的经济活力韧性强劲。整个室内环境健康产业经受考验，并且顺利通过考验，疫情后期的市场回暖十分迅速，在企业和渠道的积极推进之下，行业未来市场前景不可限量。

附录：室内环境控制与健康行业主要企业简介

1. 浙江帅康电气股份有限公司

浙江帅康电气股份有限公司是一家专业的厨卫电器品牌和厨卫系统解决方案供应商，隶属上市公司日出东方控股股份有限公司（股票代码：603366）。

公司创立于1984年，发展36年来始终坚守匠人精神。专业生产销售吸油烟机、燃气灶具、集成灶、消毒柜、电烤箱、电蒸炉、微波炉、洗碗机、热水器、壁挂炉等厨卫电器产品。2020年，帅康品牌价值高达456.58亿元，连续13年蝉联中国品牌500强，获得全球4200万家庭用户的支持和信赖。

2. 爱思克空气环境技术（苏州）有限公司

爱思克空气环境技术（苏州）有限公司是美国ASC（Air System ComponentsInc）集团在中国投资设立的集研发、制造及销售一体的全资外资公司，位于苏州工业园区。公司在中国已发展十数年，是园区较早引进的外资企业之一。目前公司主要运作恩维尔科（Envirco）、垂恩（Trion）、泰德思（Titus）三大品牌，产品覆盖工业、商业、公共设施、家用等多个领域，产品种类包括洁净室净化产品、空气净化系列产品、变风量末端产品、家用空气净化机等。产品在用于中国的地铁、机场、隧道空气净化的同时，也大量应用于医院、写字楼、净化车间、高档酒店等场所的室内空气净化，同时还输送到美国、欧洲和其他亚太地区。

3. 大连兆和环境科技股份有限公司

大连兆和环境科技股份有限公司（简称兆和环境）成立于1994年，是国家高新技术企业，拥有辽宁省级工程研究中心和省级工程技术研究中心。公司战略定位是工业厂房空气治理系统解决方案服务商。历经20余年发展，兆和环境培养了一批专业的环保设计和工程项目管理工程师队伍，积累了丰富的系统设计和工程项目实施经验。公司在大连和上海拥有环保装备的研发制造基地，同时提供环保系统设备的运营维护服务，致力于成为用户环保系统解决方案的长期合作伙伴。

兆和环境多年来为奔驰、宝马、奥迪、大众等汽车厂提供涂装车间工艺通风系统，已经发展成为国内汽车厂涂装通风系统大型供应商。在工业废气治理领域，通过引进国外的先进技术并结合自主研发，兆和环境在精密机加行业的油雾净化设备、高大空间厂房整体恒温恒湿焊烟除尘系统方面打造出了具有德国品质、中国价格的竞争优势；在涂装、包装印刷、医药化工等行业的有机废气治理设备——蓄热式热力氧化炉（RTO）能够为用户提供高效节能的系统解决方案。

4. 张家口市杰星电子科技有限公司

张家口市杰星电子科技有限公司于2002年在北京创立，2009年注册成立张家口市杰星电子，是一家集研发、生产、销售油烟净化器高压电源的高新技术企业，是"河北省中小型科技企业""国家中小型科技企业""河北省新兴产业'双百强'企业""河北省良好行为AAA级企业"，河北省地方标准制定起草企业，是国内第一家专业研发生产净化器电源的企业。拥有发明专利、实用新型专利、外观专利60余项。

公司参与了《饮食业油烟净化设备绿色产品技术》《油烟净化器质量测评技术》《油烟净化器运行工况》《北京油烟净化器排放新地标》等行业及国家标准的起草制定。2017年起草制定的《油烟（粉尘）净化器控制器通用技术条件》于2018年3月正式发布并纳入河北省标准化文库，成为河北省唯一一家起草制定净化器相关标准的企业。2019年作为《北京西城区餐饮业监控平台》技术中标单位之一，顺利完成油烟净化器运行项目的云平台搭建及硬件安装项目，为云平台的项目建设奠定了坚实的基础。并参与了北京海淀、通州、东城、昌平等区的油烟净化器整改项目。

5. 武汉四方光电科技有限公司

武汉四方光电科技有限公司（简称四方光电）是一家专业从事气体传感器、气体分析仪器研发、生产和销售的高新技术企业。四方光电开发了基于非分光红外（NDIR）、光散射探测（LSD）、超声波（Ultrasonic）、紫外差分吸收光谱（UV-DOAS）、热导（TCD）、激光拉曼（LRD）等原理的气体传感技术平台，形成了气体传感器、气体分析仪器两大类产业生态的几十款不同产品，广泛应用于国内外的家电、汽车、医疗、环保、工业、能源计量等领域。

四方光电是湖北省首批知识产权示范建设企业，建设有湖北省气体分析仪器仪表工程技术研究中心、湖北省企业技术中心，承担了国家重大科学仪器设备开发专项、工业和信息化部物联网发展专项等国家科技开发项目，截至2020年11月底，公司及子公司拥有105项境内外注册专利（国内103项、国外2项），发明专利共有34项（境内32项、境外2项）。四方光电及子公司湖北锐意入选工业和信息化部2019年工业强基传感器"一条龙"应用计划示范企业。四方光电获得中国物联网产业应用联盟颁发的"最具影响力物联网传感企业奖"。凭借长期的技术积淀、良好的产品性能及国际化视野，四方光电已取得多家国内外知名企业的认可。四方光电的气体传感器已配套于美的、格力、海尔、海信、小米、莱克电气、鱼跃医疗、飞利浦、大金、松下、一汽大众、法雷奥、马勒、德国博世等国内外知名品牌的终端产品。

四方光电的气体分析仪器广泛应用于环境监测、冶金、煤化工、生物质能源等各个领域，在节能减排中发挥重要作用。四方光电非分光红外气体传感器以及基于前述核心气体传感技术开发的便携式红外沼气分析仪、微流红外烟气分析仪、红外煤气分析仪曾相继获得国家重点新产品证书。红外煤气分析仪获得中国仪器仪表学会优秀产品奖荣誉，其核心技术获得湖北省发明专利金奖。

噪声与振动控制行业 2020 年发展报告

1 噪声与振动控制行业现状

1.1 噪声与振动控制行业发展环境分析

2020年上半年，新冠肺炎疫情的全面暴发，全国各地陆续采取严格的防控措施，各项工程均进入暂停状态，噪声与振动控制行业也进入了暂时的"休眠期"。其中第一季度建筑业总产值 35 917 亿元，同比下降 16%，受疫情冲击较大。据分析，受疫情影响，出现建筑业总产值下降的主要原因有以下几点：疫情导致多地建筑企业延迟复工；建筑行业多为现场施工作业，为在疫情期间保障施工人员安全，势必会影响效率；疫情导致部分建筑企业出现资金周转问题，不仅影响新项目的开展，有些旧项目也无法顺利进行。新冠肺炎疫情打乱了工程行业的节奏，人员不能流动和聚集，材料不能正常运输，行业的供应链处于停滞状态，除了应急医院的建设和改造，绝大多数工程处于停滞状态。

在疫情得到控制后，随着工程项目的复工，人员、材料、设备等资源会迅速进入需求的高峰期，疫情带来行业供应链的失衡，也造成全行业的资源紧张，造成各种资源价格迅速上涨，甚至即使接受高价格也难以找到相应的资源弥补，成本压力和进度压力都接踵而至，使 2020 年整个行业面临着严峻的考验。

政策上，生态环境部研究起草完成《环境噪声污染防治法》修订草案建议稿，《环境噪声污染防治法》已纳入全国人大常委会 2021 年重点立法计划中，预计"十四五"时期将完成修改并实施，这是《环境噪声污染防治法》实施以来的首次实质性内容修改，修改后《环境噪声污染防治法》的实施和落实必将推动我国噪声污染防治工作迈上新的台阶。

2020年，生态环境部发布了《中国环境噪声污染防治报告》，对 2019 年全国声环境情况以及环境噪声投诉情况进行了汇总和描述。

2019 年，我国共发布 332 份有关环境噪声污染防治法规、规章和文件，有 109 个地级及以上城市、461 个县级城市开展并完成了声环境功能区划分、调整工作。

2019 年，全国地级及以上城市开展了城市功能区声环境质量、昼间区域声环境质量和昼间道路交通声环境质量 3 项监测工作，共计监测 79 079 个点位。全国城市功能区声环境质量昼间总点次达标率为 92.4%，夜间总点次达标率为 74.4%；昼间区域声环境质量等效声级平均值为 54.3 dB（A），昼间道路交通噪声等效声级平均值为 66.8 dB（A）。

2019 年，据全国"12369 环保举报联网管理平台"统计数据显示，涉及噪声的举报占比为 38.1%，排各污染要素的第二位。在全国噪声扰民问题举报中，施工噪声扰民问题以 45.4% 的比例占据首位。

2019 年，各级地方政府还开展了噪声自动监测，"绿色护考"行动，相关科研及能力建设等工作，针对工业噪声、建筑施工噪声、交通运输噪声和社会生活噪声采取了多种有效措施，为改善声环境质量提供了保障。

2020 年，在地方环境噪声污染防治工作落实方面，具有代表性的是四川省成都市出台了《成都市环境噪声污染防治工作方案》，广东省深圳市出台了《建设工程施工噪声污染防治技术指南》和《施工噪声污染防治方案编制要点》。这些文件的出台既体现了当地政府坚决打好污染防治攻坚战的决心和全力提升人民群众环境获得感、满意度的服务理念，也将对各市场主体加大噪声污染防治技术研发力度、加快技术成果转化落地以及噪声与振动控制产业发展起到一定的促进作用。

1.2 噪声与振动控制行业企业状况

据企查查数据统计，截至 2020 年 12 月底，2020 年全国营业范围中包含噪声治理的企业达 14 538 家，其中 2020 年新成立 3245 家，增幅达到 22.3%。所有从事噪声治理的企业中广东省最多，共 3144 家，2020 年新增 551 家；江苏省其次，有 1373 家，2020 年新成立 371 家；其余各省份都在 1000 家以内；西藏自治区从事噪声治理行业的企业最少，为 30 家；青海省其次，为 60 家。在所有企业中，国企 45 家，占所有企业的 0.31%；外商独资企业 733 家，占所有企业的 5.0%。从以上数据可以看出，民营企业仍然是噪声与振动控制行业的中坚力量。其中，注册资金在 5000 万元以上的企业有 1025 家。广东省依然占比最多位居第一，为 144 家；北京市位列第二，为 123 家；江苏省位列第三，为 113 家；青海省和宁夏回族自治区最少，各有 2 家企业。其中，北京市注册资金在 5000 万元以上的企业占比最高，为 18.5%；其次为黑龙江省，占比 16.7%。全国共有 8 个省份或直辖市占比达到了 10.0% 以上。而企业数量较多的广东省注册资金在 5000 万元以上的企业仅为企业总量的 4.6%。由此可见，广东省从业企业以中小型为主。

根据企查查数据，在所有噪声治理企业中，可以查到参保人数的企业有 9668 家，其中参保人数在 20 人以内的有 8776 家，占 90.8%。由此可见，噪声治理行业以小型企业为主。

在全部 14 538 家企业中，有 801 家企业有建筑资质，其余 13 737 家企业没有建筑资质，可见资质在行业中的比重仍然很低。

在全部 14 538 家企业中，有 801 家企业有专利信息，其余 13 237 家企业没有专利信息。有 530 家企业为高新企业，其余 14 008 家企业为非高新企业。可见，目前噪声治理行业的科技水平仍然比较落后，缺乏技术革新。

1.3 行业技术发展进展

2020 年，北京九州一轨隔振技术有限公司、交通运输部公路科学研究所、全球能源互联网研究院有限公司申报了中国环境保护产业协会环境技术进步奖。最终，北京九州一轨隔振技术有限公司和交通运输部公路科学研究所经过层层筛选，申报的"城市轨道交通装配式浮置隔振轨道关键技术及应用"和"高效长寿命大孔隙路面降噪工程性设计及应用成套技术"分别获得 2020 年度环境技术进步奖一、二等奖。

2020 年，涉及噪声与振动控制领域的获奖项目以及进入国家有关环境保护技术目录方面的技术或装备，均是噪声与振动控制领域的关键技术。

进入《国家鼓励发展的重大环保技术装备目录（2020 年版）》（征求意见稿）的技术装备有"鸟类多样性在线监测仪器""噪声与振动远程在线监控系统""轻质宽温域高分子隔声材"以及"振动环境轻质隔声装备"。进入《2020 年重点环境保护实用技术名录》的技术有"不停机隔振改造的通用隔振模块技术"。

通过 Soopat 对 2020 年噪声领域的专利进行查询，2020 年噪声关键字的专利公开 1579 项。其中按分类物理类 927 项，占 58.71%；电学类 440 项，占 27.87%；作业运输类 165 项，占 10.45%；固定建筑类 28 项，占 1.77%；纺织造纸类 10 项，占 0.63%；化学冶金类 9 项，占 0.57%。

1.4 市场特点分析及重要动态

据初步统计，2020 年全国噪声与振动控制行业总产值约为 120 亿元，其中产品装备产值约 55 亿元，工程及其他产值约 65 亿元。近 5 年来，噪声与振动控制领域的总产值情况如图 1 所示。

据不完全统计，2020 年从事噪声与振动控制相关产业和工程技术服务专业技术人员约 6500 人，其他人员约 2 万人；主业从事噪声与振动控制相关产业、年产值超过亿元的企业有 30 余家，主营业务收入 2000 万元以上规模的企业达 110 余家。

通过中国比地招标网的数据查询，2020 年全国招标信息中标题含有"声屏障、消声器、隔声、减振、吸声、消音、吸音、隔音"等关键词的中标信息，总产值达 96.80 亿元，其中声屏障项目占到 59.21 亿元，占所有中标金额的 61.2%。其他各项分类如图 2 所示。

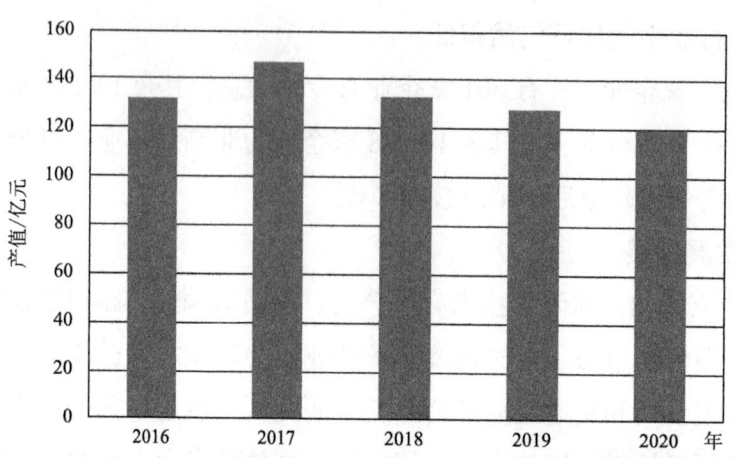

图 1　近 5 年来噪声与振动控制行业产值变化趋势

目前，噪声与振动控制行业仍然以传统降噪产品为主，有源降噪工程化应用产品逐步出现，比如通风隔声窗采用有源降噪技术，传统降噪产品竞争激烈，低价竞争现象层出不穷。

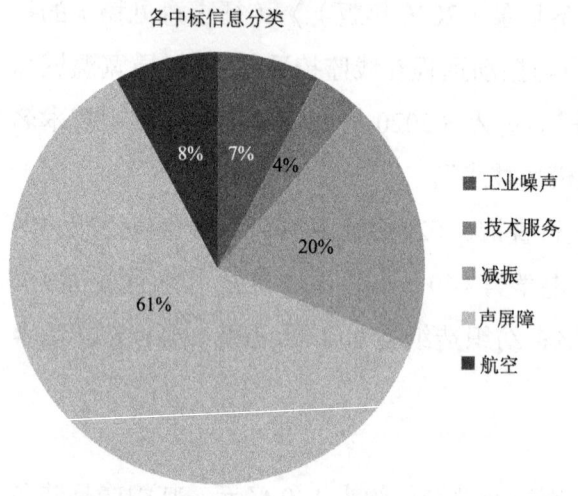

图 2　噪声与振动控制行业各项中标信息分类

各市场主体对技术创新和知识产权日益重视，比如阵列式消声器在轨道交通和工业企业得到大规模应用、轨道隔振降噪新技术不断涌现并在工程中得到实际应用、受轨道振动影响的建筑隔振技术方兴未艾等，注重技术创新的企业，其综合竞争能力处在领先的位置，也获得了超额的经济收益。

1.5　骨干企业发展情况

目前中国环境保护产业协会会员中主营业务从事噪声控制工程与装备制造的主要（骨干）企业有北京绿创声学工程股份有限公司、四川正升环保科技有限公司、深圳中雅机电实业有限公司、南京常荣声学股份有限公司、北京九州一轨隔振技术有限公司、上海申华声学装备有限公司、上海新华净环保工程有限公司、北京万讯达声学设备有限公司、福建天盛恒达声学材料科技有限公司、杭州爱华仪器有限公司、浙江天铁实业股份有限公司、华电重工股份有限公司、中船第九设计研究院工程有限公司等。其中，主板上市公司有华电重工股份有限公司，创业板上市公司有浙江天铁实业股份有限公司，与 2019 年相比，变化不大。

这些骨干企业的主营业务均为噪声与振动控制，普遍经历了多年噪声与振动控制工程实践的磨砺和考验，大都达到了较高的技术实力和装备水平，工程设计、产品研发和质量控制水平相对较高，也取得了十分丰富的工程业绩及实践经验。其中，部分骨干企业还积极开展了自备声学实验室、消声器检测台架等基础科研条件的建设，有力推动了全行业的技术进步。

1.6 行业企业国内国际竞争力状况分析

2020 年，随着新冠肺炎疫情的暴发，物流成本翻倍增加，海外订单大量缩水，以出口为主的噪声与振动控制企业面临着严峻的考验。这些以出口为主的企业也将调整策略，主攻国内市场，从而使国内行业的竞争进一步提升。

随着人们环保意识的提升，对于生活品质的高要求，使得噪声与振动控制问题日益被社会重视，使业主对噪声与振动控制问题的专业性的认可度逐渐增加。在疫情逐渐平稳后，专业性较强的企业最早开始复苏，使具备专业能力的企业在竞争中优势更加明显。

但是我国噪声与振动控制行业的整体技术水平仍然未有突破，没有高科技的产品出现，从而造成了传统的消声器、隔声屏障、吸声材料、阻尼材料等，仍然以定制化为主，依靠高密集的劳动力来生产制作，缺乏自动化、机械化的生产线。产品的附加值低，竞争性过高。

近年来，我国城市轨道交通隔振降噪技术领域，技术集成度、成熟度以及产品的标准化、系列化、自动化、机械化、规模化方面取得了长足进步，填补了大量技术空白。轨道交通噪声与振动控制领域的市场份额依然保持良好的增长态势。但由于项目周期长，仍存在工程尾款的拖欠现象，资金占压严重。虽然项目量有所增加，但企业回款慢，造成企业的压力越来越大，综合盈利能力进一步降低。

2 噪声与振动控制行业存在的问题

2.1 科研开发方面

噪声与振动控制领域的研究缺乏与互联网技术、云存储和大数据等技术的结合，缺乏完善的噪声与振动控制领域的数据库。虽然各相关单位仍然在不断地努力，但是科研成果缺乏深入性，持续性研究不多。噪声与振动控制领域相对其他环境方向，政府关注度不够高，因此科研的投入力度仍然不够，一些必要的科研课题立项暂时得不到官方的重视与支持。噪声与振动控制领域的技术性研究仍然没有较大突破，还是依靠传统的吸声、隔声、消声和减振的方式进行，有源降噪等新技术不够成熟，无法大规模地应用。

2.2 规范设计方面

噪声与振动控制规范化设计文件的制定，对噪声与振动控制领域发展具有重要作用。建立完整的设计规范体系，健全噪声与振动控制工程设计、产品制作的指导性文件，是噪声与振动控制产业健康有序发展的重要保证。在这些方面，发达国家制定的设计规范涉及面广，而且很细，工程中遇到的问题都可以在规范化设计文件中找到依据，可供我国相关机构参考。近年来，我国开始着手进行相关设计文件的制定，并且完成了很多噪声标准的修订制定，但是在执行层面，有些标准往往还不能完全落实。很多标准仍然缺乏执行的指导办法来帮助有关部门落实执行。

2.3 工程实践方面

发达国家拥有强大的技术储备，在工程实践中，他们应用本国的声源与振源数据库，应用噪声与振动传播规律的计算软件，采用BIM（建筑信息模型）技术模块化相关的设计，因而可以以最小的投资，达到最优的减振降噪目的。而我国的噪声与振动控制技术人员虽然从技术上能够承接各种类型的噪声与振动控制工程的设计，但在设计手段与方法上与发达国家还存在一定的差距，故工程设计工作的效率和精度相对较低。

2.4 规范生产方面

我国的大多数噪声控制产品和工程的性能及质量明显不如发达国家的同类产品，这主要受限于我国噪声与振动控制产品制造业的生产规模、加工能力和企业整体素质。我国噪声与振动控制设备生产厂大部分规模小，生产工艺装备落后，缺少专用的生产工具和设备，有些加工环节只能靠手工完成，基本不具备规模化生产能力，自动化程度低。大多数企业没有必要的噪声与振动控制产品质量检测手段，生产的产品加工粗糙，外观较差，存在较大的质量问题。

2.5 市场环境方面

噪声与振动控制产业市场是被动市场，大多数企业投资降噪是被动的，是为应付环保检查和投诉，因此技术要求（标准）普遍低于发达国家，大多数噪声控制产品和工程的性能及质量也明显不如发达国家，所以很多噪声控制产品（工程）停留在"能对付就行"的层面，没有努力做到最高水平。因此市场对于产品的需求也仅停留在暂时解决问题的层面，业主在该层面往往选择低价格的产品，而不考虑产品的可靠性和专业性。噪声与振动控制产品仍然不能成为噪声污染设备的必要配套产品，而是在出现问题以后，才被动地解决。

3 解决对策及建议

3.1 加强立法、执法力度

环保产业是一个法规和政策引导型产业，这是环保产业区别于其他产业的一个突出特点。纵观世界各国环境保护的历史可以看到，环境保护法规越健全，环境标准与环境执法越严格的国家，环保产业也就越发达，在国际市场中占优势的环保技术也就越多，市场占有量也就越大。因此，应加快《环境噪声污染防治法》的完善和落实，健全环境噪声污染防治领域的标准、法规体系建设，尽快与国际接轨。另外，在管理层面，还应进一步加大执法力度。

3.2 制定和颁布各类噪声与振动控制工程设计规范

在等效采用国际标准的基础上，根据我国国情制定有关噪声与振动控制导则规范，将噪声与振动治理中基本的、通用的技术要求，贯穿工程的设计、施工、验收、运行的全过程。噪声与振动治理工程的规范化、合理化、法制化是非常有必要的，不仅可以规范行业竞争行为，使噪声治理措施更合理、产品质量更优、工程造价更低、节约更多资源，还可以促进企业技术进步，提升整个噪声治理行业的水平。

3.3 加强我国噪声与振动控制领域的技术储备与技术创新

加强科研领域的投入，加深我国与其他国家在噪声与振动控制领域基础研究和具有前瞻性的创新技术研究的深层次合作，在积极推动对引进技术消化吸收的基础上，坚持自主创新，大力开展自主知识产权的技术创新和新产品研发，不断推动企业的技术进步；开发适合我国国情的噪声与振动传递规律计算软件和噪声与振动控制产品数据库，用于提高我国产品开发与工程设计的档次和水平；注重现代新技术（如计算机技术、数字技术、有源控制技术等）在噪声与振动控制中的应用，开发出更多科技含量高、拥有自主知识产权的噪声控制产品，使我国噪声与振动控制产业在技术层面得到提升，提高我国噪声与振动控制产品在国际市场的竞争力。

3.4 增加贷款支持力度，保证企业资金循环

噪声与振动控制行业专业性强，但是市场规模较小，面临着银行贷款难、资金压力大等困难。行业协会应发挥力量，建立与银行金融系统的联络，为行业中信誉度高的企业提供贷款优惠政策。重点扶持一批在噪声与振动控制领域有一定基础的骨干企业，在加工设备和技术力量的配备上加大对它们的支持力度，在政策上予以倾斜，努力促进大型集团公司的建立和发展。引导企业和市场向标准化、规模化、专业化、多元化方向发展，不断提高噪声与振动控制企业的整体素质，树立企业整体形象，提高我国在国际市

场上的竞争能力。

3.5 充分考虑技术的重要性

噪声与振动控制行业专业技术性强，但是可模仿度高。应宣传并鼓励业主充分考虑技术的必要性，从专业的角度对噪声问题进行可行性分析，将最终解决的效果放在第一位，而不是象征性地解决问题。减少非专业性降噪企业以低价中标等形式恶意破坏行业规则、破坏行业公信力等情况的出现。

附录：噪声与振动控制行业主要企业简介

1. 上海申华声学装备有限公司

上海申华声学装备有限公司成立于 1994 年 12 月，是国内较早从事建筑声学、环境声学和噪声综合治理的高新技术企业，注册资金 5000 万元人民币，拥有环保工程专业承包一级资质和环境工程专项乙级设计资质。公司拥有自己的声学实验室和声学设计研究所，综合实力在国内同行中名列前茅。公司先后荣获"中国环保产业骨干企业""国家环境保护行业标准制定企业""上海市高新技术企业"等荣誉称号。公司集研发、咨询、设计、施工于一体，主要产品有消声、吸声、隔声三大类 100 多个声学产品。公司成立至今在全国各地承接了千余项噪声治理项目，治理效果均达到不同区域声环境要求。工程项目涉及城市轨道交通、高速铁路、高速公路、文体场馆、电厂电网、钢铁企业、公共建筑、航天军工等众多领域，覆盖全国 20 多个省份。

公司拥有一支经验丰富、业务精通、训练有素的管理队伍，现有员工 200 余人，各类工程技术人员近百人，其中拥有中高级技术职称的 50 余人，国家一、二级注册建造师 10 余人。为了使企业始终走在行业的前列，公司还与国内知名高校、科研院所加强合作，长期聘请国内知名声学专家作为公司顾问，为公司持续走在噪声治理领域的前沿提供了可靠的保障。

从 1996 年起，公司连续被认定为上海市高新技术企业，拥有专利产品 72 项，4 项已完成上海市高新技术成果转化，6 项产品获国家级重点新产品称号，5 项产品被评为上海市重点新产品。公司在国内同行中率先通过 ISO 9001 国际质量管理体系认证、ISO 14001 环境管理体系认证以及 GB/T 28001 职业健康安全管理体系认证和实验室 CNAS 国际认证，基本实现了企业管理正规化、现代化。

2. 北京绿创声学工程股份有限公司

北京绿创声学工程股份有限公司（简称绿创声学，股票代码：834718）是混合所有制高新技术环保企业。专业从事声环境质量控制暨噪声与振动污染防治。绿创声学通过专业检测、技术研发、咨询设计、产品制造、工程承包、IAC 全球为国内外客户提供专业化的服务和一站式噪声与振动控制达标运营服务。

绿创声学以技术创新精准服务为企业核心竞争力，拥有国内一流专业人才组成的声学研发设计制造实施团队和先进设备的实验室及现代化的设备生产线。绿创声学是中国环保产业骨干企业，持有住建部颁发的环境工程（物理污染防治工程）专项设计甲级资质和环保工程专业承包一级资质、中国合格评定国家认可委员会认定的 CNAS 实验室认可资质和 CMA 检验检测资质。企业信誉 3 A 等级。

20 年来，绿创声学已完成了逾千项客户满意的声环境质量控制和噪声与振动污染防治项目，涵盖电力、交通、冶金、石化、建材、机场、大型公共建筑、室内声学等诸多领域。

3. 四川正升环境科技有限公司

四川正升环境科技股份有限公司（简称正升环境）是一家新三板挂牌企业（股票代码：872910），成立于 2008 年，系在四川正升环保有限公司原有噪声控制资产、人才和业务的基础上，成立的提供噪声防控解决方案的专业化公司。

公司降噪业务始于 1999 年，20 余年来，一直致力于噪声防控方案咨询、产品设计、制造及工程设计、施工。产品与服务涉及电力、石化、轨道交通、文体建筑、市政、交通、商业地产等领域，业务覆盖印度、泰国、伊朗、印度尼西亚、巴基斯坦、卢旺达、马尔代夫、博茨瓦纳等国家，已为全球超过 500 家企业提供过噪声控制服务。

公司拥有目前西南地区最大的噪声控制技术及声学材料研究测试中心，在国内噪声控制领域处于领先水平。该中心于 2015 年获得中国合格评定国家认可实验室证书。公司拥有一支强大的研发和工程设计团队，现有研究生 15 名，中高级工程师 73 名。现已拥有发明专利 19 项、实用新型专利 56 项。

4. 福建天盛恒达声学材料科技有限公司

福建天盛恒达声学材料科技有限公司创建于 2004 年，是一家专业从事声学材料研发、生产噪声工程设计、施工监理的高新技术企业，总部坐落在风景秀丽、交通便捷的福州市闽侯经济技术开发区二期东岭路 7 号。公司总占地面积 5000 m^2，员工 40 多人，隔声材料年产量达 50 万 m^2，旗下的静馨系列隔声减振产品涵盖隔声毡、高阻尼材料、减振器、减振垫等。

公司通过不断发展壮大，已然成为国内声学材料、噪声治理领域的一面旗帜。2007 年被福建省科技厅评为"国家高新技术企业"，同年通过 ISO 14001 环境管理体系认证以及 ISO 18000 职业健康安全管理体系认证。

公司在产品技术上拥有自主知识产权，在产品质量和性能上已陆续通过了上海交大、清华大学、同济大学、国家塑料制品质量监督检验中心、德国 Exova 等相关专业机构的检测，在应用方面已逐渐成为国内主导的行业品牌，公司产品广泛应用于交通领域（车、船）、工业厂房设备、大型酒店、娱乐场所、大型体育场馆以及专业场所。

5. 深圳中雅机电实业有限公司

深圳中雅机电实业有限公司（简称深圳中雅公司）成立于 1993 年，是一家专业从事研发、设计、制造声学和噪声控制设备并承接声学和噪声控制工程的国家级高新技术企业。公司的业务范围涉及航空、航海、轨道交通、公路、重化工业、发电输变电、安防、医疗、文教、传媒以及普通工民建项目。公司具有科研开发、试验测试、工程和产品设计、制造以及工程承包的综合能力和资质，注册资本人民币 3008 万元。公司研发设计和销售中心位于深圳市福田区，在东莞市建有面积超过 6000 m^2 的生产基地。

深圳中雅公司是深圳市环境保护工程技术（噪声）甲级企业，多次获得"中国环保产业骨干企业"和"优秀环保企业"称号,是广东省首批环保产业产学研合作实习基地共建单位和国家先进污染防治示范技术依托单位。

公司自 1998 年起开始执行 ISO 9000 质量管理体系标准并通过认证,在 2013 年先后通过了 ISO 14001 环境管理体系认证和 OHSAS 18001 职业健康安全管理体系认证。2013 年起公司被认定为国家级高新技术企业。

深圳中雅公司在声学和噪声控制方案及设备方面具有强大的技术实力和研发能力,在行业内处于领先地位。公司掌握国际先进技术,结合国内具体需求,与多所高等院校、科研机构合作,全面实现了研发、设计等技术工作的信息化,每项定型产品的声学、空气动力学、力学等性能参数都在符合国际先进标准的实验室中进行标定,并且得到了国内权威检测机构的验证。

公司已获得发明专利 4 项、实用新型专利 39 项、外观设计专利 2 项。先后主持或参与编制国家标准 19 项(主持 6 项,参编 13 项),编制行业标准 3 项(主持 1 项,参编 2 项)。

20 多年来,深圳中雅公司充分发挥其在声学和噪声控制领域科研开发及生产制造等方面的特长,致力于提高社会防治噪声污染的科学理念,积极在各个行业中推广国际先进的噪声控制(声学)技术和产品,产品的性能和品质始终处于领先地位。公司成功解决了包括电厂、地铁、轻轨、船舶、军舰、飞机发动机试车台、飞机维修厂、剧场、音乐厅、演播室、听力中心、声学试验室和各种工业与民用建筑在内的近千项工程的声学和噪声控制问题,产品远销美国、加拿大、俄罗斯、英国、新加坡等国家。

6. 上海新华净环保工程有限公司

上海新华净环保工程有限公司(简称新华净公司)创建于 1992 年,是专门从事噪声治理、废气治理和油烟净化、污水处理等环保设备生产和工程的专业公司。公司现拥有环境工程设计专项(物理污染防治工程)乙级、环保工程专业承包一级、钢结构工程专业承包三级、建筑施工安全生产许可证等资质,下属有太仓华太消声通风设备有限公司(生产基地)、北京世纪静业噪声与振动控制技术有限公司。公司生产基地总面积 31 000 m^2,其中建筑面积 18 000 m^2,公司总资产超亿元。公司建有消声器检测台、隔声实验室、混响室等声学实验室与油烟净化检测平台。拥有经验丰富的专业技术团队,具有较强的工程设计和产品研发能力。

新华净公司是中国环境保护产业协会理事单位、中国环境保护产业骨干企业,通过了 ISO 9001、ISO 14001 和 ISO 45001 体系认证。参与了《环境噪声与振动控制工程技术导则》(HJ 2034—2013)、《环境保护产品技术要求通风消声器》(HJ 2523—2012)、《船舶工业工程项目环境保护设施设计标准》(GB 51364—2019)、《饮食业环境保护技术规范》(HJ 554—2012)、《风机用消声器技术条件》(JB/T 6891)等国家和行业标准的编制工作。

近年来公司完成了华能太原东山燃气热电联产、华能天津临港煤气化(IGCC)电站、华能高碑店热电厂三期、北京太阳宫热电有限公司冷却塔降噪、贵州黔桂发电公司盘县电厂、江苏镇江燃气电厂、上海嘉定再生能源电厂、上海天马生活垃圾末端处置综合利用工程、华能东莞燃机热电联产、华电深圳坪山分布式电厂、河南中弁再生能源电厂、东莞深能源樟洋燃气蒸汽联合循环发电扩建项目、江阴燃机热电联产工程等项目的噪声控制工程。其中,华能太原东山燃气热电联产项目获得"2016—2017 年度国家优质工程""2017 年度电力优质工程""实用技术示范工程奖"等奖项。公司是阵列式消声器产业技术联盟主要发起单位之一,该项技术入选了国家先进污染防治技术名录并已列入国家所得税优惠目录。已应用于多个电厂项目的"电厂空冷岛阵列式消声降噪技术的应用""电厂冷却系统低阻力消声技术研究"获得2015年度、2017年度电力建设科学技术进步奖三等奖。

新华净公司多年来与清华大学、同济大学、日本东洋纺株式会社等科研设计单位建立了良好的合作关系，共同完成了多项环保工程项目。

7. 浙江天铁实业股份有限公司

浙江天铁实业股份有限公司（简称天铁股份）成立于2003年，现有注册资金30 891万元，是一家专业从事轨道工程橡胶制品的研发、生产和销售的高新技术企业。公司位于浙江省天台县，于2017年1月5日在深交所创业板成功上市（股票代码：300587）。公司业务包含了轨道结构减振降噪产品、汽车密封制品以及其他铁路配件等产品的研发、生产和销售。

公司主营的轨道结构减振弹性部件产品，涵盖了轨道结构中轨旁、轨下、枕下、道床下各个部位，主要包括隔离式橡胶减振垫、橡胶弹簧隔振器、橡胶套靴、钢轨吸振消声器、橡胶垫板等产品，可满足一般、中等、高等、特殊等不同等级的减振需求，应用于轨道交通领域中的城市轨道交通、高速铁路、重载铁路和普通铁路等。其中隔离式橡胶减振垫产品在国内应用的总里程超过了600 km，通车运营里程也已超过450 km，实际使用案例超过100个，是国内应用案例较为丰富的生产企业之一，也是国内为数不多的可将产品应用于设计时速300 km以上的高速铁路的轨道结构减振产品供应商。

公司自成立以来，坚持以技术创新为发展战略，陆续完成了浙江省高新技术企业研究开发中心、浙江省级企业技术中心、浙江天铁铁路橡胶制品省级企业研究院、国家CNAS认证实验室、台州市博士后工作站的建设。拥有一支在轨道结构、高分子材料和噪声与振动控制等方面多专业融合的技术力量。

经过多年发展，公司已掌握轨道结构噪声与振动控制相关的多项核心技术，其中橡胶减振降噪配方和生产工艺在国内轨道交通减振降噪领域具有技术领先地位。依托成熟的橡胶减振材料生产和制造技术，以及新型轨道结构研究、噪声与振动测量分析等多项专业技术，获得国家专利50多项，其中发明专利15项。荣获2019年度城市轨道交通科技进步奖特等奖、中国环保产业协会重点环境保护实用技术、北京市科学技术奖一等奖、中国铁道学会科技进步奖二等奖等奖项。

公司自2017年在深交所创业板挂牌上市以来，拥有了更好的融资平台和发展空间。2019年公司新厂区和研发中心先后投入使用，为技术能力提升和产品服务提供了重要的软硬件基础，为企业做大做强创造了条件。

8. 北京九州一轨环境科技股份有限公司

北京九州一轨环境科技股份有限公司（简称九州一轨）成立于2010年7月，是中关村股权激励的试点单位，是新型产学研一体化的国家高新技术企业。注册资本金1.1亿元，目前法人股东包括北京市基础设施投资有限公司、北京市劳动保护科学研究所、广州轨道交通产业投资发展基金（有限合伙）、广州越秀智创升级产业投资基金合伙企业（有限合伙）等。主营业务是轨道交通隔振降噪技术研发、产品制造、工程设计、市场推广、测试咨询以及轨道运维管理工程技术服务，目标是轨道交通减振降噪领域综合服务商和轨道运维管理技术的引领者。

公司一直致力于轨道交通振动噪声环境防治、轨道智慧运维管理方面的研究与创新。作为科技创新股权激励先行先试的典范，公司先后获得"央视新闻"和"焦点访谈"的报道。2012年"轨道交通阻尼弹簧浮置道床隔振系统成套技术研究及产业化"和2017年"地铁车辆段上盖建筑振动控制成套技术及应用"分别获得"北京市科学技术奖一等奖",填补了国内轨道交通减振降噪技术的空白,打破了多年来国外技术和产品的垄断。截至2020年年底,公司共有授权专利70多项。

公司打造了行业特色的轨道交通振动噪声控制实验室（与北京交通大学共建）、实验检测中心和国内首个高速浮置板系统试验平台（铁科院东郊环线）,重点突破了不同速度级的阻尼弹簧浮置板轨道、TOD上盖振动噪声专项综合防治、轨道病害治理、轨道智慧运维管理和减振降噪产品定制化等关键技术。轨道减振降噪产品和技术已服务于北京、上海、广州、天津、深圳、成都、郑州等30多个城市轨道交通建设。

9. 南京常荣声学股份有限公司

南京常荣声学股份有限公司（简称常荣声学）成立于2001年,是一家专业从事声学产品与工程研究的国家级高新技术企业,主要研发、生产和销售各类声学产品,承接各类环境噪声治理、声学除灰节能减排、声波除尘消白治理和大型声学实验室建设工程。公司已于2015年4月20日起在全国中小企业股份转让系统（新三板）正式挂牌（股票代码：832341）。

公司目前已通过ISO 9001：2008质量管理体系认证及GJB 9001B 2009国军标质量体系认证,具备环保工程专业承包一级资质、大气污染防治工程设计乙级资质、军工三级保密资质,是江苏省创新型企业、江苏省企业知识产权管理标准化示范创建单位、南京市知识产权工作示范企业。公司是江苏省环境科学学会环境噪声与振动专业委员会挂靠单位,设有江苏省研究生工作站、南京市工程技术中心,拥有各类国家专利50余项,参与声学行业3部国家标准的起草与制定,并先后承建多个国家与省市科学技术计划项目。

公司高效复合声波团聚技术已应用于电力、钢铁、化工、建材等大气污染企业的超低除尘改造项目,可以成功取代湿式电除尘。该技术于2017年成功通过中国电力企业联合会科技成果鉴定,并入选工业和信息化部、科学技术部联合发布的《国家鼓励发展的重大环保技术装备目录（2017年版）》,市场应用前景广阔。

10. 杭州爱华仪器有限公司

杭州爱华仪器有限公司是浙江省高新技术企业和软件企业,专业从事噪声、电声、声学和振动测量仪器的研发与生产,是国内著名声学测量仪器研制与生产厂家。公司通过ISO 9001：2008质量管理体系认证、浙江省AAA级标准化认证,产品符合国家标准和国际标准,主要产品通过中国计量科学研究院或浙江省计量院评价,并较早获得制造计量器具许可证。

公司坚持自主创新求发展的理念,建有杭州市爱华仪器高新技术研发中心,承担并完成国家技术创新基金项目、浙江省重点高新技术新产品研制项目和杭州市科技攻关项目。主导起草声级计国家标准,参与起草振动仪器、滤波器、仿真耳等国家标准。

公司目前专业生产测试传声器、声级计和噪声测量仪器、环境噪声自动监测系统、电声测量仪器、振动测量仪器和实验室校准测试仪器等系列产品,产品品种达100多个,涵盖环境噪声测量、工业噪声测量、机场噪声测量、建筑声学测量、电声测量、机器振动测量、环境和人体振动测量等领域。产品用户遍及多个省（区、市）,并出口多个国家。

11. 北京万讯达声学设备有限公司

北京万讯达声学设备有限公司成立于1996年,注册资金2000万元,是专业生产消声设备、隔声设备及噪声治理的高新技术企业。公司拥有雄厚的技术实力、完备的生产设备及熟练的技术工人。公司产品通过了质量、环境、职业健康安全管理体系的认证及国家环境保护产品认证。公司总部位于北京市，在河南省许昌市设有分公司，建有占地约 333 m² 的生产加工基地，具有年产约 5000 万元各类消声产品的生产加工能力。公司产品大多用于高标准高品质的标志性建筑，如大剧院（国家大剧院、江苏大剧院、河南艺术中心等）、电视台（中央电视台、凤凰卫视（北京）、中国国际广播电台等）、机场（首都机场 T3 航站楼及大兴新机场、郑州新郑国际机场、南宁吴圩机场等）、地铁（福州地铁、成都地铁、石家庄地铁等）。公司的消声产品在高标准声学要求的广电类、剧院、剧场类建筑市场中的占有率达到 70% 以上。公司所承接的所有项目均达标，满足项目声学要求。

公司拥有建筑机电安装工程专业承包三级资质、环保工程专业承包三级资质、建筑装修装饰工程专业承包二级资质。公司可提供空调通风系统的消声设计、顾问咨询、消声复核服务、消声设备的加工生产及工艺消音空调系统的安装一条龙服务。

12. 中船第九设计研究院工程有限公司

中船第九设计研究院工程有限公司（简称中船九院）是由原中船第九设计研究院改制而成，隶属中国船舶集团有限公司，现有从业职工 1500 余人，相继拥有 4 位中国工程设计大师、2 位中国工程勘察大师、1 位中国工程监理大师。中船九院是一家多专业、综合技术强的大型工程公司，主要从事工程咨询、工程设计、工程管理、工程项目总承包及投融资业务，也是国内甚少拥有噪声污染防治专业的大型综合设计院，在国家海洋强国建设中，承担着践行环渤海地区、长三角地区、珠三角地区的船舶工业规划设计"国家队"的角色。中船九院是"全国工程勘察设计百强单位""全国文明单位""国家级技术中心""上海市文明单位""上海市创新型企业""上海市高新技术企业"。中船九院已取得了国家及有关部委批准的船舶、军工、机械、水运、建筑、市政、环保等领域的工程设计综合资质甲级，以及工程咨询、工程监理等多项甲级，房屋建筑工程施工总承包一级等资质，具备了对外工程总承包、境外设计顾问及施工图审查的资质。

声学设计研究室是中船九院下属的一个专业设计室，是在中船九院公司发展和壮大过程中形成的、具有特色的专业设计团队，其中涌现了多名国内知名的声学专家，主要从事环境声学、振动、建筑声学及舰船声学的工程咨询设计，已有 40 多年的从业历史，是国内噪声与振动控制行业的主要创建者之一，在上海市及全国享有较高的声誉。

声学设计研究室拥有先进的声学软件、声学测试基地和用于现场测试分析的声学振动仪器，多年来承接完成了近千项工业噪声治理、交通噪声治理、专业的声学实验室、民用建筑行业的建声、噪声与振动控制设计和舰船声学控制项目。

声学设计研究室开拓创新了多项先进技术，共获得国家、省部级科技进步及设计大奖 50 余项，主编或参编专业著作近 10 本，发表论文近百篇，为国防建设和国内噪声与振动控制技术发展做出了突出的贡献。

13. 华电重工股份有限公司

华电重工股份有限公司（简称华电重工）是中国华电科工集团有限公司的核心业务板块及资本运作平台，也是中国华电集团有限公司工程技术产业板块的重要组成部分，成立于 2008 年 12 月。2014 年 12 月 11 日在上海证券交易所成功上市（股票代码：601226），注册资本金 11.55 亿元。

华电重工以工程系统设计与总承包为龙头，EPC 总承包、装备制造和投资运营协同发展相结合，致力于为客户在物料输送工程、热能工程、高端钢结构工程、工业噪声治理工程和海上风电工程等方面提供工程系统整体解决方案。公司业务涵盖国内外电力、煤炭、石化、矿山、冶金、港口、水利、建材、城建等领域。

14. 大连明日环境工程有限公司

大连明日环境工程有限公司成立于 2020 年，注册资金 5000 万元。主要从事"三废"（水、气、噪）污染治理新技术、新工艺、新材料的研发、制造、工程设计、施工、服务；环保设备的设计、制造、销售等。

公司是国家环境保护产业协会理事单位，是辽宁省环境保护产业协会噪声与振动控制专业委员会委员单位，是大连市环境保护产业协会理事单位，大连市环保系统的骨干企业。拥有环保工程专业承包、钢结构工程、建筑机电安装工程、市政公用工程施工、建筑施工总承包等多个三级资质。

公司通过了 ISO 19001 质量管理体系认证、ISO 14001 环境管理体系认证、ISO 18001 职业健康管理体系认证。拥有多项专利技术，是国家级高新技术企业。同时注重产品的开发与研制，相继自主研发开发出各类声屏障系列产品、挡风抑尘墙等相关环保产品。企业在电力、水利、石油、化工、钢铁、水泥、铁路、市政均有良好业绩。

15. 上海泛德声学工程有限公司

上海泛德声学工程有限公司（简称泛德声学）成立于 2005 年 3 月，是一家专业从事声学技术研究、声环境创建的高科技企业。泛德声学的主营业务为声学实验室、工业企业噪声治理和声学智能检测系统。在声学实验室方面，承接设计建造全消声室、半消声室、静音房、混响室、隔声室以及其他声学实验设备、声学实验装置等，并提供一系列声学实验测量服务。

在工业企业噪声治理方面，承接工业企业内的各类噪声治理、振动控制工程，包括生产线、动力设备、厂界厂区等的噪声治理，为工业企业提供测量、设计、制造及安装等全方位的专业服务，为工业企业解决环评及职业健康中所遇到的各类噪声问题。

在声学智能检测方面，为企业提供产品异响判断（质量控制）和设备故障监测。主要通过 AI 人工智能核心算法和智能硬件，并整合工业自动化、超静音隔声箱等，提供完整的产品和服务。

泛德声学以 10 多年丰富的声学设计和声学工程的实践经验为依托，为工业企业提供系统、完整、全面、高效的声学技术服务。声学技术服务主要包括工业企业声学顾问、产品声学检测、声学性能开发、声学测试、声学培训等内容。

泛德声学拥有自己的生产基地，已通过 ISO 9001 质量管理认证体系。与清华大学、同济大学、南京大学、上海交通大学、中科院声学所以及德国 BSW 公司等国内外多家单位开展技术交流与合作。在创造超静音环境、控制噪声污染、工业声学智能检测等方面广泛服务于汽车、家电、医疗设备、电子、机械、电声、化工、食品、航空航天等领域，业务范围遍及全国。

16. 厦门嘉达环保科技有限公司

厦门嘉达环保科技有限公司秉承专业、专注、追求极致的理念，建立了声学实验室，完善了噪声与振动控制检测设备。针对工程实践中存在的技术难题，自主开展研发攻关，在不断提高技术能力的同时，已申请了自主研发的 56 项专利，获得 22 项发明专利授权。发明专利"集中式冷却塔通风降噪系统"已获得美国发明专利授权，同时，日本、德国专利授权正在办理中。公司与厦门土木工程学会等单位共同开展工程建设地方标准《福建省民用建筑噪声控制技术规程》（DBJ/T 13-269—2017）的编制工作，担任主编，该规程已于 2017 年 12 月 1 日起实施。

公司的"大风量高声级尖劈错列复合消声系统"项目入选 2015 年重点环境保护实用技术及示范工程名录，"多振源多支点减振降噪工程"项目入选 2016 年重点环境保护实用技术示范工程名录，"水泵复合隔振技术"项目入选 2017 年《国家先进污染防治技术目录》，"集中式冷却塔通风降噪技术"项目入选 2018 年重点环境保护实用技术及示范工程名录，"不停机隔振改造的通用隔振模块技术"入选 2020 年重点环境保护实用技术及示范工程名录。

自 2019 年以来，公司与福建省电力勘测设计院合作开展"提高冷却塔效能的均匀进风系统"的节能技术研究开发。并委托加拿大 Turbomoni Applied Dynamics Lab 进行双曲线冷却塔均匀进风系统的阻力仿真试验（包括无环境侧风、有环境侧风的工况条件）。测试仿真效果达到预期目标，寻找技术项目实施合作单位，将开展双曲线冷却塔节能减排业务。

17. 上海章奎生声学工程顾问有限公司

上海章奎生声学工程顾问有限公司成立于 2014 年，是由知名建声专家章奎生教授创立的国内第一家以专家姓名命名的具有独立法人资格的声学专业设计顾问公司。

公司现有技术骨干 6 人，其中教授级高工 1 名、高工 4 名、工程师 1 名。技术骨干多为高学历人才，其中博士 2 名、硕士 2 名，国家注册环保工程师 3 人。公司配备有 B&K 品牌的各型音质、噪声及振动测试仪器（4292-L 型全指向球面声源、ZE-0948 型声卡、2734-A 型功放、2270-G4 型双通道精密噪声分析仪等），拥有丹麦技术大学开发的 ODEON 声场计算机模拟分析软件、B&K 的 DIRAC 建声测试分析软件、德国 Cadna/A 噪声模拟软件，同时配备有德国森海塞尔 MKH800 可调指向性无线测试话筒，具备现场快速采样、实时分析和无线化、数字化现场音质测试技术。同时，公司拥有自己的实验室，可以进行混响室吸声系数、构件隔声性能、管道消声性能和声源声功率级测试。无论是现场检测还是实验室测试，均达到了国内领先水平。

固体废物处理利用行业 2020 年发展报告

1 行业发展环境分析

2020 年为促进我国固体废物处理处置行业健康、快速发展，政府及相关部门发布了一系列法律法规和标准政策予以引导和支持。2020 年 4 月 29 日，十三届全国人大常委会第十七次会议通过了修订后的《中华人民共和国固体废物污染环境防治法》（以下简称新《固废法》），自 2020 年 9 月 1 日起施行。同时，2020 年各相关部门在细分领域如工业固体废物处置利用、生活垃圾分类、危险废物监管、医疗废物处理处置、禁止进口固体废物和塑料污染治理等方面不断出台标准政策，推动了我国固体废物处理处置行业的规范化发展。

1.1 新《固废法》修订实施

自 2020 年 9 月 1 日起，新《固废法》正式施行。新《固废法》明确了固体废物污染环境防治坚持减量化、资源化和无害化的原则，强化了政府及其有关部门监督管理责任；完善了工业固体废物、生活垃圾、建筑垃圾、农业固体废物、危险废物等环境污染防治制度，对固体废物产生、收集、贮存、运输、利用、处置全过程提出了更高的防治要求。

1.2 工业固体废物

2020 年 7 月 15 日，工业和信息化部印发《京津冀及周边地区工业资源综合利用产业协同转型提升计划（2020—2022 年）》，从综合利用效益、产业聚集区、技术创新中心、骨干企业以及体制机制建设等方面提出了区域内的发展目标。2020 年 12 月 17 日，生态环境部与国家市场监督管理总局联合发布了《一般工业固体废物贮存和填埋污染控制标准》（GB 18599—2020），该标准是对 GB 18599—2001 的修订，进一步强化了一般工业固体废物贮存、填埋全过程污染控制技术要求。

1.3 生活垃圾

2020 年 7 月 31 日，国家发展和改革委员会、住房和城乡建设部、生态环境部三部委联合发布了《城镇生活垃圾分类和处理设施补短板强弱项实施方案》，明确了城镇生活垃圾分类和处理设施建设目标。2020 年 11 月 27 日，住房和城乡建设部等十二部门联合印发了《关于进一步推进生活垃圾分类工作的若干意见》，提出了生活垃圾分类工作 2020 年阶段性目标和 2025 年主要目标。

1.4 建筑垃圾

2020年3月25日,国家发展和改革委员会、工业和信息化部等十五部门联合印发了《关于促进砂石行业健康有序发展的指导意见》,鼓励利用建筑拆除垃圾等固废资源生产砂石替代材料,清理不合理的区域限制措施,增加再生砂石供给。2020年5月8日,住房和城乡建设部印发了《关于推进建筑垃圾减量化的指导意见》和《施工现场建筑垃圾减量化指导手册》,明确了建筑垃圾减量化的总体要求、主要目标和具体措施。

1.5 农业固体废物

2020年1月20日,农业农村部印发了《关于肥料包装废弃物回收处理的指导意见》,在农业固体废物领域,明确了肥料包装废弃物回收处理试点建设工作目标。2020年8月31日,农业农村部和生态环境部联合发布了《农药包装废弃物回收处理管理办法》,对其适用范围、各级管理职责、农药包装废弃物回收处理体系建设等多方面提出要求并明确了法律责任。

1.6 危险废物

2020年2月21日,中共中央政治局常委会会议指出,要加快补齐医疗废物、危险废物收集处理设施方面短板。2020年2月26日,中共中央办公厅、国务院办公厅印发了《关于全面加强危险化学品安全生产工作的意见》,要求强化废弃危险化学品等危险废物监管。2020年11月25日,生态环境部等五部门联合发布了《国家危险废物名录》(2021年版),该名录共计列入467种危险废物,较2016年版《国家危险废物名录》减少了12种。附录部分新增豁免16个种类危险废物,豁免的危险废物共计达到32个种类。2020年12月17日,《危险废物焚烧污染控制标准》(GB 18484—2020)发布,该标准针对GB 18484—2001调整了标准的适用范围,强化了污染控制技术要求等。2020年12月31日,生态环境部发布了《关于推进危险废物环境管理信息化有关工作的通知》,要求全面应用全国固体废物管理信息系统,有序推进危险废物产生、收集、贮存、转移、利用、处置等全过程监控和信息化追溯。

2020年新冠肺炎疫情暴发,医疗废物处理受到国家高度重视,《新型冠状病毒感染的肺炎疫情医疗废物应急处置管理与技术指南(试行)》《医疗机构废弃物综合治理工作方案》《医疗废物集中处置设施能力建设实施方案》《医疗废物处理处置污染控制标准》等政策标准相继出台。

为加强对不同类别危险废物的规范化管理,2020年生态环境部先后发布了《砷渣稳定化处置工程技术规范》(HJ 1090—2020)、《废铅蓄电池处理污染控制技术规范》(HJ 519—2020)、《生活垃圾焚烧飞灰污染控制技术规范(试行)》(HJ 1134—2020)和《废铅蓄电池危险废物经营单位审查和许可指南（试行）》3 项技术规范和 1 项指南。

1.7 再生资源

为加强塑料污染治理，2020 年 1 月 19 日，国家发展和改革委员会、生态环境部发布了《关于进一步加强塑料污染治理的意见》。2020 年 7 月 10 日，国家发展和改革委员会、生态环境部等九部门联合印发了《关于扎实推进塑料污染治理工作的通知》，对进一步做好塑料污染治理工作，特别是完成 2020 年年底阶段性目标任务作出部署。2020 年 11 月 27 日，商务部发布了《商务领域一次性塑料制品使用、回收报告办法（试行）》。2020 年 12 月 14 日，国务院办公厅转发国家发展和改革委员会等部门《关于加快推进快递包装绿色转型意见的通知》。

在报废机动车领域，2020 年 7 月 31 日，《报废机动车回收管理办法实施细则》经商务部审议通过，并经国家发展和改革委员会、工业和信息化部、公安部、生态环境部、交通运输部、市场监管总局同意后正式公布，自 2020 年 9 月 1 日起施行。

在废家电回收领域，2020 年 5 月 15 日，国家发展和改革委员会、工业和信息化部和财政部等七部门联合印发了《关于完善废旧家电回收处理体系推动家电更新消费的实施方案》。2020 年 12 月 10 日，国家发展和改革委员会、中华全国供销合作总社共同发布了《关于积极打造废旧家电回收处理产业链、推动家电更新消费的行动方案》。

1.8 其他

在进口固体废物领域，2020 年 10 月 19 日，生态环境部、海关总署等四部门印发了《关于规范再生黄铜原料、再生铜原料和再生铸造铝合金原料进口管理有关事项的公告》。2020 年 11 月 25 日，生态环境部、商务部等四部门发布了《关于全面禁止进口固体废物有关事项的公告》。2020 年 12 月 31 日，生态环境部、国家发展和改革委员会等四部门发布了《关于规范再生钢铁原料进口管理有关事项的公告》。

2　2020 年行业经营状况及市场分析

据统计，2016—2020 年我国固体废物相关企业注册量显著增长。2016 年注册的固体废物相关企业数量仅 4000 多家，2017 年增至 6148 家，2019 年注册的企业数量突破 10 000 家，同比增长 50.39%。随着 2020 年新《固废法》和相关固体废物政策标准的发布实施，于 2020 年注册的固体废物相关企业达 2.5 万余家，同比增长了 77.99%。2016—2020 年各年度固体废物相关企业注册数量如图 1 所示。

目前，我国企业状态为在业 / 存续的固体废物相关企业共有 72 921 家，主要分布在江苏、山东、广东、福建等沿海地区。这些企业中注册资金大于 5000 万元的有 7690 家，

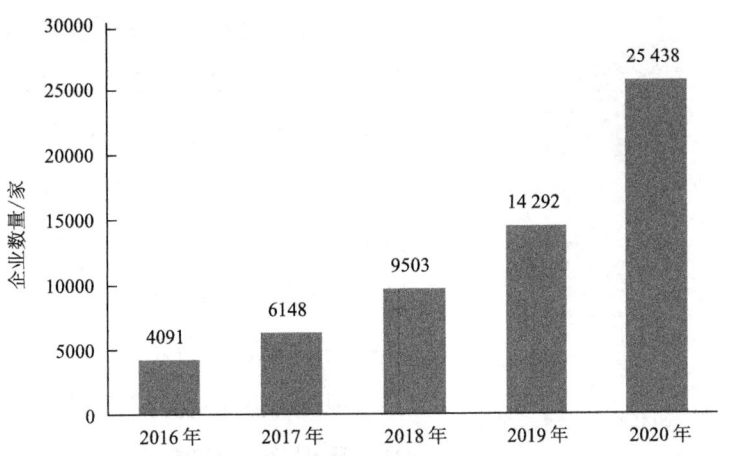

图 1　2016—2020 年各年度固体废物相关企业注册数量

5000 万元以下的有 65 231 家，其中，注册资金在 1000 万～3000 万元和 100 万～500 万元的企业数量基本持平，均在 20 000 家左右（图 2）。整体上来看，固体废物相关企业主要为中小型企业，大型企业数量较少。

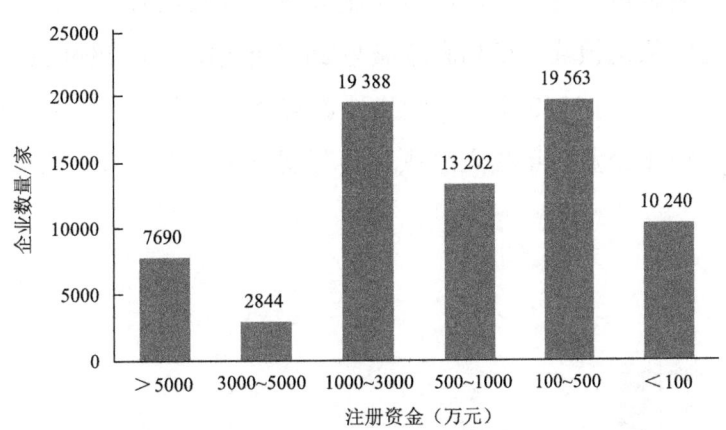

图 2　在业／存续的固体废物相关企业注册资金情况

此外，经调查统计，截至 2021 年 2 月，我国固体废物处理相关概念股共有 89 家企业，与 2019 年相比，共增加 17 家。固体废物处理相关概念股 A 股流通市值合计为 7235.44 亿元。其中 A 股流通市值在 100 亿元以上的仅有 15 家，与 2019 年相比增加 2 家；50 亿～100 亿元的有 27 家，与 2019 年相比增加 11 家；50 亿元以下的有 47 家，与 2019 年相比增加 2 家，企业数量占比如图 3 所示。整体上看，我国固体废物行业企业产业规模较小。A 股流通市值在 100 亿元以上企业如图 4 所示。

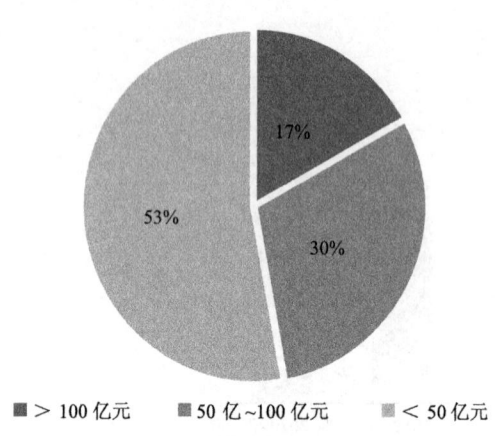

图3 固体废物处理企业A股按流通市值数量分布占比情况

根据2020年A股环保上市公司的三季报数据分析，截至2020年3季度末，我国固体废物处理相关概念股89家企业营业总收入为5851.08亿元，净利润总计为352.00亿元，总负债总计为12 843.98亿元，其中流动负债总计为8718.91亿元。A股流通市值在100亿元以上企业的相关财务信息如表1所示。

根据中国环境保护产业协会发布的《2020年中国环保产业发展报告》，我们对参与2018年和2019年两年调查的相同样本的企业数据进行分析。在环境保护产品生产业，2019年固体废物处理处置设备领域企业的年产值、年销售收入、年销售利润、年合同出口额与2018年相比均有所提升，特别是固体废物处理处置设备的年合同出口额增长幅度较大。其原因可能与我国绿色"一带一路"建设和推行《禁止洋垃圾入境推进固体废物进口管理制度改革实施方案》等政策有关。在环境服务业，2019年固体废物处置与资源化领域的年利润总额与2018年相比增幅超过20%。同时结合该报告中对2019年列入统计的1390家固体废物处置与资源化企业的经营数据，2019年从事固体废物处置与资源化企业的年收入总额和年利润总额仅次于排在第一位的水污染防治服务从业企业。

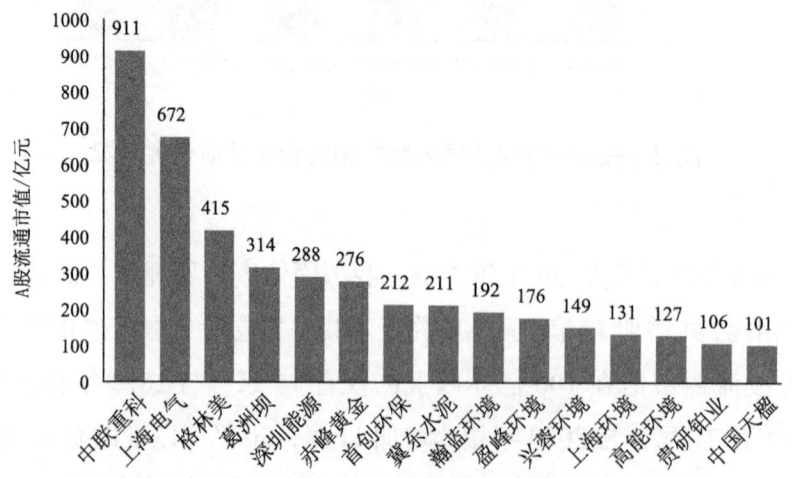

图4 固体废物处理企业A股流通市值100亿元以上企业

表1 A股流通市值在100亿元以上企业的相关财务信息

序号	股票代码	股票简称	营业收入/亿元	营业收入同比/%	营业利润/亿元	利润总额/亿元	净利润/亿元	净利润同比/%	总资产/亿元	总负债/亿元	流动负债/亿元	更新日期/(年/月/日)
1	000157	中联重科	452.44	42.48	65.28	65.82	56.86	63.41	1112.35	639.81	429.75	2020/9/30
2	601727	上海电气	819.67	9.91	41.47	42.51	23.45	6.02	3131.12	2117.22	1848.47	2020/9/30
3	002340	格林美	86.44	-12.09	4.34	4.21	3.26	-46.07	298.71	164.32	141.28	2020/9/30
4	600068	葛洲坝	752.04	3.05	49.07	49.36	25.14	-21.39	2506.17	1794.11	1284.84	2020/9/30
5	000027	深圳能源	146.99	-6.85	25.79	45.38	38.95	127.42	1096.79	694.25	301.38	2020/9/30
6	600988	赤峰黄金	34.86	-21.80	6.80	6.76	5.07	196.52	83.08	40.72	22.06	2020/9/30
7	600008	首创环保	115.76	26.47	14.36	14.56	9.28	64.09	941.31	631.06	235.59	2020/9/30
8	000401	冀东水泥	251.54	-4.77	48.51	48.52	20.94	-15.96	615.41	310.92	203.62	2020/9/30
9	600323	瀚蓝环境	51.47	20.50	9.40	9.46	7.69	4.40	237.51	159.03	62.77	2020/9/30
10	000967	盈峰环境	94.55	8.35	11.02	10.95	8.98	-6.89	268.12	103.53	90.90	2020/9/30
11	000598	兴蓉环境	53.71	11.01	15.62	15.66	12.98	20.08	308.80	161.08	74.01	2020/9/30
12	601200	上海环境	28.42	30.53	7.45	7.46	5.37	21.75	246.98	137.19	79.01	2020/9/30
13	603588	高能环境	43.18	36.15	5.24	5.23	4.13	31.70	142.96	91.77	45.48	2020/9/30
14	600459	贵研铂业	190.01	13.66	3.66	3.65	2.90	83.11	98.65	62.55	44.70	2020/9/30
15	000035	中国天楹	162.28	24.18	7.82	8.07	4.96	27.09	505.04	382.02	140.63	2020/9/30

3 行业企业国内国际竞争力状况分析

固体废物处理行业一般对固体废物实行减量化、无害化和资源化处理，发展中国家以无害化为主，经济发达国家一般以资源化为主。目前，我国以"无害化"技术为主。随着国家对环保产业的高度重视，群众环保意识的不断加强，我国陆续出台的一系列法律法规和政策标准引导了固体废物处理处置及资源化行业规范化发展，行业内企业规模逐步扩大，特别是在生活垃圾领域，处理处置技术基本成熟。据国家统计局发布的《中国统计年鉴2020》数据显示，2019年我国城市生活垃圾无害化处理率达到99.2%，但在危险废物、大宗工业固体废物和有机固体废物等固体废物综合利用领域，与德国、美国等国家相比，我国企业还存在一定差距。

4 2020年行业技术发展进展

4.1 总体技术进展分析

2020年固体废物处理处置及资源化技术不断涌现，我国固体废物处理处置和资源化利用水平得到进一步提高。固体废物领域共有90余项先进技术和示范工程入选了由国家科学技术奖励工作办公室公布的《2020年度国家技术发明奖初评通过通用项目》《2020年度国家科学技术进步奖初评通过通用项目》，生态环境部公布的《2020年国家先进污染防治技术目录》《2020年度环境保护科学技术奖》，国家发展和改革委员会、科学技术部等四部门联合印发的《绿色技术推广目录（2020年）》，中国循环经济协会发布的《2020年中国循环经济协会科学技术奖》，中国环境保护产业协会发布的《2020年度环境技术进步奖》《2020年重点环境保护实用技术及示范工程名录》等名录和奖项。总体来看，2020年的入选技术较好地契合、满足了行业内工业固体废物、生活垃圾、危险废物、医疗废物处理处置及资源化等细分领域的需求，针对生活垃圾焚烧处置技术、工业副产石膏、钢渣等工业固体废物以及废矿物油、废铅酸电池等危险废物资源化利用技术、医疗废物应急处置及资源化技术实现进一步创新与发展。同时，在"无废城市"建设试点工作中，威海市、盘锦市、深圳市等试点城市采用先进的智慧环保信息管理技术和信息化手段，搭建固体废物智慧监管平台，加强环境风险排查。

4.2 新技术开发应用分析

4.2.1 工业固体废物

工业固体废物处理处置及资源化利用技术入选生态环境部《2020年国家先进污染防治技术目录》主要是"基于水热法的工业副产石膏资源化技术"。该技术作为一项创新性的示范技术，技术指标先进、治理效果好，集成了工业副产石膏水热资源化利用技术和成套装备，产出高附加值产品，适用于磷肥、氯碱、纯碱及制盐等工业行业副产石膏资源化。入选《绿色技术推广目录（2020年）》的主要是"固废基高性能尾矿胶结充填胶凝材料制备和应用技术"。该技术以矿渣、钢渣、脱硫石膏等大宗固体废弃物为主要原料，通过机械活化和添加高效激发剂，有效激活固废潜在胶凝活性。此外，在其他平台获奖技术还包括《2020年度国家科学技术进步奖初评通过通用项目》中的"煤矸石煤泥清洁高效利用关键技术及应用"；《2020年度环境技术进步奖》中的"基于膏体技术的尾矿源头减排绿色处置关键技术及成套装备""熔融钢渣高效罐式有压热闷资源化处理技术与装备""发酵工业副产石膏资源化综合利用成套技术及装备"等。

4.2.2 生活垃圾

生活垃圾处理处置技术入选生态环境部发布的《2020年国家先进污染防治技术目录》主要有："热盘炉水泥窑协同焚烧处置生活垃圾技术"。该技术适用于4000 t/d以上的新型干法水泥窑协同处置生活垃圾，技术特点为可通过炉盘转速调节生活垃圾焚烧时间，焚烧底渣进入水泥窑，缓冲了直接焚烧对水泥窑热工系统的冲击。此外，在其他平台获奖的技术还包括《2020年度国家科学技术进步奖初评通过通用项目》中的"城乡垃圾分质利用与二次污染控制关键技术装备"，《2020年度环境保护科学技术奖》中的"大规模生活垃圾高效清洁焚烧关键技术研发及产业化应用""长稳定运行的宽适应高能效低污染生活垃圾智能焚烧技术及其应用"等。目前我国的生活垃圾处理处置技术基本成熟，特别是大规模垃圾焚烧发电技术已经达到国际领先水平。

4.2.3 危险废物

危险废物处理处置及资源化技术在生活垃圾焚烧飞灰处理处置、废铅蓄电池资源化利用、废矿物油再生利用和医疗废物处置等方面入选生态环境部发布的《2020年国家先进污染防治技术目录》的主要有：

（1）生活垃圾焚烧飞灰处理处置

"生活垃圾焚烧飞灰高温等离子体熔融技术"，该技术降低了飞灰熔融温度，可形成满足建材资源化要求且稳定的玻璃态渣。"生活垃圾焚烧飞灰模袋填埋技术"，该技术利用模袋在填埋场内完成飞灰螯合稳定化，飞灰模袋体堆体具有稳定性高、压实效果好、可提高库容利用率等特点。

（2）废铅蓄电池资源化利用

"废铅蓄电池破碎分选及资源回收技术"，该技术首先将废铅蓄电池全自动精细破碎，然后分选出硫酸铅膏、铅栅、塑料等，采用预脱硫或后脱硫，将铅栅由转炉系统熔炼成粗铅，铅膏则采用"氧化熔炼—还原吹炼"双侧吹富氧熔池熔炼技术，从而实现废铅蓄电池全组分资源化利用。"废铅蓄电池铅膏连续熔池熔炼技术"则采用连续浸没式熔池熔炼技术，可实现连续进料、连续出铅，金属回收率高。

（3）废矿物油再生利用

"废矿物油'旋风闪蒸薄膜再沸+双向溶剂'精制再生技术"，该技术有效避免了原料废油裂解、焦化的结焦问题，具有高基础油回收率高、低能耗的特点。"废矿物油循环再生换热蒸馏技术"，该技术将三塔双炉蒸馏技术运用到废矿物油再生工艺中，可有效降低蒸馏温度（低于裂解温度），显著减少了裂解气的产生，有效避免了炉管高温结焦。

（4）医疗废物处置

"炉排式生活垃圾焚烧炉协同应急处置医疗废物技术"，该技术可利用现有生活垃圾焚烧设施应急处置医疗废物。"移动式医疗废物应急焚烧处置技术"，主要采用移动式处理方式实现应急期间医疗废物应急处置。这两项技术可适用于医疗废物应急处置。"医疗废物高温干热处理技术"可间接加热医疗废物，与其他非焚烧技术相比，挥发性有机物排放少，同时易实现自动化控制。

（5）其他危险废物处理处置

① "金精矿氰渣污染控制技术"适用于黄金行业氰渣解毒，解毒后氰渣进入尾矿库处置或作为回填骨料替代原料利用。② "含砷废渣矿化稳定化处理技术"采用常温常压稳定化工艺，实现了对以砷为主的多种复杂有毒有害成分的同时稳定化处理，工艺过程节能节药。③ "废蚀铜液资源化利用技术"，该技术采用碱式氯化铜、氧化铜、硫酸铜、碱式碳酸铜梯次合成工艺，实现废蚀铜液中资源高效回收。④ "废旧荧光器件回收拆解技术"开发了全自动、全封闭拆解及回收系统，可实现废旧荧光器件的高效回收。

5 行业发展现状分析

5.1 "无废城市"建设试点工作

2020年，"无废城市"建设试点工作取得阶段性进展，为在全国范围内次第推开打下了坚实基础。主要包括：①2020年，生态环境部会同国家发展和改革委员会等十八个单位编制印发了《"无废城市"建设试点2020年工作计划》。②发布了《"无废城市"建设试点先进适用技术汇编》（第一批），包括24项危险废物处置技术、10项工业固体废物处置技术、7项农业固体废物处置技术、31项生活固体废物处置技术和2项信息管理技术。③初步凝练出一批可复制可推广的示范模式。④2020年9月12—13日，全国"无废城市"建设试点推进会在浙江省绍兴市召开，交流各试点城市和地区的工作进展,研究部署下一阶段的重点任务。⑤2020年11月28日,2020"无废城市"建设市场体系专题座谈会在北京市经济技术开发区召开,政商学界人士共同探讨"无废城市"市场体系建设路径。

目前"无废城市"建设试点工作仍存在以下问题:①部分试点城市和地区的任务及项目在推进过程中受疫情和经济等因素影响稍有滞后。②制度体系、技术体系、市场体系和监管体系4个体系建设还未真正达到协同增效的目的。

5.2 禁止洋垃圾入境

自2017年7月国务院办公厅印发的《禁止洋垃圾入境推进固体废物进口管理制度改革实施方案》实施以来,固体废物进口量逐年大幅减少。根据生态环境部数据,2017年、2018年、2019年、2020年,我国固体废物进口量分别为4227万t、2263万t、1348万t、879万t,相比改革前(2016年),分别减少9.2%、51.4%、71.0%、81.1%,累计减少进口固体废物约1亿t(图5)。2020年是洋垃圾禁令收官之年,2020年底前基本实现固体废物零进口目标,且自2021年1月1日起,我国已全面禁止进口固体废物。

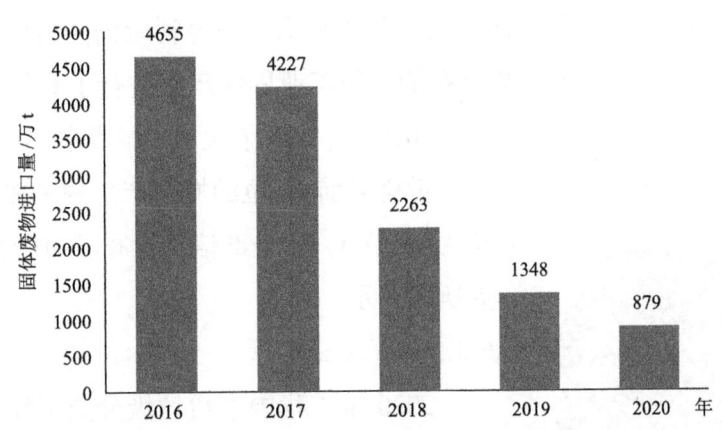

图5 2016—2020年我国固体废物进口量

5.3 固体废物细分行业发展现状

5.3.1 工业固体废物

随着工业行业的不断发展,工业固体废物产生量持续增长,《2016—2019年全国生态环境统计公报》显示,一般工业固体废物产生量由2016年的37.1亿t上升为2019年的44.1亿t,上升了18.7%。综合利用水平也有所提高,由2016年的21.1亿t上升到2019年的23.2亿t(图6)。

据《2020年全国大、中城市固体废物污染防治年报》数据显示,2019年我国196个

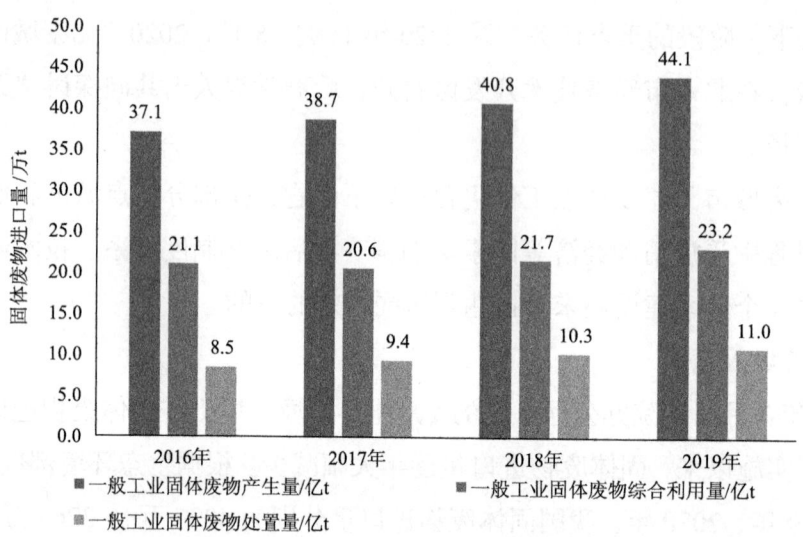

图6 2016—2019年一般工业固体废物产生及利用情况

大、中城市一般工业固体废物产生量为13.8亿t、综合利用量为8.5亿t、处置量为3.1亿t、贮存量为3.6亿t、倾倒丢弃量为4.2万t。一般工业固体废物综合利用量占利用处置总量及贮存总量的55.9%，处置和贮存占比如图7所示。综合利用仍然是处理一般工业固体废物的主要途径，部分城市对历史堆存的一般工业固体废物进行了有效的利用和处置。

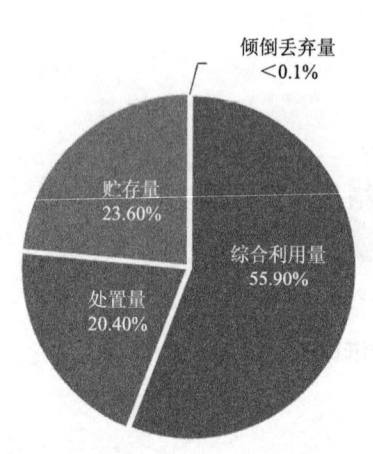

图7 2019年全国大、中城市一般工业固体废物利用、处置、贮存等情况

2019年，196个大、中城市中，一般工业固体废物产生量排名前10位的城市产生的一般工业固体废物总量为4.6亿t，占全部信息发布城市产生总量的29.7%，如所图8示。

5.3.2 生活垃圾

2020年，我国生活垃圾分类工作全力开展，餐厨垃圾减量化资源化效果明显，取得积极进展。46个重点城市的生活垃圾分类小区覆盖率已达86.6%，生活垃圾平均回收利用率为30.4%，有15个城市达到或超过35.0%。厨余垃圾处理能力从2019年的3.47万t/d提升到目前的6.28万t/d，成绩初步显现。根据2020年10月14日国家发展和改革委员会、财政部、住房和城乡建设部对《2020年餐厨废弃物资源化利用和无害化处理试点城市验收结果》的公示，共有24个试点城市通过验收。

据国家统计局发布的《中国统计年鉴2020》数据显示，2019年我国城市生活垃圾

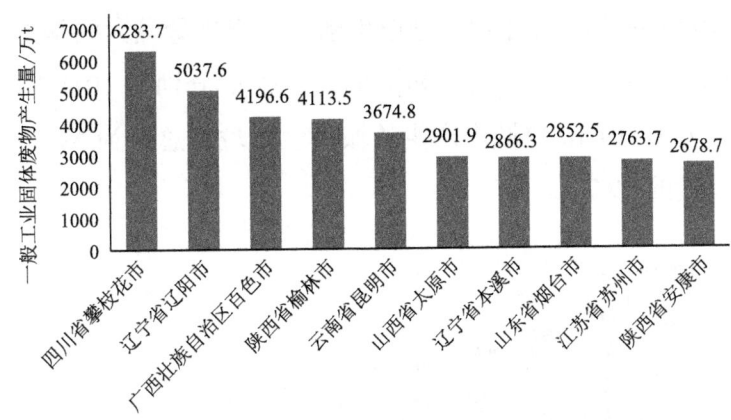

图 8　2019 年全国大、中城市一般工业固体废物产生量排名前十的城市

清运量为 24 206.2 万 t，无害化处理量为 24 012.8 万 t、无害化处理率达到 99.2%，其中包括卫生填埋量 10 948.0 万 t，焚烧量 12 174.2 万 t 和其他无害化处理量 890.6 万 t（图 9）。

2019 年，我国共有 1183 座生活垃圾无害化处理厂，其中生活垃圾卫生填埋场 652 座，生活垃圾焚烧厂 389 座，其他生活垃圾无害化处理厂 141 座（图 10）。2019 年生活垃圾无害化处理能力为 869 875 t/d，其中卫生填埋处理能力为 367 013 t/d，焚烧处理能力为 456 499 t/d，其他无害化处理能力为 45 222 t/d，如图 11 所示。

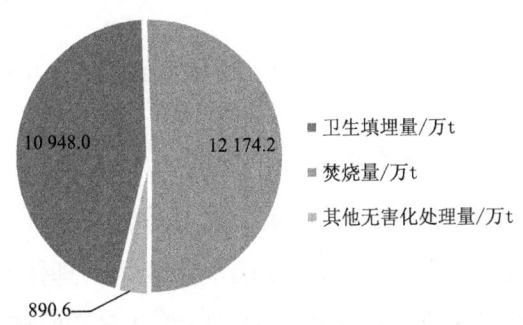

图 9　2019 年我国生活垃圾无害化处理情况

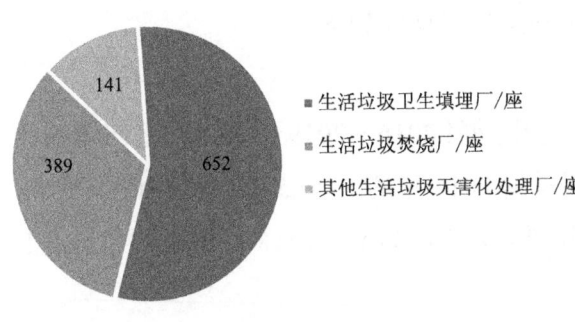

图 10　2019 年我国各类生活垃圾无害化处理厂数量

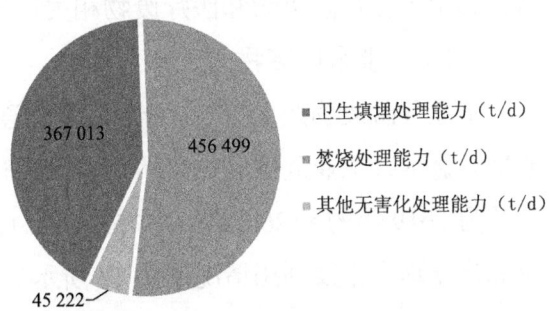

图 11　2019 年我国生活垃圾焚烧、填埋和其他无害化处理能力情况

据《2020 年全国大中城市固体废物污染防治年报》数据显示，2019 年，196 个大、中城市生活垃圾产生量 23 560.2 万 t，处理量 23 487.2 万 t，处理率达 99.7%。城市生活

垃圾产生量居前10位的城市见图12。城市生活垃圾产生量最大的是上海市，产生量为1076.8万t，其次是北京、广州、重庆和深圳，产生量分别为1011.2万t、808.8万t、738.1万t和712.4万t。前10位城市产生的城市生活垃圾总量为6987.1万t，占全部信息发布城市产生总量的29.7%。

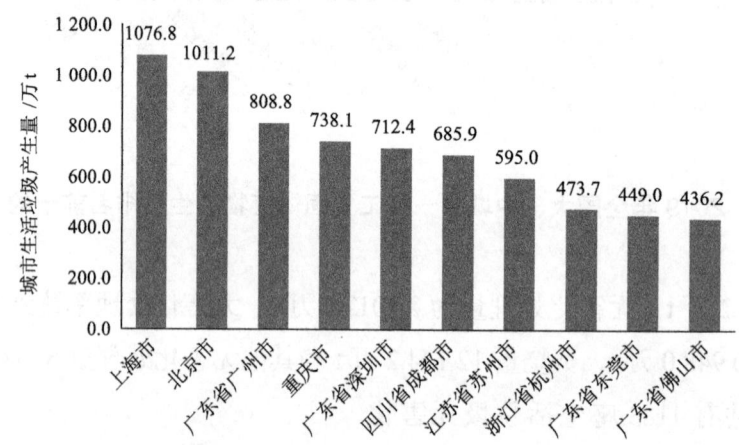

图12 2019年全国大、中城市生活垃圾产生量排名前十的城市

5.3.3 危险废物

随着《国家危险废物名录》（2021年版）和《危险废物焚烧污染控制标准》等相关政策标准的发布，我国危险废物管理体系日趋完善，危险废物处置能力明显提高。根据生态环境部2020年11月30日召开的新闻发布会，截至2019年年底，全国危险废物集中利用处置能力超1.1亿t/a；利用能力和处置能力比"十二五"末分别增长了1倍和1.6倍，其中工业危险废物和医疗废物相关产生、利用处置情况如下。

（1）工业危险废物

工业危险废物产生量、综合利用量均逐年上升，据《2016—2019年全国生态环境统计公报》显示，工业危险废物产生量和综合利用量由2016年的5219.5万t和4317.2万t，上升为2019年的8126.0万t和7539.3万t，分别上升55.7%和74.6%。2016—2019年工业危险废物产生及利用情况如图13所示。

据《2020年全国大中城市固体废物污染防治年报》数据显示，2019年，196个大、中城市工业危险废物产生量达4498.9万t，综合利用量2491.8万t，处置量2027.8万t，贮存量756.1万t。综合利用量和处置量分别占利用处置及贮存总量的47.2%和38.5%，具体情况如图14所示。综合利用和处置是处理工业危险废物的主要途径，部分城市对历史堆存的危险废物进行了有效的利用和处置。196个大、中城市中，工业危险废物产生量

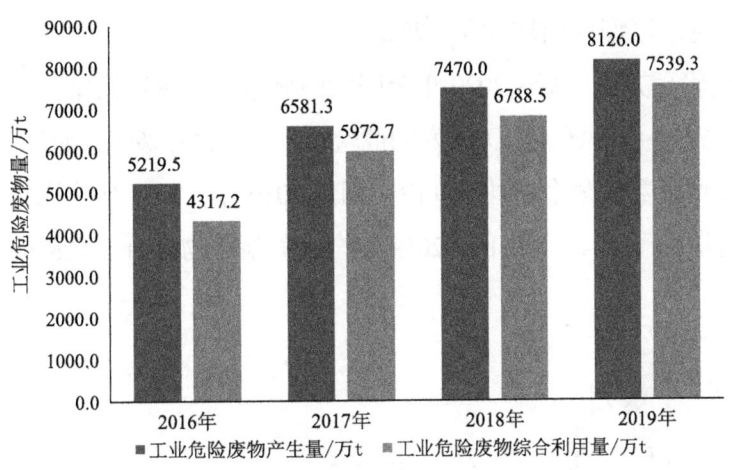

图13 2016—2019年工业危险废物产生及利用情况

居前10位的城市产生的工业危险废物总量为1409.6万t，占全部信息发布城市产生总量的31.3%（图15）。

（2）医疗废物

据《2020年全国大中城市固体废物污染防治年报》数据显示，2019年全国196个大、中城市医疗废物产生量84.3万t，产生的医疗废物都得到了及时妥善处置。医疗废物产生量前10位的城市产生的总量达27.7万t，占全部信息发布城市产生总量的32.9%（图16）。

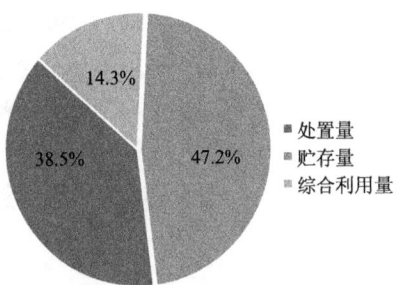

图14 2019年全国大、中城市工业危险废物利用、处置、贮存情况

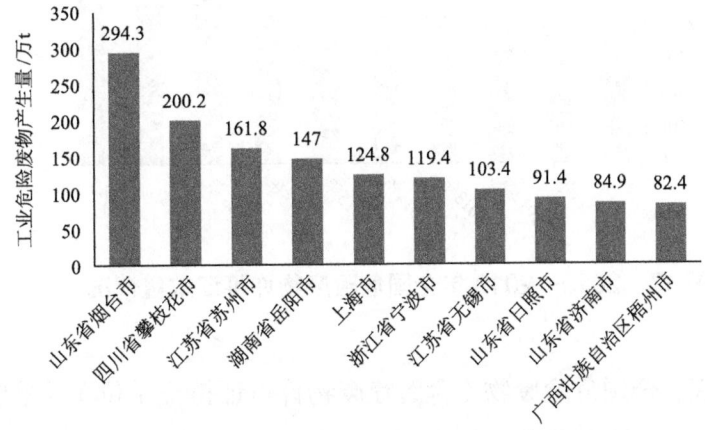

图15 2019年全国大、中城市工业危险废物产生量排名前十的城市

此外，根据2020年12月30日生态环境部发布，中国医疗机构及设施环境监管和服务100%全覆盖，医疗废物、废水收集处置100%全落实，目前全国医疗废物处置能力已经达到每天 6200 多吨，比疫情前增加了 27%。

在危险废物环境管理方面，据《2020 年全国大中城市固体废物污染防治年报》数据显示，截至 2019 年年底，各省（区、市）颁发的危险废物（含医疗废物）许可证共 4195 份。其中，江苏省颁发许可证数量最多，共 549 份。相比 2010 年，2019 年全国危险废物（含医疗废物）许可证数量增长了 174%。2010—2019 年全国危险废物许可证数量情况见图 17。

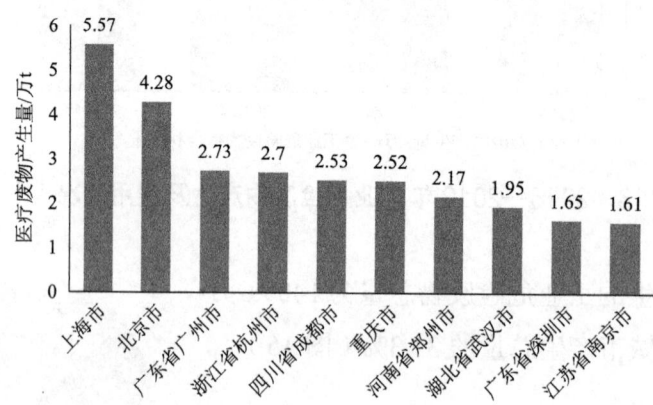

图 16　2019 年全国大、中城市医疗废物产生量排名前十的城市

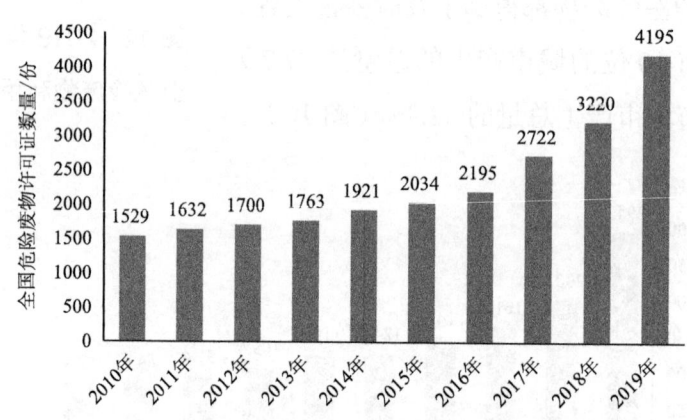

图 17　2010—2019 年全国危险废物许可证数量情况

截至 2019 年年底，全国危险废物（含医疗废物许可证持证单位）核准收集和利用处置能力达到 12 896 万 t/a（含单独收集能力 1826 万 t/a）；2019 年度实际收集和利用处置量为 3558 万 t（含单独收集 81 万 t），其中，利用危险废物 2468 万 t；采用填埋方式处置危险废物 213 万 t，采用焚烧方式处置危险废物 247 万 t，采用水泥窑协同方式处置危险废物 179 万 t，采用其他方式处置危险废物 252 万 t；处置医疗废物 118 万 t。

6 存在的问题

6.1 固体废物产生处置利用不规范，环境违法行为仍存在

固体废物产生来源广泛且复杂，包括工业固体废物、生活垃圾、危险废物、农业垃圾、建筑垃圾等，具体的收集、处置利用方式也各有不同，在这些环节上很容易出现监管不严、企业处理处置不规范等行为。我国生活垃圾分类制度推行过程中仍存在生活垃圾乱堆乱放、清运过程混装等现象。2020年生态环境部组织开展危险废物专项排查整治行动，共排查4.7万家企业和200余个化工园区，并于2020年7月至11月与公安部、最高人民检察院联合严厉打击了危险废物环境违法犯罪行为。在危险废物领域仍存在非法收集、伪造危险废物经营资质，跨区域倾倒、处置危险废物的情况。

6.2 小微企业及社会源危险废物存在收集难、处置难问题

多数城市小微企业产生的危险废物和社会源危险废物（如危险废物产生量较少的工业企业、科研机构及监测站产生的实验室废物，机动车维修产生的废矿物油、废铅蓄电池、废机油滤芯、废包装桶等）由于产生量小且分散，往往存在废物收集难、处置难、监管落实难等问题，引起造成危险废物的非法转移处置，威胁人体健康和生态环境。

6.3 工业固体废物、危险废物等固体废物综合利用水平仍较低

据《2020年全国大中城市固体废物污染防治年报》数据显示，2019年全国196个大、中城市一般工业固体废物2019年综合利用率占利用处置总量及贮存总量的55.9%，贮存量为3.6亿t，堆存量较大，工业固体废物距离全量化资源化利用仍有差距，综合利用率还有一定的提升空间。2020年我国出现了一批固体废物资源化利用先进技术，但针对赤泥、粉煤灰、磷石膏等工业固体废物以及相关危险废物资源化综合利用技术和装备研究仍有待开发和升级。

6.4 缺乏成熟的固体废物综合利用标准体系

固体废物领域虽然已有一系列的法律法规，但在细分领域还存在一些不足之处。2020年新《固废法》中新增建筑垃圾、农业固体废物、厨余垃圾等固体废物种类，其对应的处置利用政策和标准体系有待进一步完善。同时工业固体废物和危险废物资源化利用产品往往由于缺少相关标准规范使得其再利用和二次销售存在很多困难，资源化产品没有出路，造成固体废物综合利用行业不规范发展的局面。

7 行业发展建议

2020年新《固废法》的正式实施，国家多项政策和技术标准规范的陆续发布，有效

地引导了固体废物处理行业的发展方向，随着"无废城市"试点建设工作、"生活垃圾分类"和禁止洋垃圾入境等工作取得重要进展，固体废物处理处置利用行业迎来了较好的发展环境和很大的发展机遇。结合上述行业存在的问题，2021年固体废物处理行业发展趋势及建议如下：

7.1 贯彻落实新《固废法》

进一步压实产生企业的主体责任，强化政府属地责任落实和部门监管协作能力；推进新《固废法》中要求的配套制度和法规制修订工作，建立健全建筑垃圾、农业固体废物、厨余垃圾等新增固体废物种类政策和标准体系建设；强化固体废物环境监管和执法力度，严厉打击固体废物环境违法行为；进一步加大新《固废法》在各地的宣传力度，鼓励举办相关培训班等。

7.2 加强固体废物回收体系建设

持续推进生活垃圾分类工作，分层次分区域建立垃圾收集点、回收中转站，提升可回收物分拣利用水平；加强对危险废物的分级分类精细化管理，完善小微企业和社会源危险废物收集、暂存体系建设，推进集中收集、贮存试点工作，解决小微企业和社会源危险废物收集难的问题。

7.3 提升固体废物综合利用能力

鼓励在生活垃圾、建筑垃圾、工业副产石膏、废铅蓄电池、废矿物油等领域推广应用《国家先进污染防治技术目录》及相关平台发布的获奖技术、名录等；加大对固体废物综合利用技术开发升级的投资力度，加强企业与高校、研究院等科研机构的合作，对现有技术和设施进行创新，提升固体废物综合利用能力。

7.4 加快推进固体废物综合利用标准体系建设

加大对固体废物综合利用标准建设的资金投入力度，保证标准建设的工作经费，加强标准的基础性研究；加强标准制定优先级，推进标准分级分层制定，如国家标准层面优先制定基础和引领性标准，行业标准层面优先制定重要行业或领域风险防控相关标准，团体标准层面优先制定市场需求度比较高的产品或原材料相关标准等。

附录：固体废物处理利用行业主要企业简介

1. 中国恩菲工程技术有限公司

中国恩菲工程技术有限公司（原中国有色工程设计研究总院，简称中国恩菲）成立于1953年，现为世界500强企业中国五矿、中冶集团骨干子企业，拥有有色行业唯一的全行业工程设计综合甲级资质。目前，中国恩菲在30多个国家和地区参与了1.2万个工程项目。在绿色环保领域，中国恩菲发挥技术优势，形成了矿冶工程生产过程中废弃物无害处置及循环利用的可持续发展技术；在化工环保、土壤修复、大气治理、水处理、新能源、可再生能源发电、固废危废处置、城市矿山等领域深耕细作，也形成了独具优势的项目规划、咨询、设计、投融资、建造、运营等"一揽子"服务能力。

2020年底，中国恩菲本部年末从业人数1867人，其中本科学历及以上人员1668人，占总人数的89%。全年营业收入383 432万元，资产总计567 569万元，利润总额19 919万元，利税总额10 980.9万元，研究与试验发展（R&D）经费投入20 414万元。

2020年度，公司在环保领域承接了贵金属资源再生、铜二次资源化利用、生活垃圾焚烧发电厂烟气净化系统、渗滤液处理等10余项重大项目，拥有包括铜泥等含铜固废侧吹浸没燃烧熔融处理技术、废线路板低温热解自热回用技术、有机危险废物、涉重金属污泥的协同无害化、资源化处理技术等在内的10余项技术。公司新获得专利授权270项，其中发明专利63项（含海外专利13项）。2020年度公司参与制定国际标准4项。公司牵头主导编制的ISO/TC282/SC2项下"垃圾焚烧渗滤液处理及回用技术导则"进入投票阶段。2020年度，公司参与制定国家标准3项、强制规定2项、行业或团体标准5项。

2. 光大环境

光大环境是中国光大集团股份公司（简称光大集团）旗下实业投资之旗舰公司，香港联合交易所有限公司（联交所）主板上市公司（257.HK）。公司下辖两家上市企业：新加坡证券交易所有限公司及联交所主板上市之中国光大水务有限公司（U9E.SG及1857.HK）以及联交所主板上市之中国光大绿色环保有限公司（1257.HK）。光大环境是中国首个一站式、全方位的环境综合治理服务商。公司在环境、资源、能源三大领域全面布局，主营业务包括垃圾焚烧发电、有机固废处置、生物质发电、危废及固废处置、环境修复、污水处理、中水回用、供水、流域治理、垃圾分类、再生资源利用、"无废城市"建设、节能照明、分析检测、绿色技术开发、生态环境规划设计、装备制造等。截至2020年12月31日，光大环境拥有员工12 700余人，光大环境业务布局已拓展至国内23个省（区、市），超过200个地区，国外远至德国、波兰及越南，落实环保项目总数达458个，涉及总投资约人民币超1 400余亿元。

光大环境围绕环境、资源和能源三大领域，稳步实施战略转型，逆势发力，精心培育新业务增长点，业务规模稳步提升，并实现高质量发展。旗下各业务板块延续了"稳中有进"的发展态势。2020年，集团录得收益港币4 292 642.6万元，较2019年12月31日止年度（2019年）增长14%。除利息、税项、折旧及摊销前盈利为港币1 285 150.1万元，较2019年增长17%。公司权益持有人应占盈利为港币601 586.3万元，较2019年增长16%。集团旗下环保能源、绿色环保、环保水务板块的收益合共达港币4 162 204.7万元，其中建造服务收益为港币2 549 301.4万元，较2019年增长7%；运营服务收益为港币1 228 602.2万元，较2019年增长30%。各收益比重为：建造服务收益、运营服务收益及财务收入分别占61%、30%及9%。

2020年，光大环境共取得56个新项目并签署2份现有项目的补充协议，涉及总投资约人民币165.00亿元；签署4份现有项目公司股权收购协议，总代价约人民币0.64亿元；另承接9个环境修复服务、2份现有环境修复服务的补充协议、3个EPC（工程总承包）项目、2个EMC（合同能源管理）项目及1个委托运营项目，涉及合同金额约人民币6.10亿元。

截至2020年年底，光大环境主持或参与制定相关国家标准或行业标准23项，其中国家标准

13 项；同时光大环境也是全球拥有垃圾焚烧发电领域专利最多的企业。截至目前，光大环境参加国家课题共 12 项，包括国家高技术研究发展计划、国际合作项目、重点研发计划项目等；共获批平台建设项目 6 项，获得省部级奖励 10 余项。截至 2020 年 12 月 31 日，集团已落实环保项目共 458 个，另承接 36 个环境修复服务、14 个 EPC 项目、4 个 EMC 项目以及 4 个委托运营项目。光大环境集团作为全球最大的垃圾发电投资运营商，旗下环保能源板块及绿色环保板块共落实垃圾发电项目 161 个，设计日处理生活垃圾 139 200 t。

3. 清大国华环境集团股份有限公司

清大国华环境集团股份有限公司（简称清大国华）成立于 2004 年，注册资金 12 675.51 万元，以清华大学和中国科学院专家教授为核心创立，是中关村重点培育的高新技术企业，引入了国家级的战略投资方。所属行业主要为工业固体废物和危险废物。企业性质为民营控股的混合所有制公司。清大国华投资建设运营工业固废处置与综合利用的循环经济产业园，提供高端平板膜产品生产与应用、高难度污水处理与中水回用，以及区域环境综合服务。为客户提供"项目投资、技术研发、设计咨询、工程总承包、运营服务、核心产品生产"等六位一体的全方位解决方案。

在危废处置废液细分领域，清大国华居于国内领先地位。提供危废运营及系统解决方案——拥有多个区域唯一排他性许可经营，持续增长性好；危废废液物化处置和污水处理系统国内市场占有率第一。2020 年，营业收入/工业总产值 18 724.53 万元，资产总计 64 793.42 万元，资产负债率 55.38%，利润总额 5084.24 万元，利润率 27.15%。2020 年年末员工 185 人。

2020 年，清大国华发明专利授权 1 件，新型授权 8 件，外观授权 1 件；截至 2020 年年底共申请：发明专利申请 70 项，新型申请 47 项，外观申请 4 项；已授权：发明专利授权 22 项，新型授权 40 项，外观授权 2 项。在危险废液的处理领域，清大国华已申请国家专利 35 项（其中发明专利 15 项），获得授权专利 19 项（其中发明专利 6 项），国家重点新产品和国家火炬计划 2 项。针对废酸液和高浓度的有机废液，通过工程经验的不断积累以及技术研发的不断突破，处理技术已经由第一代技术发展到第三代技术，形成处理效果好、投资成本低、处理成本低的优势，并且通过对于物理分离技术的突破，在废酸、有机溶剂资源化等方向，形成了自己的核心工艺包，实现废物减量化、资源化。拥有 PIS 模块化程控一体化系统、PTP-CRP 综合反应系统、EDT 蒸馏处理技术；主体工艺为"蒸馏—氧化—生化"、WARS 废酸回收系统等核心专利和专有技术。截至 2020 年年底，清大国华在宁夏宁东、山东潍坊、山东东营、山东烟台、云南昆明共投资建设综合危废处置项目 5 项，提供物化及污水处理系统服务 22 项，主要包括北京生态岛项目、合肥皓悦项目、佛山瀚蓝南海项目、四川成都项目、山西太原项目等。

4. 深圳市环保科技集团有限公司

深圳市环保科技集团有限公司（简称深圳环保）成立于 1988 年，注册资金 2.1 亿元，是世界 500 强深圳投控旗下的市属国有企业。获生态环境部批准建设"国家环境保护危险废物利用与处置工程技术（深圳）中心"，是国内首家工业危险废物处理处置专业机构，也是华南地区唯一国家环境保护危险废物利用与处置工程技术（深圳）中心依托单位和首批"中国环保产业骨干企业""国家高新技术企业"。历年来处置危险废物近 450 万 t，现已发展成为"无废城市"建设示范标杆和行业技术龙头。公司目前已形成集危险废物处理处置、环境应急和环境检测、环境咨询及体系认证三大业务板块为一体的全面"环保管家"式产业链。2020 年深圳环保完成混改，引入深圳投控（47%）、深圳能源集团（34%）、平安资本（10%）战略投资，为公司 IPO 和高质量发展注入新动能。主要业务活动为危险废物的无害化处理以及资源化利用，其中资源化产品有硫酸铜、碱式氯化铜、氧化铜、碳酸铜、二氧化锡、碳酸镍等金属盐产品，金银等稀贵金属及磷酸一氢铵、氯化铵等化工盐产品。

2020 年，深圳环保成功突围新冠疫情影响、无害化处理基地搬迁、危险废物市场竞争加剧等多重挑战，经营指标实现正增长，整体经营稳健，经济实力良好。2020 年度，深圳环保全面推进深圳宝安环境治理技术应用示范基地、广东云浮工业废物资源循环利用中心项目等危险废物利用与处置重大工程项目建设，累计新增危险废物处理规模达 77 万 t/a；并致力于推进国家级创新平台创建工作且取得实质进展。2021 年 1 月，经生态环境部批准，深圳环保成为华南地区首家国家危险废物利用与处置工程技术（深圳）中心的依托单位。2020 年，深圳环保新增高盐废物、重金属废物、炉窑灰渣、实验室废弃物等技术领域立项课题 11 项，完成高卤废物焚烧、废油催化剂资源化等新技术开发课题 6 项，推进危险废物渗滤液处理、危废焚烧飞灰固化/稳定化处置等成果转化 2 项。公司新增申请专利 13 项，新增授权专利 12 项；牵头或参与完成《废弃化学品术语》《绿色设计产品评价技术规范 硫酸铜》等国家、行业、团体标准共计 6 项，所拥有的"多源难降解液态危险废物全过程污染控制集成技术与系统"、《PCB 行业铜蚀刻废液高值化绿色利用与深度处理技术》《基于无动力高效吸收—再生技术的氨氮废水与废磷酸协同处理和资源化利用技术研究》和《危险废物焚烧飞灰固化稳定化技术》4 项研发技术获奖。2020 年，深圳环保增强危废应急处置能力建设，在新冠肺炎疫情期间，深圳环保无条件作为深圳市医废的应急处置单位，保证医疗废物日产日清，守住了疫情防控的最后一道防线。对外环境应急工作共计完成环境、交通、公安等政府单位的应急处置调动 24 次。

5. 北京东方同华科技股份有限公司

北京东方同华科技股份有限公司（简称同华科技）于 2000 年 10 月在北京中关村科技园区成立，是国家及北京市的高新技术企业，为一家在新三板挂牌交易的公众企业（股票代码：837899）。公司主营业务及范围为：生活污水和工业废水治理、生活和餐厨垃圾处理设备研发、系统集成、销售、工程施工及运营于一体，为客户提供环境保护和治理整体解决方案的环保高新技术企业。在主要业务领域为开发区、园区污水处理，垃圾渗沥滤液污水处理，垃圾填埋、餐厨垃圾处理、流域治理、土壤修复等领域取得骄人业绩。

2020 年公司全年实现营业收入 19 758.87 万元，较上年同期的 19 252.87 万元增加 506.00 万元，增幅 2.63%；实现归属于母公司的净利润 3259.23 万元，虽较上年同期的 5845.05 万元减少了 2585.82 万元，减幅达 44.24%，主要原因是新会计准则的启用，合同资产计提大额减值准备，以及疫情导致餐厨垃圾处理量大幅度减少，致使营业利润降低较大，但 2020 年度经营性现金流净额实现 2342.62 万元，较上年同期的 220.41 万元增加了 222.21 万元，增幅达 962.87%。

2020 年，同华科技巩固餐厨垃圾处理技术及微单元污水处理技术两大核心技术，积极开拓冶金高炉灰净化回用、业务垃圾收集转运等业务，并依托两大核心技术优势，打造高端环保设备制造基地。2020 年度同华科技坚守技术为本，继续坚持研发及技改投入，研发总投入 530.16 万元，与上年同期的 525.65 万元持平，先后开展冶金高炉灰净化回用等技术研发 12 项。

土壤与地下水修复行业 2020 年发展报告

1 2020 年土壤与地下水污染防治管理体系建设情况

本报告从政策法规、技术标准导则、团体标准、土壤污染管控和修复名录等方面对我国 2020 年土壤污染防治体系情况进行阐述。

1.1 政策和法规等出台情况

土壤污染防治是一项复杂的系统工程,不仅需要各行政管理部门、社会团体、公民、企业和专家学者等各利益方的积极参与,更离不开法律法规体系的原则指导思想。2020 年我国主要出台政策和法规情况如下所述。

1.1.1 国家政策和法规等出台情况

2020 年 2 月 27 日,财政部等六部委联合颁布了《土壤污染防治基金管理办法》,鼓励土壤污染防治任务重、具备条件的省设立基金,积极探索基金管理有效模式和回报机制。

2020 年 3 月 3 日,中共中央办公厅、国务院办公厅印发了《关于构建现代环境治理体系的指导意见》,对工业污染地块,鼓励采用"环境修复+开发建设"模式,提出了土壤修复行业创新环境治理模式。

2020 年 3 月,生态环境部等 3 部门联合印发了《关于推荐生态环境导向的开发模式试点项目的通知》,提出了 EOD 模式在环境产业的运用。EOD 模式,即生态环境导向的开发模式。该模式是以生态文明思想为引领,以可持续发展为目标,以生态保护和环境治理为基础,以特色产业运营为支撑,以区域综合开发为载体,采取产业链延伸、联合经营、组合开发等方式,推动公益性较强、收益性差的生态环境治理项目与收益较好的关联产业有效融合,统筹推进,一体化实施,将生态环境治理带来的经济价值内部化,是一种创新性的项目组织实施方式[1]。

2020 年 9 月 11 日,生态环境部发布了《土壤污染隐患排查技术指南》(征求意见稿),为进一步落实《中华人民共和国土壤污染防治法》《工矿用地土壤环境管理办法(试行)》,为指导和规范土壤污染重点监管单位建立土壤污染隐患排查制度提供技术支持。

2020 年 9 月 28 日,生态环境部办公厅会同财政部办公厅共同印发了《关于加强土壤污染防治项目管理的通知》。从项目类型与周期、项目管理分工、项目管理要求、环境监督管理等方面提出了明确要求，并首次提出鼓励有条件的地区探索全过程工程咨询服务和工程总承包模式，首次明确了修复工程实施过程中初步设计的概念和环节。

2020年11月25日，生态环境部颁布了《国家危险废物名录（2021年版）》（以下简称《名录》）。《名录》是危险废物环境管理的技术基础和关键依据，是落实新修订的固体废物污染环境防治法的配套规章，对加强危险废物污染防治、保障人民群众身体健康具有重要意义。

2020年11月30日，生态环境部颁布了《建设项目环境影响评价分类管理名录（2021年版）》（以下简称《环评目录》），根据新版的《环评目录》，土壤修复项目将不再要求做环境影响评价，此举是落实"放管服"要求的一项具体措施，有助于土壤修复项目的快速推进。

2020年12月1日，生态环境部颁布了《地下水环境监测技术规范》（HJ 164—2020）（代替HJ/T 164—2004），此标准规定了地下水环境监测点布设、环境监测井建设与管理、样品采集与保存、监测项目和分析方法、监测数据处理、质量保证和质量控制以及资料整理等方面的要求，为我国地下水环境监测提供了技术支持。

2020年12月29日，生态环境部和国家市场监督管理总局联合印发了《生态环境损害鉴定评估技术指南环境要素第1部分：土壤和地下水》（GB/T 39792.1—2020），此标准对规范我国土壤和地下水的生态环境损害鉴定评估工作起到指导作用。

2020年国家主要政策和法规的明细详见表1。

表1 2020年国家主要政策和法规一览表

序号	时间（年.月）	政策和法规名称	发布部门
1	2020.2	《土壤污染防治基金管理办法》（财资环〔2020〕2号）	财政部、生态环境部、农业农村部、自然资源部、住房和城乡建设部、国家林业和草原局
2	2020.3	《关于构建现代环境治理体系的指导意见》	中共中央办公厅、国务院办公厅
3	2020.8	《关于加强土壤污染防治项目管理的通知》（环办土壤〔2020〕23号）	生态环境部、财政部
4	2020.9	《土壤污染隐患排查技术指南（征求意见稿）》	生态环境部
5	2020.9	《关于加强土壤污染防治项目管理的通知》（环办土壤〔2020〕23号）	财政部、生态环境部
6	2020.9	《关于推荐生态环境导向的开发模式试点项目的通知》（环办科财函〔2020〕489号）	生态环境部、国家发展和改革委员会、国家开发银行
7	2020.11	《国家危险废物名录（2021年版）》（生态环境部令第15号）	生态环境部、国家发展和改革委员会、公安部、交通运输部、国家卫生健康委员会

续表

序号	时间(年.月)	政策和法规名称	发布部门
8	2020.11	《建设项目环境影响评价分类管理名录（2021年版）》（生态环境部令第16号）	生态环境部
9	2020.12	《地下水环境监测技术规范》（HJ 164—2020）	生态环境部
10	2020.12	《生态环境损害鉴定评估技术指南 环境要素第1部分：土壤和地下水》（GB/T 39792.1—2020）	生态环境部和国家市场监督管理总局
11	2020.12	《关于报送土壤污染治理与修复技术应用试点项目总结报告的函》（土壤函〔2020〕13号）	生态环境部

1.1.2 地方政策和法规等出台情况

随着《中华人民共和国土壤污染防治法》的实施，国家层面政策法规在不断完善的同时，地方也紧随国家政策，出台了一系列地方性的政策法规，这些政策法规的出台，推动了各个省（区、市）土壤修复行业的发展。主要政策法规如表2所示。

表2 2020年地方主要政策和法规一览表

序号	时间（年.月）	政策和法规名称	地区
1	2020.1	《天津市建设用地土壤污染状况调查、风险评估、风险管控及修复效果评估报告评审规定（试行）》（津环土函〔2020〕223号）	天津市
2	2020.3	《湖南省实施〈中华人民共和国土壤污染防治法〉办法》〔湖南省第十三届人民代表大会常务委员会公告（第37号）〕	湖南省
3	2020.3	《梁滩河流域城镇污水处理厂主要水污染物排放标准》（DB50/963—2020）	重庆市
4	2020.4	《〈土壤污染防治行动计划四川省工作方案〉2020年度实施计划》	四川省
5	2020.4	《天津市暂不开发利用污染地块风险管控技术指南（试行）》	天津市
6	2020.5	《山东省2020年土壤污染防治工作计划》（鲁环发〔2020〕20号）	山东省
7	2020.5	《关于做好农用地土壤污染防治和粮食安全工作的通知》（豫政办〔2020〕13号）	河南省
8	2020.6	《福建省建设用地土壤污染治理行业指导价（试行）》（闽环协〔2020〕25号）	福建省
9	2020.7	《河北省建设用地土壤污染状况调查、风险评估、风险管控及修复效果评估报告评审指南》	河北省
10	2020.7	《广州市建设用地土壤污染修复现场环保检查要点的通知》（穗环办〔2020〕40号）	广东省广州市
11	2020.7	《土壤环境背景值》（DB4403/T 68—2020）和《建设用地土壤污染风险筛选值和管制值》（DB4403/T 67—2020）	广东省深圳市
12	2020.7	《广东省建设用地土壤污染风险管控和修复从业单位管理办法（试行）》	广东省

续表

序号	时间 (年.月)	政策和法规名称	地区
13	2020.8	《广东省自然资源厅矿山地质环境治理恢复基金管理暂行办法》(粤自然资规字〔2020〕6号)	广东省
14	2020.9	《广东省生态环境损害赔偿工作办法(试行)》(粤办函〔2020〕219号)	广东省
15	2020.10	《关于做好再开发利用地块土壤污染状况调查和治理修复效果评估质量监督工作的通知》(穗环办〔2020〕62号)	广东省广州市
16	2020.11	《广东省建设用地土壤污染状况调查、风险评估及效果评估报告技术审查要点(试行)》(粤环办〔2020〕67号)	广东省
17	2020.11	《广东省建设用地土壤污染修复现场环境信息公开与标识指南(试行)》(粤环办〔2020〕66号)	广东省
18	2020.11	《山东省建设用地土壤污染状况调查报告评审工作指南》(鲁环发〔2020〕49号)	山东省
19	2020.12	《污染地块修复后环境监管技术要点(试行)》(穗环办〔2020〕84号)	广州市

1.1.3 团体标准情况

2020年，紧随土壤修复行业发展的需求，在国家政策法规、标准导则的基础上，各协会也出台了相应的团体标准，以促进行业不断发展，如2020年中国环境保护产业协会发布的《污染场地绿色可持续修复通则》(T/CAEPI 26—2020)，规定了绿色可持续修复的原则，以及可持续性评价的程序、方法和指标，给出了污染地块管理各个阶段以及各种典型修复技术的最佳管理措施，适用于对经风险评估确认需要治理与修复的污染地块开展的污染土壤和地下水修复及其相关活动。

1.2 各地土壤污染管控和修复名录建设情况

为贯彻落实《中华人民共和国土壤污染防治法》《污染地块管理办法(试行)》，加强建设用地准入管理以及保障人居环境安全，各地结合近年土壤污染状况调查和风险评估情况，制定了建设用地土壤污染风险管控和修复名录。截至2020年12月31日，有内蒙古等23个省(区、市)已公布建设用地土壤污染风险管控和修复名录。具体名录如表3所示。

表3 2020年建设用地土壤污染风险管控和修复名录

省(区、市)	建设用地土壤污染风险管控和修复名录名称	颁布时间(年.月.日)
内蒙古	内蒙古自治区建设用地土壤污染风险管控和修复名录(第一批)	2020.1.10
河北	河北省建设用地土壤污染风险管控和修复名录	2020.1.15
浙江	浙江省建设用地土壤污染风险管控和修复名录	2020.1.15
江苏	江苏省建设用地土壤污染风险管控和修复名录	2020.3.2

续表

省（区、市）	建设用地土壤污染风险管控和修复名录名称	颁布时间（年.月.日）
北京	北京市建设用地土壤污染风险管控和修复名录	2020.3.13
广东	广东省建设用地土壤污染风险管控和修复名录	2020.4.17
云南	云南省建设用地土壤污染风险管控和修复名录	2020.4.24
海南	海南省建设用地土壤污染风险管控和修复名录（第一批）	2020.5.14
安徽	安徽省建设用地土壤污染风险管控和修复名录	2020.5.22
天津	天津市建设用地土壤污染风险管控和修复名录	2020.6.4
河南	河南省污染地块土壤污染风险管控和修复名录	2020.6.16
湖南	2020年湖南省建设用地土壤污染风险管控和修复名录（第一批）	2020.8.18
吉林	吉林省建设用地土壤污染风险管控和修复名录	2020.9.2
山西	山西省建设用地土壤污染风险管控和修复名录	2020.10.10
广西	广西壮族自治区建设用地土壤污染风险管控和修复名录	2020.10.12
四川	四川省建设用地土壤污染风险管控和修复名录	2020.10.26
湖北	湖北省建设用地土壤污染风险管控和修复名录	2020.10.30
福建	福建省建设用地土壤污染风险管控和修复名录	2020.11.4
辽宁	辽宁省建设用地土壤污染风险管控和修复名录	2020.12.8
山东	山东省建设用地土壤污染风险管控和修复名录（第三批）	2020.12.30
上海	上海市建设用地土壤污染风险管控和修复名录	2020.12.31

根据对各地建设用地土壤污染风险管控和修复名录地块数量统计分析可知，地块数量分布最多的区域为浙江73块，其次为江苏、上海、广东、天津等地，都超过40块，数量最少的是湖北、吉林、海南、内蒙古等地，具体如图1所示。

根据对各地建设用地土壤污染风险管控和修复名录地块面积统计分析可知，地块累积面积最多的区域为辽宁，超过60万 m^2，其次为浙江、江苏、天津、河北等地，面积最少的是湖北、吉林、海南等地，具体如图1所示。

1.3 其他情况

1.3.1 国家及省部级奖项情况

科技创新已经成为评判一个行业发展现状和潜力的关键指标。自《土壤污染防治行动计划》（以下简称《土十条》）颁布以来，国家重视土壤与地下水污染防治科技创新工作，陆续批复一批具有重大影响力的科研项目，加强科技研发和成果转化落地。修复

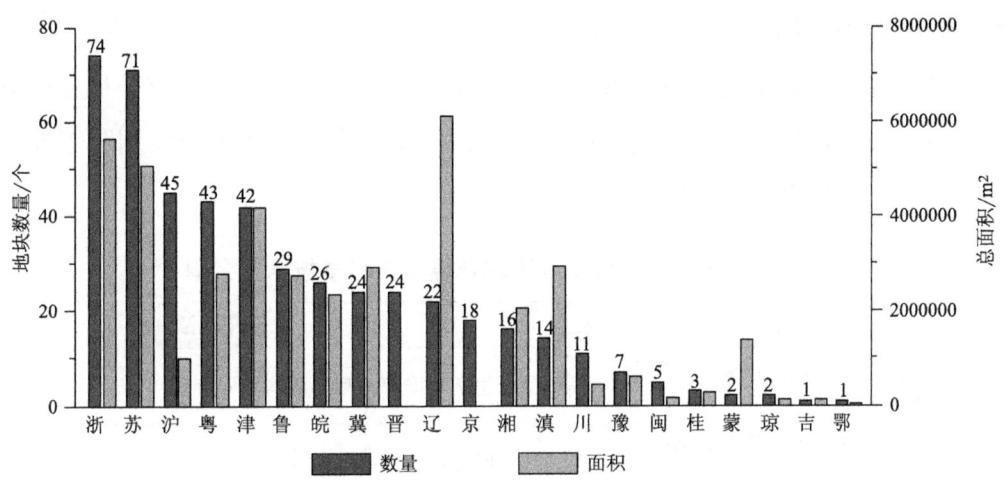

图 1 各地建设用地土壤污染风险管控和修复名录地块情况

行业各企事业单位也提高站位意识,紧随国家战略,在坚持持续技术引进,在加强国际合作的同时,不断提升自身的自主创新意识,加强科技创新,厚积薄发,一批批具有自主知识产权的科技成果陆续涌现。

2020 年,部分土壤与地下水修复行业企事业单位获得"环境技术进步奖""环境保护科学家技术奖"等省部级、行业级奖项。

1.3.1.1 环境技术进步奖

2019 年 1 月,根据《国家科学技术奖励条例》以及《科技部关于进一步鼓励和规范社会力量设立科学技术奖的指导意见》,中国环境保护产业协会面向全国设立了"环境技术进步奖",2019 年正式启动首届环境技术进步奖评奖工作。2020 年 12 月,中国环境保护产业协会公布了获得 2020 年度环境技术进步奖名单,共授予土壤与地下水修复领域"复合污染土壤低扰动多维协调修复关键技术与应用"项目一等奖,"有机污染土壤异位间接热脱附修复技术"项目二等奖,详见表 4。

表 4 土壤与地下水修复领域环境技术进步奖名单

序号	项目名称	级别	获奖单位
1	复合污染土壤低扰动多维协调修复关键技术与应用	一等奖	清华大学、北京建工环境修复股份有限公司、上海康恒环境修复有限公司、北京高能时代环境技术股份有限公司、伊利资源集团有限公司、生态环境部环境规划院
2	有机污染土壤异位间接热脱附修复技术	二等奖	杰瑞环保科技有限公司

1.3.1.2 环境保护科学技术奖

2020年，根据《环境保护科学技术奖励办法》的有关规定，经评审委员会评审，共授予土壤与地下水修复领域"我国土壤污染防治体系建设关键技术与应用"等6个项目环境保护科学技术奖二等奖，详见表5。

表5 土壤与地下水修复领域环境保护科学技术奖名单

序号	项目名称	级别	获奖单位
1	我国土壤污染防治体系建设关键技术与应用	二等奖	生态环境部南京环境科学研究院
2	大型矿山地质环境评价与生态修复关键技术	二等奖	成都理工大学、北京师范大学
3	北京寒冷地区河流生态修复关键技术与应用	二等奖	中国环境科学研究院、辽宁省环保集团有限责任公司、沈阳环境科学研究院、清华大学、北京工业大学
4	区域环境中砷的迁移转化控制关键技术及应用	二等奖	昆明理工大学、云南省生态环境科学研究院、中国电建集团中南勘测设计研究院有限公司、云南省固体废物管理中心、云南云投生态环境科技股份有限公司
5	污染土壤节能增效异位脱附修复关键技术与装备及应用	二等奖	中科鼎实环境工程有限公司、中国环境科学研究院、中国科学院城市环境研究所
6	化工冶金污染场地风险管控与修复关键技术及应用	二等奖	中国科学院南京土壤研究所、清华大学、生态环境部环境规划院、中国环境科学研究院、东南大学

1.3.2 重点环境保护实用技术和工程示范获奖情况

为给打好污染防治攻坚战和改善生态环境质量提供技术支撑，加快环境保护先进适用技术推广应用，中国环境保护产业协会组织了2020年重点环境保护实用技术及示范工程申报评审工作，形成了《2020年重点环境保护实用技术及示范工程名录》。其中土壤与地下水修复领域入选实用技术共有7项，示范工程共12项，如表6、表7所示。

表6 重点环境保护实用技术名录

序号	技术名称	申报单位
1	MetaCon 广谱型重金属稳定化修复材料	北京润鸣环境科技有限公司
2	MetaPro 特异型重金属稳定化修复材料	北京润鸣环境科技有限公司
3	MetaFarmTM 农田重金属钝化材料	北京润鸣环境科技有限公司
4	有机污染土壤热强化异位通风处理技术及一体化装备	安徽省通源环境节能股份有限公司
5	污染土壤与地下水原位传导式电加热脱附修复技术	北京建工环境修复股份有限公司
6	有机污染场地高效循环注射处理技术	中节能大地（杭州）环境修复有限公司
7	履带式土壤稳定化修复设备	杰瑞环保科技有限公司

表7 重点环境保护示范工程名录

序号	工程名称	申报单位
1	长葛市清潩河环境治理工程	中国电建市政建设集团有限公司
2	云南红云氯碱有限公司含汞盐泥处理工程	北京建工环境修复股份有限公司
3	东钢厂区污染场地治理修复项目（第一阶段）	中节能大地（杭州）环境修复有限公司
4	广州市天河区广园东路旧改地块 4283 m^3 苯并[a]芘、石油烃（C10～C40）污染土壤原地异位化学氧化修复工程	广州市第一市政工程有限公司 广东中科碧城环境技术有限公司
5	天津市西青区高泰路土壤修复工程	煜环环境科技有限公司
6	凯旋单元 FG25-R21-18 地块景芳拆迁安置房及西侧 G1-35B 公园绿地工程（原杭州景芳加油站）土壤修复项目	中节能大地（杭州）环境修复有限公司
7	广州百花香料股份有限公司地块污染土壤及地下水修复项目	中冶南方都市环保工程技术股份有限公司

1.3.3 国家重点科研项目情况

2018年国家重点研发计划"场地土壤污染成因与治理技术"重点专项启动申报。该专项结合2020年《土壤污染防治行动计划》目标和任务，紧紧围绕国家场地土壤污染防治的重大科技需求，重点支持场地土壤污染形成机制、监测预警、风险管控、治理修复、安全利用等技术、材料和装备创新研发与典型示范，形成土壤污染防控与修复系统解决技术方案与产业化模式，在典型区域开展规模化示范应用，实现环境、经济、社会等综合效益目标展开。

2020年，共有22个研发项目，国拨资金总概算6亿余元，高校/科研院所牵头项目共20个，企业牵头项目2个，分别为江苏盖亚环境科技股份有限公司牵头的"污染场地土层剖面钻进探测一体化技术与装备"和北京建工修复股份有限公司牵头的"基于大智物云的焦化污染场地生物修复一体化智能装备研究"。

相比2019年，专项共21项，其中企业牵头6项，占比约28.6%，2020年占比约9.1%，下降19.5个百分比。究其原因，主要是我国土壤修复企业普遍资金规模较小，而土壤专项自筹资金匹配度高，对成果考核严格，科研周期短，修复企业前期科研积累少等，面对巨大资金和成果考核压力，不少修复企业开始望而却步，积极性较往年有所降低。

2 2020年土壤与地下水修复及风险管控市场空间分析

2.1 土壤专项资金情况

为贯彻落实《土十条》，中央财政设立土壤污染防治专项资金，支持土壤污染状况调查、风险管控、监测评估、监督管理、治理修复等工作，成为土壤修复行业主要资金来源，对刺激和形成土壤修复市场发展发挥了非常重要的引导性和激励性作用。"十三五"期间累计 280.0 余亿元，2020 年度共计拨付专项资金额度总计 40.0 亿元。

2020 年，土壤污染防治专项资金分配额度超过 1 亿元的省（区）由多至少依次为湖南、湖北、广西、贵州、浙江、广东、河北、云南、江苏、四川、山东和甘肃（图 2）。此 12 个省（区）资金总和达到约 32.7 亿元，占全国专项资金总额度的 81.75%，其中湖南省专项资金支持额度约 5.7 亿元。从专项资金区域分配看，2020 年专项资金重点支持的省份主要分布长江以南的西南、华中、华南及西北等有色矿产丰富、重金属污染严重且环境较为敏感的区域，与 2019 年的资金分配情况基本一致。这些区域专项资金的持续注入体现了国家对解决重点区域环境问题的重视与支持。

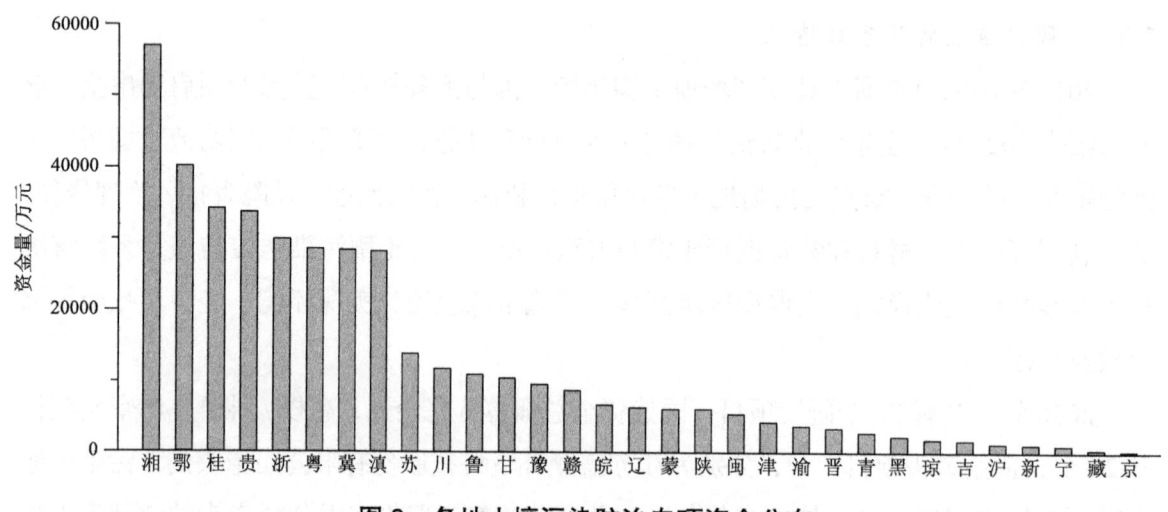

图 2　各地土壤污染防治专项资金分布

2.2　土壤修复行业市场分析

本报告通过中国采购与招标网、中国采招网、政府及相关部门网站、土壤修复行业相关公司网站等公开渠道进行检索和查询，共收集并筛选 2020 年土壤修复项目 2066 个，其中咨询类项目 1473 个（主要为施工前期场地调查评估类项目），占比 71.30%；修复工程类项目 593 个（不含填埋场、水生态、底泥治理及污水处理等项目），占比 28.70%（图 3）。

2.2.1　咨询类项目市场分析

根据统计数据可知，针对咨询类项目，从资金分配方面分析，土壤修复咨询服务项目数量和金额增长都非常显著。2020 年咨询项目投资额度约 26.3 亿元，占整个行业投资额度的 16.00%；工程类项目投资额度为 138.10 亿元，占比 84.00%；两者的资金分配比咨询类项目有了明显的提升，较 2019 年 11.60 亿元增长了 14.73 亿元，增长了约 127.00%。此外，于琪等人在 2019 年调研中指出，在对行业包括场地调查、方案设计、效果评估、专家评审类咨询业务进行全统计的情况下，其占比也仅为总投资额度的 14.51%[3]，较其占比，也有显著提升。

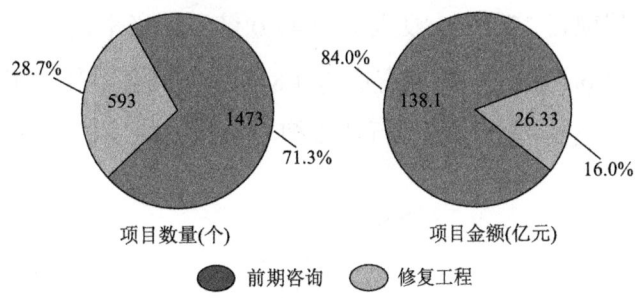

图 3　修复项目咨询—工程类项目数及投资

注 1：咨询项目中有资金量信息的项目数为 1454 个，工程项目中有资金量信息的项目数为 592 个，缺失资金量信息的项目资金量按各类型平均资金量赋值来估算总资金量。

注 2：本报告中根据公开渠道统计咨询项目数 1473 个，项目金额 26.33 亿元，工程项目 593 个，项目金额 138.10 亿元。公开数据统计咨询项目 2853 个，项目金额 39.77 亿元，工程项目数 668 个，102.97 亿元。主要原因如下，首先，咨询类项目汇总中有 627 个单独只做环境监测类的项目；其次，有些合同额较小的项目，业主单位之间委托相关单位承担，未在网上公开招投标[2]。

2.2.2　工程实施类市场分析

根据统计数据可知，从资金分配方面分析，对于资金占比较大的工程类业务，2020 年的 138.1 亿元相较于 2019 年的 103.3 亿元也有较大的增长，增长约 33.70%（表 8）。通过对 2020 年工程类业务进行分类统计发现，项目数量和资金主要集中于工业污染场地修复、矿山修复和农田修复 3 个方向。其中，工业污染场地修复项目 261 个，投入资金 84.5 亿元，资金占比约 61.14%；矿山治

表 8　修复项目数量和资金额往年对比

统计项	年份	工业场地	矿山治理	农田修复
项目数量 / 个	2018	200	46	78
	2019	134	100	26
	2020	261	170	162
平均资金 / 万元	2018	3119.2	2516.0	1205.5
	2019	5405.4	2938.4	1885.9
	2020	3238.9	2764.9	413.4
最大资金 / 亿元	2018	4.6	3.6	0.4
	2019	17.3	9.3	2.2
	2020	7.8	6.4	0.6
总资金 / 亿元	2018	61.6	10.1	9.2
	2019	69.1	29.4	4.9
	2020	84.5	47.0	6.7

理项目170个，投入资金47.0亿元，资金占比约34.02%；农田修复项目162个，投入资金6.7亿元，资金占比约4.84%（图4）。其中工业类污染场地修复工程仍占工程类业务的主要部分，并且行业规模在持续扩大，比2019年增长约30.00%。

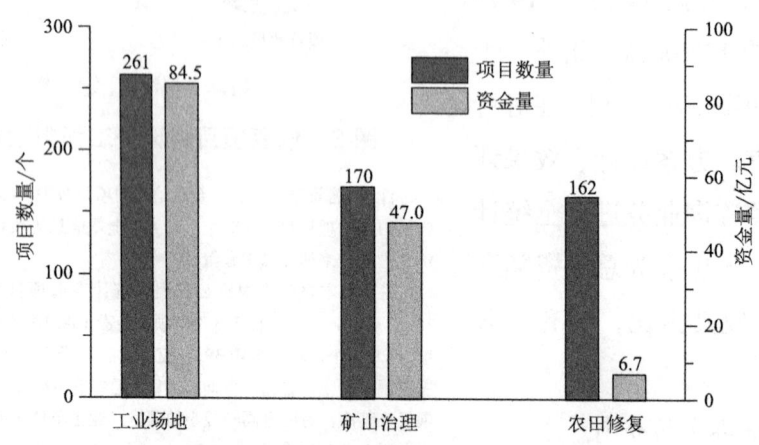

图4 土壤修复项目各类型分布及总资金量

注：工业场地项目中有资金量信息的项目数为260个，矿山治理项目中有资金量信息的项目数为170个，农田修复项目有资金量信息的项目数为162个，缺失资金量信息的项目资金量按各类型平均资金量赋值来估算总资金量。

此外，针对工程类项目，根据统计数据，结合上表可知：

项目数量增长尤为明显，工业污染场地较2019年增长约1.0倍，矿山治理项目较2019年增长约0.7倍，农田修复项目较2019年增长约5.0倍。

从2020年单体项目平均资金规模可知，矿山治理项目与2018年和2019年基本保持一致；农田修复项目较2019年和2018年显著减低，其中较2019年降低约78%，较2018年降低约65%；工业污染场地较2019年有了显著降低，与2018年基本保持一致，2020年工业污染场地和农田修复项目，各地小合同金额项目释放增多。

到2020年12月31日止，土壤修复行业最大的单体修复项目为2019年公开招标的"天津农药厂污染土壤修复项目"，资金规模17.30亿元。2020年公开招标的最大单体项目为河北省公开招标的"唐河污水库污染治理与生态修复二期工程施工"项目，该项目金额为77811.88万元。矿山和农田最大单体项目资金相较2019年有显著降低。

综上所述，2020年作为《土十条》的收官之年，在"污染耕地安全利用率达到90%左右，污染地块安全利用率达到90%以上"双"90%"的目标下，2020年各类型修复项目总资金额和项目数持续增长。但受制于修复资金来源和社会参与度等因素的影响，短期市场规模相较于水、气等环境治理市场仍然较小。但随着2020年1月17日《土壤污染防治基金管理办法》的发布，部分省份相继设立土壤污染防治基金，多渠道筹集土壤污染防治资金。2020年7月15日，财政部牵头设立国家绿色发展基金，首期规模达到885.00亿元；2020年河南省设立百亿元绿色发展基金，总规模为160.00亿元；江苏省设立省级土壤污染防治基金，总规模20.00亿元；2020年11月湖南省人民政府批准设立省级土壤污染防治基金，基金总规模12.00亿元，首期规模为3.00亿元等。修复市场资金短缺的情况有望逐步得到缓解，通过合理的资金筹集、管理和使用，发挥引导带动和杠杆效应，吸引社会各类资本参与土壤污染防治，借以支持"十四五"期间土壤修复治理产业的发展[2]。

3 土壤与地下水修复及风险管控咨询类业务分析

2020年，利用本报告公开渠道进行检索和查询，收集并筛选获得的1474个咨询类项目（总合同金额26.33亿元）为基础，以下统称"统计数据"，对我国2020咨询类业务开展情况详细分析如下。

3.1 咨询类项目区域分布情况

如图5所示，从项目数量来看，排名前十的地区，项目数量占比高达50%以上，排名前五的省份分别为山东、江苏、重庆、浙江和广东。从投入资金总量来看，资金投入较多的地区也是咨询业务发展较快的区域，资金投入前五的地区分别为广东、江苏、山东、浙江和河北。咨询类业务主要集中于长三角、珠三角、京津冀以及沿海和中部经济较发达地区，也就是目前土壤与地下水修复的热点地区，与孙宁等人研究基本一致[2]。

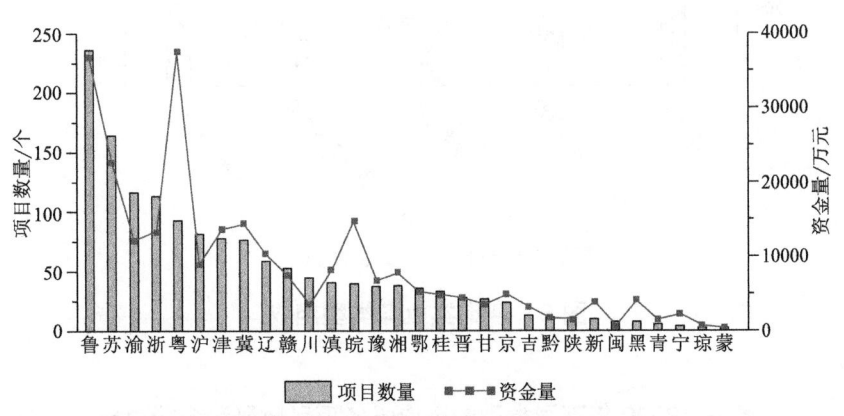

图5 咨询类业务地域分布情况统计

3.2 咨询类项目类型分析

咨询项目类型按工作内容进行分类统计，分为调查评估阶段、重点行业企业调查阶段、技术方案及效果评估阶段（图6）。

从统计结果分析（表9）看，目前咨询类业务形式相对较为单一，以场地调查为主导，项目数量约占咨询类业务的66.53%，项目合同总额约占咨询类业务的57.87%。2020年全国继续开展重点行业企业用地调查第二阶段的工作，此类型项目贡献合同额占28.31%，项目数占比18.67%。修复效果评估类项目，整体占比不高，但相比于2019年（1725万元，项目数86个）（来源孙宁等）[2]，数量增长显著，金额基本持平。

方案编制等技术咨询业务有了一定程度的发展，咨询业务类型的拓展也反映出修复行业从业企业正逐步由大而全的全产业链发展，走向行业精细化分工协作，一批具有技术积累和专家团队的公司正将目光逐渐聚焦到技术咨询和项目管理服务等增值业务方面。一批从业较早，经验丰富的修复公司，也积极开展并布局咨询服务类业务，为修复行业整体服务水平的提升起到积极推动作用。

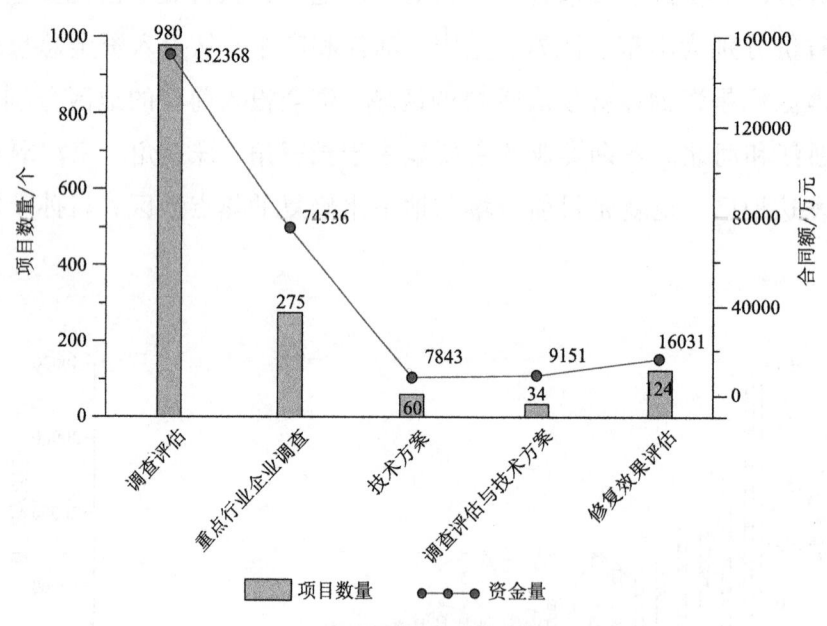

图6 咨询类业务类型组成

表9 2020年不同类型的咨询服务项目数量和金额对比

类型	项目数量/个	项目数量占比/%	合同额/万元	合同额占比/%
调查评估	980.00	66.53	152 368.00	57.87
重点行业企业调查	275.00	18.67	74 536.00	28.31

续表

类型	项目数量/个	项目数量占比/%	合同额/万元	合同额占比/%
技术方案	60.00	4.07	7843.00	2.98
调查评估与技术方案	34.00	2.31	9151.00	3.48
修复效果评估	124.00	8.42	16 031.00	6.09

3.3 咨询类项目规模分析

通过对近1473个咨询类项目的单个项目合同额进行区间统计分析，2020年咨询类项目平均合同额为178万元，较去年190万元有所降低。合同额在100万元及以上的项目占比44.7%，约占一半，益于重点行业企业调查工作的快速推进，一批时间紧、规模大的项目在短时间内得以释放[2]（图7）。

根据统计数据可知，2020年我国咨询单体项目平均匹配金额约178万元。广东咨询项目总资金量最大，过千万的调查项目有8个，单体项目最大资金量达3652万元，而咨询项目数量位列第一位的山东，超过千万的项目仅一个，总资金量为1798万元。单体资金匹配度最高的是宁夏为702万元，3个项目总资金为2105万元，约为平均单体资金的3倍。

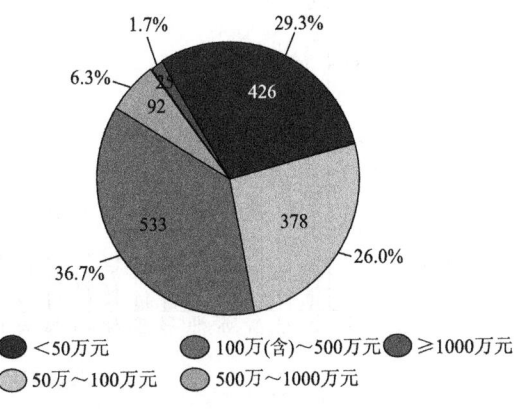

图7 咨询类业务单个项目合同额分布区间

综上所述，2020年土壤修复咨询类业务，各地区资金投入与项目数之间的匹配度存在较大差距。位列咨询项目数前五的山东、江苏、重庆、浙江和广东，除了广东单体资金匹配度约为408万元，数量和投入资金额匹配度较好，量价齐飞，其余4省（市）单体资金额为106万~156万元，分析可能以小型咨询项目为主，或是咨询项目市场管理不规范，恶性竞争，竞相杀价造成整体资金投入与项目规模不匹配。除宁夏单体资金最高外，也有数量规模、排名并不靠前，但资金投入规模依然较大的地区，如黑龙江（总金额约4069万元，项目数7个，单体金额约581万元）、新疆（总金额约3818万元，项目数9个，单体金额约414万元）、安徽（总金额约14 687万元，项目数39个，单体金额约376万元）和吉林（总金额约3093万元，项目数12个，单体金额约258万元）等，考虑与国家、区域政策和行业监管有关。

4 土壤与地下水修复及风险管控工程类业务分析

4.1 工程类项目区域分布情况

根据统计数据，2020年共收集土壤修复项目593个，其中工业场地治理类项目261个，矿山治理类项目170个，农用地修复类项目162个。具体分布情况如图8所示。

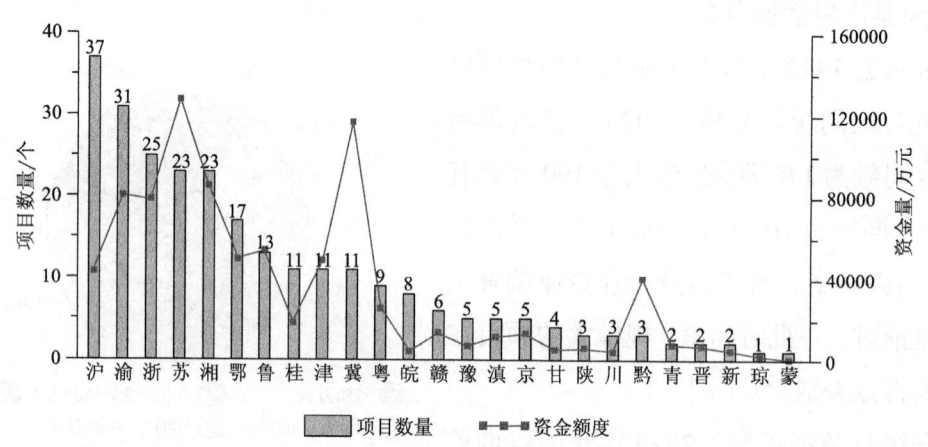

图8 各地工业场地修复项目工程实施情况（261个）

针对工业场地修复项目，从项目数量来看，前五的省（市）依次为上海（37个）、重庆（31个）、浙江（25个）、江苏（23个）、湖南（23个），排名前五的省（市）项目总数占工业污染场地项目总数的53.3%；从项目资金额度来看，排名第一的是江苏省（约12.8亿元），占工业污染场地项目总金额的15.1%，其次是河北（约11.7亿元）、湖南（约8.5亿元）、重庆（约8.0亿元）和浙江（约7.9亿元），排名前五的省（市）资金总额度都在7.0亿元以上，占工业污染场地项目总金额的57.9%。整体来看，工业污染场地项目主要集中在区域环境问题突出或经济较为发达的区域，且集中度较高。

针对矿山治理项目，从项目数量来看，前五的省（区）依次为湖南（25个）、云南（25个）、广西（13个）、贵州（13个）、广东（10个），排名前五的省（区）项目总数占矿山治理项目总数的50.6%；从项目资金额度来看，排名第一的是广西（约8.4亿元），占矿山治理项目总金额的17.9%，其次是湖南（约8.1亿元）、云南（约4.3亿元）、广东（约4.2亿元）和浙江（约3.9亿元），排名前五的省（区）资金总额度都在3.5亿元以上，占矿山治理项目总金额的61.5%（图9）。整体来看，矿山治理项目从主要集中在"十二五"规划划定的14个重金属污染防控重点省（区、市），有色金属采选冶炼行

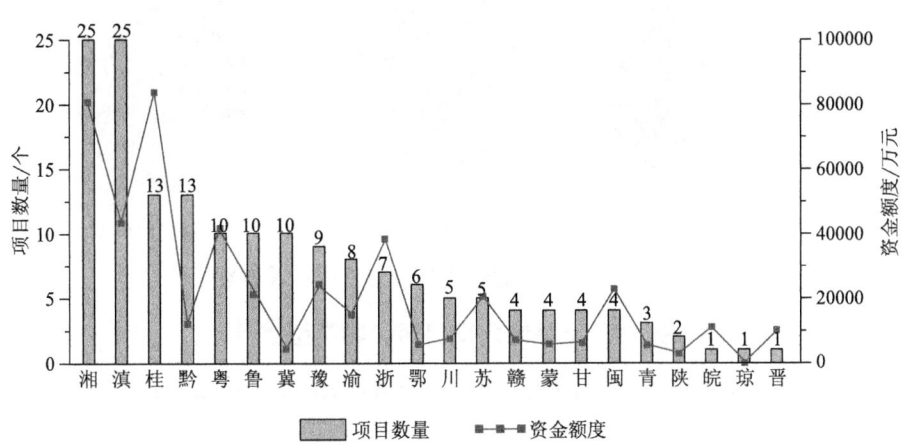

图 9　各地矿山治理修复项目工程实施情况（170 个）

业较为发达的区域，且集中度较高。

针对农田修复项目，从项目数量来看，前五的省份依次为江西、湖南、河南、福建、湖北，排名前五的省份项目总数占农田修复项目总数的 61.8%；从项目资金额度来看，排名第一的是江西，其次是湖南、广东、上海、湖北、江苏，排名前五的省（市）资金总额度占农田修复项目总金额的约 50.0%（图 10）。整体来看，农田修复项目主要集中在区域环境问题突出区域或农业较为发达的省份且集中度较高。

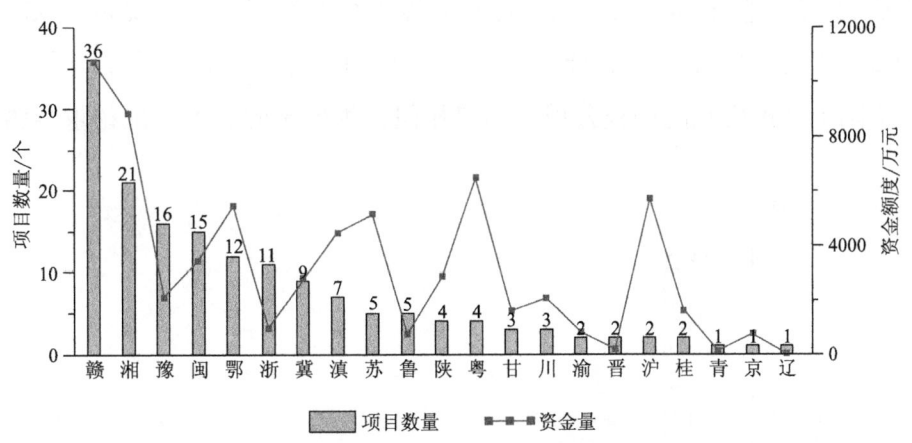

图 10　各地农田修复项目工程实施情况（162 个）

4.2　工程类项目污染类型分析

根据 2020 年收集的土壤修复项目污染物类型进行统计（工业场地统计项目数 261 个；矿山治理项目统计项目数 170 个；农田修复项目统计项目数 162 个），具体结果如图 11 所示。

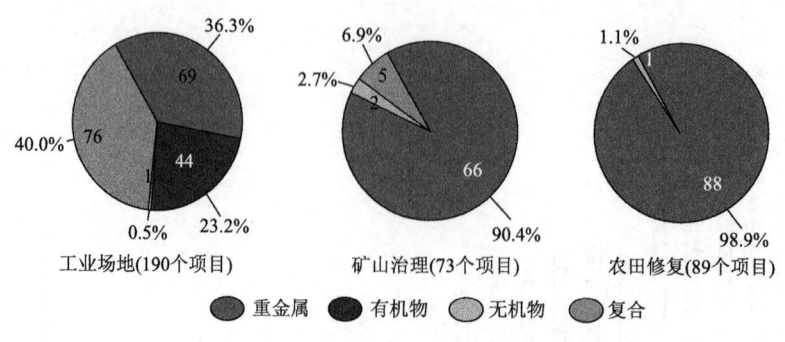

图 11 土壤修复项目污染物类型统计

注：由于收集到公开项目信息不完整，上述各图仅统计了具有完整信息的项目。

从统计结果可以看出，工业污染场地污染相对复杂，复合类型污染场地数量占比高达40.0%。矿山治理与农田修复项目污染类型相对简单，以重金属污染场地为主，占90.4%以上。从本次收集的项目情况来看，土壤修复项目污染类型与原场地所属行业相关联，工业场地涉及焦化、石化、医药、农药、基础化工、金属冶炼及电子拆解等行业，污染物种类多，毒性大，多数项目含有挥发性和半挥发性有机污染物，其中，农药化工及塑料加工等行业多含有持久性有机污染物。矿山治理项目原场地多属于有色金属选、冶、炼行业，以重金属污染和矿山酸性排水污染为主，治理内容以生态修复和废渣等污染治理为主；农田重金属污染主要来自采矿废渣、农药、废水、污泥和大气沉降等。

本次统计的农田修复项目共涉及7种重金属元素（图12），出现频次依次为镉（68次）、铅（28次）、汞（27次）、砷（23次）、铬（16次）、铜（4次）、锌（3次），与2014年《全国土壤污染状况调查公报》结果相似，为公布的8种无机物重金属。镉出现

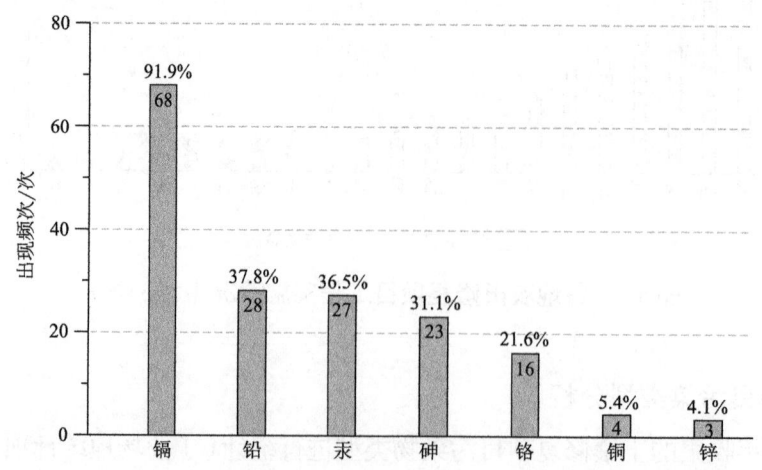

图 12 农田修复项目数量及重金属污染因子出现频次统计（项目数量：74个）

频次最多，68个项目均出现，出现频率高达91.9%，远远高于其他几种重金属。

4.3 工程类项目修复周期分析

本报告工业污染、矿山及农田3种场地类型的修复周期信息统计情况如图13所示。

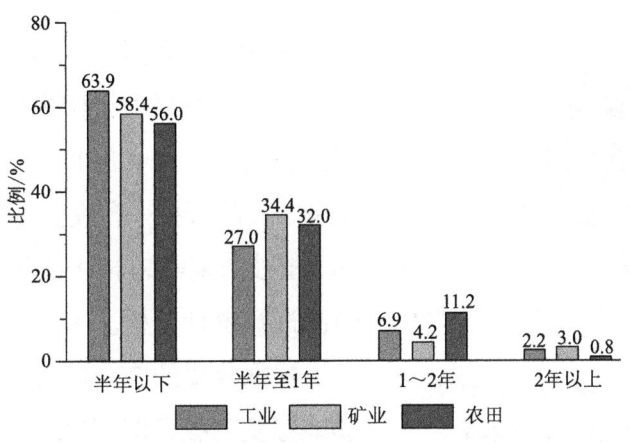

图13 2020年修复项目修复周期统计

根据统计数据，从2020年我国3种场地类型的土壤修复项目周期统计结果（表10）可知：

2020年工业污染场地修复项目平均修复周期201天；＜1年修复周期的项目数占比高达90.9%；1～2年修复周期的项目数占比15.5%，工业污染场地修复项目短平快的趋势不断加剧。

2020年矿山治理项目平均修复周期225天；小于半年修复周期的项目数占58.4%；＜1年和1～2年修复周期的项目数基本与2019年保持持平，矿山项目超短工期治理项目数（半年以下）增多。

表10 2020年三种场地类型修复周期统计分析结果

场地类型	周期均值/天	周期中位数/天	周期＜1年项目比例/%
工业污染场地	201	150	90.9
矿山治理场地	225	180	92.8
农田修复场地	232	540	88.0

2020年农田修复项目所耗费的时间最长，平均修复周期232天；＜1年修复周期的项目数占比高达88.0%；2年以上长修复项目工期占比27.3%。农田修复项目修复工期缩短现象明显。

综上所述，2020年工业污染场地和农田修复项目，整体工期缩短现象明显，究其原因，可能是受2020年《土壤污染防治行动计划》的收官之年和"污染耕地安全利用率达到90.0%左右，污染地块安全利用率达到90.0%以上"双"90.0%"等考核指标影响明显。

4.4 工程类项目规模分析

根据统计数据，本报告主要对工业污染场地项目和农田修复项目作规模分析，矿山修复项目以工程措施为主，有土地平整、边坡治理、排水工程、风险管控（含废渣稳定化处理）、生态封场、植被恢复等，本报告不再对其工程规模分布情况进行统计分析。

根据收集的2020年已开展实施的工业污染场地修复工程案例，其中有修复规模数量的项目为177个，统计结果如图14所示。

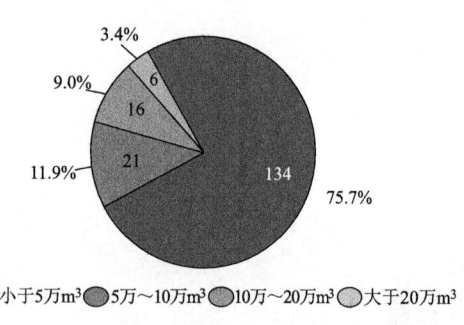

图14 2020年工业场地修复工程规模分布图（项目数量：177个）

根据这177个已知规模修复工程样本进行统计，大多数修复工程规模 < 5 万 m^3，统计项目数为134个，占总统计样本量的75.7%，暂定规模 > 10 万 m^3 的修复项目为规模特大型项目，2020年特大型项目22个，占总统计样本量的12.4%（图15）。

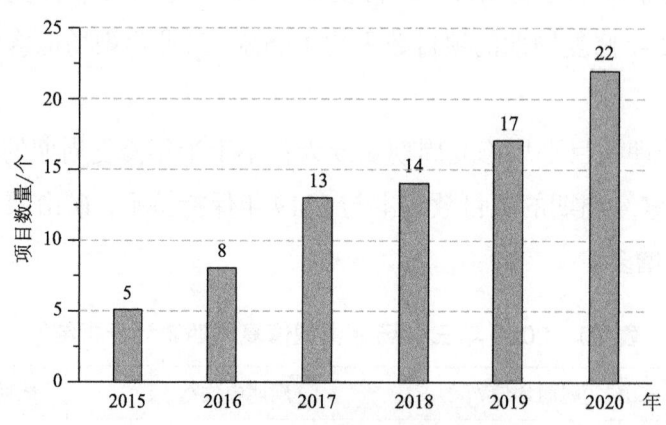

图15 规模特大型修复项目数量逐年变化

（数据来源：2017年、2018年、2019年土壤与地下水修复行业发展报告）

综上所述，单体资金额较小且修复规模 < 5 万 m^3 的工业污染场地项目占比较大，大型修复项目相对受资金、技术限制，根据资金落实情况、开发进度及修复企业技术持有情况等多方面影响较大。将整个项目拆分成多个地块、多个标段修复项目进行治理是未来一个趋势。

本报告对 2020 年农田修复项目的污染面积进行统计，具体结果如图 16 所示。

统计结果显示，2020 年，污染面积 < 100 亩[①]的项目数 2 个，占比 2.6%；100～500 亩的项目数 15 个，占比 19.2%；500～1000 亩的项目数 8 个，占比 10.3%，≥ 1000 亩的项目数 53 个，占比 67.9%。农田修复项目具有典型"面大"（规模较大）的特点，超过百亩修复范围的项目数量占比达到 97.4%。

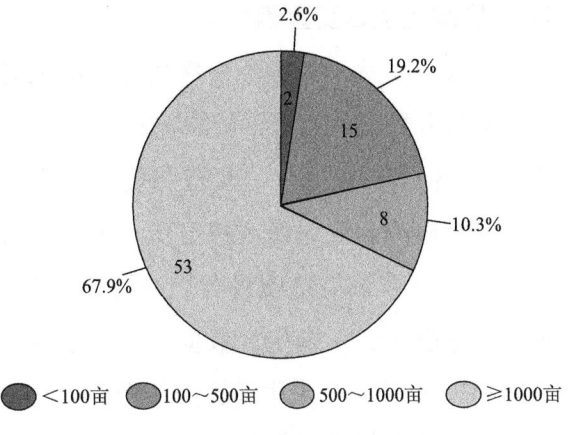

图 16　2020 年农田修复项目规模分布图（项目数量：78 个）

4.5　主要修复技术等应用情况

矿山治理与农田修复项目由于污染物主要为重金属，矿山治理项目一般采取工程阻控措施、异位填埋或固化/稳定化技术进行修复；农田修复技术一般采取固化/稳定化、土壤改良、农艺调控等技术进行修复。

2020 年，水泥窑协同处置技术成为了行业应用最热点技术，究其原因，主要原因有其处置成本低廉、处置效果好、无须现场处理、项目周期短，且修复后的土壤无须另行处置等优点，深受行业专家和业主欢迎。此外，受国家区域固体废物处置中心建设试点等一系列政策的促进和引导，水泥窑协同处置将成为未来一段时间应用最广、最受欢迎的修复技术。同时，新增了制砖陶技术和微生物等修复技术工程案例。

5　土壤与地下水修复及风险管控土壤检测类业务分析

由于目前国内修复过程中的检测公开招投标项目鲜有报道，本节所用数据信息主要有 3 个来源：①引用其他公开渠道涉及的本章所用信息；②引用本报告第 2 节通过中国采购与招标网、中国采招网、政府及相关部门网站、土壤修复行业相关公司网站等公开渠道收集整理分析得出的信息；③整理分析中国环境保护产业协会土壤与地下水修复专业委员为调研土壤检测行业 2020 年度的运营情况，全面反映土壤检测行业发展动态，更好地服务各业内企业，面向全行业征集到的数据信息，样本数为 20 余家（以下简称公开征集数据信息）。

---

①　1 亩 ≈ 666.67 m²。

5.1 检测类项目资金情况

方式一：按照土壤检测项目的来源统计

据公开数据，2020年全国正式启动土壤修复工程项目593个，总项目金额约为138.10亿元，按检测行业经验修复检测费用占比约为5.0%来估算，考虑20.0%未统计数据，修复工程的检测金额约为8.29亿元，相较于2019年6.20亿元，增长33.8%[4-5]。

2020年咨询类总项目金额约为39.77亿元。按照行业经验检测费用占比为30.0%来估算，考虑20.0%未统计数据，咨询项目的检测金额约为14.30亿元[6]。

2020年重点企业用地详查、监督性监测等项受政策影响批量发布并实施。据不完全统计，有关于分析检测项目共计769个，中标金额约为8.30亿元。

合计：2020年土壤检测的营业收入约为30.89亿元。

方式二：按照市场监督管理局2020年的环境检测数据来统计

根据市场监督管理局数据，截至2020年年底，我国环保（环境监测）类检验检测营业收入370.72亿元，较上年增长18.0%。检验和检测的收入按照1∶10的比例来计算，环保检测机构的营业收入约337.00亿元。按照8.8%[7]，估算2020年土壤检测的营业收入约27.63亿元。

综上所述，2020年土壤修复检测行业资金总额约30.27亿元（表11），较2019年的13.0亿元，增长约132.8%。

表11 土壤检测资金情况

2020年市场估算方式	按照土壤检测项目的来源统计	按照市场监督管理局2018年的环境检测数据统计	估算均值
估算金额/亿元	30.89	29.65	30.27

5.2 检测类企业收入情况

据本次土壤检测行业公开征集数据信息情况及网上公开数据。在土壤和地下水修复检测方面，2020年营业额检测1亿元以上的有两家，分别为华测检测认证集团股份有限公司和实朴检测技术（上海）股份有限公司。5000万元至1亿元之间的是澳实分析检测（上海）有限公司和江苏康达检测技术股份有限公司，1000万~5000万元的有4家，500万~2000万元的有5家，500万元以下的有8家，土壤检测单位的营业收入百分比详见图17。由图可知，大多数土壤检测单位的年营业收入在500万~5000万元。

据本次土壤检测行业公开征集数据信息情况及行业内知名企业估算值共计形成23家数据样本。去除土壤检测收入为0的企业数，得到最终统计样本20家检测机构。由

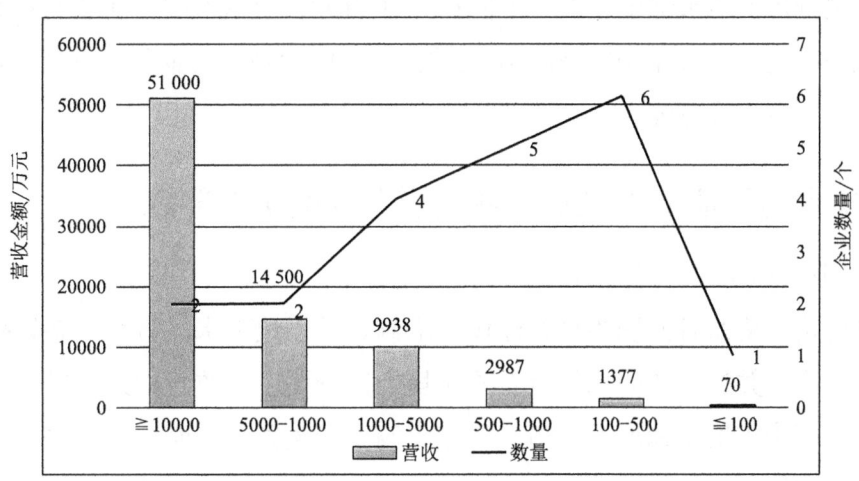

图 17　土壤检测行业从业单位收入情况

表 12 可知，2020 年各单位土壤检测年收入平均值为 3993.0 万元，但标准偏差为 8183.0 万元（标准偏差越小，这些值偏离平均值就越少，反之亦然），年收入最小值为 70.0 万元，最大值为 36 000.0 万元，中位数为 593.5 万元。该组数字说明各检测机构收入差距明显，行业中的马太效应将越发明显，集团化、规模化将成为未来检测行业的主流。2020 年重点行业企业用地调查的开展，锻炼了一批实验室的能力，平均营业收入较 2019 年上升。

单个样品的平均单价为 692.0 元，标准偏差（SV）为 640.4，最小和最大平均单价分别为 100.0 元和 2333.0 元，单价水平差异可能是由检测因子的不同造成的。

表 12　样本统计分析表

	2020 年土壤检测收入 / 万元	单价 / 元	仪器原产值 / 万元
最小值	70.0	100.0	500.0
最大值	36 000.0	2333.0	20 000.0
平均值	3993.0	692.0	3925.0
中位数	593.5	424.0	2750.0
SV	8183.0	640.4	4560.0

5.3　人均产值和单位成本产出情况

评估实验室的重要指标之一是人均产值。据本次土壤检测行业公开征集数据信息情况可知，结合 2020 年数据，土壤检测行业人均产值平均值约为 23.0 万元，中位数 23.0

万元。而本次分析中的头部企业人均产值在31.1万元；土壤检测行业总网点数为77个，土壤检测龙头企业35个，占比45%。由此看出，土壤检测龙头企业不论从人均产值、网点数等各方面所占优势更强。

6 2020年土壤与地下水修复行业发展存在的主要问题

（1）行业管理体系建设方面

以修复合格土壤监管问题为例，建议考虑制定基于地下水风险和生态风险的土壤污染风险管控标准，并进一步明确修复合格土壤的监管要求和监管方式。针对某些区域水泥窑协同处置污染土壤快速增长的情况，建议制定相关办法，明确修复责任，延伸监管链条，减少潜在风险。

（2）土壤检测技术方面

国内缺少广谱性分析方法，尤其是水质SVOC（半挥发性有机物）类检测方法（在征求意见中），筛选水样中SVOC污染物质时，无法做到高效、快速、低成本地分析；新型化合物包括部分限值标准内的指标暂无标准方法，如《土壤环境质量 建设用地土壤污染风险管控标准（试行）》（GB 36600—2018）中，如甲基汞、多溴联苯总量等，新型化合物如土壤中抗生素、短链氯化石蜡（SCCPs）等。

（3）商业模式方面

目前土壤修复项目仍以借鉴传统施工项目的工程总承包（EPC）模式为主。2020年3月国务院办公厅《关于构建现代环境治理体系的指导意见》中提出的"环境修复+开发建设"、2020年9月生态环境部《关于推荐生态环境导向的开发模式试点项目的通知》中提到的"EOD模式"以及2020年11月广东省广州市《广州市加强出让储备用地土壤污染防治工作方案》中提到的"净土开发"等新型修复模式在相继涌现。这些政策对修复行业的效果有待进一步观察，比如广州的"净土开发"模式，是否可能会刺激不合理工期项目进一步涌现，带来更多的环境风险[1]。

7 2021年土壤与地下水修复行业发展展望

2021年上半年，受新冠疫情影响，修复工程的发展依然较为缓慢，污染场地修复主要受土地开发利用的驱动为主，部分受专项资金使用时间管理的约束和驱动。一方面，地方政府投入到土壤污染修复的决策会变得更加谨慎，非迫切或亟须修复的项目会延缓上马或暂时终止；另一方面，地方财政的紧张会刺激污染地块的修复与上市转让。地下水污染的试点项目会在2021年有起色，地下水修复和风险管控的工程在近年内会逐步增加。下面就 4 个方面的趋势简要说明[1]。

（1）土壤污染调查产业继续发展和扩大规模。受全国土壤污染状况调查工作打好的基础和认识影响，针对在产企业和关闭企业的调查工作会继续延续，土壤污染调查工作会在全国铺开，逐步规范并且扩大规模。土壤污染状况调查的行业管理会有所突破，工作质量和从业机构的信息公开会有所扩大。

（2）土壤修复与风险管控相结合的概念进一步被接受。受全球疫情和各级政府财政资金压力的影响，局部地区上规模土壤修复的活动会受到较强遏制。修复与管控相结合的思路逐步被接收并规范化，各级政府在加强土壤污染修复监管的同时，对于合理和有效的管控手段会逐步鼓励和加强。

（3）土地污染风险管控与区域景观设计结合增强。棕地景观设计与污染修复及风险管控的结合带来的综合收益和降低成本会被逐步认识，结合景观设计来精细刻画污染空间分布和减少修复扰动以及降低修复资金的需求会更加明显。

（4）修复新技术应用的政策支撑还比较薄弱。由于生态环境部门缺少鼓励新技术和促进绿色修复的政策措施，目前仅一些显性二次污染控制措施在逐步加强，土壤修复导致的隐性二次环境影响和能耗物耗等可持续评估因子尚未得到重视。在"碳中和"目标的引领下，基于清洁能源的绿色可持续修复技术的关注度进一步增加。

参考文献

［1］李书鹏，邢轶兰，张璇，等. 2020 年土壤修复行业评述及 2021 年展望［R］. 中国环保保护产业协会，2020.

［2］孙宁，徐怒潮，张文博，等. 2020 年土壤修复行业发展报告（咨询篇）［R］. 生态环境部环境规划院，2021.

［3］于琪，马骏. 行业视角 | 分析了 873 个项目，土壤修复市场原来是这样的【上篇——咨询篇】［EB/OL］.https：//mp.weixin.qq.com/s/ZkYHw_M0-ki1QK1tRbgOgA.

［4］中国环境保护产业协会. 土壤与地下水修复行业 2018 年发展报告［R］. 2109.

［5］中国环境保护产业协会. 土壤与地下水修复行业 2019 年发展报告［R］. 2020.

［6］北京高能时代环境技术股份有限公司. 2020 年土壤修复行业发展报告［EB/OL］. https：//wenku.baidu.com/view/fa1311d5b5360b4c2e3f5727a5e9856a571226e0.html）.

［7］生态环境部. 2020 中国环保产业发展状况报告［R/OL］. http：//www.caepi.org.cn/epasp/website/webgl/webglController/view?xh=1602578168469039215104.

环境监测仪器行业 2020 年发展报告

1 行业发展环境分析

2020年，是新中国历史上极其不平凡的一年。新型冠状病毒感染肺炎疫情的暴发、全球经贸形势的复杂，给全民经济带来了深远影响，给整个环保行业发展、经营带来严峻挑战。同时，国家相关政策的陆续出台，又给环保行业不断注入新的活力，推动行业强劲发展。

2020年3月3日，生态环境部发布了《关于统筹做好疫情防控和经济社会发展生态环保工作的指导意见》，统筹推进疫情防控、经济社会发展和生态环境保护，确保完成"十三五"规划以及污染防治攻坚战阶段性目标任务。强化医疗废弃物应收尽收、应处尽处，建立环评审批和监督执法正面清单，支持企业复工复产，为疫情下的环境保护工作指明方向。

2020年6月21日，《生态环境监测规划纲要（2020—2035年）》颁发，前瞻2035年生态环境远期目标，全面深化我国生态环境监测改革创新，全面推进环境质量监测、污染源监测和生态状况监测，系统提升生态环境监测现代化能力。在现有基础能力、运转效能、数据质量、支撑能力、服务水平等明显提高的成果基础上，在生态文明建设、精准治污攻坚、全球生态治理、国际发展趋势的紧迫形势下，2020—2035年，生态环境监测逐步向生态状况监测和环境风险预警拓展，构建生态环境状况综合评估体系。监测指标从常规理化指标向有毒有害物质和生物、生态指标拓展，从浓度监测、通量监测向成因机理解析拓展；监测点位从均质化、规模化扩张向差异化、综合化布局转变；监测领域从陆地向海洋、从地上向地下、从水里向岸上、从城镇向农村、从全国向全球拓展；监测手段从传统手工监测向天地一体、自动智能、科学精细、集成联动的方向发展；监测业务从现状监测向预测预报和风险评估拓展、从环境质量评价向生态健康评价拓展[①]。

2020年10月29日，在《中共中央关于制定国民经济和社会发展第十四个五年规划和二〇三五年远景目标的建议》中，明确将生态文明建设作为新时代建设的新目标，生态环境环境保护的战略地位始终不变，指引着整个生态环境的建设方向。推动绿色发展，促进人与自然和谐共生；坚持绿水青山就是金山银山理念，坚持尊重自然、顺应自然、保护自然，坚

---

① 引自《生态环境监测规划纲要（2020-2035年）》。

持节约优先、保护优先、自然恢复为主，守住自然生态安全边界。深入实施可持续发展战略，完善生态文明领域统筹协调机制，构建生态文明体系，促进经济社会发展全面绿色转型，建设人与自然和谐共生的现代化。

随着疫情防控形势持续向好、企业加快复工复产，受疫情影响抑制的产能和产量短时间内集中快速增长，秋冬季污染物排放量可能出现反弹，大气环境质量持续改善压力增大，部分地区完成"十三五"空气质量改善目标存在风险。2020年10月30日，生态环境部联合多部委和地方政府颁布了《长三角地区2020—2021年秋冬季大气污染综合治理攻坚行动方案》和《京津冀及周边地区、汾渭平原2020—2021年秋冬季大气污染综合治理攻坚行动方案》，2020—2021年秋冬季是长三角地区、京津冀周边和汾渭平原攻坚季，攻坚的成效事关"十三五"规划和打赢蓝天保卫战圆满收官。持续开展秋冬季大气污染综合治理攻坚行动，是确保如期完成打赢蓝天保卫战既定目标任务的有效措施。专项行动方案给长三角、京津冀、汾渭平原相关区域带来了新的环保市场需求。

2020年是疫情常态影响下的困局之年，是"十三五"的收官之年，在疫情影响、复工复产、环境治理成效考核等多重压力之下，在国家政策的促进下，在各地政府、企业的支持下，环境监测需求依然保持持续、强劲的快速增长，市场空间不断扩大。

1.1 政策窗口涌现，市场红利不断释放

2020年，《中共中央关于制定国民经济和社会发展第十四个五年规划和二〇三五年远景目标的建议》提出了"十四五"生态文明建设目标，《生态环境监测规划纲要（2020—2035）》等国家政策的出台，聚焦完善生态安全屏障体系，构建自然保护地体系，健全生态保护补偿机制，全面提升环境基础设施水平，积极应对气候变化，健全现代环境治理体系，全面提高资源利用效率，构建资源循环利用体系，大力发展绿色经济，构建绿色发展政策体系。同时，深化我国生态环境监测改革创新，推进环境质量监测、污染源监测和生态状况监测，系统提升生态环境监测现代化能力。为我国环境监测指明方向，明确实施路径。

为贯彻落实《打赢蓝天保卫战三年行动计划》有关要求，确保完成"十三五"环境空气质量改善目标任务，生态环境部2020年6月24日颁布了《2020年挥发性有机物治理攻坚方案》，进一步推进固定源废气非甲烷总烃、苯系物监测系统、大气挥发性有机物（VOCs）监测系统的广泛应用。

国家政策的出台，给环境监测领域企业指出技术发展方向，促使企业紧跟国家生态环境发展、建设需求，积极参与，提供更加优质的解决方案。

1.2 疫情影响持续，风险与机遇共存

2020年的疫情，给行业企业带来持续的风险，导致行业、企业复工时间推迟，影响已经推进或开展项目的实施，导致企业资金周转压力陡增；受到不同地区、不同疫情防控要求的限制，仪器行业人员流动受阻，影响企业仪器设备生产、项目实施、运维服务；环境监测仪器企业现场操作、设备维护、现场质控等传统运营方式受到挑战。

在给行业企业带来经营风险的同时，也不断涌现出新的商机。环境应急检测仪器设备：与生命安全、医疗健康、公共卫生等相关的环境应急检测类设备仪器，在疫情发生地域出现新的需求；健康安全类监测仪器：生物毒性、微生物类等监测设备，在污水处理、医疗废水处理等疫区场景下得到更广泛应用；水环境、大气环境、应急监测、土壤监测和地下水监测等领域的监测深度、广度进一步加强；智能化、近场/远程交互：疫情下，设备的运营、质控、维护传统方式受到制约。第五代通信技术（5G）、人工智能（AI）、大数据（Big Data）、区块链（Block Chain）等技术的创新进展，对环境监测仪器设备的智能化、近场通信、远程交互等提出新要求，推动仪器向"自主运行、自主/远程质控、自主/远程维护"进化；环境监测行业转型：疫情的出现，给传统监测带来新的机遇，引导生态环境监测从理化指标的常规监测，进入生命健康安全的生态安全监测领域；新的监测仪器、新的应用场景，需要新的监测仪器、质控方式和运维方式。

疫情的暴发，是市场对行业各企业经营能力、技术产品创新能力、市场适应能力的真实检阅和理性考验。

与疫情的长期共存，将是行业企业长期面对的现实环境，需要企业高效管理、创新研究、敏捷开发、快速应用、提高技术"护城河"，赢得市场红利。

1.3 智慧环境发展，大数据应用加速

早在2016年，生态环境部在《生态环境大数据建设总体方案》中提出，生态环境大数据总体架构为"一个机制、两套体系、三个平台"。一个机制即生态环境大数据管理工作机制；两套体系即组织保障和标准规范体系、统一运维和信息安全体系；三个平台即大数据环保云平台、大数据管理平台和大数据应用平台。

至2020年，全国生态环境监测建设网络已经完全形成，建立起国控、省控、市控、县控事实上的四级监控网络，全面覆盖大气、水质、污染源（废气和废水）等应用场景，且已经实现相关监测数据的上传、汇总。每日海量的监控数据，以分钟、小时、日、月等类别传送至各级监控平台，汇聚成环境监测的海量监测数据。而数据信息共享"数据孤岛""数据烟囱"现象普遍存在，智慧化应用、智能化应用、价值化应用迫在眉睫。

在大数据、云计算（Cloud Computing）、区块链、人工智能、5G等技术的进一步推

动下，在环境立体遥感监测、无人机遥测、高清视频等技术的综合应用下，以智慧环境项目为契机的生态环境大数据应用逐步加速。

从行业企业产销数据分析，单纯环境监测仪器的销售收入占总营收的比率已经降至29%，间接证明行业大多数在推动企业业务的多元化转型，首先进入的领域，即是智慧环境领域。生态环境监测数据的可用化、价值化、应用的智能化是行业发展的新蓝海，是企业跨越发展的倍增器。

新物联网（IoT）、5G、大数据、区块链、AI等新技术的涌现，带来前所未有的市场机遇，促进行业企业思考仪器物联化、智能化开发，重视生态环境数据的价值化应用，创造智慧化的生态环境应用场景。

2 环保监测行业经营情况

2.1 调查情况说明

2.1.1 调查企业情况

2021年，中国环境监测仪器行业发展报告调查涉及环境监测行业内填写调查表的66家企业，并以此次上报的数据作为分析依据。

2.1.2 调查产品情况

本次报告中涉及的环境监测仪器类别包括：水污染源在线监测设备、地表水在线自动监测设备、环境空气质量监测设备、环境空气组分监测设备、激光雷达遥测设备、固定污染源烟气排放连续监测系统、数据传输仪、采样器、便携应急监测设备等类别产品（表1）。

表1 环境监测仪器类别说明表[①]

序号	产品类别	涉及产品
1	水污染源在线监测设备	化学需氧量（COD_{cr}）水质在线自动监测仪、氨氮自动分析仪、总氮水质自动监测仪、重金属水质自动监测仪（铬、砷、铅、汞等）、总磷/总氮水质自动监测仪以及pH、流量等仪器产品
2	地表水在线自动监测设备	高锰酸盐指数水质自动监测仪、氨氮自动分析仪、总氮水质自动监测仪、重金属水质自动监测仪（铬、砷、铅、汞等）、总磷/总氮水质自动监测仪、重金属水质自动监测仪（铬、砷、铅、汞等）、水质五参数监测仪（pH、电导率、溶解氧、水温、浊度）、水质粪大肠杆菌分析仪、水中VOCs、生物毒性等仪器产品
3	环境空气质量监测设备	二氧化硫（SO_2）、氮氧化物（NO_x）、一氧化碳（CO）、臭氧（O_3）四款气体分析仪，PM_{10}、$PM_{2.5}$颗粒物监测仪、气象五参数（温度、湿度、风速、风向、大气压）等仪器产品

[①] 因受本次数据统计口径限制，本报告涉及环境监测仪器仅包含上述表格所涉及产品，以及相关仪器不同载体、场景的应用。

续表

序号	产品类别	涉及产品
4	环境空气组分监测设备	大气 VOCs（57/117）、大气重金属、大气水溶性离子、大气 OCEC 等仪器产品
5	激光雷达遥测设备	大气颗粒物/气溶胶激光雷达、臭氧激光雷达、风廓线激光雷达、温湿廓线激光雷达等仪器产品
6	固定污染源烟气排放连续监测系统	二氧化硫（SO_2）、氮氧化物（NO_x）、含氧量（O_2）气体分析仪，颗粒物监测仪、多参数监测系统（温度、湿度、流速）以及烟气重金属（汞）监测系统等仪器产品
7	数据传输仪	数据采集传输设备、数据传输设备终端（DTU）等产品
8	采样器	水质自动采样器、烟尘采样器、大气采样器（大/中/小流量）等
9	便携应急监测设备	便携大气分析仪、便携水质分析仪、便携烟气分析仪、移动监测车等仪器产品

2.1.3 调查数据来源

本次调查数据主要来源于中国环境保护产业协会环境监测仪器专委会统计数据和环境监测仪器行业主管部门的统计或者分析数据，以及相关的行业信息报道、企业公布数据等。

2.1.4 调查数据种类

报告所涉及的数据涵盖了环境监测仪器行业中各主要产品销售数据等。

2.2 行业整体经营情况

2020 年，66 家行业企业总注册资金 124.7 亿元（行业均值 1.9 亿元），资产总额超过 900.0 亿元（行业均值 14.0 亿元），固定资产总额 61.8 亿元（行业均值 11.0 亿元），全年营收超过 425.0 亿元（行业均值 6.3 亿元），利税 269.4 亿元（行业均值约 4.0 亿）。全行业以 2018 年为始点，进入新一轮快速发展周期（图 1）。

根据 2016—2020 年数据分析，行业企业注册资金、资产总额、固定资产总额、全年营业收入、环境监测产品销售收入和年利税等总额均呈现上升趋势。尤其是 2020 年，各项数据较 2019 年全面出现上浮。在行业相关均值方面，2020 年较 2019 年，除固定资产总额外，其他均出现明显下降趋势。综合体现出，行业内企业发展的不平衡和经营能力的差异化（图 2）。

2020 年度与 2019 年相比，66 家环境监测公司营收总额 425.0 亿元，同比增长 18%，环保监测产品营收总额 122.7 亿元，同比增长 64%。2016—2020 年，随着环境监测行业的发展，营收逐渐攀升。随着运维服务、综合技术服务、智慧环境服务、生态大数据等项目的增多，环境监测设备的销售收入占比由最高 64% 降低到现在 29%（图 3），呈逐年降低趋势。

2020年，全行业投入11.5亿元研发费用，占到全年营业收入的2.71%。与2019年研发投入相比，2020年度增加73.95%。从近几年不断出现的新技术，如飞行时间质谱（TOF-MS）在大气颗粒物溯源分析、气相色谱质谱联用（GC-MS）在大气VOCs

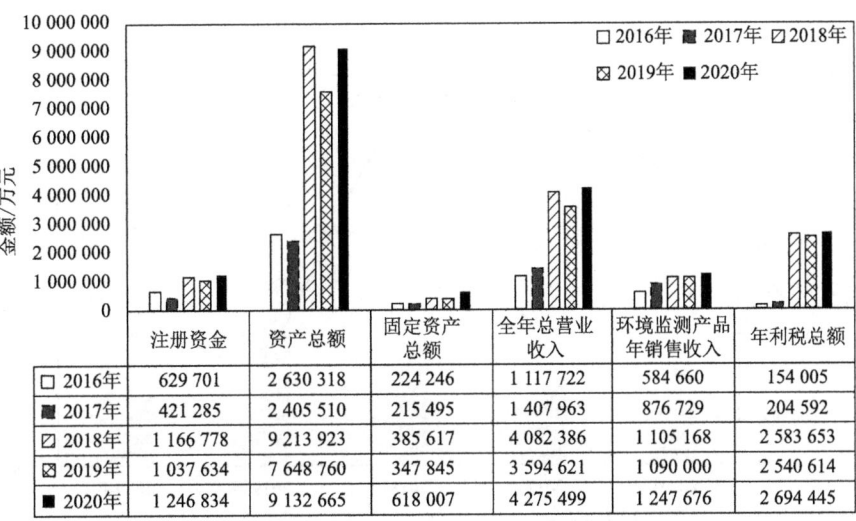

图1　2016—2020年环境监测仪器行业经营情况[①]

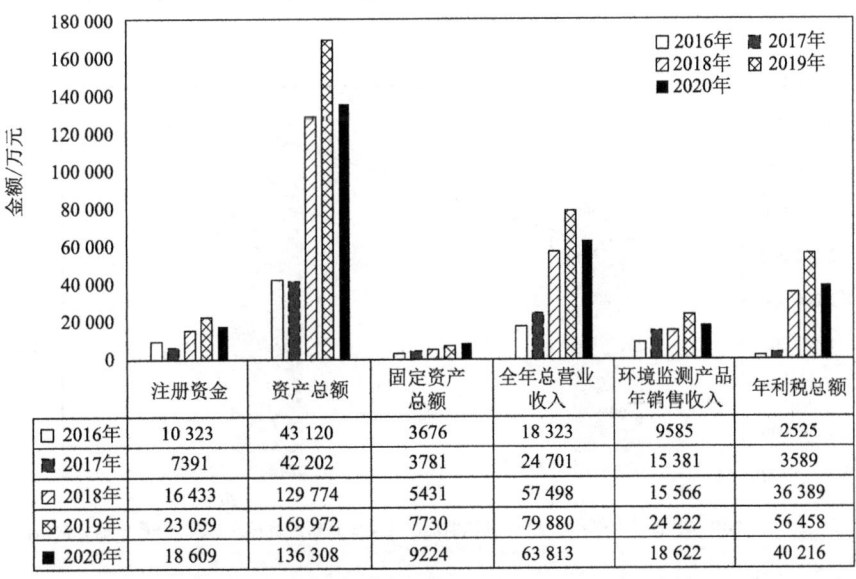

图2　2016—2020年环境监测仪器行业经营均值情况[②]

---

① 图表数据源自中国环境保护产业协会环境监测食品专业委员会企业上报数据。
② 图表数据源自中国环境保护产业协会环境监测仪器专业委员会企业上报数据。

监测、电感耦合（ICP-MS）在重金属、大数据/人工智能/5G等技术在生态环境等场景的不断应用和拓展，代表着技术门槛越来越高，技术产品化的难度、资金需求、人员投入均呈几何级增长，而产品在环境领域的应用场景越来越细分，意味着行业企业的研发投入要更加精准、更加充足，方能带来预期效益（图4）。

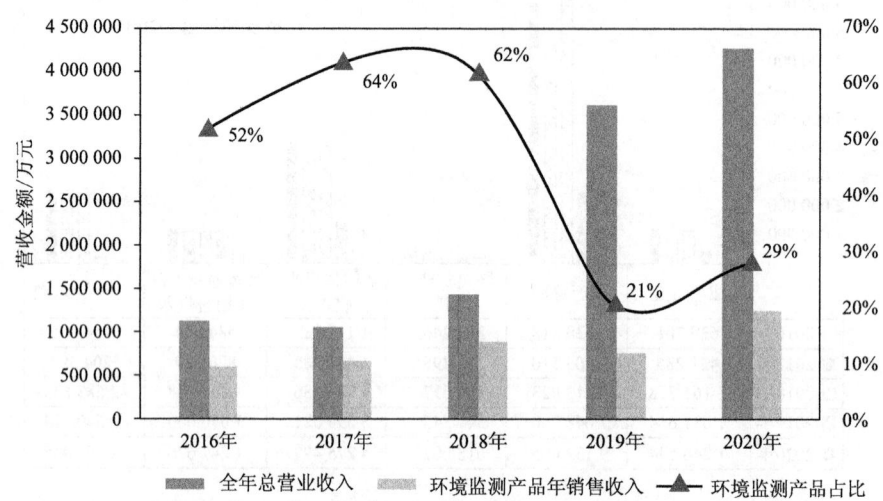

图3　2016—2020年环境监测仪器行业企业营收和监测产品占比情况[①]

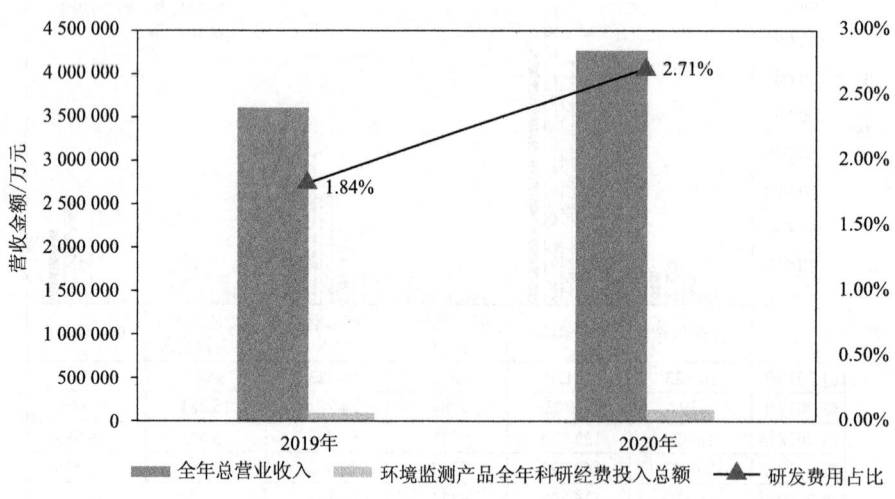

图4　2019—2020年度环境监测仪器行业企业研发投入情况[②]

[①] 图表数据源自中国环境保护产业协会环境监测仪器专业委员会企业上报数据。
[②] 此部分分析数据源自中国环境保护产业协会环境监测仪器专业委员会企业上报数据。

2.3 行业上市企业经营情况

环境监测行业中，6家上市公司营业收入84亿元[①]，较2019年降幅约1%。从2018—2020年的营业收入情况看，各上市公司营业收入维持小幅上升。从数据上看，企业营业收入与2019年基本持平，产品毛利率有稳步降低趋势（图5、图6）。

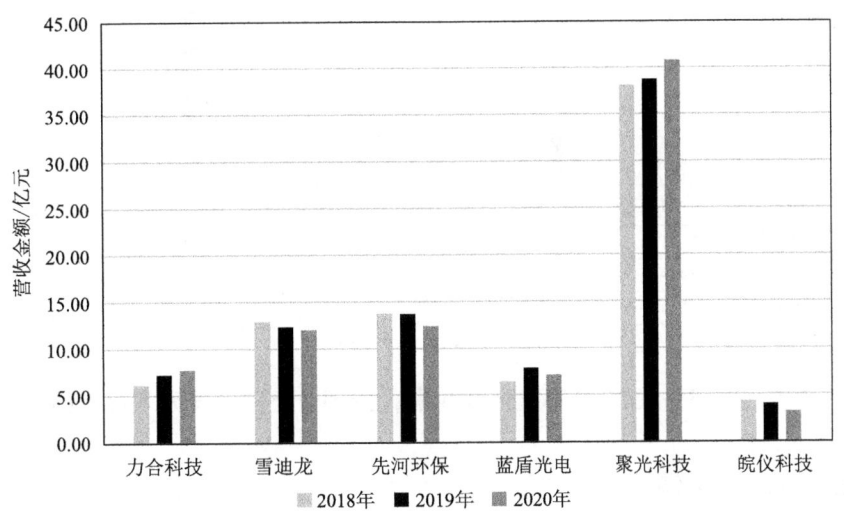

图5　2018—2020年环境监测仪器行业部分上市公司营收情况

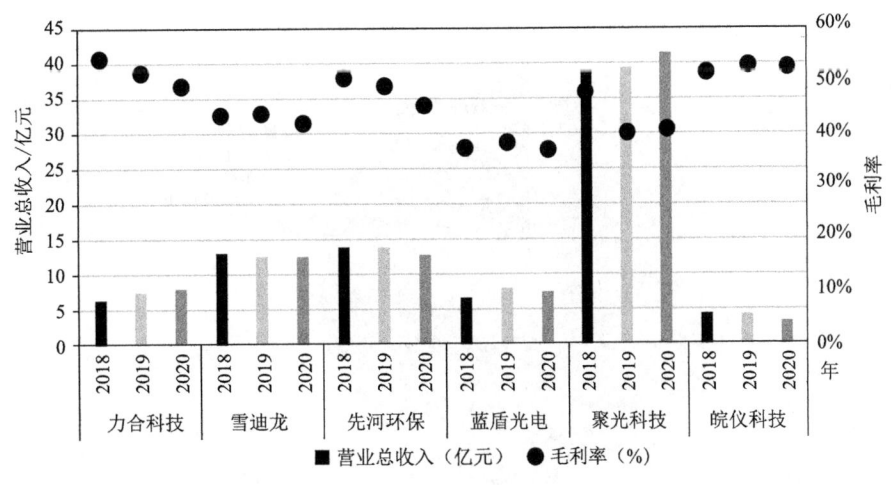

图6　2018—2020年环境监测仪器行业部分上市公司营收与毛利情况

2020年，虽然受疫情影响，但环境监测仪器行业上市公司依然保持对研发的投入，

---

① 本次统计分析涉及的行业内部分上市公司，未包含财报中不体现环境监测业绩情况或者公司主体业绩贡献点不基于环境监测行业；相关数据来源于上市公司公开年报；企业数据排列不分先后。

其中 5 家企业研发费用逆势增长（图 7）。

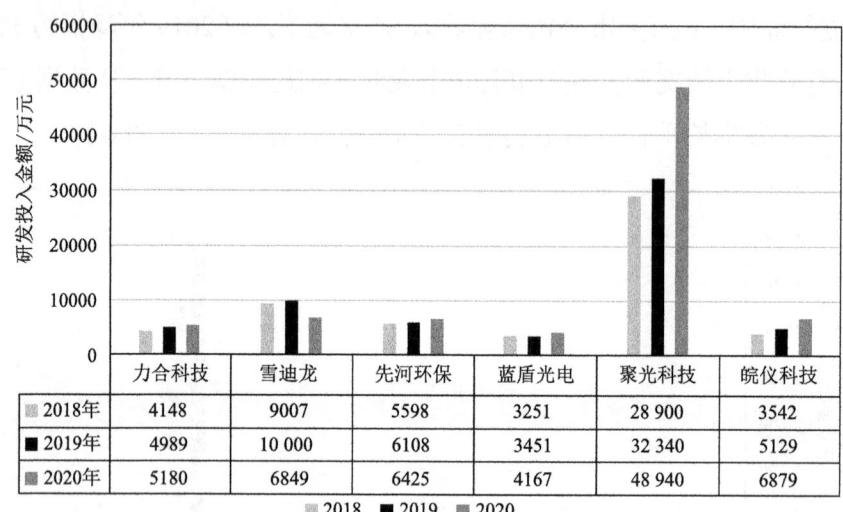

图 7　2018—2020 年环境监测仪器行业部分上市公司研发投入情况

2.4　行业企业专业人员情况

2020 年，全行业企业从业人员 19 416 人[①]，其中，博士学历 151 人，占比 0.8%；硕士学历 1844 人，占比 9.5%；本科学历 8434 人，占比 43.4%；大专以下学历 8987 人，占比 46.3%（图 8）。

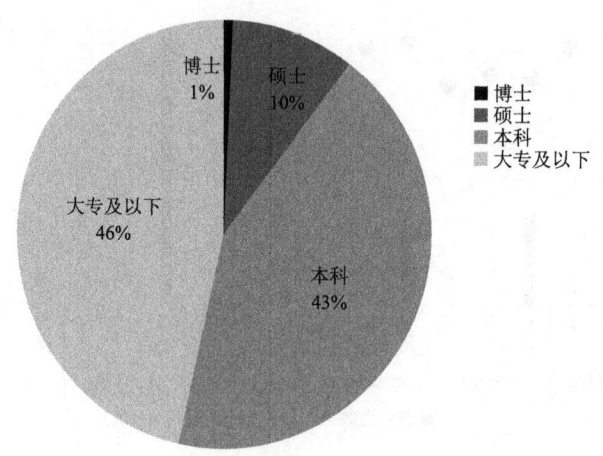

图 8　2020 年环境监测仪器行业从业人员学历情况

行业内环境监测类上市公司公告显示，6 家主要公司总人数 13 714 人，其中，部分企业技术人员占其公司总人数的 76%，最少不低于 25%，见表 2。

---

① 本部分数据编者认为应为企业总公司直属或者核心人员。

表 2 2020 年环境监测仪器行业从业人员情况

公司名称	总人数	技术人员占比	生产人员占比	本科以上学历占比
聚光科技	6056	67%	8%	/
雪迪龙	1941	52%	7%	40%
力合科技	949	76%	5%	44%
先河环保	2092	70%	5%	41%
皖仪科技	975	25%	12%	57%
蓝盾光电	1701	/	/	/

说明：本表涉及的理工环境、盈峰环境、天瑞仪器、汉威科技、四方光电其监测产品占比较少，未纳入数据分析。人员数量仅供参考。

从业人员学历情况分析结果显示，本科及以上人员占总人数的比率从 2016 年的 48% 提高到 2020 年的 54%，硕士及以上人员占比从 2016 年的 7% 提高到 2020 年的 10%，行业整体人员的学历水平逐年提高（图 9）。

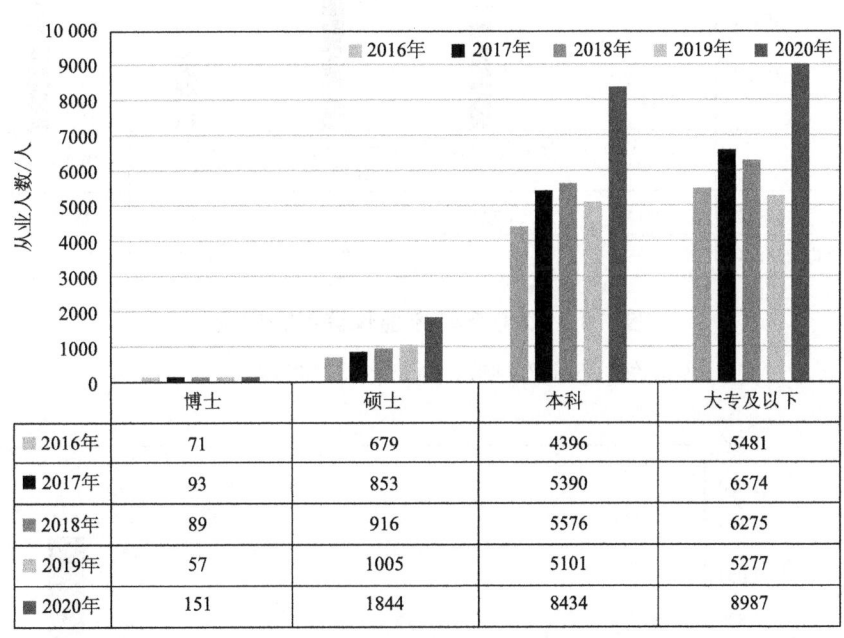

	博士	硕士	本科	大专及以下
2016年	71	679	4396	5481
2017年	93	853	5390	6574
2018年	89	916	5576	6275
2019年	57	1005	5101	5277
2020年	151	1844	8434	8987

图 9 2016—2020 年环境监测仪器行业从业人员学历情况

3 行业企业仪器应用情况

围绕环境监测涉及的空气、水质、污染源（烟气／水）等应用领域，行业企业监测产品销售数量持续增加。新标准规范的推出带动仪器设备技术升级，推动性能指标的突破；新的应用需求推动新技术产品快速进入，相关标准迅速出台，将产品准入技术门槛迅速抬高；常规仪器的厂家大量涌现，使得行业进入价格血拼时代，促使企业加快产品生命周期的升级、迭代和淘汰；政策红利、市场商机刺激周期不断缩短，有技术储备企业快速推出产品，挤占细分市场，立于需求潮流之上；新物联网技术的应用，生态大数据场景不断拓展，智慧生态、数字化环境、人工智能决策将是环境未来发展的主题。

3.1 环境监测仪器产销情况

2020年，环境监测行业企业累计生产监测仪器产品约13.7万台（套），销售约12.7万台（套）。覆盖环境应急监测、空气质量监测、水环境质量监测、污染源监测、采样器、数采仪等类别（图10至图12）。

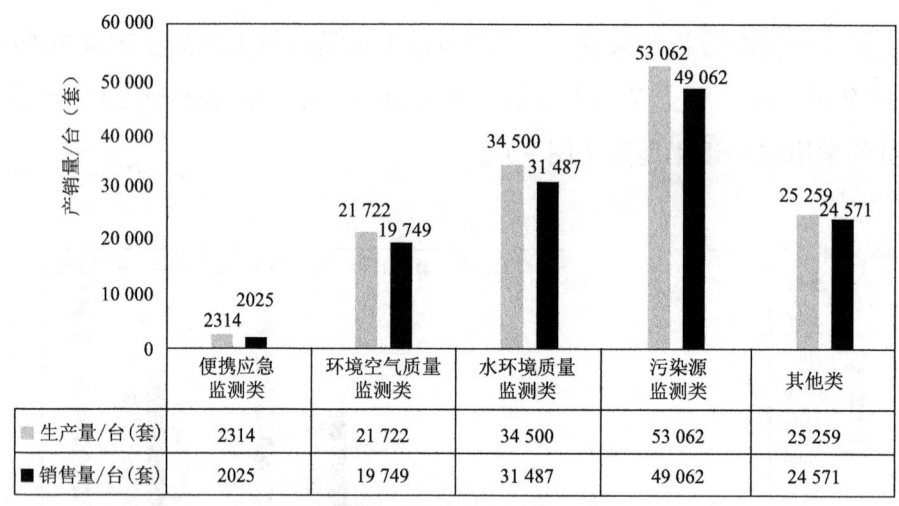

图10　2020年环境监仪器产销情况

（上图包含所有企业填报的系统、单分析仪产销数据统计结果）

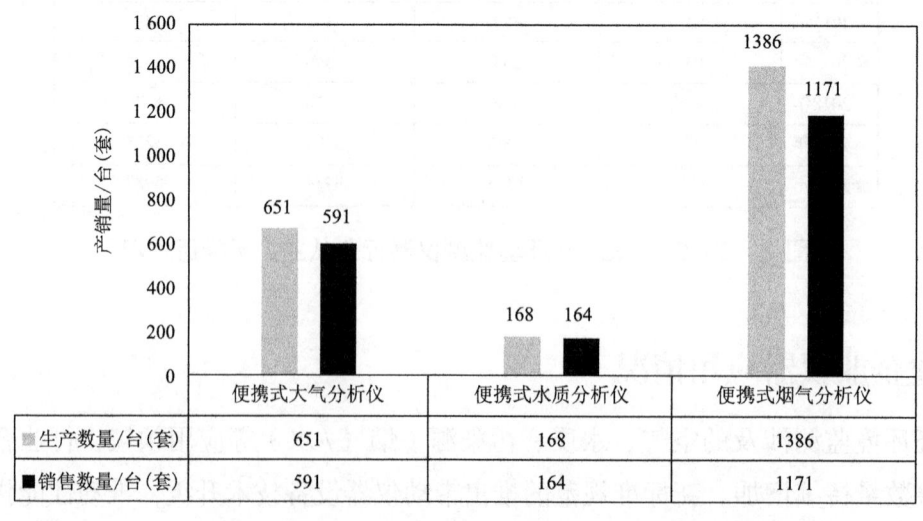

图11　2020年便携式监测仪器产销情况（不含应急/移动）

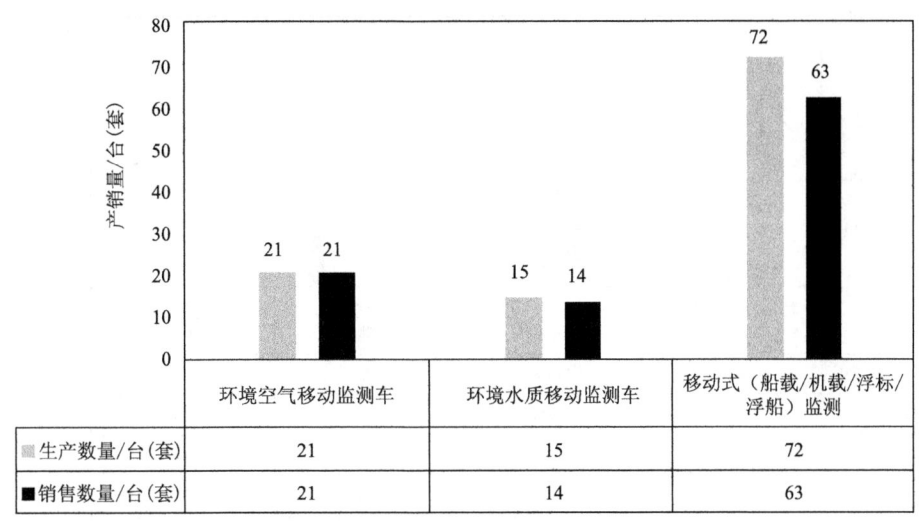

图 12　2020 年移动监测设备产销情况

在"十三五"期间,空气和地表水环境质量是行业重点,国家级、省市级站点不断补充完善。同时,低成本、高密度布设、定性分析的网格化监测产品对国标站点形成有益补充,高低搭配。2020 年,共实现约 8000 台(套)的现场应用,开展了新测试原理、新应用方式、新溯源分析的应用。

从 2016—2020 年,空气质量监测系统现场应用稳步增加,2020 年全年达到 4600 套。同时,借助国家挥发性有机物控制行动的出台,大气挥发性有机物监测系统实现 264 台(套)的应用(图 13 至图 17)。

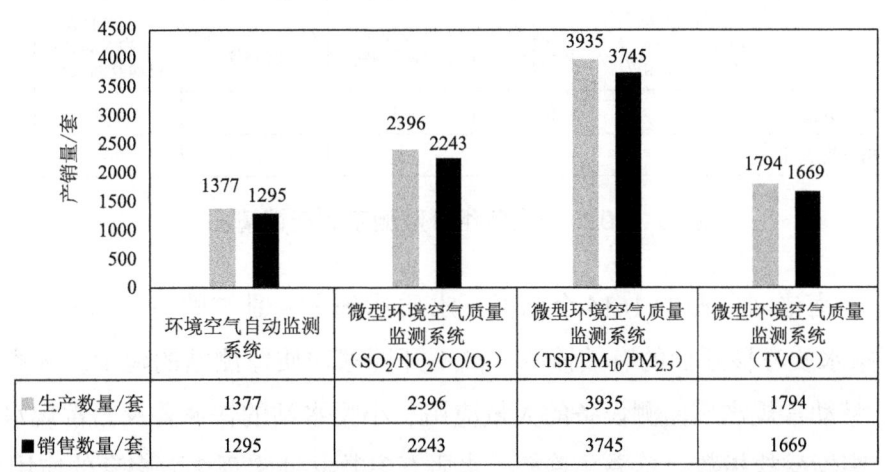

图 13　2020 年常规空气质量自动监测系统产销情况(不含单分析仪产销)

2020 年,全国地表水监测的 1937 个断面或站点中,水质达到 Ⅰ～Ⅲ 类的占 83.4%,劣 Ⅴ 类的占 0.6%。长江、黄河、珠江、松花江、淮河、辽河七大流域和浙闽片河流、

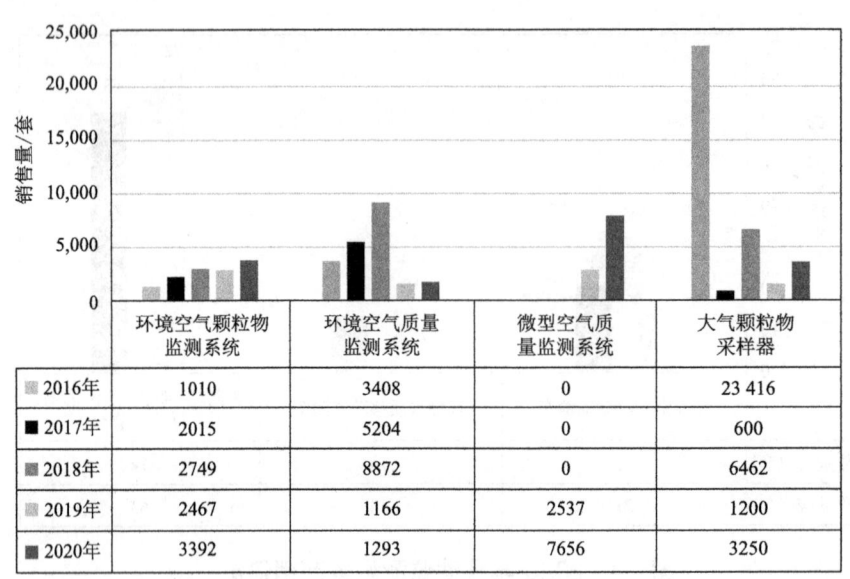

图 14　2016—2020 年常规空气质量监测系统销售情况（不含单分析仪）

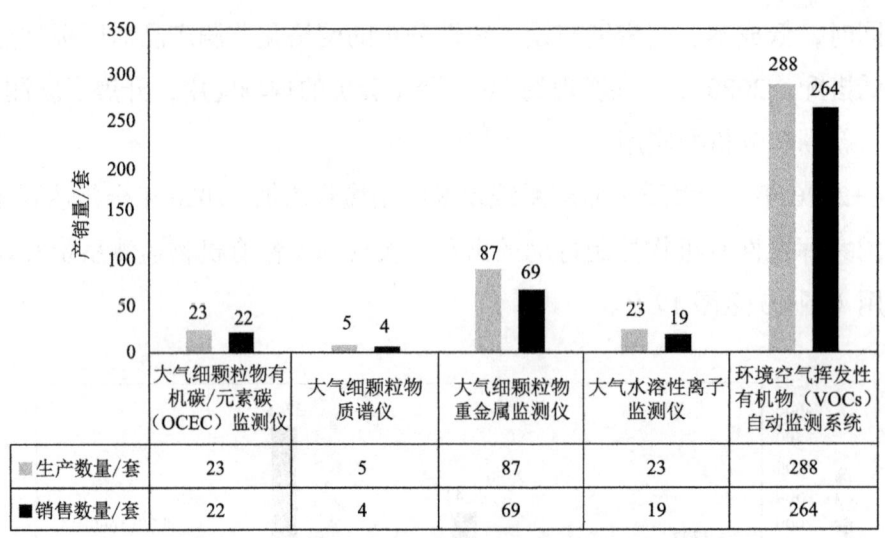

图 15　2020 年大气组分监测系统产销情况

西北诸河、西南诸河监测的 1614 个断面，水质达到Ⅰ～Ⅲ类的占 87.4%，劣Ⅴ类的占 0.2%[①]。国家水质考核断面的有效监测，离不开国家水质监测站的建设。国家水质监测站的实施，带动常规水质监测设备的大量应用、小型水站的快速普及。常规水质监测产品中氨氮、高锰酸盐指数、总磷、总氮、水质五参数共计实现 2 万多套的应用（图 18、图 19）。户外小型水质自动监测系统（小型站）增长更是突出，实现 1708 套的应用。

根据行业 2016—2020 年统计数据分析，高锰酸盐指数、总磷、总氮、氨氮、水质 5 参

---

① 数据源自生态环境部《2020 年中国生态环境状况公报》。

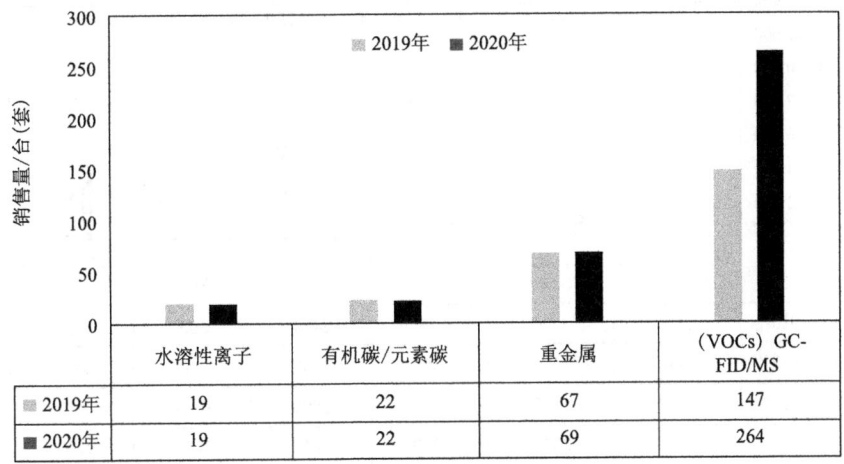

图16 2019—2020年大气组分监测仪销售情况

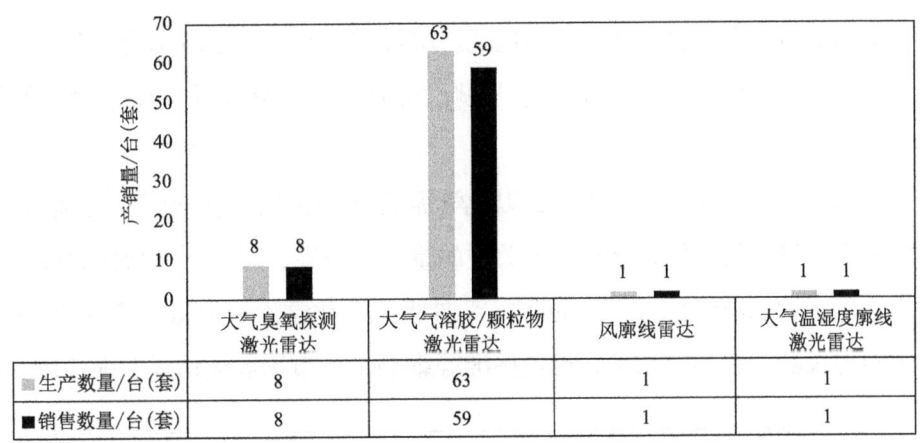

图17 2020年激光雷达产销情况

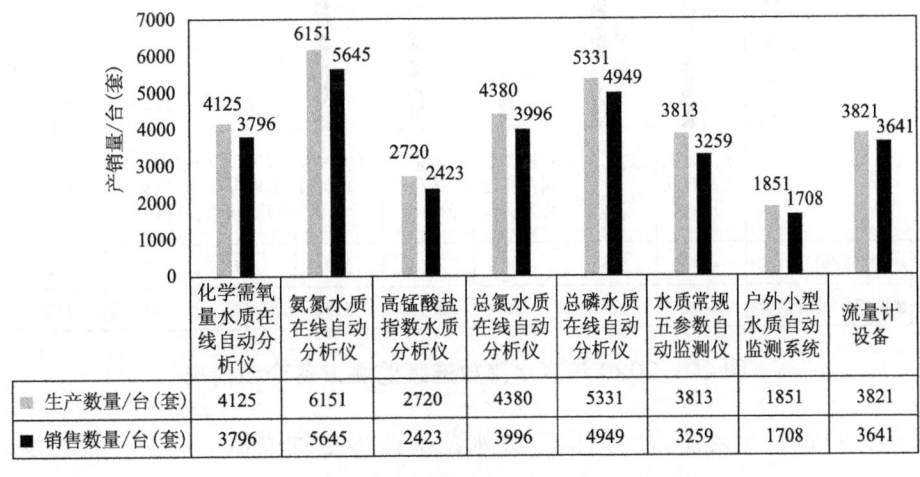

图18 2020年常规水质监测设备产销情况

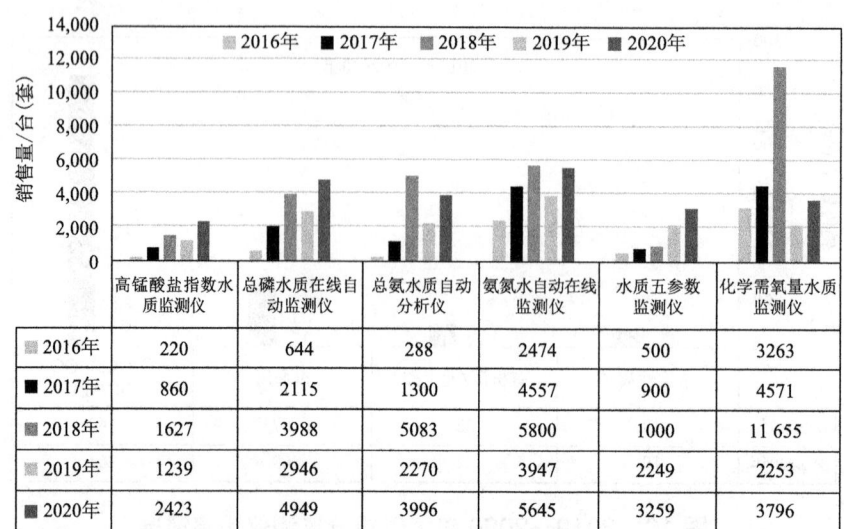

图 19 2016—2020 年常规水质监测设备历年销售情况

数、化学需氧量共计 6 种水质监测站常用水质分析仪较 2019 年度应用台（套）数分别增加约 96%、68%、76%、43%、45%、69%。从侧面体现出近几年水质质量监测依然是生态环境监测的重点。

在水污染源监测（废水监测）方面，以化学需氧量（COD_{Cr}）监测仪、氨氮监测仪为主，实现近 10 000 台（套）的应用，体现国家关注的重点。总磷、总氮两参数作为废水监测的增补参数，也达到了近 5600 台（套）。同时，紫外吸收法化学需氧流量（UV COD）、总有机碳（TOC）两种仪器，受国家政策、行业标准等影响，在市场逐渐低迷萎缩（图 20）。

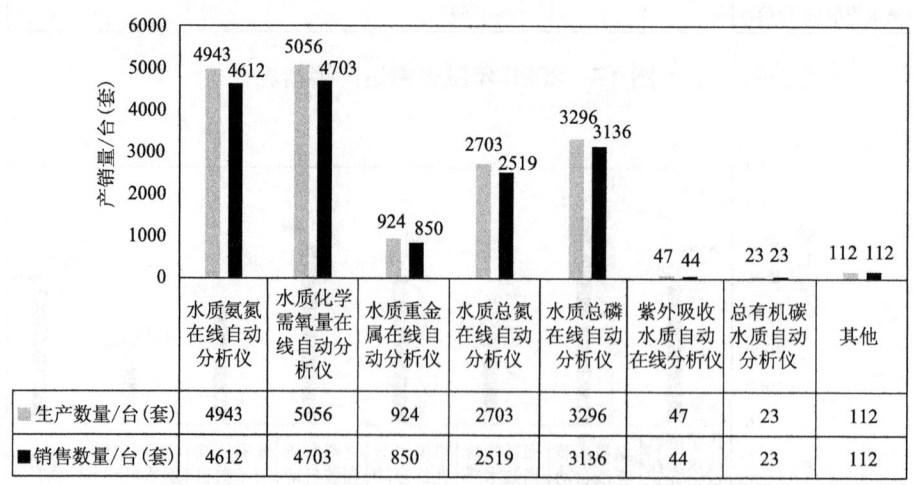

图 20 2020 年废水排放连续监测设备产销情况

2020 年，疫情的突然暴发，对医疗废水菌落监测更加谨慎。同时，针对反映水质综合毒性情况的仪器需求也不断增加。带动水质大肠杆菌和生物毒性分析仪实现突破应用，全年分别实现 21 台（套）和 218 台（套）的应用（图 21）。

2020 年，超低排放依然是烟气污染源监测的重点市场，尤其是颗粒物监测，全年实现 7986 台（套）的应用，进一步体现国家对烟尘监测的实际需求。同时，固定源挥发有机物监测的各个地方标准陆续出台、行业认证检测的提速，使得废气非甲烷总烃监测、苯系物监测系统全年实现 2754 台套的应用（图 22）。

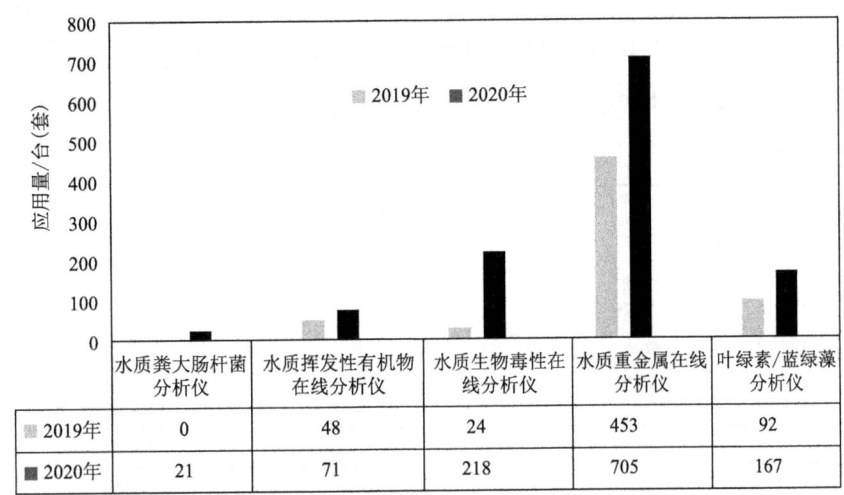

图 21　2019—2020 年水质特征因子监测设备应用情况

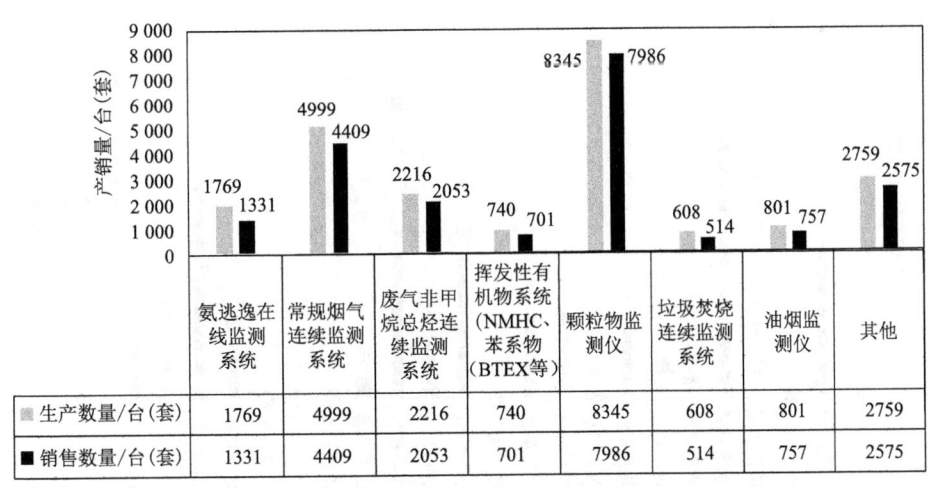

图 22　2020 年烟气排放连续监测设备产销情况

3.2　环境监测仪器适用性检测认证情况

2020 年，中国环境保护产业协会环境监测仪器专业委员会克服疫情影响，积极组织开展各类环境检测仪器的适用性检测工作，全年检测水和废水监测仪器、环境空气和废气监测仪器、水和废水采样器、环境空气和废气采样器、数据采集传输仪五大类 39 种 538

个型号 1485 台（套）设备，编制发放适用性检测合格报告 212 份[①]。

2020 年，中国环境保护产业协会环境监测仪器专业委员会在持续开展依据既有标准检测项目工作的同时，为支撑环境管理的新要求，服务环境监测行业企业发展，不断拓展新方法、新项目的适用性检测工作，其中依据 2019 年新发布的 HJ 101—2019 和 HJ 377—2019 两项行业标准，对氨氮、化学需氧量水质在线监测仪提标迭代产品开展检测，依据 HJ 1011—2018、HJ 1012—2018 和 HJ 1013—2018 三项标准开展环境空气便携甲烷/总烃/非甲烷总烃监测仪、废气非甲烷总烃 CEMS 产品检测，依据生态环境部环境监测仪器质量监督检验中心作业指导书开展气溶胶激光雷达产品检测（图 23、图 24）。

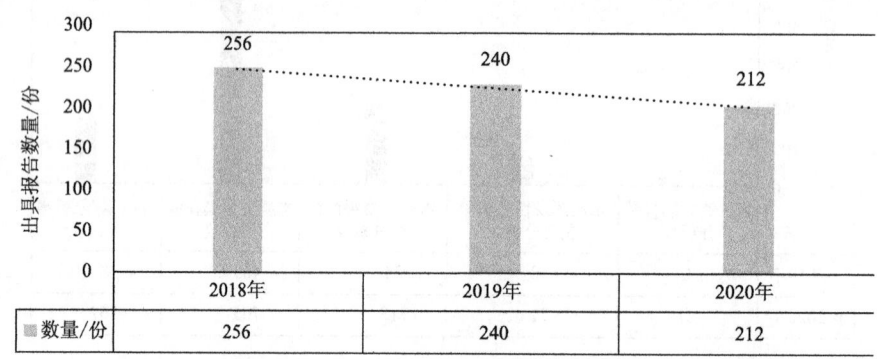

图 23　2018—2020 年检测仪器适用性检测报告出具情况

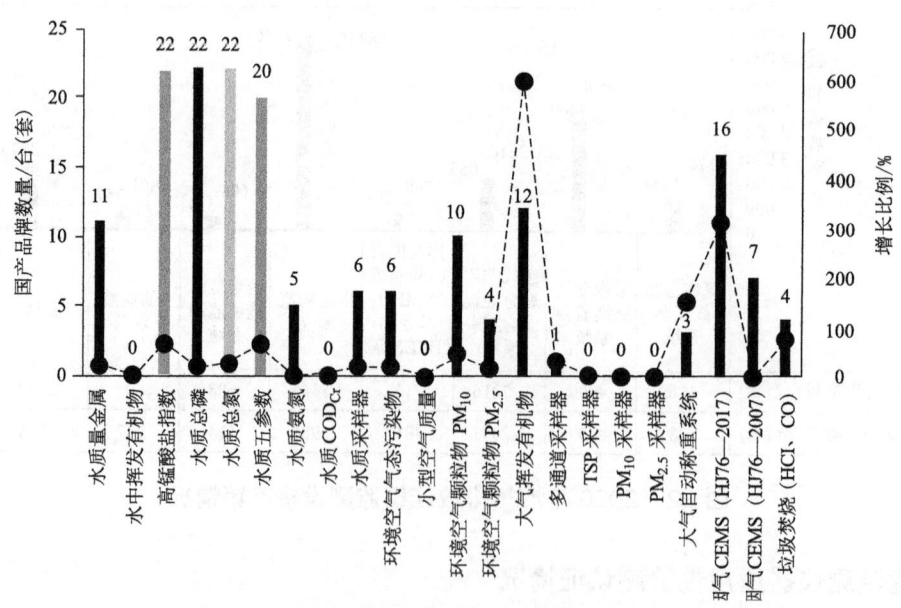

图 24　2020 年环境监测仪器适用性检测产品国产化和增长情况[②]

---
① 相关数据来源于中国环境监测总站认证产品合格目录，数据截至 2020 年 12 月 30 日。
② 相关数据来源于中国环境监测总站认证产品合格目录，数据截至 2020 年 12 月 30 日。

3.3 行业重点项目情况[①]

3.3.1 智慧环保项目

2020年1月8日，湖北省咸宁市生态环境局"咸宁市'智慧长江'生态环境监管体系建设项目"招标，涉及1.09亿元，项目涉及地表水监测站、浮船监测、微型水质监测、监测车、机动车尾气监测、走航监测、生态环境大数据等设备软件，为咸宁市建设"生态文明示范城市"及"长江大保护"试点城市提供数据支撑，确保各项环保监测数据及环保监测服务质量达标。

2020年1月20日，江苏省江都经济开发区管理委员会"江都区智慧环保监测监管系统采购项目"招标，涉及995.00万元。拟在通过"点、线、面"三维立体环保智慧管理，有效实现对重点企业、重点行业、重点区域的污染防治和环境质量的实时预警和监管。

2020年4月20日，河北省邢台市生态环境局"智慧环保大数据监管平台服务"项目，涉及金额1320.00万元，以物联网技术为基础，构建柏乡县环境监控体系，重点覆盖排污企业、大气监测餐饮油烟、机动车尾气、工地扬尘等重点关注对象，强化环境监督管理和数据整合管理，提升整体数据分析能力，为有效处理复杂环境问题提供新的手段。

3.3.2 运维服务/技术服务项目

2020年1月20日，江苏省环境监测中心"2020—2021年度115个省控环境空气质量自动监测站第三方运维及质控项目"招标，涉及金额4386.00万元。

2020年2月25日，中国环境监测总站"2020—2022年地表水国控断面采测分离样品采集技术服务项目"招标，涉及金额2.79亿元。负责对应地表水国控断面的样品采集、保存、混合、运输、交接以及pH值、溶解氧、电导率、水温、浊度、透明度、盐度等项目的检测。涉及3378个地表水国控断面（点位），覆盖除新疆、西藏、青海和海南外的27个省（区、市）。

2020年3月31日，中国环境监测总站"国家地表水自动监测站运行维护服务"项目，涉及金额7950.00万元，运维服务工作包含国家地表水自动监测站（站房、采水、所有仪器设备等）的日常运行维护、质量控制与质量保证、数据联网审核与入库、相关报告编制和验收交接；配合采购人开展水站固定资产管理并定期完成水站资产清点工作；接受采购人对数据质量的监督，按照采购人制订的质量监督计划，配合开展数据质量核查工作。

2020年6月3日，湖北省生态环境监测中心站"2020年湖北省地表水自动监测系统运行维护"项目，涉及金额990.00万元，包含地表水水质自动监测站及联网管理平台改

[①] 本章相关项目信息源自网络公开招投标信息。

造升级和湖北省地表水自动监测运维检查两部分内容。

2020年11月2日，中国环境监测总站"国家大气颗粒物组分监测网运行项目"招标，涉及金额1.41亿元，主要包括组分网自动运维及手工采样服务、手工监测滤膜称重及组分测试服务、手工及自动监测质控检查服务、数据审核、站点联网、运维网络检查等服务。

2020年11月6日，江苏省南京市六合区"大气VOCs精细化监管服务"项目，涉及金额5277.00万元，项目服务主要包括建设VOCs精准化监测服务、VOCs走航车购买、VOCs热点网格监管系统服务。其中，监测服务包括325台微型空气质量监测数据及VOCs走航车服务。

2020年11月16日，河南省环境监测中心"河南省大气污染物监测能力建设项目"结果公布，该项目涉及金额为601.00万元，采购气相色谱仪、便携式非甲烷总烃测定仪、恒温恒流大气采样器等仪器。

2020年12月16日，重庆市环境监测中心"重庆市环境大气自动监测技术服务项目"招标，涉及金额885.00万元，主要包括主城区大气质量市控评价自动监测技术服务、主城区空气质量研究站点自动监测技术服务、颗粒物自动监测技术服务和TVOCS自动监测技术服务等服务内容。

3.3.3 仪器采购项目

2020年6月15日，天津市生态环境监测中心发布"天津市生态环境监测中心环境空气自动监测仪器项目"，涉及金额2300.00万元，采购84台共12类仪器，包含PM_{10}监测仪、$PM_{2.5}$监测仪、$NO—NO_2—NO_x$监测仪、CO监测仪、O_3监测仪、SO_2监测仪、臭氧激光雷达、风廓线雷达、微波辐射计、VOCs自动监测仪等。

2020年6月17日，广东省环境监测中心"2020年广东省环境监测中心监测仪器设备购置项目"招标，涉及金额1117.00万元，项目涉及便携式气质联用仪、VOCs质谱走航系统、NH_3/NO_x分析仪、$PM_{2.5}$颗粒物分析仪等多类环境监测仪器。

2020年6月27日，山西省运城市"大气挥发性有机物（VOCs）走航监测系统及颗粒物$PM_{2.5}$在线源解析系统"项目，涉及金额1047.00万元，项目采购大气挥发性有机物（VOCs）走航监测系统及颗粒物$PM_{2.5}$在线源解析系统各一套。

2020年6月28日，北京市环境保护监测中心"北京市延庆冬奥会等重点工作监测能力建设"项目，涉及金额1482.00万元，采购NO_x分析仪、CO分析仪、细颗粒物$PM_{2.5}$监测仪、便携式甲醛分析仪等。

2020年7月10日，广东省广州市生态环境局白云区分局"环境空气质量监测站"项目，涉及金额1600.00万元，项目采购21套空气监测站。

2020年7月23日，陕西省环境监测中心站"便携式气相色谱质谱联用仪采购"项目，涉及金额1184.00万元。

2020年8月1日，山东省烟台市生态环境局"海洋生态环境在线监测"项目，涉及金额2800.00万元，项目在海洋生态敏感区、潜在污染风险区等关键海域部署14套海洋生态环境在线监测系统，系统可集成卫星、航空等遥感监测手段及视频、岸基站、浮标、雷达、船舶等在线监测技术手段，构建设备运行实时监控、在线数据实时传输、多源信息实时处理的海洋环境实时在线监测系统，及时捕捉海上突发状况，实现海洋生态环境从状态监测到过程监管、从现状监测到提前预警的转变。

2020年9月7日，重庆市生态环境监测中心4个区域分中心能力建设项目，涉及金额3822.00万元，采购超高效液相色谱仪、气相色谱质谱联用仪、电感耦合等离子质谱仪。

2020年10月20日，江苏省常州环境监测中心"2020年度江苏省常州环境监测中心仪器设备标准化"项目，涉及金额1000.00万元，采购11类25台（套）监测仪器，采购仪器包含大气VOC自动监测仪、碳质气溶胶连续监测分析仪、无机元素连续监测分析仪、流动分析仪等环境监测仪器。

2020年11月4日，山西省生态环境厅"晋北三市国家大气颗粒物组分网建设"项目，涉及金额近3000.00万元，项目包含在线碳组分分析仪、在线离子色谱仪、单颗粒质谱仪、气溶胶激光雷达、气象5参数分析仪、在线无机元素分析仪、$PM_{2.5}$在线分析仪等仪器设备采购。

2020年11月19日，湖北省生态环境厅黄石生态环境监测中心"黄石市环境空气质量监测网城市站仪器设备更新项目"，涉及金额达676.00万元，采购PM_{10}分析仪、$PM_{2.5}$分析仪、NH_3/NO_6分析仪、SO_2分析仪、CO分析仪等仪器。

4 环境监测技术发展进展

4.1 总体技术进展分析

环境监测技术整体发展特点是：

（1）自动化监测全面普及

"十三五"国家地表水环境质量监测网共设置1940个地表水国控评价、考核断面，均建设自动水质监测站，实现9参数或者9+X参数的全覆盖式自动监测。空气质量实现全国337个地级以上城市建有国控点空气自动监测系统，实现常规6参数的自动化监测。在京津冀污染传输提高涉及的"2+26"城市（京津冀大气污染传输通道，包括北京，天津，河北省石家庄、唐山、廊坊、保定、沧州、衡水、邢台、邯郸，山西省太原、阳泉、长治、晋城，山东省济南、淄博、济宁、德州、聊城、滨州、菏泽，河南省郑州、开封、安阳、鹤壁、新乡、焦作、濮阳）和汾渭平原 11 个城市（包括山西省吕梁、晋中、临汾、运城，河南省洛阳、三门峡，陕西省西安、咸阳、宝鸡、铜川、渭南以及杨凌示范区），建立光化学组分监测网络和沙尘监测网络。考虑各省市级自主建设的环境空气网络、地表水水质监测网络，全国建立起完备的国控、省控、市控、区县级的环境自动监测网络，环境监测全面进入自动监测时代。

（2）新技术平台化，应用场景不断拓展

在大气环境质量监测方面，采用新的成熟技术实现新的场景应用，如飞行时间质谱（TOF—MS）技术，用于大气细颗粒物化学成分的分析，实现对区域空间和时间上的溯源解析。同时，将膜进样和 TOF—MS 技术联用，实现大气挥发性有机物（VOCs）移动走航监测，获取区域的空间分布、浓度分布和变化规律，为应对应急事件提供技术支撑。GC—FID/MS 技术，原为实验室经典分析方法，在环境监测领域，围绕大气挥发性有机物，增加预浓缩预处理系统，跨领域实现对大气 117 种 VOCs 成分的定量和定性监测。原电化学传感器用在报警器中，借助互联网技术、大数据、人工智能等技术，实现网格化、高密度布点，在非定量基础上实现对环境大气污染的分析、预测。

在水质环境质量监测方面，也有新的技术不断创新应用，如 ICP—MS 实验室精准分析技术，匹配 ETV 进样，实现对几十种水质重金属的定量监测。X 射线技术，创新性应用在水质重金属的定量监测，是除 ICP—MS 方式外积极的优惠方案。GC—MS 或者 GC—FID 技术在配置吹扫捕集系统后，实现对水中 VOCs 的连续监测。

围绕 GC—FID、GC—MS、TOF—MS、XRF、ICP—MS/OES 等技术平台，掌握核心技术的厂家，逐渐将已成熟技术进行平台化研究，根据应用场景的不同，开发适配的预处理单元、数据分析软件系统，快速实现系统的集成开发，在现场投入应用，解决现场需求的空白，抢占市场先机。同时，树立行业标准，提高行业准入门槛，避免新进入者低价竞争，延长产品或者技术盈利周期。

（3）生态环境大数据技术深入应用

在 2016 年 3 月，生态环境部就颁布了《生态环境大数据建设总体方案》，提出全面推进大数据发展和应用，加快建设数据强国，将生态环境大数据发展作为我国的国家战略。生态环境大数据总体架构为"一个机制、两套体系、三个平台"。一个机制即生态环境大数据管理工作机制；两套体系即组织保障和标准规范体系、统一运维和信息安全体系；三个平台即大数据环保云平台、大数据管理平台和大数据应用平台。确定 5 年内实现的三个大的目标任务，实现生态环境综合决策科学化、实现生态环境监管精准化、实现生态环境公共服务便民化。

以网格化为代表的小尺度区域环境质量系统，基于大数据、人工智能、化学机理模型、数学算法等，实现对空气质量的分析、溯源、预警预测。以国控点空气站、省控点空气站、组分网站、激光雷达监测站、卫星遥感等国家监测/观测网络为基础，构建起"天地空"一体化的立体监测网络，海量监测数据汇聚，实现对国土范围的空气质量预警预测。

自动监测网络的全面建成，产生了海量的生态环境监测数据，数据价值重构，需要新的技术来支撑。

4.1.1 大气环境监测方面

为推进细颗粒物（$PM_{2.5}$）与臭氧（O_3）的协同控制，生态环境部发布了《2020年挥发性有机物治理攻坚方案》，从源头、无组织排放、提高治理设施效率等方面，控制和消减VOC排放量。继续开展秋冬季大气污染综合治理攻坚和蓝天保卫战秋冬季监督帮扶，基本完成京津冀及周边地区、汾渭平原的平原地区生活和冬季取暖散煤替代。对"散乱污"企业进行"动态清零"，排查平原地区工业炉窑3.9万台；全国符合超低排放限值的煤电机组累计达9.5亿kW。全面实施轻型汽车第六阶段排放标准；严格秸秆露天焚烧管控，推进露天矿山综合整治、扬尘综合治理。全国地级及以上城市优良天数比例提高到87.0%（目标84.5%），$PM_{2.5}$未达标的地级及以上城市平均浓度比2015年下降28.8%（目标18.0%）[①]。

随着近年来超低排放的实施，企业减排、管控的落实，环境空气质量得到了显著提升。细颗粒物的污染有了较大程度的下降，臭氧污染开始凸显；从目前已知的颗粒物形成机理可以看出，臭氧对于二次颗粒物的生成有着很大的推进作用。因此，强化多污染物协同控制，加强细颗粒物和臭氧的协同控制，成为2020年比较重要的市场动向。在明确的政策支持下，作为臭氧前体物的VOCs组分的监测需求，如工业园区固定源或者厂界挥发性有机物监测、产业集群的VOCs组分走航、固定站挥发有机物监测及臭氧超标城市臭氧遥感监测、一般地市的光化学组分监测等，在环境监测领域实现突破性增长。

另一方面，移动源的管控，如尾气遥感监测、黑烟抓拍及重型柴油机车、船舶、非道路移动机械等尾气排放监测及管理平台建设，也是今年各级政府、环保机构关注和投入的重点。

---

① 摘自生态环境部《2020年中国生态环境状况公报》。

针对环境空气污染物浓度降低、空气质量提升到达瓶颈等情况，市场对于污染物浓度、组分监测的精确度要求都有所提高，环境监测总站、地方环保机构也陆续根据市场需求补全设备检测规范，加快检测实验室的建设，如修订《环境空气颗粒物（PM_{10}和$PM_{2.5}$）连续自动监测系统技术要求及检测方法》（HJ653—2013），制定VOCs组分分析仪、重金属分析仪的检测规范，长三角生态绿色一体化发展示范区挥发性有机物走航监测技术规范等。

4.1.2 水环境监测方面

纵观2020年全年投标情况，户外多参数水质监测系统的占比较往年略有提升；伴随着"十三五"收官，黑臭水体在线监测系统占比大幅提升。以往黑臭水体监测都是采取人工采样、实验室分析的方式进行，但随着监管需求的提升，显现向在线化监测发展的趋势；针对水质自动监测系统的辅助装置出现了多种多样的定制化需求，如废液处理、离心预处理、风光互补清洁能源等。

（1）小型水质监测站的应用逐渐丰富

随着微型部件、高精度定量、低试剂分析方法研究的不断成熟，水质监测分析仪外形体积大幅缩小，试剂消耗量大幅降低。常规监测的氨氮（$NH_3—N$）、高锰酸盐指数（COD_{Mn}）、总磷（TP）、总氮（TN）、水质重金属[砷（As）、汞（Hg）、铬（Cr，Ⅵ）、铅（Pb）和镉（Cd）]以及化学需氧量（COD_{Cr}）等监测仪，采用内部紧凑的小体积结构、低试剂消耗量、低功耗设计等，满足小型水站（占地2 m^2以内户外柜式）使用要求。

水质环境监测系统由原来标准机柜式集成方式，发展成小型站（7 m^2左右）、微型站/户外小型站（占地面积<2 m^2）、浮船监测站等集成方式。系统均配置完备的采样预处理单元、质控单元、试剂冷藏单元、电控单元，以及相应的空调系统。采用低电压和低功耗的设计，依靠太阳能供电方式进行连续监测。

（2）新技术不断在水质环境监测中得到应用

目前，常规水质环境监测系统一般监测5参数（水温、pH值、溶解氧、电导率、浊度）、氨氮、高锰酸盐指数、总氮、总磷、叶绿素、蓝绿藻等因子。采用新技术的质谱检测器（MS）或者氢火焰离子检测器（FID）为主的水中VOCs在线监测仪、以X射线荧光光谱（XRF）、等离子体—质谱（ICP—MS）为检测方法的水质重金属或水质溯源监测设备逐渐在市场上崭露头角。

4.2 新技术开发应用分析

4.2.1 微型空气质量监测系统

微型空气质量监测系统（简称大气微型站或网格化站系统）采用新型智能传感器和

扩散式或者抽气式气体检测方法，使气体随着空气进入气体传感器或者所在的检测区中。采用电化学方法气体传感器和光学方法颗粒物传感器，实现对大气中 SO_2、NO_x、CO、O_3、TVOC、PM_{10}、$PM_{2.5}$ 等多种污染物的监测。系统体积轻小，气体传感器可根据具体需求更换。同时，系统功率极低，可以采用太阳能供电。突出的优点是设备成本较低，可以网格化密集布设，弥补常规监测站布设成本高、密度低的问题。

该系统以 2 km×2 km 或者 1 km×1 km 为最小尺度，建立大气网格化监测网络，依靠网格化智能监控平台，可以实现区域大气常规污染物的溯源、预警预测。其技术特点为：①电化学法和光学法微型低功率传感器集成应用；②大数据、物联网思维模式下的高密度、网格化布设应用；③定性和半定量条件下的预报模式应用；④数据的准确性、仪器间的一致性、分析数据的精准度存在较大困难。

4.2.2 大气环境监测溯源预警系统

大气环境监测溯源预警系统是在日渐增大的环境压力和复合型的大气环境污染趋势对环保部门要求回答环境空气质量现状、解释环境监测结果、预测未来变化趋势的形势下，在大数据、云计算、人工智能等计算机物联网技术的技术支撑下，在气象模型、空气质量模型、化学机理模型、污染传输模型、污染源解析技术、立体观测技术等研究的突破下，综合利用各种观测/监测数据（卫星遥感、气象数据、空气质量数据、雷达观测数据、污染源清单等）而开发的空气质量多模式预报系统平台，可以实现对全国（依据国家空气站、卫星遥感、地基颗粒物雷达/风廓线雷达/臭氧雷达/微波辐射等数据）、城市（依据国家或者市控空气站或者微型站、卫星遥感、地基颗粒物雷达/风廓线雷达等数据），甚至是区县级（依据空气站或者微型站）尺度范围下的空气预警、重大活动预测，溯源分析。

该系统在网格化监测网中，主要依据微型空气站和空气站监测数据，根据相关的气象模型、化学反应机理、污染传输模型等，使用神经网络或者云计算等算法，实现区域未来空气质量的预警预测和溯源分析。同时，分析大气重污染形成过程，追踪重点污染源对关心点污染物浓度的贡献率，制定污染控制方案并模拟控制效果，为空气质量业务预报工作和管理部门制定适应的调控政策提供支持。其技术特点为：①多种污染解析技术和模型的研究应用，以及多模式的嵌套应用（如 CAM_X、NAQPMS、CMAQ、WRF 等模型）；②神经网络、多元回归、最优插值、误差智能判断等分析计算方法的应用；③空气质量监测（空气站、微型站）、地面遥感（颗粒物激光雷达、风廓线雷达、臭氧激光雷达）、卫星遥感等多种观测设备的综合应用以及相关多种类型数据的多元融合。

4.2.3 挥发性有机物监测

大气挥发性有机物监测主要采用气相色谱法（GC—FID/MS）以及PDMS—TOF—MS、PDMS—PTR等方法产品均有应用，主要应用在环境空气挥发有机物连续监测。

在国家和地方政策的支持下，在2020年实现了上述产品大幅度应用。其技术特点为：①GC-FID/MS实验室技术跨行业突出应用；②GC/MS核心分析单元采用进口整机居多；③系统产品专业要求极高，实际运行情况存疑；④手工采样比对和自动化运行数据差异较大，有效比对手段不足。

4.2.4 小型水质自动监测系统

小型水质自动监测系统由仪器/分析单元、采水系统、配水系统、辅助系统、仪器控制系统、通信系统、数据采集与处理系统、废液处理系统等组成，实现对水中5参数（温度、pH、溶解氧、电导率、浊度）、氨氮、高锰酸盐指数、总磷、总氮等监测因子的测量分析。一般基于纳氏试剂分光光度法/水杨酸分光光度法/氨气敏电极法、高锰酸钾氧化法、钼酸铵分光光度法、过硫酸钾消解—紫外分光光度法等行业常规技术原理实现对监测因子的测量分析。

根据不同的建设要求，还可以采用浮船式、浮标式监测。该系统在环境监测、水利方面有了极大的应用。其技术特点为：①小型化分析仪或集成化分析单元综合应用；②系统占地面积一般不超过$1 m^2$，无须征地、"四通一平"（水通、电通、路通、电信通，场地平整）等工作；③常规分析方法的小型化集成，未突破根本的湿式化学分析方法；④试剂消耗依然存在，二次污染无法避免；试剂使用种类繁多，储存低温，保存困难；⑤高度集成，维护便宜性不高。

4.2.5 无人载具立体监测技术

无人载具立体监测采用无人机（UAV）、无人船（USV）、水下机器人（ROV/AUV）等载具系统，搭载专用监测单元、采样单元等载荷，实现对大气、河流、水下断面立体监测，增加环境监测的细致度、提高效率、增加监测面。在大气、水质常规监测或者应急监测中，得到了大范围的应用和推广。目前需要突破的关键技术有智能控制（智能理解和智能决策）、路径规划、自主避障、传感融合术、高可靠性电源管理、应用场景数据分析等。其技术特点为：①无人机、无人船、水下机器人控制系统；②微型传感器高精度传感器。

4.2.6 卫星遥感监测技术

卫星遥感利用光学、热红外、超光谱等多种先进的遥感监测设备，大范围、快速、动态地开展生态环境监测。卫星遥感监测技术在大气污染、水污染、地面污染、固体废物堆场污染和热污染方面，进行土壤侵蚀与地面水污染负荷产生量估算、生物栖息地评价和保护、工程选址以及防护林保护规划和建设。遥感技术由于具有时间、空间和光谱的广域覆盖能力，是获取环境信息的强有力手段。其技术特点为：①遥感数据解析技术；②遥感数据质控技术；③遥感数据应用拓展。

4.3 新技术发展趋势

4.3.1 环境监测向天地一体化全面拓展

监测设备的发展趋势必将是在价格更低、易于维护、运行稳定、适应恶劣环境等基础上，向自动化、智能化和网络化方向发展。环境监测网络将从省级到地级再到县级全面覆盖；监测领域将从空气、水向土壤倾斜；同时由较窄领域监测向全方位领域监测的方向发展，监测指标不断增加；监测空间不断扩大，从地面向空中和地下延伸，由单纯的地面环境监测向与遥感环境监测相结合的方向发展。监测指标向组分监测、前体物监测等倾斜，说清污染物来源、成因与形成机理。

4.3.2 对环境监测要求更加严密

未来，环境监测将统筹城市／农村、区域／流域、传输通道、生态功能区等不同尺度监测布点，监测点位布局增多；监测频次更密，将由手工监测为主向连续监测为主升级；评估要求向准确预测预警倾斜，更趋向为污染减排提供依据，科学反映环境质量与治理成效。

随着大气污染管控治理、水环境污染治理的持续推进，污染源排放逐步降低，大气和水体的污染也逐步降低和减缓，要求对相关指标的监测逐渐进入痕量级别，对环境监测仪器的测量精度、可靠性提出更高的要求。

4.3.3 环境监测向为企业提供数据服务价值发展

2018 年以来，环保税、排污许可证及非电行业大气治理提标等政策为监测领域的发展带来巨大变化，环境监测将成为地方政府推进环保治理的首要步骤和重要依据，环境的精准监测和数据共享的重要性将被大大提升。

随着政府购买服务逐渐在环境监测领域的推广，一方面，环境监测领域数据资源将整合其他信息，并进一步开发和共享，从而为企业或政府的环境管理提供数据协同和挖掘服务，同时结合环境模型、评价方法等为环境管理决策提供信息支持；另一方面，随着排污权交易、碳排放交易在全国的逐步推广，对于排污企业来说，同样也需要各种环境管理数据及分析，从而管理好自身的各项环境交易指标，并进而通过节能环保的精细化管理而获益。在政府及污染企业对环境监测数据价值的需求过程中，环境监测企业的商业模式也在发生变化，监测企业正在沿着设备供应商、系统集成商到运营服务商，进而向数据服务价值提供商的路径进化。未来环境监测企业提供的不仅是设备或服务，而是数据价值。

4.3.4 现代生态网络体系构建将成为重点

未来将重点进行地下水监测、海洋监测、农村监测、温室气体监测网络建设；实现全国统一的大气和水环境自动检测数据联网，大气超级站、卫星遥感等特征性监测数据联网，构建统一的国家生态环境监测大数据管理平台。持续推进环境遥感与地面生态环境监测已成为生态环境部未来的工作重点。未来将建立基本覆盖全国重要生态功能区的生态地面监测站点，加强环境专用卫星与无人机的监测能力建设，逐步构建天地一体化的国家生态环境监测网络。

5 环境监测仪器行业问题

5.1 高端仪器核心部件进口居多

目前环境监测高度仪器的核心技术仍被国外掌握，高端仪表仪器设备短缺，为产业健康、可持续发展带来不小的威胁。

尽管国家对科学仪器产业发展给予了多层次、多方位的支持，高端仪器自主创新能力得到了加强，仪器产业获得了长足的进步，但值得注意的是，我国高端仪器市场被国外公司所垄断。科学仪器发展仍处于跟踪发展阶段，被国外仪器公司牵着"鼻子"走，市场反应速度缓慢，科学仪器科技创新能力还比较弱，跟跑为主，并跑和领跑稀少。

此外，仪器自主可控问题亟待解决，科学仪器的关键材料、关键元器件、核心部件、嵌入式计算机、操作系统等虽然已经取得了重要进展，但仍有部分仪器关键核心部件依赖国外进口。

5.2 专业技术人才积累不足

环境监测行业对专业人员的技术水平要求较高，不仅需要技术人员具备较强的理论水平、技术综合运用能力，还需要具备多年的相关工作经验，熟悉实验流程，拥有较强的解决问题能力。尤其是现代环境监测需要将监测结果与信息化技术相结合，对环境问题进行大数据分析，因此高水平技术人才的缺乏已成为环境监测行业发展的一个重要制约因素。

5.3 行业常规产品同质化严重

在常规环境监测仪器行业企业中，不断涌现出新的仪器企业。由于常规产品在标准、方法上高度统一、透明，开发难度较低，产品化门槛低。同时，新企业在人员投入、场地使用、研发投入上相对较少,产品单一,推出较快,准入后进入市场。为快速占领市场,新企业广泛低价竞争,带来市场的惨烈同质竞争,急剧削弱企业盈利能力,间接影响企业对常规产品技术升级投入的热情。

在广泛推行的第三方运维服务,地方企业在人员配置、资源获取等方面存在优势,且不需要背负过多的社会责任,在市场经营活动中,不断冲低市场价格。行业大型企业,考虑社会责任、失控风险,逐步控制、减少、退出第三方运维服务,间接影响运维服务行业的正规、标准、真实、有效,带来长期不可逆的负面影响。

5.4 行业技术触碰应用天花板

环境监测行业中,水质监测仪器普遍采用国家标准引导的化学试剂分析原理。目前,国家断面、国控断面、市控断面、重点流域湖泊,均建设常规水质监测站,数量极其庞大,化学试剂消耗、危险试剂使用、废液产生量异常大。但是,又非常分散、收集难度异常大、再利用价值密度极低,高污染却无法去除。同时,核心监测因子的分析周期不低于 1 h,加上预处理时间,一般为 2 h,无法真正做到"在线、连续、监测"。因此,此类技术大规模使用的关键是实验室分析的仪器自动化,因而迫切需要革新性技术,从而实现真正的无试剂消耗、无危险试剂使用、无二次污染、高频次水质环境质量监测。

6 环境监测仪器行业发展建议

6.1 给政府相关部门的建议

(1)出台国产仪器扶持和引导政策,促使企业强化技术创新,聚焦技术研究,提高产品质量、可靠性,推动国产仪器向高精、高稳、高可靠性、高智能方向不断进步,推动整个行业技术跨越式发展。

(2)强化国家政策引导,行业标准规范,提高行业准入门槛,提升行业企业技术创新能力。

(3)灵活性行业标准规范,积极探讨新技术、革新性产品在环境领域的创新应用,打造和凝练绿色、零污染的环境监测仪器。

(4)推动环境监测体系的信用建设,降低企业准入的复杂程序,大幅提高企业准入门槛;增加违规企业的惩罚力度,严肃行业规约,引导建立企业竞争良性环境;鼓励科技创新、技术研究,提升行业技术水平。

6.2 给企业的建议

(1)抓住机遇,紧跟政策引导,及时满足市场需求,抢占市场先机。积极主动研究国家政策、行业标准，配合国家完成生态环境监测建设发展，锻造自身技术、市场能力。

（2）开展新分析技术、新方法和全过程质控技术研究，融入人工智能、智能诊断、自主运行等新理念，创新发展新一代环境监测仪器。

（3）聚焦主航道，增量新航道。以企业自身核心技术为核心，核心模块化、技术平台化开发，产品模块化集成，快速实现新应用需求下的系统产品，抢占市场商机。同时，不断推高技术准入门槛，避免低价、同质化竞争。积极纳入数字化、大数据、人工智能、5G等新技术，孵化新一代信息化、智能化仪器设备，为下一个10年企业的发展奠定基础。

（4）环境生态感知应充分利用新材料、新原理、新技术，依托5G、智能分析（自动分析）、万物互联（AIoT）、云计算（云端模型/分析）、大数据和边缘计算等信息技术，实现监测分析仪器的智能化和环境监测的智能感知。

（5）常规环境要素感知设备，应具备高精度测量能力，实现对环境要素的痕量级分辨感知；应实现对环境要素的多要素集成感知，实现一专多能；应在低能耗（电、标气、试剂等）、低用户投入（购置投入、操作成本、运行成本）、绿色营运等方面有所突破；应尝试微型传感器级综合定性测量和高精度专业设备融合使用、执法应用；应探索仪器设备自主运行/无人值守、自主诊断和恢复、自主质控、主动运维管理、多端数据共享、数据安全控制、远程升级维护等功能开发应用。

（6）特殊环境要素感知设备应具备高灵敏度、高适应性、高可靠性的能力，实现对特殊环境要素的准确测量；应具有自动进样处理、自动诊断和修复、自主数据分析、自主质控处理、自主数据多端共享等功能；应在仪器虚拟化、数据智能化处理方面进行研究与开发，降低仪器应用成本、专业难度。

附录：环境监测仪器行业主要企业简介

1. 北京雪迪龙科技股份有限公司

北京雪迪龙科技股份有限公司创立于2001年，注册资金6.30亿元，是集研发、设计、生产、销售、服务于一体的国家高新技术企业。

公司业务围绕生态环境监测相关的"端+云+服务"展开，主要包括污染源排放监测、大气环境质量监测、水环境质量监测、生态环境大数据、工业过程分析、第三方检测、污染治理与节能7个板块，通过"减污降碳协同管控"的综合解决方案，助力环境质量持续改善及"双碳目标"的实现。

公司现有员工2000余人，其中研发人员300余人，服务工程师1000余人，专利、软件著作权等知识产权 400 余项。先后获批北京市企业技术中心、北京市工程实验室、博士后科研工作站；承担了多项国家重点研发计划，并荣获国家科技进步奖二等奖；多项产品获得国家重点新产品、中关村国家自主创新示范区新技术新产品、水利部先进实用技术推广目录、国家鼓励发展的重大环保技术装备目录等称号。

2020 年公司完成营业收入 12.13 亿元，较上年同期 12.43 亿元下降 2.45%；期末总资产 32.41 亿元，较上年同期 30.53 亿元增长 6.15%；归属于上市公司股东的净资产 22.23 亿元，较上年同期 21.36 亿元增长 4.09%。2020 年度归属于上市公司股东的净利润为 1.50 亿元，较上年同期 1.41 亿元增长 6.95%，主要原因是 2020 年公司经营虽受疫情影响较大，但受益于公司内部挖潜带来的降费增效和国家有关优惠及扶持政策的影响，本报告期年度净利较上年有所上升。

公司环境监测系统实现销售收入 5.52 亿元，较上年同期 5.81 亿元下降 4.91%，主要原因是报告期受到疫情的影响，部分项目实施与验收等有所延缓或滞后，导致销售收入有所下降。

工业过程分析系统实现销售收入 1.60 亿元，较上年同期 0.93 亿元上升 71.59%，主要原因是报告期石油化工行业污染控制要求提高，对工艺过程检测需求有所增加，业务量相应增加。

气体分析仪及备件业务实现销售收入 2.11 亿元，较去上年同期 1.91 亿元上升 10.27%。

系统改造及运维业务实现销售收入 2.25 亿元，较上年同期 2.04 亿元增长 10.54%。

节能环保工程业务实现销售收入 0.64 亿元，较上年同期 1.74 亿元下降 63.10%，主要原因是报告期受疫情影响，子公司的客户工程项目复工有所延迟，在建工程项目实施进度有所滞后，导致销售收入下降。

2020 年度，公司研发投入资金约 0.68 亿元，较上年同期研发投入 1.00 亿元下降 31.52%，占 2020 年度营业收入的 5.65%。研发费用下降的主要原因是公司在研的部分项目到期结项或处于后期阶段，投入的研发人工、试制材料费及测试费用等有所减少，同时由于受疫情影响，部分在研项目投入进度有所延迟。

2. 河北先河环保科技股份有限公司

河北先河环保科技股份有限公司成立于 1996 年，是集环境监测、大数据服务、综合治理为一体的集团化公司。

目前，公司总资产 24.00 亿元，员工突破 2000 人，下辖国内外 15 家子公司和 3 个研发中心；业务涵盖生态环境监测装备、运维服务、社会化检测、环境大数据分析及决策支持服务、VOCs 治理及农村污水治理六大领域。

公司为国家创新型企业（试点）、国家火炬计划重点高新技术企业、国家国际科技合作基地、环境监测仪器系统技术国家地方联合工程实验室、全国博士后科研工作站、河北省环境监测装备工程技术研究中心、河北省企业技术中心，先后被授予"河北省政府质量奖"、河北省"巨人计划"创新创业团队、河北省"技术创新型企业"等荣誉称号，连续多次被评为"中国环保产业骨干企业""国家重合同守信用企业"，带动了环保产业的发展。

公司率先开发了生态环境网格化精准监控及决策支持系统，通过全样本的有效性监测，精准锁定污染源头，为区域环境污染防治提供强有力的决策支持和有效科技抓手。目前已在全国 21 个省份、154 个市（县）应用，在"2+26"城市中有 31 个，安装点位数量上万个，成功协助超过 80.00% 的服务地市完成了年度空气质量改善目标。

公司拥有涵盖全参数、全系列、全配套的水质产品线，以及基于物联网和水质目标管理的"河长制"水环境智慧管理子系统，可以精准追溯污染源排放，为落实"河长制"提供有力抓手。公司还积极参与美丽乡村建设，自主研发的村镇一体化分散式污水处理系统已在河北、广西、贵州、四川等地投入应用。

此外，公司建立了生态环境大数据应用中心，组建了100余人的专家顾问团队，构建基于物联网和大数据分析的智慧环境管理系统，为环境管理提供整体解决方案，提出达标规划，助力政府能源结构、产业结构的优化调整，推动环境、经济、社会的可持续发展。目前公司管理咨询服务业务已覆盖10个省份、45个城市，其中包含有2+26城市中的14个。

2020年，公司在管理层的带领下积极统筹疫情防控和公司经营发展，尽可能地降低疫情对公司生产经营的影响。年度内，环境监测行业市场下沉，更多的企业参与竞争，导致市场竞争加剧，面对竞争激烈的市场环境，公司盈利水平同比下降48.92%。

公司环境监测系统实现收入69 733.69万元，在营业收入结构占比为55.87%，占比较去年同期下降9.54%；运营及咨询服务实现收入43 008.22万元，较去年同期增长21.38%，在营业收入结构占比达到34.46%，占比较去年同期提高8.68%。

3. 力合科技（湖南）股份有限公司

力合科技（湖南）股份有限公司成立于1997年5月，位于长沙市高新技术产业开发区。公司拥有"水环境污染监测先进技术与装备国家工程实验室"和"湖南省工程研究中心"等研究平台，专业从事环境自动化监测仪器仪表制造，以自主研发生产的环境自动监测仪器为核心，应用自动化控制与系统集成技术为客户提供自动化、智能化的环境监测系统解决方案，并为客户提供环境监测设施的第三方运营服务。

公司应用先进的环境分析检测技术、人工智能及大数据分析应用技术，形成了水质自动监测系统、空气/烟气自动监测系统和环境监测信息管理平台等系列产品，为环境监测和管理提供成套智能化监测方案。

公司研发生产基地占地约20 000 m²，拥有专业实验室22个；承担了重大科学仪器设备开发专项、国家高技术研究发展计划、水专项、科技支撑计划等科研项目20余项，拥有专利近200项。经过多年的发展，公司建立了完善的营销和服务网络，拥有300多人的技术支持、服务团队，已成为国内环境监测仪器行业中覆盖面相当广泛的销售和服务的供应商之一。

2020年，公司实现营业收入77 435.32万元，较上年同期增长5.43%；实现归属于上市公司股东的净利润26 127.28万元，同比增长13.60%。主要系新型冠状病毒性肺炎疫情的影响，出行和施工条件不便，项目建设安装进度受阻，公司业绩及盈利上半年受到一定影响；下半年疫情得到有效控制，全年度实现一定增长。

4. 安徽蓝盾光电子股份有限公司

安徽蓝盾光电子股份有限公司是一家高新技术军工上市企业。公司致力于高端分析测量仪器制造、软件开发、系统集成及工程、运维服务、数据服务和军工雷达部件的生产，产品和服务主要应用于环境监测、交通管理、气象观测和军工雷达等领域。公司在光学、电子及信息技术、精密机械制造等领域积累了50余年的科研和生产经验，是我国仪器仪表行业内具有较强自主创新能力的企业之一。

2020年，公司实现营业收入 71 456.79 万元，比上年同期减少 8.18%；归属于上市公司股东的净利润为 13 003.41 万元，比上年同期减少 14.90%。经营业绩下降的主要原因是疫情对项目建设和项目验收造成一定影响。公司资产总额 229 516.74 万元，较初期增长 90.05%。

2020年，公司重点工作情况如下：（1）坚持以市场为导向，积极响应市场需求趋势变化：在环境监测领域，公司坚持走创新发展的道路，通过对国内环境监测市场需求的深入分析和研判，紧紧抓住网格化立体监测、综合立体监测和国控站点设备更新的机遇，在大型系统集成、网格化立体监测及数据服务项目上取得了较大突破；借助在国控站运维取得的良好成绩，公司环境监测业务在"国家队"的地位稳步提升，市场影响力进一步扩大。（2）坚持以技术创新为先导，带动新技术、新产品的技术升级，引导市场需求和发展：2020年公司在新产品开发方面，开展了水质在线监测仪器、LGH—106 A 大气颗粒物监测仪、降雪监测仪、高重频高能量激光雷达、相干测风雷达等系列产品开发。为提升企业核心竞争力，公司通过技术创新、管理创新、商业模式创新的制定和实施，持续加强研究开发投入、创新能力建设、人才集聚和培养，紧紧依靠产学研结合，突破关键技术、完善系统工程方法，建立了产学研创新平台和机制环境，形成了持续创新发展的内在动力。

2020年，公司获批工业和信息化部环保装备制造业规范条件企业、安徽省工业设计中心、安徽省专精特新冠军企业；"蓝盾"商标获得中国驰名商标称号；"安徽省重污染天气应急管控决策支持平台"项目获得安徽省科学技术进步奖二等奖；"微脉冲气溶胶激光雷达"获批认定为安徽省首台（套）重大技术装备、"气溶胶激光雷达"获批认定为安徽工业精品。

5. 安徽皖仪科技股份有限公司

安徽皖仪科技股份有限公司（简称皖仪科技）是一家以国际化视野、按国际化标准运营的全球分析仪器专业供应商，主导产品涵盖色谱、光谱、质谱类分析仪器。

皖仪科技按照国际化标准组建世界级产品研发平台，构建高品质、高标准、持续创新、全球同步的产品研发体系，并于 2012 年 1 月成立"博士后科研工作站"。公司坚持"完美产品"的制造理念，整合全球领先的制造资源，器件采购全球化，生产制造社会化，为客户提供国际品质的产品。皖仪科技以国际化的视野进行管理和运营，在集成产品开发（IPD）、集成供应链（ISC）、人力资源管理、财务管理和质量控制等方面进行深刻变革，建立了基于 IT 的管理体系，积极适应国际竞争。

2020年，受疫情及公司持续研发投入的影响，前三季度公司营业收入和净利润大幅度下滑。公司通过采取积极的市场政策，加大市场开发力度，2020年第四季度，公司经营情况迅速好转。2020 年度公司营业收入为 41 727.31 万元，归属于上市公司股东的净利润为 5885.74 万元。

2020年，公司加大研发投入，不断提升公司自主创新能力。加强了研发高端人才的引进力度，并全面开展 IPD 流程再造工作，公司的科学研究和应用开发能力得到了明显提升。

2020年，公司牵头的国家重大专项"四极杆飞行时间液相色谱质谱联用仪的研制及应用开发"项目获批立项，获得安徽省院士工作站、国家级博士后科研工作站等一系列重要资质荣誉。产品线日益丰富、结构不断升级，公司气相、紫外、连续流动分析仪等全新产品均已完成研发，进入试制阶段，液相、离子、原吸等产品迭代升级。日趋丰富的产品序列，进一步增强了实验室分析仪器产品线的市场竞争力。VOCs 在线监测系统已取得"中国环境保护产品认证证书"，CEMS1250 量程指标达到国内先进水平，并形成了较为完整的环境水质自动监测产品线。市场开拓方面，环境监测市场开拓取得突破性进展，空气站、水站、机动车尾气遥测和气溶胶激光雷达等产品成功进入市场。

检漏产品市场份额持续增长,进一步巩固了公司在检漏行业的市场领导地位。

6. 盈峰环境科技集团股份有限公司

盈峰环境科技集团股份有限公司(简称盈峰环境),深交所主板上市。旗下拥有 10 家全资子公司,3 家控股公司,全国设有三大产业基地、10 个研发平台、160+ 家分公司、140+ 个运营中心、逾 260 个售后服务网点。

盈峰环境围绕"智慧环卫"的发展战略,打造"智能装备、智云平台、智慧服务"三大体系,公司业务涵盖环卫装备、环卫机器人、环卫一体化服务、固废处理、环境监测、智慧环境管理等各项领域。

广东盈峰科技有限公司是盈峰环境科技集团旗下子公司,注册资本 1.10 亿元,主要从事环境监测仪器设备的研发、制造、销售和环境大数据解决方案的设计、开发、搭建。现已形成包含水、气、声、土壤等在内的全环境监测仪器设备近 100 余款以及智慧大气、智慧流域、智慧水务、智慧环保等完善的环保整体解决方案。

盈峰环境拥有专业的研发人才队伍,涵盖环境、化学、电子、电气、软件等专业的优秀人才,具有完善的技术研发、质量管理、生产制造、市场销售及售后服务体系,在全国范围内拥有 38 家分公司和 25 个运营中心。

2020 年,盈峰环境完成营业收入 2.11 亿元,较上年同期 1.99 亿元上升 6.03%;期末总资产 7.95 亿元,较上年同期 6.03 亿元增长 31.84%;归属于上市公司股东的净资产 1.07 亿元,较上年同期 0.78 亿元增长 37.18%。2020 年,归属于上市公司股东的净利润为 2444.00 万元,较上年同期 289.00 万元增长 745.67%,主要原因是 2020 年公司经营虽受疫情影响较大,但受益于公司内部挖潜带来的降费增效和国家有关优惠及扶持政策的影响,本报告期年度净利润较上年有所上升。

2020 年盈峰环境致力于全方位的环境监测产品的研发,做人类生活环境的护卫天使,为环保执法提供技术保障。作为生态环境保护的一站式服务提供商,主要服务于政府和企业,提供集在线监测、数据监控、数据解析、应急决策及共享展示于一体的智慧环境监测与管理整体解决方案和集管理、研发、设计、制造、施工及调试运行于一体的优秀环境监测业务。深入打造公司三大核心竞争力:贴近客户、产品领先、卓越运营,监测新业务增长板块基本完成布局。

盈峰环境获得广东省环境技术进步奖,广东省测量控制与仪器仪表科学技术奖等奖项,获批佛山市水质毒性监测及预警溯源(盈峰)工程技术研究中心。

7. 青岛崂应环境科技有限公司

青岛崂应环境科技有限公司位于青岛市高新区,以便携式环境监测采样分析仪器的研发、设计、生产、销售、服务为起点,逐步扩大业务范围,现拥有环境监测装备、光学感知及智能数据三大产业战略平台。公司拥有员工 360 人,建设有崂应光电环保产业园基地,总建筑面积约 43 000 m^2,在全国设有 31 个客户服务体验中心及 50 余部环保技术巡检服务车。产品分为烟尘烟气监测仪、空气颗粒物采样仪、水质监测仪、油气回收检测仪、校准仪等 10 余个系列共计 100 余种产品,凭借完善的营销与服务网络,产品遍布全国各地并出口欧、亚、非,其主导产品烟尘烟气监测仪在细分市场领域国内市场占有率很高,具有极强的竞争能力。

公司已通过 GB/T 19001 质量管理体系、GB/T 24001 环境管理体系、GB/T 45001 职业健康安全管理体系、GB/T 29490 知识产权管理体系认证及 GB/T 27922 五星级商品售后服务体系认证,近年来荣获国家鼓励发展的重大环保技术装备目录支撑单位、山东省"高端装备制造业领军企业"、山东省"重点上市后备企业"、山东省"专精特新企业"、山东省"环境保护产业环保创新企业"、青岛市"专精特新企业"、青岛市"创新型企业"等荣誉称号。

近年来,公司依托集团8个省市级科研中心,现拥有光谱技术、通用技术、智慧技术和色谱技术等多个研究团队,积极承担青岛市重点研发计划等科研课题,产品多次荣获"山东名牌""山东知名品牌""山东优质品牌""山东省环境技术进步奖""省长杯工业设计奖""科技创优奖""青岛名牌""青岛市防疫抗疫科技突出贡献奖""市长杯工业设计奖"等奖项,拥有授权发明专利1项,实用新型专利15项,外观专利11项,参与制修订国家、地方、行业标准7项。

2020年,公司总产值近4亿元,较往年有所下降,主要原因是受疫情影响,部分项目的实施与验收均有不同程度的延缓或停滞,导致营收下降,产值降低。

2020年,公司在新型环境监测仪器和监测技术发展、环保产业人工智能、大数据分析、云平台、光谱技术、气相色谱等战略性新兴领域不断探索创新,致力于为客户提供优质、可信赖的产品、服务和解决方案,2020年公司被评为山东省环境保护产业环保创新企业,公司核心技术"便携式紫外差分法超低排放监测技术"获评2020年度山东环境技术进步奖一等奖。

在科研项目领域,公司按照"十四五"对于新一代环境监测仪器能力以及国家与各省(区、市)对于生态环境监测质量管理的要求,基于NB—IoT和边缘计算技术打造的通用化仪器智能质控终端,为各类环境监测仪器提供轻量级、服务化、快速可部署的边缘诊断能力,突破云端和边缘端的融合智能质控,夯实环境监测数据的质量根基,反哺仪器的研发与应用,改进和提升国产化环境监测仪器的性能水平与行业竞争力。由公司牵头承担的"基于边缘计算的环保领域监测仪器智能质控终端研究与产业化示范"项目被列入"2022年青岛市重点研发计划"。

8. 中节能天融科技有限公司

中节能天融科技有限公司(简称天融科技)是隶属于中央企业中国节能环保集团有限公司的生态环境监测与大数据应用的专业公司,为各级政府和企业客户提供智慧环保综合解决方案以及与之配套的环境监测设备和软件的研发、生产、销售,以及环保大数据服务。2020年,天融科技合同收入实现近7亿元,与2019年同期相比增长约25%。

在市场拓展方面,天融科技市场取得新突破,营销团队整体能力显著提升。国内大气监测设备市场继续下沉,不断延伸到区县等市场,监测设备市场竞争趋于激烈,公司积极契合市场需求,力争满足客户要求实现市场新突破。公司进一步加强营销、服务、运维体系建设,进一步加强监测板块内各公司营销服务团队的管理和建设及内部协同机制的有效运行,有效整合内部优势。

在创新发展方面,天融科技在软硬件研发及产业化成果方面均取得突破。2020年,天融科技完成内部硬件重点产品开发项目23项,软件重点项目2项,技术研究项目6项,其中包含国家重点研发计划项目3项,集团重点研发项目3项。其中,大数据方面:2020年,公司完成11个重点区域及20个潜在区域的大数据分析,形成了业务化标准流程,发表论文4篇,成功申报2020中国数字化转型与创新评选——智慧环保创新解决方案奖项(国家级),论文和专利储备10余个,完善公司生态环境大数据平台。软件开发方面:软件团队已在公司搭建独立的服务器集群和传输网络,结合租用云服务器,部署相关软件开发管理和支撑基础软件,初步建立软件开发支撑的基础环境。2020年,软件团队已完成水环境智慧监管平台、土壤高精度多参数专家软件平台和多种分析模型、危废物全过程监管平台等平台开发。

在管理能力方面，天融科技不断夯实基础，提升管理水平。2020年，公司面对内外部复杂的环境、生产经营压力以及突发新冠疫情，继续加强风险控制管理，不断提升经营管理水平，提高经营效益，保障公司健康可持续发展。公司强化资金管控，加强应收账款的回收力度，经营性现金流逐步得到改善，经营管理质量得到提升。同时，公司持续强化内部管理、推进制度建设，不断规范和优化业务流程，强化内部控制，在防范管理风险的同时有效提升合同执行能力。

在技术布局方面，公司联合优质技术资源，建立技术协同及资源利用最大化的技术联盟体系。2020年，公司通过与外部技术资源的合作，以成立合资公司或研究中心等紧密的合作形式，引入先进技术，并快速转化为符合行业发展需求的技术产品，借助国内顶尖的技术团队力量，布局大气、水、大数据领域。另外，通过课题合作、项目合作等方式联合国内具有实力的机构及企业，形成技术联盟。

环境影响评价行业 2020 年发展报告

1　2020 年行业发展环境

1.1　环境影响评价政策方面

2020 年 4 月 20 日，生态环境部办公厅印发了《关于加强环境影响报告书（表）编制质量监管工作的通知》，释放加强环境影响评价质量监管的强烈信号。9 月 1 日，生态环境部办公厅印发了《环评与排污许可监管行动计划（2021—2023 年）》，通过实施本行动计划，打击和遏制环评弄虚作假、粗制滥造、不落实环境影响评价要求、无证排污、不按证排污等违法行为。9 月 22 日，生态环境部印发了《关于优化小微企业项目环评工作的意见》，小微企业是国民经济发展的生力军，在扩大就业、稳定增长、促进创新、繁荣市场、满足人民群众需求等方面发挥着重要作用，事关民生和社会稳定大局。

1.2　环评管理方面

2020 年 8 月 6 日，生态环境部对《重大建设项目新增污染物排放量削减替代监督管理工作指南（试行）》（征求意见稿）公开征求意见，严格控制重大建设项目新增污染物排放，确保环境影响报告书及其批复文件要求的区域新增污染物削减替代措施落实到位。11 月 12 日，生态环境部发布了《关于进一步加强产业园区规划环境影响评价工作的意见》，夯实主体责任、推进规划环评与生态环境分区管控衔接、指导入园建设项目环评改革、加强规划环评质量监管，切实提升产业园区规划环评效力，促进区域绿色发展。随后，生态环境部发布了《建设项目环境影响评价分类管理名录（2021 年版）》，进一步落实国务院深化"放管服"改革、优化营商环境的总体要求。12 月 13 日，生态环境部办公厅印发了《污染影响类建设项目综合重大变动清单（试行）》，进一步规范环境影响评价重大变动管理。

1.3　信用管理方面

2020 年 9 月 22 日，生态环境部发布了《关于严惩弄虚作假提高环评质量的意见》，严厉打击环境影响评价领域弄虚作假行为，强化溯源机制和责任追究制度，进一步发挥环境影响评价源头预防作用。

2　行业发展

环境影响评价信用平台是环境影响评价领域首个全国统一的信用管理系统。该平台自 2019 年 11 月 1 日上线启用以来，截至 2020 年 12 月 31 日，共有 6626 家环境影响评价编制单位和 13 290 名环境影响评价工程师在信用平台进行了登记。

2.1 编制单位登记和增长情况

从登记数量来看，在广东和山东注册的环境影响评价编制单位超过 500 家，江苏和四川超过 400 家，河北超过 300 家，其余大部分省份注册环境影响评价编制单位在 100～300 家，海南、青海、宁夏、西藏不超过 50 家，详见图 1。

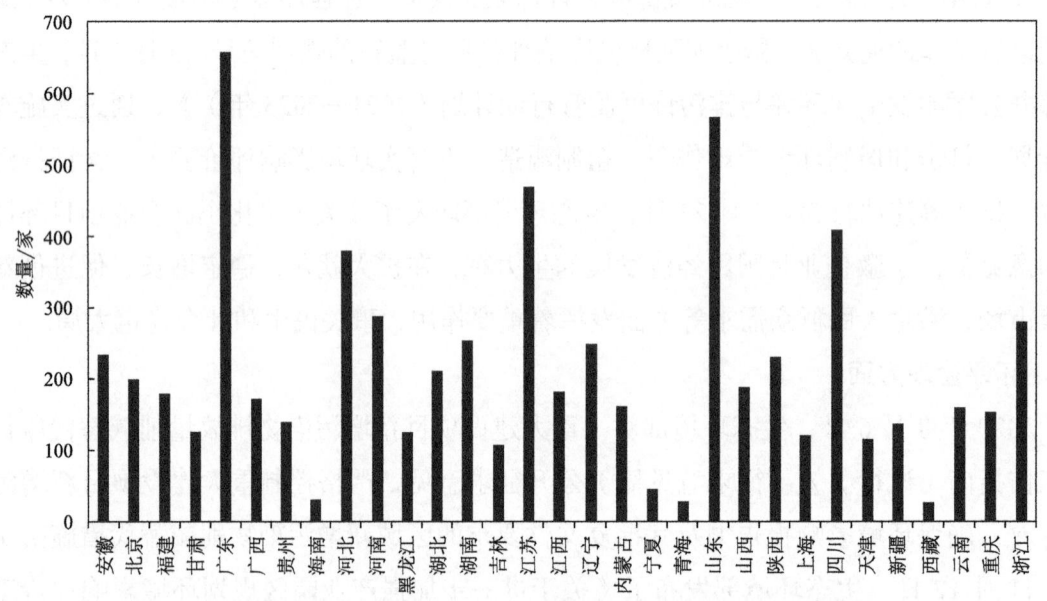

图 1　各省（区、市）环境影响评价编制单位登记数量

环境影响评价信用平台 2019 年 11 月启用以来，最初的几个月登记注册的环境影响评价编制单位数量较多，从 2020 年 1 月以后，每个月新登记的数量逐步平稳，基本稳定在 200 家左右，详见图 2。

2.2 环境影响评价工程师在编制单位分布情况

在 6626 家环境影响评价编制单位中，1162 个环境影响评价编制单位没有环境评价工程师，占比 17.5%，3486 个环境影响评价编制单位有 1 个环境影响评价工程师，占比 52.6%，合计超过 70.0%，仅有 250 家环境影响评价编制单位有 10 个以上环境影响评价工程师，仅占 4.0%，详见图 3。

2.3 监督检查和失信计分情况

截至 2020 年 12 月 31 日，环境影响评价信用平台共显示 2020 年度失信计分累计 1197 条，涉及 524 家环境影响评价编制单位和 658 名环境影响评价工程师。

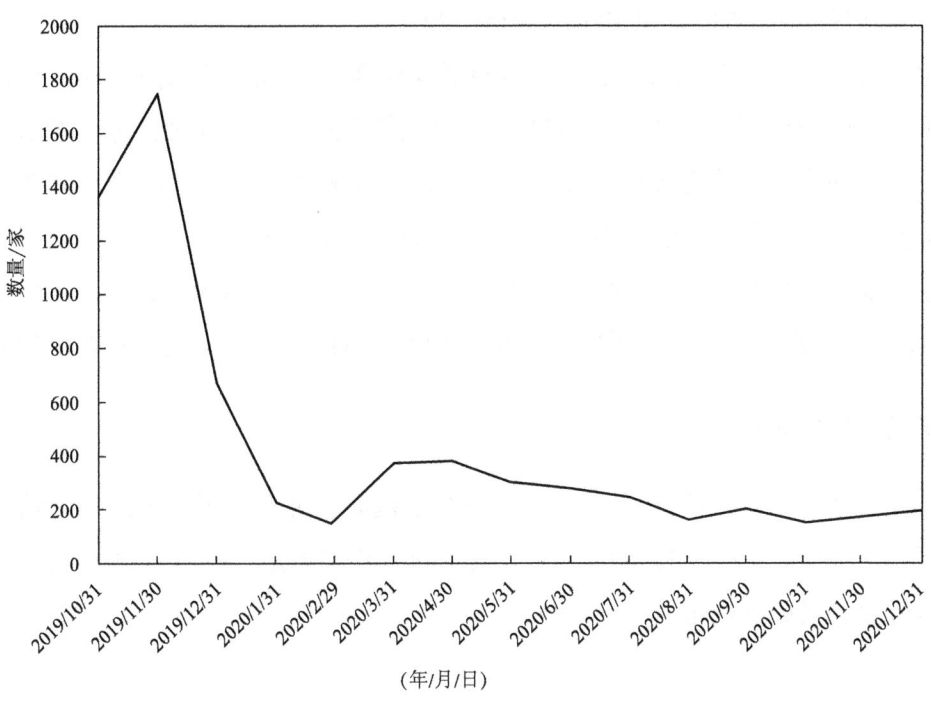

图 2 环境影响评价编制单位新增数量逐月变化

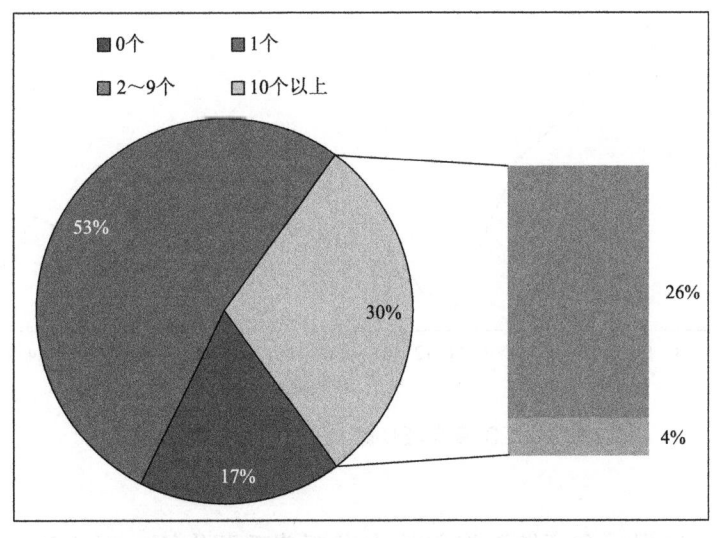

图 3 环境影响评价工程师在编制单位人数分布情况

3 环境咨询（环保管家）服务认证情况

为规范市场秩序，优化市场环境，进一步促进环境咨询服务机构服务质量和品牌信誉提升，中国环境保护产业协会环境影响评价行业分会制定了《环境咨询（环保管家）

服务认证实施规则》（CCAEPI-RG-ES-015—2020）。

2020年7月，正式启动环境咨询（环保管家）服务认证一级试点工作。认证范围包括9个领域，分别是环境规划与区划服务、排污许可服务、环境问题排查诊断与解决方案服务、生态环境工程监理服务、竣工环境保护验收服务、生态环境修复调查与方案服务、损害鉴别与法律服务、清洁生产服务、排污权交易服务。

截至2020年12月底，22家咨询机构通过环境咨询（环保管家）认证，主要分布在北京、天津、江苏、浙江、河北、湖北、四川、陕西、广西、吉林、辽宁11个省（区、市）。

4 骨干企业发展情况

在服务认证过程中，对30家骨干企业进行了调研，对上一年（2019年）营收数据进行了分析，其中营收最多的为3.36亿元，最少的为0.30亿元，平均为1.14亿元，从图4能够看出行业发展比较稳定。

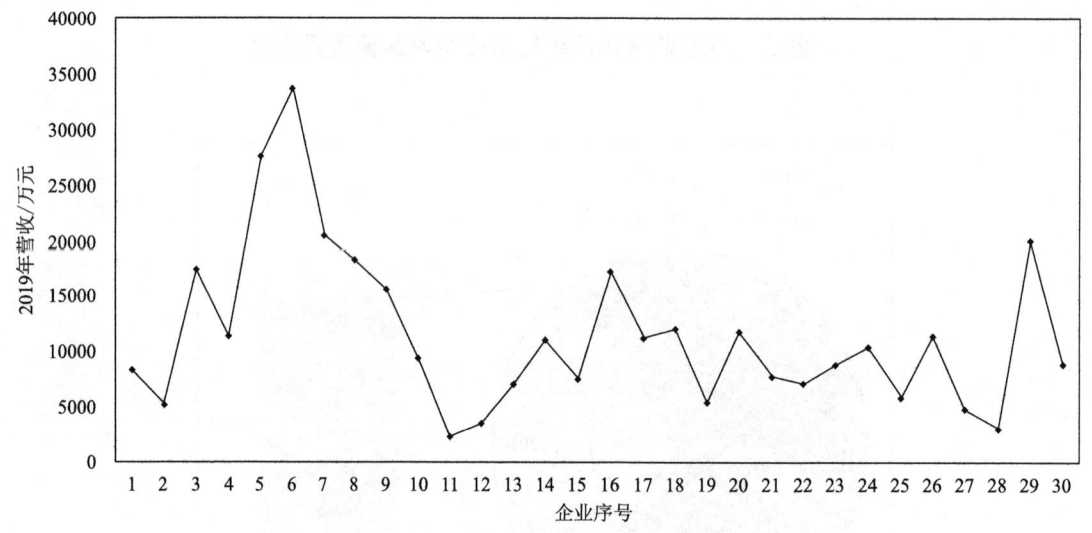

图4　2019年30家骨干企业营收情况

环境影响评价工程师在环境咨询单位中发挥着重要作用，对于质量控制和市场营销方面有主导地位，人均营收能够反映一个单位的综合实力。从图5能够看出，30家骨干企业环境影响评价工程师平均营收约87万元，从折线图能够看出整体水平比较平稳。

5 2021年发展展望

环境影响评价是约束项目与规划环境准入的法制保障，是在发展中守住绿水青山的

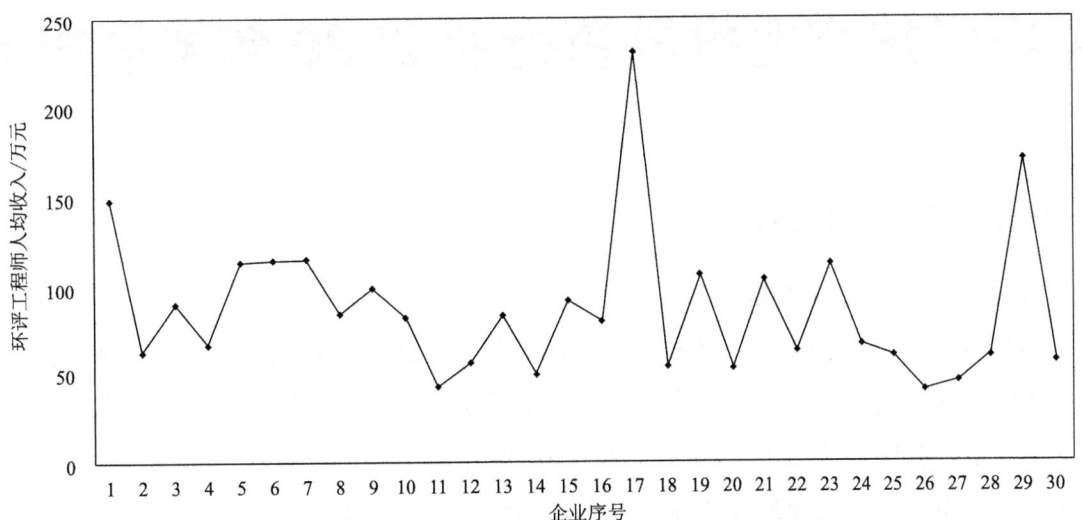

图 5 30 家骨干企业环境影响评价工程师营收情况

第一道防线，对协同推进经济高质量发展和生态环境高水平保护发挥着重要作用。

预计 2021 年"环评与排污许可监管行动计划"三年行动将得到有力执行，排污许可执法将得到强化，环境影响评价行业队伍得到进一步净化。

伴随着我国"十四五"规划的实施，预期环境咨询市场将进一步扩大。环保管家将对保障经济高质量发展发挥更大作用，环境咨询（环保管家）服务认证将为市场提供更多优质服务机构。

环境保护产业投融资行业 2020 年发展报告

1 环保产业投融资政策进展

1.1 宏观政策应对疫情冲击

2020 年，在新冠肺炎疫情防控常态化的背景下，我国统筹疫情防控和经济社会发展生态环保工作，坚持可持续发展道路，有序推动实现环境治理体系现代化。在环保发展理念指导下，我国持续推出支持性财政政策、货币政策和产业政策，通过环保信贷、财政支出等政策工具，引导环保企业在生产环境物资、设备生产等方面，强化疫情地区大气、水质监测等领域。"十三五"期间，我国节能环保财政支出累计超过 3.00 万亿元[①]，截至 2020 年年底，环保信贷余额达到 11.95 万亿元，规模居世界第一位[②]。2020 年 3 月出台的《关于构建现代环境治理体系的指导意见》（以下简称《指导意见》）首次在顶层设计层面构建我国现代环境治理体系的总体框架，细化主体责任，以健全领导责任体系、企业责任体系、全民行动体系等"七大体系"为支撑，提升环境治理能效，为环保产业发展提供规范指引。

1.2 区域发展战略布局持续完善

区域发展战略不断细化，在京津冀协同发展、粤港澳大湾区建设、长三角一体化发展、长江经济带发展以及黄河流域生态保护和高质量发展五大区域发展总体战略下，包括《长三角生态环保一体化发展示范区生态环境管理"三统一"制度建设行动方案》《京津冀及周边地区工业资源综合利用产业协同转型提升计划（2020—2022 年）》以及《长三角地区 2020—2021 年秋冬季大气污染综合治理攻坚行动方案》在内的一系列区域环保发展细则陆续实施，污水管网改造、清洁取暖设施建设等环保升级改造项目可有效刺激市场需求，协助环保企业业务转型，促进环保产业供给侧结构性改革。同时，有助于借助时间窗口，争取政策扶持，缩短项目落地运行周期，降低环保企业经营风险，吸引社会资本参与，拓宽企业融资渠道。

1.3 企业经营环境进一步优化

2019 年 12 月，中共中央、国务院共同下发了《中共中央 国务院关于营造更好发

[①] 中华人民共和国财政部国库司. 2020 年财政收支情况 [OL]. 2021-01-28. http://gks.mof.gov.cn/tongjishuju/202101/t20210128_3650522.htm。
[②] 数据来源：中国人民银行。

展环境支持民营企业改革发展的意见》（以下简称《意见》），旨在促进非公有制经济协调发展，营造公平竞争的市场环境，新冠肺炎疫情期间，这一方面政策具体实施细则相继出台。在经营原则方面，《意见》强调，政府要进一步深化"放管服"改革，加强引导，做好服务；在电力、石油和天然气等涉及国民经济命脉的关键领域有序放开竞争性业务，逐步引入市场竞争机制；在政策环境方面，以一揽子金融服务，帮助企业建立良性经营机制。税务机构要合理降低企业税收负担，实行更大规模地减税降费。面对新冠肺炎疫情冲击，2020年2月，财政部和税务总局多次联合下发公告，提出减免行政事业性收费和免征增值税等措施，帮助企业缓解经营压力；从间接融资角度，鼓励金融机构与民营企业建立中长期银企关系，主动对接企业贷款和续贷需求。在直接融资制度方面，提高民营企业上市审批效率，合理降低证券发行门槛。2020年2月，国家发展和改革委员会发布《关于疫情防控期间做好企业债券工作的通知》，提出建立"环保通道"，适度放宽募资用途和延长批复文件有效期等多种方式，强化对企业运行的金融支持。

1.4 市场机遇依托政策红利深化拓展

围绕实现2035年"美丽中国"目标，国家发展和改革委员会会同相关部门共同制定了《美丽中国建设评估指标体系及实施方案》，探索建立美丽中国指标评价体系，包括空气清新、水体洁净、土壤安全、生态良好、人居整洁5类指标，并向下细分为受污染耕地安全利用率、农村生活垃圾无害化处理率等22项具体指标，以2025年、2030年等为时间节点，分阶段分地区制订实施计划，由第三方定期展开评估。各细分领域的环保企业应抓住机遇，积极开拓市场，密切关注各地当前数据，为相关与目标值差距较大的地方提供环保产品和服务。同时，由此催生的大规模环境综合治理托管服务等创新模式为环保产业发展提供了新的市场机会，同时也倒逼环保产业进行供给侧结构性改革，从单一领域经营转向提供水、土、大气等综合治理服务转变。

在此基础上，2021年1月，市场监督管理总局等七部委联合下发了《关于推动农村人居环境标准体系建设的指导意见》，建立农村人居标准体系框架，涵盖3个层级，17项要素，具体制定综合通用标准、农村厕所标准和农村生活垃圾、生活污水等标准。这些标准的制定意味着农村地区卫生基础设施建设规模化建设开始成为未来市场潜在热点，农村长期落后的卫生设施短板补齐工作渐进展开，为环保产业在这一基础薄弱领域有效发挥作用、开拓农村市场提供了较好的切入点。

2 2020年我国环保产业投融资市场发展概况

2.1 环保企业上市总体情况

2020年,环保上市企业新增16家,总数达到145家,业务领域主要聚焦水务和环境修复领域,同时也涵盖了大气污染防治、固体废物处理和资源化、综合服务以及环境监测与检测等。截至2020年年底,145家上市企业总市值达到11 659.1亿元[①]。具体来看,呈现出以下特点。

2.1.1 环保上市企业数量和市值总量有较大幅度上升,但总体比例仍然较小

截至2019年底,共有129家环保企业在A股上市,同期A股上市公司3743家,占比3.0%;环保上市企业总市值10 035.0亿元,同期A股企业总市值422 957.0亿元,占比2.0%。2020年年底,145家环保上市企业总市值增至11 659.1亿元,同比增长16.0%;同期A股总市值421 152.0亿元,占比3.0%;A股上市企业数量增至4139家,环保上市企业占比3.5%。

2.1.2 环保上市企业平均规模虽有所增长但仍较小,市场集中度较低

从2019年年底的129家环保上市企业市值看,市值最大的是华能水电,达759.6亿元,市值最小的是科林环保,为8.8亿元,平均市值77.8亿元,低于A股平均水平(157.0亿元);市值排名前8位的环保上市企业市值之和为2728.0亿元,占比27.0%,反映出环保上市企业市场集中度较低[②]。截至2020年年底,145家环保上市公司中,市值最大的是华能水电,达802.8亿元,市值最小的是天翔环境,为6.5亿元,平均市值为80.4亿元,同比仅增长5.4%,仍低于A股平均水平(101.8亿元),市值排名前8位的环保上市企业市值之和为2840.0亿元,占比24.4%,市场集中度有所下降,仍属于竞争型市场[③]。

2.1.3 环保上市企业仍以沪深主板为主

145家环保上市公司中,沪深主板上市企业68家,占比46.9%,较上年的51.0%有所下降;创业板上市企业44家,占比30.3%;中小板上市企业20家,占比13.8%;科创板上市企业13家,占比9.0%。

[①] 本报告所探讨的环保股票仅限于节能环保公司进行上市融资和再融资形成的有价证券,节能环保上市公司范围依据为:中国环保产业协会,2020年第三季度环保产业景气报告:A股环保上市公司。
[②] 孙敬水. 市场结构与市场绩效的测度方法研究[J]. 统计研究, 2002(5): 7-12.
[③] 根据美国经济学家贝恩对产业集中度的划分标准,产业市场结构分为寡占型(CR8≥40%)和竞争型(CR8<40%)两类;CR8指行业中规模最大的前8位企业的有关数值(可以是产值、产量、资产总额、市值等)占整个市场或行业的份额。

2.2 环保上市公司再融资

2020年,环保上市企业主要通过定向增发进行再融资,增发10起,共计募集资金81.0亿元,呈现以下发展特点。

2.2.1 环保上市企业增发募资数量不变、募资额度大幅下降,总体规模较小

从增发募资数量看,2020年,环保上市企业增发募资10起,与2019年一致,同期A股增发募资348起,占比3.0%;从增发募资金额看,环保上市企业增发募资金额共计81.0亿元,同比下降60.7%,同期A股增发募资金额为8276.6亿元,占比1.0%。

2.2.2 环保上市企业之间增发募资额呈两极分化,大部分环保上市企业增发募资额较小

2020年,格林美和环保动力定向增发募资共计42.4亿元,占环保上市企业年度增发募资额的52.3%;其他环保上市企业增发募资额共计39.0亿元,平均募资额4.9亿元,同期A股企业增发平均募资额23.8亿元,大部分环保上市企业增发募资额远低于A股平均水平。

2.2.3 环保上市企业增发募资主要用于项目投资

2020年,进行增发募资的10家企业中有8家企业将资金用于项目投资新建,其中格林美增发募集24.0亿元用于新能源电池材料项目投资;另外,募集资金还投向垃圾焚烧发电等已有项目的投资扩建,以及用于偿还贷款、补充流动资金等。

2.3 环保上市公司并购

2020年,环保上市公司发生并购事件80起,交易金额459.0亿元,呈现以下发展特点。

2.3.1 环保上市公司并购数量增加、交易额大幅上升,总体规模占比有所下降

从并购交易数量看,2019年环保上市企业并购交易数量上升至80起,同比上升12.7%,同期A股并购交易数量为10 601起,占比0.6%;从并购交易金额看,环保上市企业并购交易金额上升至459.0亿元,同比增加93.3%,同期A股并购交易总金额为76 731.0亿元,占比0.6%。

2.3.2 环保上市企业并购平均交易额大幅上升,但低于A股平均水平

2020年,环保上市企业并购平均交易额上升至5.7亿元,同比上升74.0%;同期A股企业并购平均交易额下降至7.2亿元,高于环保上市企业平均水平。

2.3.3 环保上市企业作为卖方的并购交易比例下降,并购标的仍集中在环保产业

2020年,涉及环保上市企业的80起并购交易中,环保上市企业作为买方、卖方的数量分别为62起、18起,占比分别为77.5%、22.5%。并购交易标的主要集中在环境与设施服务、多元化工、工业机械和建筑与工程等领域,另外部分交易标的为电子设备与仪

器、房地产、复合型工业事业、金属非金属等。

2.4 国家发展和改革委员会推动环保领域 REITs 试点项目库建设

自 2021 年 1 月开始，国家发展和改革委员会等部门先后下发了《关于做好基础设施领域不动产投资信托基金（REITs）试点项目申报工作的通知》和《关于建立全国基础设施领域不动产投资信托基金（REITs）试点项目库的通知》，主要包括八大类项目类别，其中生态环保项目类别包含城镇污水垃圾处理及资源化利用，固废、危废、医废处理，大宗固体废弃物综合利用项目等。

REITs 将环保产业具有长期稳定收益的不动产转化为可在二级市场交易的标准化金融产品，从企业角度，为环保产业流动性较差的优质基础设施资产搭建新的直接融资渠道，通过"出售"基础设施项目，回笼资金，缓解因投资回报周期长带来的财务压力，逐步降低企业杠杆率。从投资者角度，让个人和机构投资者能够参与收益前景广阔、风险适度但前期投资规模较大的环保项目当中。同时安排中央预算内投资以投资补助等形式为项目 REITs 发行提供增信，畅通进入退出机制，进一步吸引社会资本。此外，从项目经营角度，REITs 的运行也为环保基础设施项目估值、收益率等提供了有效参考，逐步推动更多优质项目入库，实现市场化定价，有效补齐当前环保基础设施投融资领域的短板，促进资源合理配置。最后，针对以往环保项目监管披露机制不完善等问题，通过公募 REITs 定期标准化信息披露，金融监管部门会同环保部门共同加以规范引导，倒逼环保企业提高相关项目的运营效率。

2.5 国家绿色发展基金提供新供给

当前，环保发展资金短缺成为世界性问题。根据联合国贸易和发展会议（UNCTAD），预计 2030 年前，发展中国家每年需要 3.3 万亿～4.5 万亿美元投资来实现可持续发展目标[1]。但是公共资金需要覆盖医疗、教育等多个领域，进入环保产业的总量相对有限，同时，审批流程和手续烦琐，很难及时缓解环保企业"资金荒"。另外，环保产业的前期投入较高、短期回报率偏低，盈利风险高和回收周期长等问题制约了私人资本的进入。因此，2020 年 7 月，由财政部等部门牵头的国家绿色发展基金在上海挂牌成立，旨在通过政府投入撬动社会投资进入环境保护、污染防治以及环保交通等环保领域，基金首期规模达到 885.0 亿元，资金来源包括政府部门、金融机构和相关行业企业。

目前，首期基金投向主要围绕长江经济带沿线 11 个省（区、市）的环境保护、生态修复、国土空间绿化和能源资源节约利用等工作，进行项目储备，以公司制形式开展投

---

[1] ADB. The Role of Fintech in Unlocking Green Finance: Policy Insights for Developing Countries[EB/OL]. 2018-11. https://www.adb.org/publications/role-fintech-unlocking-green-finance.

资业务。随着基金首期工作的有序推进，在总结可复制经验的基础上，逐步向其他地区推广，作为环保产业信贷融资和证券融资之外的有效补充。

3 推动我国环保产业投融资进一步发展的建议

3.1 加强地方政府对于环保产业的金融、财税支持

在过去一年里，环保企业在环境设备生产、环境监测等方面为赢得新冠肺炎疫情阻击战胜利做出了重要贡献。随着目前疫情防控进入常态化阶段，在生产、流通等环节，检验检疫造成的成本增加，应收账款回收周期延长，社会资本投资积极性也存在一定程度的下降。环保企业中的小微企业仍面临着经营困难、资金来源缺乏的问题。因此，建议地方政府配套中央疫情防控期间的相关金融政策，制定环保产业财税支持方案，在减税降费、专项贷款等方面给予一定程度的倾斜，缓解行业内民营资本、小微企业的流动性压力，降低经营风险，保障社会资本的投资热情，培育引导环保产业规范发展。

3.2 针对细分领域进一步细化政策指引

目前《美丽中国实施方案》《农村人居标准体系指导意见》陆续出台，聚焦方向和指标要素基本确立，但是大部分地方实施细则仍有待进一步制定和落实，尤其是结合本地区实际形势，分步骤确定阶段性数值、行动方案以及配套的一揽子支持政策等暂不清晰。从供给侧角度看，企业针对性调整产品、服务方向需要一定时间，采购和生产周期受到影响，相应延长。细则滞后出台会在一定程度上冲击企业的生产秩序，留给企业转型的时间相对有限。因此，建议各级地方政府在高度认识美丽中国 2035 年建设目标全局意义的基础上，加快涉及强化土壤安全、提升水体质量、控制空气污染水平和提高乡村人居水平等实施方案细节制定，分解细化目标指标，及时公布具体项目的技术细节要求和产品规格等，逐步推进相关涉及环保项目的招投标工作。

3.3 强化企业项目管理能力和优化财务状况

环保产业整体发展规模较小，环保企业以中小微类型为主，叠加环保产业的回报周期长、专业度高、前期投资规模较大以及受政策环境影响程度较高等行业特殊性，决定了环保企业资金运用需要有合理程序的审慎评估，要求项目管理效率进一步提升。目前来看，即使在抗风险能力相对较强的环保上市企业中间，也存在着阶段性募集资金用于补充流动资本、偿还债务等情况。因此，需要加快畅通企业、科研机构和高校三方参与的产学研机制，运用技术手段和管理科学，以技术成果转化为抓手，提升环保项目管理水平和运行效率，缩短资金回笼周期。另外，需要政府指导企业完善内部财务预算管理制度，保持外部融资渠道多元、畅通，并且与金融机构等协调，以配套专项投资等形式

为环保项目增信,合理增加良好前景项目的授信额度,缓解企业资金链紧张问题。

3.4 加快健全环保产业投融资多元化供给体系

当前小微环保企业的资金来源单一,直接融资比例不高等问题仍然较为突出。如何有效发挥市场在资源配置中的决定性作用、多元化投融资渠道、提高直接融资比例仍有待探索。建议政府应用大数据和人工智能等金融科技手段,建立完善地方标准的环保项目库和环保企业信用体系等环保发展基础设施,并基于适当评价标准,挑选适宜的项目资产发展公募 REITs 和应用生态环境 PPP 模式,在不扩大信用风险敞口的前提下,提高环保项目直接融资比例。同时,以国家绿色发展基金为契机,配套成立规范化公司化运营的地方绿色发展基金,投资涉及生态修复和环境治理相关的高标准环保项目,协调多家小微企业以联合体形式参与建设,争取纳入国家级项目储备库,进一步获得国家级投资基金的支持,提高社会资本参与度。

环境"互联网+"行业 2020 年发展报告

1 2020 年行业发展分析

在生态环境部官网对全国城市空气质量、地表水自动监测实时发布、全国空气质量预报、全国空气吸收剂量率等数据服务实时公开,充分保障了公民环境知情权。这些数据不仅有力支撑了生态环境部的决策,还夯实了生态环境及相关领域大数据应用基础。这只是全国环保大数据快速发展的一个缩影。

生态环境部按照《生态环境大数据建设总体方案》《2018—2020 年生态环境信息化建设方案》等文件的部署,依据"一个机制、两套体系、三个平台"的生态环境大数据总体架构,稳步推进生态环境大数据建设和应用,争取 5 年内实现生态环境综合决策科学化、监管精准化、公共服务便民化。同时,我国还建成了"一带一路"生态环保大数据服务平台,深化国际交流合作。

2020 年,新冠肺炎疫情的暴发成为众多行业未来变革转型的催化剂和契机。在"十三五"期间环保政策热潮以及 ICT(信息通信技术)技术成熟背景下,我国互联网+环保获得长足的发展,并保持迅速增长。

1.1 2020 年相关法规政策

3 月 4 日,中共中央政治局常务委员会召开会议,强调要加快推进国家规划已明确的重大工程和基础设施建设,其中要加快 5G 网络、数据中心等新型基础设施建设进度。

3 月 11 日,生态环境部发布了《关于推进生态环境监测体系与监测能力现代化的若干意见》(征求意见稿)。意见稿提出,2025 年年底前,联合建立天地一体的国家生态质量监测网络。鼓励开展排污单位用能监控与污染排放监测一体化试点,拓展污染源排放遥感监测。完善生态环境监测技术体系,发展智慧监测,推动物联网、传感器、区块链、人工智能等新技术在监测监控业务中的应用。推进全国监测数据联网共享,提出要建立国家、省、市三级生态环境监测大数据平台,加强监测数据标准化、规范化管理,鼓励以安全可控为前提拓展数据使用范围,推进跨领域监测监控信息共享共用。

4 月 9 日,中共中央、国务院发布了《关于构建更加完善的要素市场化配置体制机制的意见》,将"数据"与土地、劳动力、资本、技术并称为 5 种要素,提出"加快培育数据要素市场"。

5月18日，中共中央、国务院在《关于新时代加快完善社会主义市场经济体制的意见》中进一步提出加快培育发展数据要素市场。这标志着数据要素市场化配置上升为国家战略，将进一步完善我国现代化治理体系，有望对未来经济社会发展产生深远影响。

9月8日，国家发展和改革委员会等四部门联合印发了《关于扩大战略性新兴产业投资 培育壮大新增长点增长极的指导意见》，要求提高环卫领域车辆电动化比例。

11月2日，国务院办公厅正式印发了《新能源汽车产业发展规划（2021—2035年）》，力争经过15年的持续努力，公共领域用车全面电动化；支持城市无人驾驶市政环卫等智慧城市新能源汽车应用示范行动。

1.2 "十四五"规划的相关政策法规

截至2020年12月14日，天津、浙江、安徽、广东等多个省（区、市）陆续公布了各自的《国民经济和社会发展第十四个五年规划和二〇三五年远景目标的建议》（以下简称"十四五"规划建议）。这些规划建议对于环保行业和产业的发展给予了更多的关注、指引和政策设计，"十四五"期间，各地环保产业和企业有望获得更多的发展机会，增长空间有望进一步拓展。

此外，湖北、江西、湖南、贵州、四川、海南、辽宁、吉林、上海等省（区、市）的"十四五"规划建议也明确了要建立健全地上地下、陆水统筹的生态环境治理制度；全面实施排污许可制，推进排污权、用能权、用水权、碳排放权市场化交易；支持有条件的地区开展试点示范，加快建立生态产品价值实现机制；推进绿色法规、政策和标准体系建设，鼓励绿色基金、绿色信贷、绿色债券、绿色保险等金融政策创新。

2 2020年行业经营状况及市场分析

2.1 产业规模

在系列政策的大力扶持下，我国逐步实现从"数字环保"到"智慧环保"的转变。在加强感知环境信息化与物联网数据管理建设的同时，环境监测产业迎来新的发展契机。

目前，我国在环境信息化建设方面已经有了很大的进步，覆盖国家、省、市、县以及重点污染源的环境信息专网系统已经建成；国家、省两级综合业务数据库已经实现数据交换与共享，这为建设智慧环保系统奠定了基础。

各级生态环境部门积极运用互联网、大数据和云计算等手段，提高环境管理和服务水平、创新监管模式以及促进环境精细化治理。环境信息化作为环境管理的重要支撑工具，越来越受到各级环保部门的重视。

根据相关专业研究报告数据，2019年，我国从事生态环境信息规划设计到建设运维的相关企业，并包含部分行业应用（如智慧水务、智慧环卫）和智慧城市综合供应商等类型的企业，共计879家。2019年全国环境信息化建设项目数量保持快速增长态势，各个省（区、市）均有序推进环境信息化项目建设，项目总数达到1500余个，是2018年项目总数的3倍以上，总投资规模超62.0亿元。我国智慧环保行业发展迅速，据测算，2018年行业规模达到532.0亿元，同比增长13.2%。2019年中国智慧环保行业市场规模约为571.0亿元。2011—2019年，行业复合增长率约20.0%[①]。

2.2 细分行业发展情况

智慧水务方面，智研咨询发布的《2020—2026年中国智慧水务行业市场需求前景分析及投资价值咨询报告》数据显示，中国智慧水务市场规模从2014年的65.6亿元增长至2019年的93.8亿元。市场规模走势如图1所示。

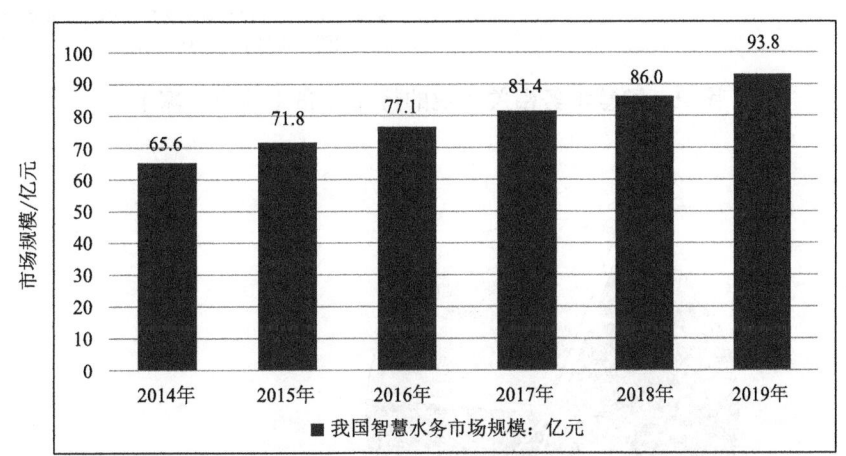

图1　2014—2019年我国智慧水务市场规模走势（引自：智研咨询网）

国信证券研报指出，据现有增长速度预计，到2023年，我国水务行业的年度投资额将突破8600.0亿元，中国智慧水务行业规模将达到251.0亿元左右。

企查查数据显示，截至2020年12月8日，我国共注册关键词为"智慧水务"的相关在业存续企业1034家。其中，批发和零售业的相关企业数量较多，约259家，分布在科学研究和技术服务业以及水利、环境和公共设施管理业的相关企业数量分别有167家和139家，具体分布见图2。

从区域竞争来看，华东地区的相关企业数量最多，占比约为32%，华中和华南地区

---

① 数据来源：前瞻产业研究院。

的相关企业数量占比分别为30%和14%，排第二和第三位。具体分布见图3。

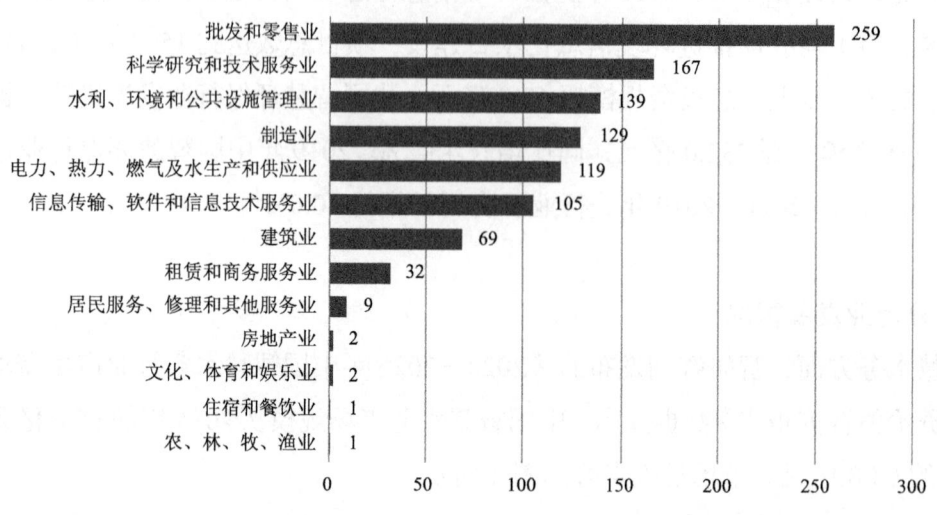

仅统计关键词为"智慧水务"的相关企业数量；
数据截至：2020年12月8日；数据来源：企查查

图2　智慧水务相关企业的行业分布（单位：家）

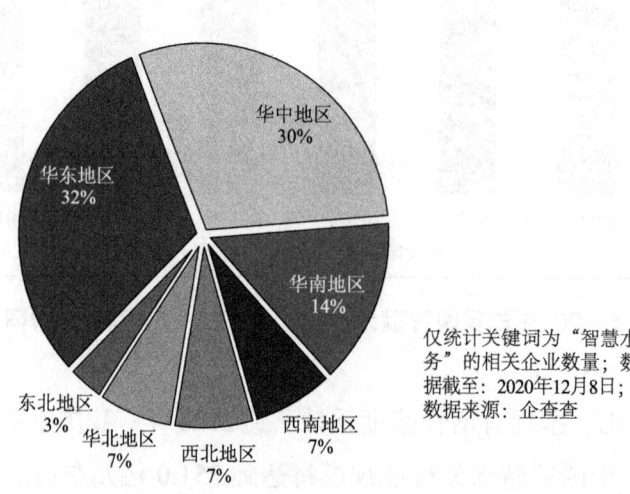

仅统计关键词为"智慧水务"的相关企业数量；数据截至：2020年12月8日；数据来源：企查查

图3　智慧水务相关企业地区分布

智慧环卫方面，企查查数据显示，截至2020年12月8日，我国共注册关键词为"智慧环卫"的相关在业存续企业283家。其中，分布在水利、环境和公共设施管理业的较多，共72家。分布在批发和零售业以及居民服务、修理和其他服务业的相关企业数量分别排名在第二和第三位，分别为64家和44家。具体分布见图4。

从地区分布来看，华东地区的相关企业数量最多，占比约为47%，华中地区和华南地区的相关企业数量占比分别排名第二和第三位，分别约占 21% 和 16%。具体分布见图 5。

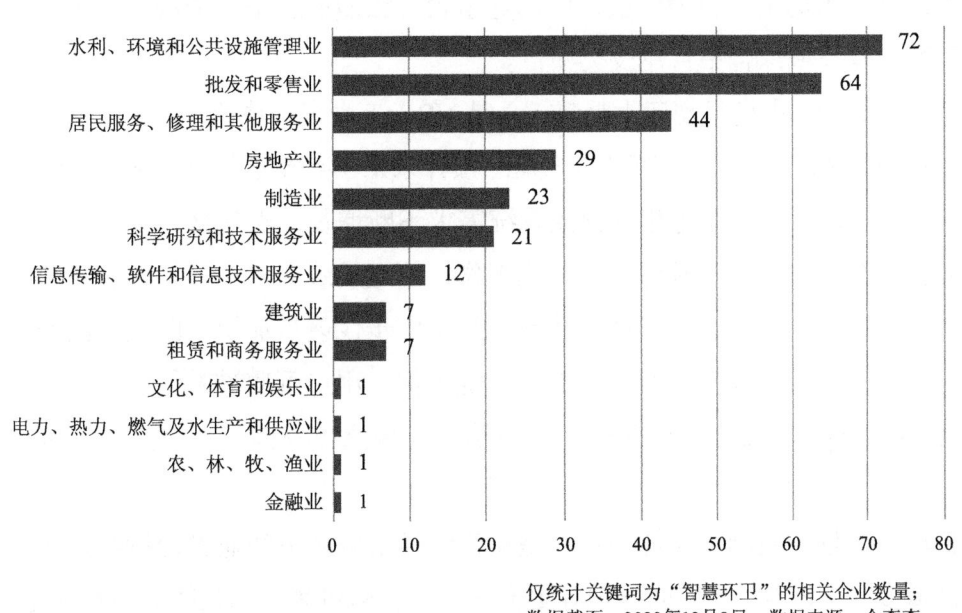

图 4 智慧环卫相关企业行业分布（单位：家）

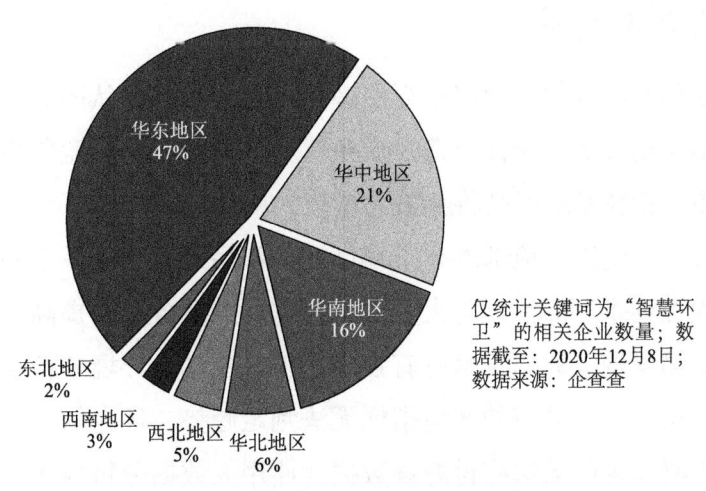

图 5 智慧环卫相关企业地区分布

以碧桂园服务、保利物业等为代表的物业头部企业快速占领环卫市场。环卫企业中物业相关企业占 6.0%。另据环境司南数据显示，2020 年年度，地方国资平台公司活跃度大大提升，先后中标多个重量级环卫市场化项目，逐渐形成环卫新势力。

2.3 市场趋势及变化

总体来看,中国环境互联网+行业发展呈现3个特点:一是民营企业占比高;二是没有垄断出现,市场供给较为分散,市场竞争较为激烈;三是投资额较大项目多为物联网设备采购与建设或综合平台建设类项目。

智慧水务方面,市场呈现四大趋势。一是NB-loT水表将快速渗透,具有管网综合水参数测量功能的3.0智能水表有望登上舞台,预计未来3年智能水表市场增速将达25%~30%;二是"供排污"一体化智慧管控系统需求不断增长,近年来,深圳、珠海、成都等地水务公司陆续开展"供排污"一体化工作,管理成效突出;三是融合于智慧城市发展体系,"水电气热"四表合一抄收系统应用推广步伐逐步加快;四是与消费者在线互动能力将进一步提升。以深圳的智慧水务系统为例,用户可通过微信公众号、网上营业厅、"I深圳"App等在线渠道办理开户申请、报装流程查询、水费查询、水费缴纳等事项。

智慧环卫市场方面趋势体现在:一是从传统环卫向城市物业管理持续扩容,环卫一体化项目增多,绿化养护、照明维护等更多内容被打包进来;二是物业与环卫企业合作,共同做大市场,出现合作趋势;三是环卫装备存量更新需求崛起,2025年该市场空间可达1025亿元/年,市场逐步释放;四是环卫车电动化、智能化。

3 2020年行业技术发展

重视研发科技创新的环保企业将获得更多的市场扶持以及认同。"十四五"规划明确指出:坚持创新驱动发展,全面塑造发展新优势。环保企业的竞争核心将从规模转化为技术科研的竞争。新技术新产品将会被大量投入市场。

近年来,国务院、生态环境部颁布了环境治理和污染防治等一系列法律法规和产业政策文件,并多次提到了环保治理与大数据、物联网的融合,以提高污染防治的效率和效果。智慧环保对物联网大数据技术有着强烈需求。首先,环境的精准评估与治理需要海量的数据量;其次,单一区域的环境指标无法判定趋势,环保领域注重数据的互联互通。最后,人工观测处理已无法应付海量数据,使用大数据分析与人工智能技术对数据进行处理、应用和挖掘,建设智慧化的环保物联网已成未来趋势。

面对新的机遇,在新型基础设施建设全面展开的推动下,与新基建对应的智慧环保等新兴基础设施,有望成为今后规模增长时期的新周期板块。污染防治在预警、监测和预防等的数据信息上也会朝着精、细、全、快的方向发展。现代化环境治理进程还将与大数据、信息技术等新兴板块一起,构建一个全社会广泛参与、跨行业融合创新的环保生态系统，催生更多意想不到的产业组合，推动环保行业进行多元化布局。同时，新基建的全面开展也推动了环保产业与5G、人工智能、工业互联网、大数据、云计算、区块链等产业的加速融合，加快形成新业态、新动能，拉动绿色新基建，为智慧环保的发展带来重大机遇。

随着5G时代的到来，在智慧环保领域碰撞出的火花将成为从"小"环境到"大"时代的一大亮点。它高速率、大容量、低延迟的优势可以更便捷高效地实现远程操控与超高清视频细节监测，大幅提升监测仪器和传感器的效率，实现对环境的实时监测和管理，不仅可以更快速地追踪某一点位的污染源，还可以高效实现更多的大数据收集，而且是各类设备数据同时被集成到一起，进行深度分析，第一时间准确追踪污染源并以最快的速度启动治理设备将其扼杀在萌芽状态。

3.1 总体技术进展分析

3.1.1 大数据与环境领域的研究及应用现状

近年来，大数据技术伴随着大数据时代的发展产生了一定的演进和拓展，从基本面向海量数据的存储、处理、分析等需求的核心技术延展到相关的管理、流通、安全等其他需求的周边技术，逐渐形成了一整套大数据技术体系，成为数据能力建设的基础设施。我国环境领域从最初以统计数字与监测数字为主，到现在开始使用卫星遥感数据、位置数据以及文本数据等，并对这些大量复杂的数据进行分析处理，从中提炼出有价值的信息。

3.1.1.1 环境监测数据

环境监测技术和通信技术的发展，促使环境监测数据对传统环境统计数据起到了极大的补充作用。目前，我国已经初步建成了一个包括空气环境监测、水环境监测、噪声监测和土壤监测的全国环境监测网络，以此为基础产生了海量的环境监测数据。

由于数据公开可得性的问题，因此环境空气质量国控监测站点数据和地表水水质国控监测站点数据是目前使用最多的两类监测数据来源。环境空气质量国控监测站点因其数据公开度高、完整性好、可获取性强，且对各地区的空气污染情况具有较好的样本代表性，已经在当前的研究中得到了广泛的应用。以2020年暴发的全球COVID-19疫情为例，我国的大气监测数据为分析疫情防控效果以及深度理解我国大气污染物成因等提供了实时且完整的数据支撑。

除了环境监测数据外，还有一类监测数据同样重要，那就是企业排污口的直接污染物排放监测数据。相关部门要求企业安装自动监控系统并与各级环保部门监控系统联网，并由监测部门至少每月对国家重点监控企业进行一次监督性监测，并与自动监测数据比对。该措施在保持原有环境地方分权自治的基础上，通过在线监测系统加强了中央直接监管的力度，极大地提升了企业环境统计数据的质量。

值得关注的是，上述所有监测数据基本都是固定点（监测站、监测断面、企业排污口）监测数据，近年来随着技术的快速发展，移动监测技术在国内外正逐步得以测试应用。这类数据目前主要被用于对高时空分辨率空气污染排放数据进行估算分析，随着覆盖区域的不断增加以及数据可获得性的不断提升，移动监测数据在将来会拥有较大的应用前景。

从监测领域来看，大气环境监测方面，臭氧（O_3）污染逐渐凸显，成为我国大气环境污染中的关键因素。O_3对二次颗粒物的生成具有很大的推进作用，因此强细颗粒物和O_3的协同控制成为2020年本行业主要动向。在明政策支持下，基于VOCs光化学组分监测、环境空气O_3污染成因分析及来源解析的需求，行业内进行了光化学反应产物O_3、PAN等，O_3前体物HCHO、VOCs、NO_x等，光解速率常数的在线监测技术和仪器开发。同时，针对颗粒物的高时间分辨率在线监测检测设备及相应的来源解析技术成为本行业关注和投入的重点。

固定污染源监测方面，移动源污染日益突出，国家政策"层层加码"，工业烟气排放标准不断收紧，钢铁、水泥等非电行业全面进入"超低"排放时代，以及VOCs种类多、排放条件复杂、溯源难等问题，污染源监测市场越来越大。

水质环境监测方面，环保政策持续发力，水质监测行业研发和创新能力不断提高。2020年，黑臭水体在线监测系统占比大幅提升，水质检测由人工采样分析向在线化监测发展。同时，水质自动监测系统的辅助装置出现了多种多样的定制化需求，如废液处理、离心预处理、风光互补清洁能源等。目前，常规水质环境监测系统一般监测五参数（水温、pH、溶解氧、电导率、浊度）、氨氮、高锰酸盐指数、总氮、总磷、叶绿素、蓝绿藻等因子，同时以质谱检测器（MS）、氢火焰离子检测器（FID）为主的水中VOCs在线监测仪，以X射线荧光光谱（XRF）、等离子体—质谱（ICP—MS）为检测方法的水质重金属或水质溯源监测设备逐渐崭露头角。

3.1.1.2 卫星数据

在近10年的时间里，使用卫星数据的情况变得逐渐普遍，环境数据也不例外。由于卫星是在高空利用其所搭载的传感器对地面进行监测，且能够在较短时间内对整个地球表面进行扫描，因而卫星数据能够比地面监测数据提供覆盖范围更广泛的环境数据。目前最成熟的环境类卫星数据产品主要以监测大气气溶胶为主，如TERRA卫星、AQUA卫星和风云三号卫星等，也有部分卫星对除大气气溶胶之外的包括O_3、SO_2以及NO_2等在内的痕量气体进行监测，如METOP卫星、TOMS卫星和AURA卫星等，以及对绿地、水体等地表环境相关数据进行监测,如环境一号卫星、高分五号卫星等。

可以看到卫星遥感数据在监测与研究分析我国环境污染问题时具有非常大的潜力,随着我国卫星技术的提升以及天地一体化生态遥感监测系统的不断完善,我国相关部门与科研机构在保证数据安全的前提下向公众开放更多自主开发的成熟可靠的卫星数据产品,以更好地提升卫星环境数据在交叉学科中的应用。

3.1.1.3 其他数据

随着大数据概念与相关分析技术在各个领域的渗透,利用新颖的数据来估算分析更精确的污染物排放清单,并且不断挖掘和探索不同数据所蕴含的价值,以帮助相关部门更好地理解环境治理效果、公众健康影响以及公众行为响应等问题。它包含文本数据和位置数据等不同的形式,该数据最大的特点是大多数以非结构化的形式存在于生活的各方面,在面对特定的环境问题研究需求时,都有可能经过一定的数据处理后被用于研究。例如,利用交通部门地理位置大数据估算污染物排放,利用环境政策文本、环境行政处罚信息、环境影响评价报告等文本数据分析环境污染问题、反映环境监管力度等。

3.1.2 人工智能在水与环境领域的研究及应用现状

3.1.2.1 水环境污染识别与风险响应

人工智能在水质指标模型化及多维时空数据融合等方面的应用实践,为提升水污染的研判能力和防控水平创造了新机遇。融合神经网络、支持向量机、分类回归树等人工智能算法,可以对更为复杂的水环境水质变化及其地球生物化学过程进行集成模拟,为水体水质保护与恢复提供重要的模型工具。同时将人工智能与光谱分析技术进行结合,也是时下的研究热点。结合的算法不仅可以提升近红外光谱预测水质变化的准确性,还可以为水污染的定量评估提供快捷方案,并为高效、准确和低成本估算重金属等传统检测时间长、检测费用高的地表水水质必要指标提供了新的思路和方法。

随着原位监测传感技术和设备的快速发展,基于深度神经网络的人工智能技术在空间大数据分析中开始发挥重要的作用,这为优化水质监测布设方案、提高污染源解析能力、制定污染预警和应急防控体系等提供了有力的技术和决策支持。

3.1.2.2 水质安全保障技术研发

随着水处理标准的不断提升,基于人工智能的材料基因组学技术得到了快速发展,为环境友好新型功能材料的设计和开发提供了高效途径。通过对材料开发过程的失败试验和历史数据进行反演学习,再结合目标污染物特征,对新材料的成分与特性进行计算模拟和优化,有望摒弃传统以试错为核心的材料研发范式,这将极大地促进水质净化新材料的产业化发展。

与健康密切相关的药物和个人护理品、内分泌干扰素、持久性有机物等微污染物在市政水处理系统中的迁移转化机制也是发展高效水处理技术的关键和难点。随着人工智能算法的引入，使非线性模拟与预测微污染物在水处理过程中的行为成为可能，这为强化水处理技术提供了新方法。

与此同时，随着基于宏基因组学和代谢组学等分子方法的污水生物处理机制的研究不断深入，将人工智能技术与生物信息学结合，为水处理系统的信息挖掘和微观解析提供了重要机遇，为阐明污水生物处理机制开辟了新途径，进而实现污水处理系统关键功能微生物的识别，并进一步结合数字孪生等虚拟和增强学习等方法，前沿人工智能技术将有望突破实时仿真同步调控水中污染物定向转移转化的技术难题。

3.1.2.3 涉水设施优化重构与集成管理

随着城市化进程的加快和社会经济的发展，城市水安全问题越发凸显，主要表现在水污染频发、水资源短缺及水生态退化等方面。城市是人类活动的中心，包含完整的水循环系统，体系庞大、过程复杂、涉水单元相互联系紧密、受人类活动影响显著是其主要特征。但是，传统水系统工程以取水、供水和排水为分割化目标，对其研究和管理的范式既封闭也单一，缺乏从系统论和整体论的角度去优化、管理甚至重构能满足城市可持续发展的涉水设施新范式。若延续传统思路，从现在到未来很长一段时间内，城市水安全问题仍将难有实质性突破。

近20年来，机制模型、传感器和集成分析等信息技术在水行业的兴起迭代与变革，尤其近几年人工智能的暴发式发展，为突破城市水系统的优化重构与集成管理瓶颈提供了关键性技术。

人工智能技术也被运用于城市水系统与水资源的集成管理与优化调控研究。在不久的将来，将有望构建以人工智能为核心的下一代城市智慧水系统，以适应城市快速发展的需求变化。

3.1.2.4 流域生态系统过程模拟与统筹管理

近年来，人工智能技术与卫星通信、空间定位、遥感、地理信息系统等对地观测技术进行了有效融合，实现了地球科学大数据平台构建，使自然降水、水土流失、冰川消融等大尺度水文循环过程及其驱动因子得以科学模拟，从而为流域生态系统的过程解析与综合评估提供极为关键的数据基础。

如何对自然—社会—经济系统互馈过程进行集成模拟，是科学实现流域生态系多过程、多要素统筹管理的关键，而人工智能的飞跃式发展可为此提供强大的技术支持。例如，通过人工智能算法可以快速学习并预测流域生态系统对集水区胁迫因子和动态因素的级联响应，为决策者制定流域管理目标与治理措施提供便利。

3.1.3 工业互联网在企业排污监管及工艺优化方面的应用

3.1.3.1 企业环保行为的全过程监管

相比传统的污染源末端在线监控和单项的工况监测，工业互联网的发展可将环保监管真正有技术基础延伸至企业生产的全过程。通过工业互联网采集企业用电信息、用水信息、监控信息、污染排放量、生产工艺和治污设备工况等数据，建立相关模型进行分析，可视化展示企业生产工艺，在线综合判别环保违规行为并发出预警信息，从而精准给出问题所在的关键点。一方面提升企业自身的环保合规能力，达到高效治污和自身监管，履行企业环保主体责任；另一方面提高环保监管部门实时监管能力，实现环保监管前移和精细化监管。

3.1.3.2 提升企业能耗、排放和安全管理水平

企业传统安全、环保管理存在重资产、轻研发，重硬件、轻软件，重投资、轻运营等问题，工业互联网的发展则催生通过数据驱动的管理新模式。通过对相关设施的物料数据、工艺数据、设备数据、运行数据、排放数据和管理数据的分析与建模，实现全过程的优化和有效管理。例如，为降低成本，酒钢集团基于东方国信 Cloudiip 平台通过大数据分析，计算出不同设备和系统的能源数据实现能耗管理，单座高炉每年降低成本 2400 万元、单座高炉每年减少碳排放 20 000 t，冶炼效率提升 10%。再如，为增强安全保障，中国石化九江分公司基于石化盈科 ProMACE 平台，将监测到的数据进行识别和分析，实现 HSE（健康、安全与环境）系统对约 4 万个 HSE 观察、35 处废水等监测点开展安全管理，环境信息可通过"环保地图"实时可视化；在作业许可票证签发环节，通过身份识别和物联网等技术可实现作业票管理定时、定位、定票、定人，提升了安全管理水平。

3.2 新技术开发应用分析

3.2.1 利用复杂网络分析方法从环境大数据中发现新知识

环境问题无论从自然科学角度还是社会科学角度，均具有鲜明的复杂网络特性。从自然科学角度来讲，环境污染具有高度的时空关联性，例如，空气污染物扩散会受到地形、风速和风力等自然因素的影响，水污染物会因河流流向与流速不同而呈现不同的扩散模式，因而不同地区之间会随着污染物的动态扩散而具备网络关联特征。而从社会科学角度来看，污染物作为社会经济活动的负产出，会受到不同污染物排放主体之间如产业链关系、供需关系等因素影响，而环境规制又涉及不同层级主管部门以及同一层级不同主管部门之间的协同，上述现象都体现了环境问题存在着极为复杂的社会网络关系。借

助环境大数据的日渐丰富，相关部门已经认识到环境问题中的复杂网络特性的重要性，并逐渐开展相应的研究，不再局限于传统的定量分析方法。

3.2.2 利用机器学习方法的精准预测特性

首先，机器学习作为大数据分析方法中的核心方法之一，其本质目标是提升对研究事物与现象的预测能力。以目前在环境政策分析中最为学界所接受的因果效应分析方法为例，环境大数据的出现使数据本身能够较好地满足因果效应分析对数据颗粒度的要求，如匹配法、双重差分法和断点回归法等对数据的数量规模与颗粒度均有较高要求，利用机器学习则可以提升因果效应分析中的分组匹配效果与反事实检验效果，从而估算出更加精准的环境政策效应。其次，机器学习可以在构建新指标等方面起到重要作用，比如，可以利用NLP（神经语言程序学）等技术对未知的文本内容进行行情分类预测，构建与环境相关的情绪指数，也能够从众多环境规制文本信息中提取有效信息，用来推测环境规制程度等。最后，缺失信息插补也是一类预测任务，虽然环境类数据在个体、时间和空间维度的规模不断提升，但是由于技术因素或人为因素，不可避免地会带来信息缺失，使用机器学习技术对关联信息中的数据模式进行训练，进而对缺失信息进行插补，能够帮助相关部门获得质量更高的数据，增加研究结论的可靠性。

机器深度学习作为人工智能大领域里面很小的一块，已经把很多技术做了替代。深度学习类型有很多，在实际应用中常常都混合着使用，出现很多灵活的组合方式。根据实际实用问题，选择合适的网络。很多大公司或创业公司都基于这些框架开发自己的产品。Caffe（卷积神经网络框架）是最早的深度学习框架，科研应用的综合性能好，但主要局限于 CNN（卷积神经网络）。MX Net（深度学习框架）更加注重高效，文档详细，上手很容易，运用也灵活。Google 强力推出的 Tensor Flow（张量流），很多人跟随这个框架使用，功能很齐全，能够搭建的网络种类更丰富，但综合性能比别的开源框架要差一些。但在某些阶段也不太注重性能。一个有效的解决途径是针对具体应用设计混合型学习框架。

未来，在地球科学大数据与社会经济指数相融合的基础上，对人工智能算法与气候变化和人类活动的物理模型进行集成，在流域尺度上开展自然 社会—经济系统的综合调控研究，则有望突破绿色流域构建与统筹管理技术体系。

4 存在的主要问题

虽然智慧环保的发展具有极大的战略意义，可以为环境保护、资源节约带来极大的利益，但目前其发展也面临一系列的挑战。一是智慧环保行业的投产创收周期较长，同时，新一代信息技术的更新换代较快，因此，面临较大的技术不确定性；二是行业技术门槛较高，对于生态环境、计算机、网络技术等交叉领域技术及人才的要求较高；三是当前智慧环保的应用仍以环境监测为主，在环境污染问题的智慧治理、先进环保装备智慧运维服务等领域的发展仍需要攻克较多技术难题。

4.1 大数据技术主要问题

4.1.1 数据质量需提升

环境统计数据作为体现我国环境污染整体趋势的权威数据，其数据公布的连续性和稳定性应该在官方年鉴中得到基本的保证。当缺乏连续可靠的环境统计数据时，势必极大地限制相关部门开展研究，减弱其对优化提升我国环境管理的支撑作用。由于各地监管水平与数据统计的能力存在差异，再加上环境统计体制在不断完善的过程中所遗留的历史问题，数据中实质上存在着不少的"数据噪声"，因此在使用前必须进行仔细的清洗与整理。

虽然涉及主要环境污染物的卫星数据的公开程度较高，但由于这些数据需要经过前期复杂的专业技术处理，数据质量会因为不同机构或团队的处理方法存在差异而受到影响。除了技术原因导致的数据质量波动外，不同数据源代表的数据含义也会存在差异，例如，监测数据与卫星数据可能会针对同一个污染物研究对象得到不同的结果。

4.1.2 缺乏数据合作

就环境大数据的数据合作而言，目前存在着巨大的障碍。环境大数据中，仅仅是部分数据目前可以通过公开渠道获得，而对于一些诸如以企业、个人或站点为基础的个体数据以及互联网数据等，需要通过数据采购或项目合作等渠道获取。例如，目前智能家居设备逐渐开始普及，家用智能空气质量监测及空气净化设备的渗透率逐年提升，若要研究微观个体对环境污染的响应行为或支付意愿等问题，这类智能家居是采集数据与使用数据的最佳选择，但是与拥有这类数据的公司进行合作往往会因为联系渠道、商业秘密或个人隐私等问题而难以实现。例如，对于研究环境污染对人体健康的影响这一问题，国家卫生健康部门的个人健康数据是最佳的选择，但是对于绝大多数的研究者而言，该类政务数据几乎是无法获得的。因此，不管是公司还是政府部门，应该致力探索不同的数据协作与共享模式。

4.1.3 缺乏跨领域合作

就数据或分析技术本身而言，想要获得高质量的环境大数据，离不开专业数据团队进行数据采集与清洗，而类似卫星数据则需要具有高度专业知识的团队来进行数据的深加工。此外，仅仅依赖第三方提供数据不利于数据的及时更新，有时也会对数据本身缺乏深入的理解。若就研究问题而言，环境问题同样会涉及不同的专业学科，如污染物的扩散特征、产生原因、二次污染物反应机制等都会对社会科学研究者开展具体的研究产生阻碍，因此，这就要求研究团队必须具有一定的环境科学与环境管理知识。例如，若要在环境污染研究的基础上，进一步考虑环境污染的人群健康效应，则需要专业的公共卫生和医学相关知识作支撑。

4.2 人工智能技术水环境应用主要问题

人工智能技术的迅速进步，为水环境风险防控、水质安全保障及水系统优化管理等技术从微观到中观和宏观尺度的发展与应用注入了新的活力。尽管如此，该过程也将面临诸多新挑战。

4.2.1 缺乏可解释性

具有水环境相关学科背景的研究人员、工程师和管理者通常不具备人工智能领域的相关知识和技术经验，这使他们在科学选择、综合评估及认知理解人工智能技术解决水与环境问题时面临较大困难，从而导致人工智能技术的实际价值未能得到充分发挥。

4.2.2 大规模算力

随着监测、传感和模型技术的不断发展，水工业的运营模式正逐步向数字化探索转型，这意味着与水资源、水环境和水生态相关的数据体量正呈现急剧上涨的态势，而其中不乏存在数据不确定性、冗余性等问题。

人工智能虽然有能力解决这些挑战，但未来随着水系统数据量的不断增大、数据不确定性的日益提高及数据间联系的越发复杂化，基于人工智能的水与环境解决方案将消耗大量计算资源。此外，实现水循环系统的集成管理与协同调控也必须仰赖深度神经网络等算力密集型人工智能技术的应用，而大规模算力的发展是前提条件。然而，大型计算设施的建设和运行会消耗巨大的资源和能源。

4.2.3 缺乏有效的数据资源

人工智能作为数据驱动型新技术，若期望其效能在水与环境领域得以发挥，另一重要基础在于确保数据体量和质量的有效性。目前，全球水业正呼吁和尝试推动数字化运营模式转型，尤其是强调给水处理、污水处理及供排水过程中水量、水质和能耗等基础数据的监测分析，这为人工智能应用创造了有利条件。但对于绝大多数地区而言，城镇水处理系统的水量和水质等基础数据普遍依赖人工记录，数据即时性和有效性较差，而污染物在水系统中的迁移转化过程瞬息万变，仅依靠人工记录数据很难反馈水系统的即时状况，若以此训练人工智能算法，其结果势必与实况存在巨大偏差而导致预测性能不高。近几年，水量、水质和能耗等在线监测传感设备及物联网技术的快速发展，为解决数据即时性和有效性的瓶颈带来了机遇。尽管如此，目前国际上在数据质量、接口和协议等方面仍未统一标准，这也是未来以人工智能为核心的新一代水系统与智慧城市体系进行融合亟待解决的核心问题。

4.3 工业互联网技术的主要问题

相比传统的工业运营技术和信息化技术，工业互联网平台的复杂程度更高，在环保行业部署和运营的难度更大，其建设过程中需要持续的技术、资金、人员投入，商业应用和产业推广中也面临着基础薄弱、场景复杂、成效缓慢等众多挑战，将是一项长期、艰巨、复杂的系统工程，当前尚处在发展初期。一是在技术领域，平台技术研发投入成本较高，现有技术水平尚不足以满足全部工业应用需求；二是在商业领域，平台市场还没有出现绝对的领导者。

4.4 针对性建议

4.4.1 技术层面

推动互联网技术和智慧环保的深度融合是智慧环保创新发展的技术基础，然而，相关新技术的创新应用尚不匹配环境保护业务快速发展的步伐。国内企业和机构亟待加强环境监测与智能化治理设施领域的技术研发和创新应用，以有效缓解部分国外先进环保技术引进途径不畅的状况。大数据、5G、AI等技术与"互联网+"智慧环保的融合应用仍显不足，尤其在综合性决策服务方面的深度应用有待加强。另外，通过科研、示范、实践等多种措施来推动环境保护信息资源公开、数据深层次开发利用、环保服务模式创新，也是应当着力解决的问题。

要解决技术层面的问题，应当发展多源生态环境监测技术，注重技术的可行性、经济性和科学性，遴选出实用价值突出的应用方式，保障"互联网+"智慧环保的深入发展。综合互联网、物联网、移动通信、云计算等方面的技术成果，与生态环境监管体系进行融合应用，推动信息采集、传输、处理效率的全面提升。突出生态环境管理业务需求导向，优化相关系统的顶层设计，采用大数据技术高效实施数据汇集和整合；运用环境综合模拟、多业务协同建模等技术合理预测未来情景，采用AI技术辅助实现多源数据的综合分析和处理，支持生态环境的管理决策。

4.4.2 应用层面

针对环境管理的现实需求，环保主管部门建立了众多类别的业务应用系统，提高了我国环境信息资源的开发和利用水平。也要注意到，我国在以"互联网+"智慧环保为中心的创新应用体系方面尚处于起步阶段，特别是没有形成"互联网+"智慧环保的标准化顶层设计、合作模式、跨界融合核心标准指南等关键内容，阻碍了"互联网+"智慧环保技术的推广应用范围和力度。

针对此问题，应进一步加大数据开放共享政策推动力度，保障"互联网+"智慧环保在环境管理和决策方面的能效发挥。准确界定主管部门和相关单位的具体职责，尤其是强化相关单位的主体责任，同时对数据的生产者和使用者提出明确要求并结合实际情况予以更新。合理监管数据的交流与利用，主管部门和相关单位应依法明确数据密级和开放条件。重视数据保护，规范数据使用者的行为，体现对数据生产的尊重。注重数据积累，促进开放共享，要求环保信息化项目产生的数据进行强制性汇交，通过数据中心来规范管理和长期保存。加强数据管理能力建设，相关单位建立具体的工作机制和激励机制，明确考核责任。

4.4.3 产业层面

我国拥有强烈的环境改善诉求和规模庞大的环保市场，环保产业具有以先进除尘脱硫、生活污水处理、余热余压利用、绿色照明装备供给为代表的业务能力。然而，环保产业也存在着薄弱环节，主要表现在：

（1）因市场竞争无序导致优秀环保技术在国内推广缓慢，加之环保和互联网融合不足、信息严重不对称，导致环保产业供给能力远远不能满足生态文明建设要求和市场需求。

（2）缺乏具有权威性、国际化程度高、能够获得政府和市场广泛认可的环保综合服务平台，许多地方政府和产污企业因缺乏获取适用环保技术的信息渠道而导致技术供需对接困难。

（3）以企业为主体的环境技术创新体系建设进展迟缓，新技术示范推广渠道不畅，环境服务业发展相对滞后。

要推动智慧环保产业发展，就要进一步推进"互联网+"智慧环保，为环保产业链条式发展、环保产业技术升级变革、环保企业扩大规模并提升竞争力进行充分赋能。环保企业加大智慧环保建设的投入力度，谋划环保产业转型升级。在环保产业政策体系、环境服务行业规范性等方面重点突破，规范和引导行业性的技术规划、金融支持、人才培育等。合理扶持环保产业，推动作为新兴事物的环境信息服务业规范化和规模化发展。

5 行业发展建议

党的十九届五中全会指出，要坚持创新在我国现代化建设全局中的核心地位，把科技自立自强作为国家发展的战略支撑，坚定不移建设制造强国、质量强国、网络强国、数字中国。作为生产要素，数据在国民经济运行中变得越来越重要，数据对经济发展、社会生活和国家治理已经在产生着根本性、全局性、革命性的影响。

深入落实《国务院关于积极推进"互联网+"行动的指导意见》，推动互联网与生态文明建设深度融合，完善污染物监测及信息发布系统，形成覆盖主要生态要素的资源环境承载能力动态监测网络，实现生态环境数据互联互通和开放共享。

5.1 充分发挥企业的创新主体作用

坚持"政策支持、市场运作"原则，推动互联网企业和环境企业深度融合，助力环境产业的智能化，在环保细分领域打造"环境互联网+概念厂"，形成示范带动效应，构建开放、连接、参与、融合、共享的环境产业。

行业各参与主体以"协同"为核心，改变过去价值链隔离的状况，改变活动主体的互动过程和交互场景，实现数字化的生态协同。各主体的数字化行为和活动在线上产生大量数据，数据经过分析、模型运算创造更大的价值，赋能各主体的发展。环保企业数字化转型首先利用线上技术实现企业自身跨部门、跨职能的协同；实现设备与设备、系统与系统之间的协同，围绕顾客价值开展数字化的生产和运营。产业数字化目的是实现产业生态链的协同，优化资源配置、改善服务模式，给顾客提供最有价值的服务。环保产业是多学科交叉的行业，环保产业数字化还要实现环保行业和其他行业的跨行业协同、环保技术和其他专业技术的跨专业协同。

5.2 打造"平台+生态"是工业互联网发展的最佳模式

环保企业数字化转型的最终目的是通过产业互联网、数据协同、生态融合、资源共享等模式创新，赋能环保产业的上、中、下游各环节，使之能够高效协同、健康有序地发展，让产业链各方实现降本增效的目标，用协同来促进环保行业的高质量发展。

环保产业特别适合、也亟须用工业互联网的理念和技术实现转型升级。对于环保产业而言，作为既新兴又传统的行业，数字化转型必须是建立在结合实际业务场景、解决问题、实现价值的基础上才能推行下去。随着大数据、云计算、5G和人工智能等新一代信息技术的飞速发展，打造基于互联的智能协同一体化平台，改变过去价值链上各个场景相互隔离的情况，利用人工智能和数据分析对实时状态进行远程感知，通过先进的算法、模型，以及云端强大的算力，对海量的数据进行快速分析，动态优化整合各类资源，从而辅助作出最佳的决策。

5.3 行业数字化人才缺口亟须解决

随着智慧环保市场蓬勃发展，对人才的综合业务能力提出了更高的要求，未来行业的竞争，核心在于人才的竞争，如何能够更好地实现业务突破，关键还是要有过硬的技术和过硬的产品，其中，核心技术人员起到了关键的作用。

5.4 智慧环保第三方咨询服务是未来的需求重点

随着智慧环保的全面推行，如何更好地支撑环境保护工作，及时发现环境保护中的问题并精准溯源、智能决策。面对这样一个复杂的系统，如何高效地对环境保护工作提供科技支撑，就需要一支专家服务团队，时刻针对系统发现的问题，及时协助当地政府主管部门组织专家会商、跨部门协调沟通。同时，智慧环保平台的建立，能够集成融合各类数据，通过大数据的智能分析模型，及时发现污染问题，为政府科学治污、精准治污、依法治污提供全方位的技术支撑。

5.5 商业模式的创新是突破的重点

目前我国智慧环保的建设仍以政府投资建设或购买服务为主，但随着未来智慧环保建设的发展，特别是后期的运营管理将需要巨大的投资额度，而单靠政府出资建设将难以维系智慧环保产业市场的正常运转。因此，智慧环保企业应不断创新商业模式，开辟新市场。

附录：相关企业发展情况（排名不分先后　不完全统计）

1. 中节能天融科技有限公司

中节能天融科技有限公司是隶属中国节能环保集团有限公司的生态环境监测与大数据应用的专业子公司。业务范围覆盖生态环境监测各领域的设备及应用系统的研发、生产、销售、运营，环保软件平台建设，以及环保大数据应用服务。

公司的环境监测业务在互联网、移动通信等方面积累了坚实的技术基础，并且在多年前就开始布局云计算、大数据、人工智能等先进技术领域，成立公司数字化工作组，设立大数据应用中心和软件开发部门，建立专业人员队伍，着手开展一系列数字化、信息化、智能化产品和技术的研究开发工作，已形成网格化空气质量监测系统、环境空气质量预警预测系统、数据多源融合（地面监测数据、无人机数据、遥感数据）评估分析系统、流域水环境质量管控系统、环境综合管控指挥系统、污染源在线监管系统等系列化产品，在多个地区得到应用，并在北京延庆、陕西西安、山西汾阳、湖北咸宁、吉林长春和江西九江市湖口县多地实施了智慧环保项目。

2. 聚光科技（杭州）股份有限公司

聚光科技（杭州）股份有限公司（简称聚光科技）将"云"作为智慧科技和数据应用的载体，构建传感设备、物联通信、云应用的多领域物联网解决方案，帮助客户和用户建立连接智能化与数字化生态，助力数字化转型，保持可持续发展。

报告期内，公司从事的主要业务活动为研发、生产和销售应用于环境监测、工业过程分析、实验室仪器等领域的仪器仪表；以先进的检测、信息化软件技术和产品为核心，为环境保护、工业过程、水利水务等领域提供分析测量、信息化、运维服务及治理的综合解决方案。公司的主营业务类别主要有环境监测系统、环境修复及运维、咨询服务、工业过程分析系统、实验室分析仪器、水利水务智能化系统等。

公司年末从业人员数量合计 5512 人。全年营业收入约 39.0 亿元，同比增长 1.9%；利润总额约 2.0 亿元，比去年同期下降 73.1%；归属于上市公司股东的净利润为 3981.0 万元，比去年 6.0 亿元减少 93.4%。全年总产值约 68.1 亿元，比去年同期下降 1.8%；全年研发投入 3.9 亿，研发占比 10.1%；利税总额 2.4 亿元。报告期末，公司总资产 85.2 亿元，比期初增长 8.0%。

分产品来看，2019 年聚光科技仪器、相关软件及耗材业务收入为 260 676.9 万元，占营业收入的比重为 66.9%；运营服务、检测服务及咨询服务业务收入为 42 160.8 万元，占营业收入的比重为 10.8%；环境治理设备及工程业务收入为 76 670.7 万元，占营业收入的比重为 19.7%；其他业务收入为 10 043.7 万元，占营业收入的比重为 2.6%。

3. 昆岳互联环境技术（江苏）有限公司

昆岳互联环境技术（江苏）有限公司（简称昆岳互联）成立于 2019 年 3 月，通过将环境基础设施与大数据、物联网、人工智能以及 5G 等新一代信息技术深度融合，打造国内首个行业级环保产业互联网平台，形成能够针对排污企业、工业园区以及环保产业链的痛点提供"智慧环保岛、智慧运维、智慧园区、环保电商"等一系列综合解决方案。团队由一批长期致力于环境保护和互联网领域的专家、工程师组成，秉承"务实、变革、创新、融合"的企业精神，为客户提供节能、安全、可靠、便捷、高效的全流程全生命周期的智慧环保管家服务。拥有 100 余人的专业技术团队，由环保领域核心工艺人员以及大数据、云计算等高层次人才组成。累计申请专利 53 项，其中授权发明 6 项，实用新型 11 项；获批软件著作权 11 项。2019 年销售收入 346.5 万元，收入主要来源于智慧运维服务项目，研发投入占销售收入的 64.0%；2020 年销售收入 1047.1 万元，收入主要来源于智慧运维服务及环保岛改造项目，研发投入占销售收入的 134%。

2019 年 10 月完成 VC 轮融资，融资 3000 万元，估值 1.5 亿元，通过与资本市场的融合，借力资本和投资人的力量，实现公司快速健康发展。

2020 年，昆岳互联智慧运维综合解决方案在日照钢铁、津西钢铁、中碳能源、泰兴泰丰和晨光生物等项目实现部署和应用；移动端运维管控"a 环保"App 赋能宁夏伊品生物科技股份有限公司、盐城热电有限责任公司、舞钢新希望炼铁有限责任公司、江苏恒泰新能源有限公司和河南金大地化工有限责任公司等企业环保运营。

4. 平安智慧城市智慧环保事业部

平安智慧城市智慧环保事业部（简称平安智慧环保）是平安国际智慧城市科技股份有限公司的重要组成板块，依托平安集团强大的综合金融服务优势，深度融合物联网、人工智能、大数据、区块链、5G 等核心技术提出智慧环保解决方案，在深圳、上海、成都等地辅助地方政府和企业打造生态环境"数据智脑"，提供科学化决策、精准化监管、便捷化流程及专业化服务，构建"金融+科技"绿色环保体系，实现经济增长、环境改善双赢，助力打赢污染防治攻坚战。2020 年合同金额 2.9 亿元。

平安智慧环保注重科技创新和可持续发展，与南方科技大学等知名院校建立校企合作、协同育人，打造产学研平台。平安智慧环保先后获得国家信息中心、国际数据集团（IDG）认证颁发"2020 中国领军智慧环保解决方案提供商""2020 年无锡市新型智慧城市十大优秀解决方案奖"等荣誉。

5. 中科宇图科技股份有限公司

中科宇图科技股份有限公司面向生态环境主管部门，为部、省、市、县、乡镇、园区、企业七级用户，按照"三统一、五体系"提供"大数据+智能化生态环境综合解决方案"，为用户解决环境痛点问题，整体推进环境质量改善，确保环境安全，提升业务能力，服务生态文明建设。

6. 北控水务集团

面对"十四五"时期环保市场巨大空间，包括北控水务集团在内的多家龙头企业正加快谋划布局，污水处理和固体废物处理成重要赛道，其中垃圾分类、管网优化等细分领域将迎来更多机会。随着黑臭水体治理升级，未来水环境一体化的需求越来越凸显，目前在南方一些重点地区已经开启了全域、全要素、一体化、综合化治理的阶段。此外，供排水管网政策红利逐渐释放，供排水管网市场化需求较大，在当前"厂网河湖一体化"中，管网是整个水系中的一个重要环节。由于供给侧监管趋严，水质达标要求催生行业标准提升，行业竞争格局面临重塑，给整个产业带来多重挑战。基于此，北控水务集团将持续深耕市场，全面提升产品与服务能力。瞄准两个方向发力，一是解决供需错配问题；二是与其他企业建立新型合作关系，共创新标杆，共建新赛道。

7. 河北先河环保科技股份有限公司

河北先河环保科技股份有限公司（简称先河环保）在生态环境网格化大数据应用领域已经实现了18个省份、160个城市的业务覆盖。2020年，围绕大数据与人工智能高技术手段的智能化平台和管理咨询服务业务也有了很大的突破，智慧环境业务全年实现了1.7亿元的销售业绩，生态环境保护管理咨询服务业务实现了1.3亿元的销售业绩。

2020年，由先河环保提供技术支撑的河北唐山、广东肇庆、湖北荆门、河北辛集等项目，都取得了有目共睹的成果。河北唐山是重化产业结构的城市，在支撑全市经济快速发展的同时，也导致了严重的污染问题。2015年，全市$PM_{2.5}$平均浓度达到85 mg/m^3，是国家标准的2.4倍，为全面提升空气质量，完成"十三五"规划目标，在先河环保的网格化立体监测、管理咨询和污染源解析等多项服务的基础上，形成"有效监测 精准溯源 精细管控 系统治理 持续改善"的管理模式，推进唐山环境监测、治理与改善全方位深层次改革。通过不断地爬坡过坎，唐山空气质量改善已见成效，自2018年提供技术服务以来，唐山连续两年在河北省考核中获得优秀，2020年唐山$PM_{2.5}$浓度为49 mg/m^3，相较于"十二五"末（2015年）下降42.4%，且已提前完成"十三五"目标任务。2020年10月25日，中央电视台焦点访谈节目将唐山的蓝天保卫战作为5年全国大气治理的一个缩影进行了报道。

广东肇庆依托先河环保的技术，进行污染成因解析、污染形势研判、减排潜力分析、制定管控方案、臭氧帮扶专家组精准帮扶VOCs重点企业综合整治工作，实现环境空气质量持续改善，2020年度的空气质量改善率在全国168个城市中排名第一。

8. 罗克佳华科技集团股份有限公司

罗克佳华科技集团股份有限公司（简称佳华科技）聚焦物联网技术的研发与应用，深耕物联网应用领域10余年，积累了丰富的物联网解决方案项目经验。通过持续研发投入和技术创新，目前，公司形成了拥有自主知识产权的智能传感器、云链数据库、物联网IoT平台及人工智能算法等核心技术，是一家打通感知层、网络层和应用层全产业链条的物联网技术企业。在智慧环保领域，佳华科技为50个城市提供环保大数据服务，打造全国生态环境动态数据库和数据运营体系。在智慧城市领域，从智慧环保切入，结合公司人工智能技术在"事件分析"中的优势，打通城市管理中的"数据孤岛"，完善城市的"视觉、听觉、嗅觉"等物联网数据体系，建立城市云链大数据平台，可同时为政府、企业、民众三方面提供大数据服务。

9. 北京思路创新科技有限公司

北京思路创新科技有限公司（简称思路创新）紧密依托清华大学的科研力量与人才平台，多次承担国家重点研发计划、国家科技支撑计划、国家高技术研究发展计划等项目和研究课题。拥有完整的信息化咨询及产品研发体系，结合大数据、物联网、云计算、移动互联等新技术手段，形成了覆盖环保全业务的大数据平台体系，同时打造了空气质量预警预报、水环境管理、许可证及排污权交易、环境应急、辐射管理、综合信息平台等众多产品线。

10. 埃睿迪信息技术（北京）有限公司

埃睿迪信息技术（北京）有限公司（简称埃睿迪）成立于2014年，是国家高新技术企业和中关村高新技术企业，公司致力于打造基于人工智能的绿色工业互联网平台，为全球的行业、企业及社会组织提供专业的人工智能产品与服务。在超过10年大数据技术沉淀和4年持续不断地研发投入后，埃睿迪于2018年初正式推出具有自主知识产权的核心产品——iReadyInsights敏捷化数字孪生平台。基于该平台构建的环境大脑、水务大脑、工业大脑、绿色城市大脑等行业解决方案，在环保、水务、工业等行业得到进一步应用，目前已经服务超过30家500强企业。埃睿迪已经为生态环境部、江西鹰潭市以及威立雅、北汽、海尔等数百家优质企业和园区部门提供专业的大数据产品和服务。埃睿迪在人工智能应用领域产生的成果，吸引了国内外投资机构的关注，公司先后获得达晨创投、百度风投的投资。

11. 软通动力信息技术（集团）有限公司

在智慧环保体系建设方面，软通动力信息技术（集团）有限公司（简称软通动力）依托清华大学（环境学院）软通动力智慧环境与管理创新研究中心，基于清华大学的环保科研成果以及软通动力大数据和云计算的技术优势，提供以环境感知物联网为基础、以大数据技术为核心的城市智慧环境管理六大体系整体解决方案，建设城市环境的感知与监管体系、环境仿真及预测体系、环境资源交易体系、环境公共服务体系、城市生态修复体系、环境与经济决策体系。利用无线/有线网络将前端环境监控的数据传输到监控指挥中心，并建立一系列的应用系统，让环境管理者及时了解环境状况，发生环境污染事故能够应急指挥，企业违法违规排污能够及时得到处置。实现环境管理的感、传、知、控。生态环境监测网络涵盖水、空气、噪声、固废、海洋、辐射六大类环境要素的陆海统筹生态环境监测网络体系。通过部署在软通动力云平台上的环境大数据平台，能够实现环境数据资产的梳理、整合、分析、挖掘、管理、价值共享，理顺业务流程，打破信息孤岛，帮助实现决策科学化、管理精准化、服务便民化。

目前，软通动力在全国100多个城市都开展了智慧城市业务，城市云平台也在不少城市落地。有了这些积累和先发优势，在数据处理上就能更快地把当地环保管理体系和相关企业的数据打通，能够在环境监测、环境影响评价、环境执法、环境风险、环境与健康等方面快速地利用大数据分析工具，挖掘数据的潜在价值，发现问题、把握规律，从而提高管理工作的主动性、预见性和科学性。

近期，软通动力创新推出了物联网云服务平台解决方案，通过建设物联网云服务平台，聚集政府、产学研、行业合作伙伴、产业资源，构建物联网产业生态圈，提供一条龙物联网产业服务，扩大智慧城市物联网应用，打造物联网产业创新发展基地，推动区域物联网产业聚落分工，并且软通动力的物联网云服务平台具有多方面的优势，以硬件服务＋运营维护＋软件服务＋专家服务的整体服务思路，以形成线上和线下互动、管理和服务互融、数据和信息互通的环保服务和管理体系。在线上，基于大数据搭建起覆盖市民、企业和政府的立体服务系统；在线下，市民和企业能体验到随身携带政府级环保应用的便利。这一方面能大大节省管理部门此前采购硬件需要大量投入的成本，同时还能达到效果；另一方面又能提升大众百姓参与智慧环保的积极性。

12. 北京英视睿达科技有限公司

北京英视睿达科技有限公司是一家专注于物联网、大数据和人工智能核心技术研发的创新企业。公司也是国内领先的智慧环保解决方案的提供商，致力于环境精细化监测、监管和智慧环保等领域的相关技术创新和应用，在高密度空气质量监测网络的建设、运营和智能应用等方面拥有丰富的经验。

冶金环境保护行业 2020 年发展报告

1 2020 年行业发展现状及分析

1.1 主要政策分析

1.1.1 超低排放

2020 年是国家"十三五"规划与蓝天保卫战收官之年，也是中国钢铁行业高质量绿色发展进程提速的一年。钢铁行业烧结球团、轧钢、水污染排放国标在这一年正式出台修改单，进一步加严与强化排放总量管控要求。目前，共有 26 个省（区、市）生态环境主管部门发布了超低改造实施方案，督促辖区内企业按照时间节点加紧推进超低排放改造工作。截至目前，河北、山东、河南、山西、江苏等钢铁产能大省已相继发布或正在制定地方超低排放标准与差异化水、电价政策，以强制性地标与梯级水电价推动超低排放政策落地见效。

2020 年，随着蓝天保卫战进入收官之年，京津冀及周边"2+26"城市、长三角、汾渭平原地区作为主战场，区域内钢铁、焦化行业的主要大气污染物排放减量问题仍是打赢大气污染防治攻坚战的重点与难点领域，特别是国内钢铁产能最为集中的河北唐山、邯郸、山西临汾、河南安阳等地，区域空气质量全国持续倒排。2020 年 7 月，生态环境部修订完成《重污染天气重点行业应急减排措施制定技术指南（2020 年修订版）》（以下简称《指南》）（环办大气函〔2020〕340 号），该《指南》在 2019 年文件的基础上，优化创新，根据有组织排放限值、无组织管控治水平、监控监管要求与清洁运输方式等绩效分类将企业分为 A（全面达到超低）、B、B-、C、D 级，A、B 级企业不限或少限，C、D 级企业多限，鼓励先进，倒逼落后，让环保投入多的企业充分享受政策红利，形成良币驱逐劣币的公平市场竞争环境。

1.1.2 低碳发展

钢铁行业是资源和能源消耗密集型产业，也是典型的高碳排放行业。中国是世界最大的钢铁生产消费国，占全球一半粗钢产量，既是世界钢铁工业发展的重要贡献者，也是温室气体排放的重要组成部分。我国钢铁行业碳排放量占全球钢铁行业碳排放量的 60%以上，约占全国碳排放量的 15%，是温室气体排放的重要领域。因此，有效控制和降低钢铁行业的碳排放是实现全球温控目标的重要路径。

我国早在 2000 年即开展了低碳政策研究及技术储备工作，并在工业领域率先成立低碳发展研究中心。在标准及规范体系建设方面，已编制国家及行业标准《温室气体排放核算与报告要求 第5部分：钢铁生产企业》（GB/T 32151.5—2015）、《钢铁企业温室气体排放核查技术规范》（RB/T 251—2018）、《温室气体排放核算与报告要求：独立焦化企业》（待发布）、《钢铁企业碳减排成本核算方法》（2019-0392T-YB）、《钢铁企业碳平衡编制方法》（2018-0453T-YB），国家发展和改革委员会组织编写了《中国钢铁生产企业温室气体排放核算方法与报告指南》《中国独立焦化企业温室气体排放核算方法与报告指南》；在低碳技术应用方面，相继开展了《中国钢铁行业节能减排技术筛选》《中国应对气候变化技术需求评估项目》《国际背景下我国钢铁行业减排核查关键技术研究示范》等研究工作。

1.2 行业发展情况

2020年1—11月，全国粗钢产量9.61亿t，位居全球第一，占全部钢铁产量的50.0%以上。根据冶金工业规划研究院预测，2020年度粗钢产量将达10.50亿t，同比增长5.4%，将首破10.00亿t，行业整体受新冠肺炎疫情影响不大，盈利能力也维持在较好的水平，为全面推行超低排放改造与高质量绿色发展提供了有力的支撑。中国宝武集团粗钢产量突破1.00亿t，问鼎全球钢铁企业产量第一，中国钢铁工业的新格局就此形成。

要求2020年年底前基本完成超低排放改造的三大重点区域钢铁企业已开始全行业超低排放改造，其中有组织排放环节治理推进较快，越来越多的企业基本达标，无组织监控监管与清洁运输方面的改造工作也在稳步推进。随着全行业超低排放改造进程的推进，污染物排放绩效水平也有进一步提升。2019年，重点统计企业SO_2、烟粉尘排放总量分别比2018年同比减少7.3%、10.1%；废水排放总量、COD（化学需氧量）、氨氮排放总量较2018年同比分别减少7.7%、14.2%、25.9%。其中，主要废气污染物与废水排放总量降幅均在7.0%以上，COD和氨氮排放总量实现了同比14.0%以上的降幅。

2020年河北、江苏、山西、山东等多地钢铁联合企业依据生态环境部《关于做好钢铁企业超低排放评估监测工作的通知》（以下简称《通知》）（环大气〔2019〕922号）要求，开展了超低排放评估监测工作。截至2020年12月，已有首钢股份公司迁安钢铁公司、山西太钢不锈钢股份有限公司、首钢京唐钢铁联合有限责任公司、德龙钢铁有限公司、新兴铸管股份有限公司5家企业完成全流程超低排放监测评估工作，并在中国钢铁工业协会网站进行公示。据中国钢铁工业协会提供数据显示，截至目前，全国共计229家钢铁企业6.20亿t粗钢产能正在进行超低排放改造。总体来看，冶金环保领域市场空间较大，超低排放的稳步推行未来还将继续拉动行业环保治理需求。

1.3 行业关键技术发展情况

1.3.1 有组织治理关键技术

1.3.1.1 高炉煤气精脱硫技术

针对高炉煤气精脱硫源头减排技术，2020 年内新兴铸管股份有限公司、河北普阳钢铁有限公司等企业先后投运了"水解催化＋脱酸"工艺路线的示范项目，其他采用微晶吸附工艺的示范项目也在江苏中新钢铁投入应用。根据报道，精脱硫项目投运后可实现热风炉排口 SO_2 排放浓度满足 50 mg/m^3 以内的超低限值要求。不过，催化剂使用寿命与二次污染防治问题仍待时间检验。

1.3.1.2 高效湿式除尘技术

目前，钢铁企业超低排放实施过程中对于烧结混料等节点含湿烟气的处理需采用高效除尘技术，2020 年内企业改造过程中应用此类技术，确保颗粒物外排浓度达 10 mg/m^3 以内。解决了此类节点应用传统静电、袋式除尘设备的腐蚀与糊袋等问题。

1.3.2 无组织管控制一体化关键技术

无组织管控治一体化系统通过原料库封闭与煤筒仓技术，在受卸料、供给料过程，如汽车受料槽、火车翻车机、铲车上料、皮带转运点等易产尘点位采用抽风除尘或抑尘的方式优化作业环境，辅以喷淋或干雾抑尘，确保原料系统储运粉尘排放得到有效控制。同时，在封闭料棚出口处带抖水或烘干功能的洗车机装置，实现对货运车辆带料遗撒的有效控制。通过大数据、机器视觉、源解析、扩散模拟、污染源清单、智能反馈等技术，如利用鹰眼设施实现封闭料场内装载车辆运动与抑尘措施的联动，开展全厂无组织尘源点的清单化管理，将治理设施与生产设施、监测数据联动，对无组织治理设施工作状态和运行效果进行实时跟踪，实现无组织治理向有组织治理转变。

2 行业发展展望

2.1 超低排放

2.1.1 政策方面

根据生态环境部《通知》，以中国环境保护产业协会发布的《钢铁企业超低排放改造实施指南》为指导，钢铁企业重点区域超低排放改造将提速，力争于 2020 年年底前对辖区内改造完成的企业进行超低排放评估监测工作，公示后的企业数在 2020 年基础上有一定数量的增加。预计 2021 年，重污染天气分类绩效差异化管理要求将扩大覆盖范围，对于空气质量持续欠佳的非重点区域超低排放改造进程与差别化水、电价政策也将相继出台，倒逼企业实施改造。全国范围内超低排放改造企业数量与规模将持续增加。

2021年，钢铁行业排污许可证管理将迎来第二个5年周期，所有取证单位都应进行许可证延长工作，同时，对于钢铁行业排污许可技术规范的修订也即将启动，可行技术、固体废物管理要求、制度衔接等问题也将在2.0版排污许可管理中予以完善。

2.1.2 市场方面

2021年底前，除重点区域钢铁企业超低排放改造取得明显进展外，力争60%左右的企业产能完成改造，随着分类分级、差异化管控政策的深入，地方政策加严各自区域钢铁企业完成超低排放改造时限，可预见钢铁企业超低排放改造进程将在2021年加速推进，市场空间得到继续释放，下游环保治理、环境监测与智能管控平台搭建等将为企业创造更多的项目机会。

2.1.3 技术方面

2021年，除高炉煤气精脱硫等先进技术验证现有工艺可行性与继续推陈出新、补齐二次污染与使用寿命欠佳等技术短板外，环保智能管控系统作为全流程监控超低排放的管控抓手，将成为企业达到超低排放管控要求，且长效保持超低排放改造成果的重要抓手。

2.2 低碳发展

2020年中央工作经济工作会议将做好"碳达峰、碳中和"工作作为2021年八项重点任务之一，要求加快建设全国用能权、碳排放权交易市场。目前，生态环境部、工业和信息化部、国家发展和改革委员会正在组织编制钢铁行业碳达峰及降碳专项行动计划，并制定全国统一碳配额分配方案。同时，空气质量持续改善仍是"十四五"期间生态环境领域的重点工作，钢铁行业高质量实施超低排放改造仍将是重要抓手，《中共中央关于制定国民经济和社会发展第十四个五年规划和二〇三五年远景目标的建议》、生态环境部2020年12月举行的例行新闻发布会等也均提出要"强化多污染物协同控制和区域协同治理"。因此，污染物及二氧化碳协同减排技术，如可稳定达标并节能低碳的脱硫脱硝工艺、烧结烟气循环技术、高炉炉顶料罐均压放散煤气回收技术、加热炉换向煤气回收技术、废钢处理及预热技术等的研发与规模化应用将成为钢铁行业实现污染排放和碳排放"双控"目标的关键，也将存在更大的市场空间。此外，突破性低碳技术的研发和示范也将占据较大市场，从而为实现"碳中和"奠定基础。

2020年中国环境保护产业政策综述

1 2020年环保产业相关政策概述

2020年是我国全面建成小康社会和"十三五"规划的收官之年，是打赢污染防治攻坚战的决胜之年，是保障"十四五"顺利起航的奠基之年。2020年也注定是极不平凡的一年，突如其来的新冠疫情给人类社会造成了深远影响。即使面对严峻复杂的国际形势、新冠肺炎的严重冲击和经济下行的巨大压力，在以习近平同志为核心的党中央坚强领导下，我们圆满完成污染防治攻坚战阶段性目标任务。在这一年里，环保产业作为生态文明建设和污染防治攻坚战的中坚力量，虽然面对诸多不利因素，但部分细分领域仍然出现了较快增长。

环保产业是典型的政策驱动型产业。环保产业相关政策的制定与实施，对释放环保产业发展需求、促进各类资源向环保产业集聚、强化引导环保产业自身发展方向发挥了重要作用。政府通过制定法律法规、环境保护规划、污染物排放标准和环境质量标准等驱动潜在需求转化为现实市场，扩大环保产业市场需求；通过制定实施环保投资与补助政策、污染防治价格政策、税收优惠政策以及金融政策增加产业供给，提高产业支撑保障能力；通过制定信息公开等环境监管政策、环境技术规范与引导示范政策引导产业规范健康发展；通过制定环境科技、技术示范以及模式创新试点等政策激发产业创新活力。本报告将促进环保产业发展的政策类型分为需求拉动型、激励促进型、规范引导型和创新鼓励型，现将2020年环保产业相关政策制定与实施情况概述如下。

1.1 出台生态环境保护法规政策，促进了环保产业需求释放

1.1.1 颁布实施《中华人民共和国固体废物污染环境防治法》（简称《固废法》）、《中华人民共和国长江保护法》（简称《长江保护法》），进一步释放污染治理需求

2020年9月1日起，新修订的《固废法》正式实施，更加突出固体废物污染防治的无害化和全过程管理要求，弥补了生产者责任延伸制度法律地位的缺失，新增工业固体废物产生者连带责任规定等，固体废物资源化综合利用需求显著提升。历经三次审议，12月26日，十三届全国人大常委会第二十四次会议表决通过《长江保护法》。作为中国首部流域专门法律，《长江保护法》以推进共抓大保护、不搞大开发，提高长江流域生态环境保护的整体性和系统性为立法思路，打破了过去长江"九龙治水"的局面，同时对于长江生物保护、污水治理、防洪救灾、生态修复等提出了新的要求，为长江经济带

高质量发展提供法律保障。

1.1.2 积极服务"六稳""六保",做好医疗废物处理处置工作,支持企业复工复产

2020年新冠肺炎疫情暴发,医疗废物处理作为疫情防治攻坚战的最后一道防线,受到国家高度重视。2020年1月21日,生态环境部紧急印发了《关于做好新型冠状病毒感染的肺炎疫情医疗废物环境管理工作的通知》,随后又相继出台《新型冠状病毒感染的肺炎疫情医疗废物应急处置管理与技术指南(试行)》《医疗机构废弃物综合治理工作方案》(国卫医发〔2020〕3号)、《医疗废物集中处置设施能力建设实施方案》(发改环资〔2020〕696号)、《医疗废物处理处置污染控制标准》(GB 39707—2020)等政策标准,全力支持和督促地方做好医疗废物处理处置工作。为了统筹疫情防控、经济社会发展和生态环境保护三者关系,生态环境部印发实施《关于统筹做好疫情防控和经济社会发展生态环保工作的指导意见》(环综合〔2020〕13号)和《关于在疫情防控常态化前提下积极服务落实"六保"任务 坚决打赢打好污染防治攻坚战的意见》(环厅〔2020〕27号),积极支持企业复工复产。

1.1.3 持续推进重点区域、行业大气污染综合治理,确保打赢蓝天保卫战

2020年是打赢蓝天保卫战三年行动计划的目标年、关键年。为了确保如期完成打赢蓝天保卫战的既定目标任务,生态环境部印发了《重污染天气重点行业应急减排措施制定技术指南(2020年修订版)》(环办大气函〔2020〕340号),并配套制定了《重污染天气重点行业绩效分级实施细则》,发布了《京津冀及周边地区、汾渭平原2020—2021年秋冬季大气污染综合治理攻坚行动方案》(环大气〔2020〕61号)、《长三角地区2020—2021年秋冬季大气污染综合治理攻坚行动方案》(环大气〔2020〕62号)、《2020年挥发性有机物治理攻坚方案》(环大气〔2020〕33号),持续实施重点区域秋冬季攻坚行动,推动重点行业大气污染综合治理。山东、河南、江苏、山西等地发布关于钢铁企业试行超低排放差别化电价政策的通知,对逾期未完成超低排放改造或改造后未达超低排放要求的钢铁企业,实行分阶段分层次电价加价。

1.1.4 推进城镇生活污水处理设施补短板强弱项,规范城镇(园区)污水处理环境管理,持续打好碧水保卫战

2020年7月,国家发展和改革委员会、住房和城乡建设部印发了《城镇生活污水处理设施补短板强弱项实施方案》(发改环资〔2020〕1234号),针对城镇生活污水处理设施主要短板弱项,从强化污水处理能力建设、补齐收集管网短板、推进污泥无害化资源化处理处置和信息系统建设四方面提出具体任务措施,重点区域城镇污水提标改造、管网、污泥无害化与水资源综合利用等成为重点发展方向。12月,生态环境部发布了《关

于进一步规范城镇（园区）污水处理环境管理的通知》（环水体〔2020〕71号），针对当前污水处理厂建设、运行和管理中存在的突出问题给出了具体解决措施，特别是困扰污水处理厂多年的"进水超标导致出水超标"问题有了统一的解决方案。近年来，为提升园区污染治理水平，国家发展和改革委员会、生态环境部积极推进园区环境污染第三方治理，从事环境污染治理第三方服务相关工作的企业迎来了新的发展机遇。

1.1.5 推进城镇生活垃圾分类和处理设施补短板强弱项，加强塑料污染治理与包装废弃物回用

2020年，《城镇生活垃圾分类和处理设施补短板强弱项实施方案》（发改环资〔2020〕1257号）、《关于进一步推进生活垃圾分类工作的若干意见》（建城〔2020〕93号）等文件相继印发，大力推进城镇生活垃圾分类和处理设施建设。国家发展和改革委员会、生态环境部等部门印发的《关于进一步加强塑料污染治理的意见》（发改环资〔2020〕80号）、《关于扎实推进塑料污染治理工作的通知》（发改环资〔2020〕1146号）提出塑料污染治理分阶段的任务目标，对不同类别塑料制品提出相应管理要求和政策措施，涵盖了塑料制品生产、流通、使用、回收、处置全过程和各环节，加强塑料废弃物回收和清运、推进塑料废弃物资源化能源化利用。北京、天津、上海、成都等地相继出台具体塑料污染治理实施方案。农业农村部在全国100个县开展肥料包装废弃物回收处理试点。到2025年，试点县肥料包装废弃物回收率达到90%以上。国家发展和改革委员会等四部委联合印发的《饮料纸基复合包装生产者责任延伸制度实施方案》（发改办环资〔2020〕929号）提出到2025年，废弃饮料纸基复合包装的资源化利用率力争达到40%。《关于加快推进快递包装绿色转型意见的通知》（国办函〔2020〕115号）明确了进一步加强快递包装治理、推进快递包装绿色转型。

1.1.6 推动京津冀及周边工业资源综合利用产业协同转型，推进建筑垃圾减量化

2020年12月15日，工业和信息化部印发了《京津冀及周边地区工业资源综合利用产业协同转型提升计划（2020—2022年）》（工信部节〔2020〕105号），从综合利用效益、产业聚集区、技术创新中心、骨干企业以及体制机制建设等方面提出了区域内的发展目标。

2020年5月8日，住房和城乡建设部发布了《关于推进建筑垃圾减量化的指导意见》（建质〔2020〕46号），提出到2020年年底，各地区建筑垃圾减量化工作机制初步建立。2025年年底，各地区建筑垃圾减量化工作机制进一步完善，实现新建建筑施工现场建筑垃圾（不包括工程渣土、工程泥浆）排放量每万平方米不高于300 t，装配式建筑施工现场建筑垃圾（不包括工程渣土、工程泥浆）排放量每万平方米不高于200 t，明确

了各地区建筑垃圾减量化工作目标。

1.2 落实财税、金融、价格、贸易政策，加快环保产业资源集聚

1.2.1 进一步明确中央与地方财政事权和支出责任，发挥财政资金引导作用

2020年6月12日，国务院办公厅印发了《生态环境领域中央与地方财政事权和支出责任划分改革方案》（国办发〔2020〕13号），从生态环境规划制度制定、生态环境监测执法、生态环境管理事务与能力建设、环境污染防治等方面划分生态环境领域中央与地方财政事权和支出责任。《2020年中央一般公共预算支出预算表》显示，2020年中央本级支出预算数35 035.00亿元，比2019年执行数减少80.15亿元，下降0.2%。节能环保支出预算数为331.71亿元，比2019年执行数减少89.09亿元，下降21.2%。2020年中央财政安排的环保专项资金规模达到523.00亿元，较2019年减少6.0%。财政部、自然资源部、生态环境部、国家林草局四部门联合发布的《关于加强生态环保资金管理推动建立项目储备制度的通知》（财资环〔2020〕7号），按照"资金跟着项目走"的原则，要求加强生态环保资金管理，抓紧建立中央生态环保资金项目储备库制度。2020年，全国人大常委会批准安排新增专项债券额度3.75万亿元，其中，用于生态环保、农林水利、能源、冷链物流等领域约占2成。在生态环境保护领域，主要投向污水治理、环境综合治理、生态修复等领域。积极推进政府绿色采购，对政府采购商品使用塑料、纸张、木质等包装材料以及快递包装等提出环保要求，在政府采购工程中推广使用绿色建材。国家发展和改革委员会在安徽、福建、江西、海南、四川、贵州、云南、西藏、甘肃、青海10省（区）内确定生态补偿试点县，开展生态补偿试点工作。海南、安徽、广东以及陕西西安多地出台政策，探索推进多元化生态保护补偿机制。

1.2.2 实施绿色价格，推进产业市场化发展

2020年4月，国家发展和改革委员会、财政部、住房和城乡建设部、生态环境部、水利部联合印发了《关于完善长江经济带污水处理收费机制有关政策的指导意见》（发改价格〔2020〕561号），进一步完善长江经济带各省（市）污水处理成本分担机制、激励约束机制和收费标准动态调整机制，健全相关配套政策。上海、吉林等省（市）不断完善城镇非居民用水超定额累进加价制度。国家发展和改革委员会、财政部、水利部、农业农村部联合印发了《关于持续推进农村水价综合改革工作的通知》（发改价格〔2020〕1262号），持续推进农业水价综合改革。江苏、河北、山东、山西、河南等省出台超低排放差别电价政策，综合运用价格机制，提高企业大气污染治理积极性，推动行业高质量发展。

1.2.3 细化了从事污染防治的第三方企业所得税政策取消部分固体废物的进口暂定税率，发挥税收调节作用

2019年12月23日，国务院发布了《2020年进口暂定税率等调整方案》，取消部分固体废物的进口暂定税率：自2020年1月1日起，取消钨废碎料和铌废碎料两种商品进口暂定税率，恢复执行最惠国税率，即钨废碎料和铌废碎料由0%税率分别调整为6%和3%。2020年4月，财政部、税务总局、国家发展和改革委员会发布了《关于延续西部大开发企业所得税政策的公告》，规定自2021年1月1日至2030年12月31日，对设在西部地区的鼓励类产业企业（以《西部地区鼓励类产业目录》中规定的产业项目为主营业务，且其主营业务收入占企业收入总额60%以上的企业）减按15%的税率征收企业所得税。其中，水污水治理、土壤修复、生活垃圾处理、畜禽粪便治理等环保产业细分领域均在《西部地区鼓励类产业目录（2020年本）》中。2020年11月，生态环境部、商务部、国家发展和改革委员会、海关总署联合发布了《关于全面禁止进口固体废物有关事项的公告》（公告2020年第53号），规定自2021年1月1日起禁止以任何方式进口固体废物。在环境政策和绿色关税的双重作用下，我国"洋垃圾"进口大幅缩减。

1.2.4 大力发展绿色金融，强化金融支持

截至2020年年底，我国境内外发行贴标绿色债券合计规模突破1.40万亿元。2020年，境内外发行绿色债券规模达2786.62亿元，相比2019年有所下降。同期，非贴标绿色债券市场投向绿色产业规模达1.67万亿元，同比增长近3倍。债券市场对于绿色产业的整体支持仍保持高位。我国绿色金融体系不断健全，2020年，广东省深圳市正式发布《深圳经济特区绿色金融条例》，把绿色金融发展上升到法律层面，推动金融机构内部逐步树立绿色发展的理念，为绿色金融的发展创造良好的法治环境。兴业银行发行我国境内首单蓝色债券，用于海水淡化项目建设。浙江、广西、辽宁、甘肃等地积极探索绿色金融产品创新，支持绿色、低碳、循环经济发展。国家发展和改革委员会、中国证监会联合发布了《关于推进基础设施领域不动产投资信托基金（REITs）试点相关工作的通知》（证监发〔2020〕40号），推动重点区域、重点行业REITs项目试点，涉及城镇污水垃圾处理及资源化利用、固危废处理、大宗固体废弃物综合利用等环保项目，有助于盘活存量资产，缓解环保企业因投资回报周期长带来的财务压力。2020年10月26日，生态环境部、国家发展和改革委员会、中国人民银行、银保监会、证监会五部委联合发布了《关于促进应对气候变化投融资的指导意见》（环气候〔2020〕57号），首次从国家政策层面为气候变化领域的建设投资、资金筹措和风险管控进行了全面部署。12月25日，生态环境部审议通过了《碳排放权交易管理办法（试行）》（部令第19号），碳金

融发展步入"快车道"。绿色金融在应对气候变化和绿色发展整体进程中有望发挥更为积极的作用,助力"碳达峰、碳中和"目标的实现。2020年7月,由财政部、生态环境部、上海市人民政府三方发起成立的首个国家级绿色投资基金"国家绿色发展基金"在上海市成立,首期总规模达到885.00亿元,主要投向长江经济带11省(市),采用股权投资、项目投资和参股子基金的方式,重点支持环境保护与污染防治、生态修复与国土空间绿化、能源资源节约利用、绿色交通以及清洁能源五大绿色发展领域,充分发挥财政资金的引导和带动作用,吸引社会资本参与。

1.2.5 中国—欧盟投资协定首次将可持续发展纳入投资关系,禁止进口固体废物成效显著

由于全球经济的快速发展以及复杂多变的国际经济政治形势,生态环境问题对经济贸易的影响日益凸显。2020年,中国—欧盟投资协定首次将可持续发展纳入投资关系。协定对与投资有关的环境、劳工问题作出专门规定及执行机制,以高度透明和民间社会参与的方式解决分歧。中国承诺在劳工和环境领域,不以降低保护标准来吸引投资,不为保护主义目的使用劳工和环境标准,并遵守有关条约中的国际义务,中国将支持公司履行企业社会责任。在环境和气候方面,承诺双方将有效执行《巴黎协定》以应对气候变化。

固体废物进口管理制度改革取得重大进展,同时禁止进口固体废物也取得明显成效。2020年11月24日,生态环境部联合商务部、国家发展和改革委员会、海关总署发布公告《关于全面禁止进口固体废物有关事项的公告》(公告2020年第53号),明确自2021年1月1日起我国禁止以任何方式进口固体废物,禁止我国境外的固体废物进境倾倒、堆放、处置。截至2020年11月15日,全国固体废物进口总量为718万t,较2019年同比减少41.0%,较2016年减少84.6%,政策执行效果显著,完成"2020年年底基本实现固体废物零进口"的目标。

1.3 建立完善引导规范政策体系,保障环保产业规范有序发展

1.3.1 推进环境监管体系不断完善

(1)构建多元参与的现代环境治理体系

2020年3月,中共中央办公厅、国务院办公厅印发了《关于构建现代环境治理体系的指导意见》,提出到2025年,建立健全环境治理的领导责任体系、企业责任体系、全民行动体系、监管体系、市场体系、信用体系、法律法规政策体系,落实各类主体责任,提高市场主体和公众参与的积极性,形成导向清晰、决策科学、执行有力、激励有效、多元参与、良性互动的环境治理体系。

（2）推进生态环境保护综合行政执法改革

国务院办公厅、生态环境部先后印发了《关于生态环境保护综合行政执法有关事项的通知》（国办函〔2020〕18号）和《生态环境保护综合行政执法事项指导目录（2020年版）》（环人事〔2020〕14号），统筹配置行政执法职能和执法资源，切实解决多头多层重复执法问题，严格规范公正文明执法。

（3）加强固体废物及化学品监管力度

加强固体废物及化学品监管力度，2020年12月29日，生态环境部办公厅发布了《关于推进危险废物环境管理信息化有关工作的通知》（环办固体函〔2020〕733号），推动危险废物环境管理信息化。国家卫生健康委、生态环境部等10部门发布《关于印发医疗机构废弃物综合治理工作方案的通知》（国卫医发〔2020〕3号），开展医疗废物专项整治工作，进一步提高医疗机构内部废弃物的规范化管理水平，增强医疗废物集中处置能力。

（4）优化建设项目生态环境影响评价

生态环境部印发环境影响报告书（表）监督管理办法、3个配套文件和《关于进一步做好建设项目环境保护"三同时"及自主验收监督检查工作的通知》（环办执法〔2020〕11号），进一步加强建设项目环境影响评价事中事后监管，落实建设单位主体责任，规范生态环境部门对建设项目（不含核设施和铀〔钍〕矿项目、海洋工程项目）环境保护"三同时"监督检查和生态环境保护设施竣工自主验收监督检查工作。

1.3.2 制修订技术规范标准

2020年，生态环境部制修订96项国家生态环境标准，颁布工业炉窑、橡胶和塑料制品工业、制鞋工业、稀有稀土金属冶炼等20余项行业排污许可证申请与核发技术规范，发布了水、大气、土壤、固体废物、辐射、核领域以及近岸海域等多项环境监测技术规范与分析方法，制定2项环境影响评价技术标准，发布化学原料药等6项行业清洁生产评价指标体系，制定生活垃圾焚烧飞灰污染控制等9项技术规范，发布储油库等多项行业污染物排放标准。

1.3.3 引导示范政策方面

2020年，工业和信息化部持续推进绿色制造体系建设，积极推动绿色供应链试点示范，发布了"第五批绿色制造名单""第二批工业产品绿色设计示范企业名单""'能效之星'产品目录（2020）""国家绿色数据中心先进适用技术产品目录（2020）""国家工业节能技术装备推荐目录（2020）"。生态环境部、商务部、科学技术部等多个部委相继公布了"第四批国家生态文明建设示范市县""第四批'绿水青山就是金山银山'实践创新基地""第三批大众创业、万众创新示范基地""国家生态工业示范园区""第七批国家生态环境科普基地"等多项试点示范，通过试点工作开展，探索具有复制、推广意义的典型经验和做法，蹚出引领环保产业健康发展的新路子。

1.4 深化科技创新改革与模式创新，深入推进生态环境治理市场化进程

1.4.1 加快推进科技成果转化

主要从建立健全科技创新要素市场、加快建设综合性国家科学中心、支持科技成果转化示范区建设和激发科技人才创新活力等方面，不断健全国家技术创新体系。2020年4月，中共中央、国务院印发《关于构建更加完善的要素市场化配置体制机制的意见》，提出健全职务科技成果产权制度，开展赋予科研人员职务科技成果所有权或长期使用权试点。完善科技创新资源配置方式。建立健全多元化支持机制。国务院印发的《关于新时代加快完善社会主义市场经济体制的意见》，指出要全面完善科技创新制度和组织体系。科学技术部印发《关于推进国家技术创新中心建设的总体方案（暂行）》（国科发区〔2020〕70号），明确到2025年，布局建设若干国家技术创新中心，突破制约我国产业安全的关键技术瓶颈。加快推动国家科技成果转移转化示范区与平台建设，积极推动科技成果转化。加大知识产权保护力度，完善科学技术奖励标准，激发科技人才创新活力与动力。

1.4.2 持续推进环境服务模式创新试点

我国生态环境治理市场化进程不断深入，生态环境治理模式不断创新。2020年2月，财政部PPP中心发布《关于加快加强政府和社会资本合作（PPP）项目入库和储备管理工作的通知》（财政企函〔2020〕1号），明确持续鼓励PPP模式应用，加快项目入库进度，切实发挥PPP项目补短板、稳投资作用。2020年3月，财政部发布的《政府和社会资本合作（PPP）项目绩效管理操作指引》（财金〔2020〕13号），指出要规范政府和社会资本合作（PPP）项目全生命周期绩效管理工作，促进PPP项目提质增效。中共中央办公厅、国务院办公厅印发《关于构建现代环境治理体系的指导意见》，要求积极推行环境污染第三方治理，开展园区污染防治第三方治理示范。2020年5月，国家发展和改革委员会、生态环境部发布《关于开展园区环境污染第三方治理第二批遴选工作的通知》，进一步鼓励推行第三方治理模式。2020年9月，生态环境部、国家发展和改革委员会、国家开发银行三部门联合印发《关于推荐生态环境导向的开发模式试点项目的通知》（环办科财函〔2020〕489号），探索将生态环境治理项目与资源、产业开发项目有效融合，解决生态环境治理缺乏资金来源渠道、总体投入不足、环境效益难以转化为经济收益等瓶颈问题，提升环保产业可持续发展能力。

2 环保产业需求拉动型相关政策

2.1 法律法规制度

2.1.1 《中华人民共和国固体废物污染环境防治法》修订实施

2020年4月29日,十三届全国人大常委会第十七次会议修订通过《中华人民共和国固体废物污染环境防治法》(简称《固废法》),自2020年9月1日起实施。新修订的《固废法》提出固体废物污染环境防治坚持减量化、资源化和无害化原则,强化减量化和资源化的约束性规定,突出固体废物污染防治的无害化底线要求和全过程要求。新增工业固体废物产生者连带责任规定,将工业固体废物纳入排污许可制度管理,完善了医疗废弃物管理,实现"谁污染、谁负责""谁产废、谁治理"。新《固废法》的实施为固废领域产业新一轮的提升和发展打开了空间。

2.1.2 《中华人民共和国长江保护法》审议通过

2020年12月26日,十三届全国人大常委会第二十四次会议表决通过《中华人民共和国长江保护法》(简称《长江保护法》),于2021年3月1日起施行。作为中国首部流域专门法律,《长江保护法》包括总则、规划与管控、资源保护、水污染防治、生态环境修复、绿色发展、保障与监督、法律责任和附则9章,共96条。《长江保护法》以推进共抓大保护、不搞大开发,提高长江流域生态环境保护的整体性和系统性为立法思路,以生态优先、绿色发展为立法原则,以实现长江经济带高质量发展为立法目标,为长江经济带高质量发展提供新动力。

2.1.3 《排污许可管理条例》审议通过

2020年12月9日,国务院第117次常务会议通过了《排污许可管理条例》,于2021年3月1日起正式实施。《排污许可管理条例》明确了根据污染物产生量、排放量、对环境影响程度等对排污单位实行分类管理,规范排污许可证申请审批程序,要求排污单位建立环境管理台账记录制度、公开排放信息,强调加强事中事后监管,对违法行为加大处罚力度,采取按日连续处罚和停产整治、停业、关闭等措施从严处理,提高违法成本。

2.2 相关规划政策

2.2.1 服务"六稳""六保"

2020年新冠肺炎暴发,医疗废物处理作为疫情防治攻坚战的最后一道防线,受到国家高度重视。2020年1月21日,生态环境部紧急印发《关于做好新型冠状病毒感染的肺炎疫情医疗废物环境管理工作的通知》,随后又相继出台了《新型冠状病毒感染的肺炎疫情医疗废物应急处置管理与技术指南(试行)》《医疗机构废弃物综合治理工作方案》(国卫医发〔2020〕3号)、《医疗废物集中处置设施能力建设实施方案》(发改环资〔2020〕696号)、《医疗废物处理处置污染控制标准》(GB39707—2020)等政策和标准,全力支持和督促地方做好医疗废物处理处置工作。

为了统筹疫情防控、经济社会发展和生态环境保护三者关系,2020年3月3日,生态环境部印发实施《关于统筹做好疫情防控和经济社会发展生态环保工作的指导意见》(环综合〔2020〕13号)和《关于在疫情防控常态化前提下积极服务落实"六保"任务坚决打赢打好污染防治攻坚战的意见》,积极支持企业复工复产。

2.2.2 坚决打赢蓝天保卫战

一是实施重点区域秋冬季攻坚行动。2020年是打赢蓝天保卫战三年行动计划的目标年、关键年。为了确保如期完成打赢蓝天保卫战的既定目标任务,2020年6月29日,生态环境部印发了《重污染天气重点行业应急减排措施制定技术指南(2020年修订版)》(环办大气函〔2020〕340号),并配套制定了《重污染天气重点行业绩效分级实施细则》,细化了重点行业绩效分级指标,起到鼓励"先进"、鞭策"后进"的作用,支持、促进企业高质量发展。2020年10月,生态环境部相继印发了《京津冀及周边地区、汾渭平原2020—2021年秋冬季大气污染综合治理攻坚行动方案》(环大气〔2020〕61号)《长三角地区2020—2021年秋冬季大气污染综合治理攻坚行动方案》(环大气〔2020〕62号),重点区域在秋冬季采取分级控制、错时错峰生产、科学应急减排等手段,加强区域联防联控工作,以改善环境空气质量。

二是持续推进钢铁行业超低排放。在电力行业之后,钢铁行业的超低排放改造已经全面铺开,水泥等行业也在逐步跟进。目前,共有26个省(区、市)级生态环境主管部门发布了钢铁超低改造实施方案,督促辖区内企业按照时间节点加紧推进超低排放改造工作,60%的钢铁企业已完成超低排放改造。为了推动超低排放政策的有效落地,2020年以来,山东、河南、江苏、山西等对逾期未完成超低排放改造或改造后未达超低排放要求的钢铁企业,实行分阶段分层次电价加价。以山西为例,2020年12月发布《关于钢铁企业试行超低排放差别化电价政策的通知》,要求山西全省钢铁企业在"有组织排放、无组织排放、清洁运输方式"中,有一项未达到超低排放要求的,用电价格每千瓦时加价0.01元;两项未达超低排放要求的,用电价格每千瓦时加价0.03元;3项未达超低排放要求的,用电价格每千瓦时加价0.06元;完成全部超低排放改造的,用电不加价。河南省在试行钢铁企业差别化电价的同时,同步试行超低排放差别化水价政策。

三是持续开展重点行业挥发性有机物治理。2020年6月,为贯彻落实《打赢蓝天保卫战三年行动计划》(国发〔2018〕22号)有关要求,生态环境部制定了《2020年挥发性有机物治理攻坚方案》（环大气〔2020〕33号），推进细颗粒物（$PM_{2.5}$）与臭氧（O_3）协同控制。该方案提出在全国范围内开展夏季（6—9月）VOCs治理攻坚行动，提升VOCs治理能力，在京津冀及周边地区、长三角地区、汾渭平原等重点区域、苏皖鲁豫交界地区及其他O_3污染防治任务重的地区城市，VOCs排放量明显下降，夏季O_3污染得到一定程度遏制。针对重点行业开展夏季攻坚专项行动，由各级环境管理人员、行业专家、技术支撑团队等组成现场评估和帮扶工作小组，深入一线为企业提供"一对一、手把手"地精准指导，推动企业持续有效减排。生态环境部还同时发布了《挥发性有机物治理实用手册》《臭氧及挥发性有机物综合治理知识问答》《重点行业企业挥发性有机物现场检查指南（试行）》等书籍、文件，用于指导各地VOCs治理帮扶检查工作。

2.2.3 持续打好碧水保卫战

（1）推进城镇生活污水处理设施补短板强弱项

2020年7月，国家发展和改革委员会、住房和城乡建设部印发了《城镇生活污水处理设施补短板强弱项实施方案》（发改环资〔2020〕1234号），针对城镇生活污水处理设施主要短板弱项，从强化污水处理能力建设、补齐收集管网短板、推进污泥无害化资源化处理处置和信息系统建设四方面提出具体任务措施。明确到2023年，县级及以上城市设施能力基本满足生活污水处理需求。生活污水收集效能明显提升，城市市政雨污管网混错接改造更新取得显著成效。城市污泥无害化处置率和资源化利用率进一步提高。缺水地区和水环境敏感区域污水资源化利用水平明显提升。2020年，全国共计新建污水收集处理设施3.9万个。

（2）规范城镇（园区）污水处理环境管理

2020年12月，生态环境部发布了《关于进一步规范城镇（园区）污水处理环境管理的通知》（环水体〔2020〕71号），针对当前污水处理厂建设、运行和管理中存在的突出问题给出了具体解决措施，特别是困扰污水处理厂多年的"进水超标导致出水超标"问题有了统一的解决方案。

2.2.4 扎实推进净土保卫战

（1）推进城镇生活垃圾分类和处理设施补短板强弱项

2020年7月，国家发展和改革委员会、住房和城乡建设部和生态环境部联合印发了《城镇生活垃圾分类和处理设施补短板强弱项实施方案》（发改环资〔2020〕1257号），明确了到2023年，具备条件的地级以上城市基本建成分类投放、分类收集、分类运输、分类处理的生活垃圾分类处理系统；全国生活垃圾焚烧处理能力大幅提升；县城生活垃圾处理系统进一步完善；建制镇生活垃圾收集转运体系逐步健全。2020年11月，住房和城乡建设部等 12 部门联合印发了《关于进一步推进生活垃圾分类工作的若干意见》（建城〔2020〕93 号），提出了到 2025 年，基本建立配套完善的生活垃圾分类法律法规制度体系；地级及以上城市因地制宜基本建立生活垃圾分类投放、分类收集、分类运输、分类处理系统，居民普遍形成生活垃圾分类习惯；全国城市生活垃圾回收利用率达到 35.0% 以上。2020 年我国生活垃圾分类工作全力开展，餐厨垃圾减量化资源化效果明显，取得积极进展。46 个重点城市的生活垃圾分类小区覆盖率已达 86.6%，生活垃圾平均回收利用率为 30.4%，有 15 个城市达到或超过 35.0%。厨余垃圾处理能力从 2019 年的 3.47 万 t/d 提升到目前的 6.28 万 t/d，成绩初步显现。

（2）加强塑料污染治理

塑料在生产生活中应用广泛，是重要的基础材料。不规范生产、使用塑料制品和回收处置塑料废弃物，会造成能源资源浪费和环境污染，加大资源环境压力。2020 年 1 月 16 日，国家发展和改革委员会、生态环境部印发了《关于进一步加强塑料污染治理的意见》（发改环资〔2020〕80 号），按照"禁限一批、替代循环一批、规范一批"的思路，提出塑料污染治理分阶段的任务目标，对不同类别塑料制品提出相应管理要求和政策措施，到 2025 年，塑料制品生产、流通、消费和回收处置等环节的管理制度基本建立，多元共治体系基本形成，替代产品开发应用水平进一步提升，重点城市塑料垃圾填埋量大幅降低，塑料污染得到有效控制。2020 年 7 月 10 日，国家发展和改革委员会、生态环境部等 9 部门联合印发了《关于扎实推进塑料污染治理工作的通知》（发改环资〔2020〕1146 号），对做好塑料污染治理工作进一步细化，特别是对完成 2020 年年底阶段性目标任务作出部署。此外，北京、天津、上海、成都等地也出台了关于塑料污染治理的实施方案与行动计划。

（3）推进包装废弃物回用与绿色转型

2020 年 1 月，农业农村部办公厅印发了《关于肥料包装废弃物回收处理的指导意见》（农办农〔2020〕3 号），提出到 2022 年，在全国 100 个县开展肥料包装废弃物回收处理试点。试点县 50% 以上的行政村开展肥料包装废弃物回收处理工作，回收率达到 80% 以上。到 2025 年，试点县肥料包装废弃物回收率达到 90% 以上。2020 年 8 月，农业农村部和生态环境部联合发布了《农药包装废弃物回收处理管理办法》（中华人民共和国农业农村部生态环境部令 2020 年第 6 号），对其适用范围、各级管理职责、农药包装废弃物回收处理体系建设等多方面提出要求并明确了法律责任。2020 年 12 月，国务院办公厅转发国家发展和改革委员会等部门《关于加快推进快递包装绿色转型意见的通知》（国办函〔2020〕115 号），明确了进一步加强快递包装治理、推进快递包装绿色转型的指导思想、基本原则、主要目标和重大举措，对加强我国快递包装治理和推进快递包装绿色转型意义十分重大。国家发展和改革委员会等四部委联合印发的《饮料纸基复合包装生产者责任延伸制度实施方案》（发改办环资〔2020〕929号），提出到2025年，饮料纸基复合包装领域生态设计更广泛开展，废弃饮料纸基复合包装的资源化利用率力争达到40%。

（4）推进工业固废资源综合利用与建筑垃圾减量化

2020年12月15日，工业和信息化部印发了《京津冀及周边地区工业资源综合利用产业协同转型提升计划（2020—2022年）》（工信部节〔2020〕105号），从综合利用效益、产业聚集区、技术创新中心、骨干企业以及体制机制建设等方面提出了区域内的发展目标。2020年5月8日，住房和城乡建设部发布了《关于推进建筑垃圾减量化的指导意见》（建质〔2020〕46号），提出到2025年年底，各地区建筑垃圾减量化工作机制进一步完善，实现新建建筑施工现场建筑垃圾（不包括工程渣土、工程泥浆）排放量每万平方米不高于300 t，装配式建筑施工现场建筑垃圾（不包括工程渣土、工程泥浆）排放量每万平方米不高于200 t，明确了各地区建筑垃圾减量化工作目标。

3 环保产业激励促进型相关政策

3.1 财政政策

3.1.1 进一步明确中央与地方财政事权和支出责任

2020年6月12日，国务院办公厅印发了《生态环境领域中央与地方财政事权和支出责任划分改革方案》（国办发〔2020〕13号），从生态环境规划制度制定、生态环境监测执法、生态环境管理事务与能力建设、环境污染防治等方面划分生态环境领域中央与地方财政事权和支出责任。适当加强中央在长江、黄河等跨区域生态环境保护和治理方面的事权。方案提出，各级政府要始终坚持把生态环境作为财政支出的重点领域，根据改革方案确定的中央与地方财政事权和支出责任划分，各省级人民政府结合省以下财政体制等实际，合理划分生态环境领域省以下财政事权和支出责任。要加强省级统筹，加大对区域内承担重要生态功能地区的转移支付力度。

3.1.2 节能环保支出适度调整降低

2020年6月，财政部公布《2020年中央一般公共预算支出预算表》，2020年中央本级支出预算数35 035.00亿元，比2019年执行数减少80.15亿元，下降0.2%。节能环保支出预算数331.71亿元，比2019年执行数减少89.09亿元，下降21.2%，其中，环境监测与监察、污染防治、可再生能源、能源管理事务预算数减少较多，分别比2019年下降37.0%、52.1%、97.5%、33.0%，主要是基本建设支出减少，污染防治预算中2019年安排了新疆生产建设兵团部分一次性支出,2020 年年初预算不再安排;退牧还草预算数为零;能源节约利用、污染减排预算数增加,比 2019 年执行数分别增加了 4.99 亿元、0.33 亿元,增长 74.4%、1.5%,主要是基本建设支出增加。

3.1.3 落实中央环保专项资金政策

2020 年中央财政安排的环保专项资金规模达到 523.00 亿元,较 2019 年减少 6.0%,主要围绕水、大气、土壤污染防治、农村环境整治及生态保护修复等方面。

(1)水污染防治资金

"十三五"时期,中央财政累计安排水污染防治专项资金 762.00 亿元。2020 年中央财政安排水污染防治资金 197.00 亿元(图 1),较 2019 年增加了 3.8%,支持重点省份开展重点流域水污染防治、集中式饮用水水源地保护、地下水环境保护及污染修复、良好水体(湖泊)保护等生态环境保护工作,实现重点流域水质达标断面个数有所增加,饮用水水源地水质稳中向好,地下水水质保持稳定;支持长江经济带、黄河流域生态环境保护,支持汀江—韩江流域、东江流域、引滦入津横向生态补偿机制,促进流域水质逐步提高。

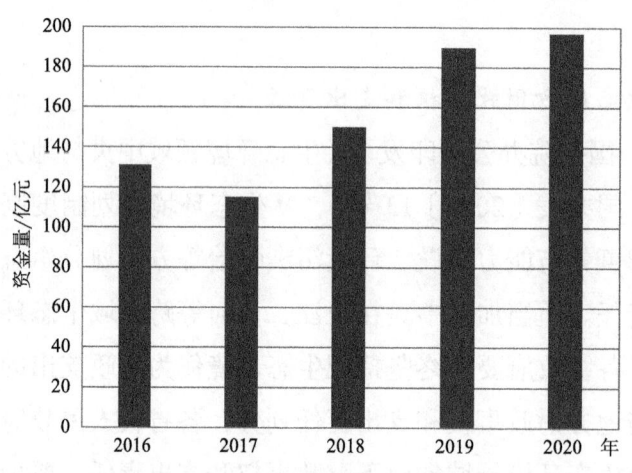

图 1 "十三五"时期水污染防治资金

(2)大气污染防治资金

"十三五"时期,中央财政累计安排大气污染防治专项资金 971.88 亿元。2020 年安排大气污染防治资金 250.00 亿元,与 2019 年持平(图 2),重点支持北方地区冬季清洁取暖、工业污染深度治理、移动源污染防治等重点工作,推动产业结构、能源结构、运输结构不断优化调整,促进全国环境空气质量持续改善,助力打赢蓝天保卫战。通过支

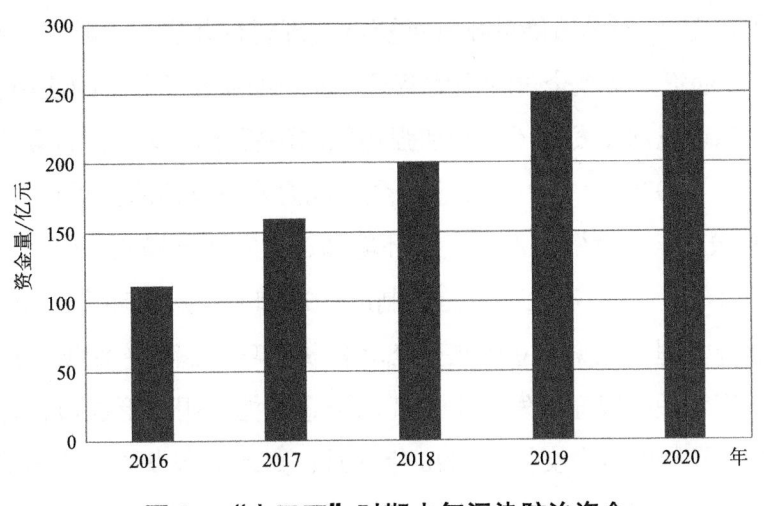

图 2 "十三五"时期大气污染防治资金

持氢氟碳化物销毁处置,推进削减温室气体排放。

(3)土壤污染防治资金

"十三五"时期,中央财政累计安排土壤污染防治专项资金285.30亿元。其中,2020年安排土壤污染防治资金40.00亿元(图3),主要用于开展7个土壤污染综合防治先行区建设,开展土壤污染状况详查工作,实施一批土壤污染治理与修复技术示范项目,开展农用地周边涉重金属企业排查整治,建立企事业单位重金属污染物排放总量控制制度。

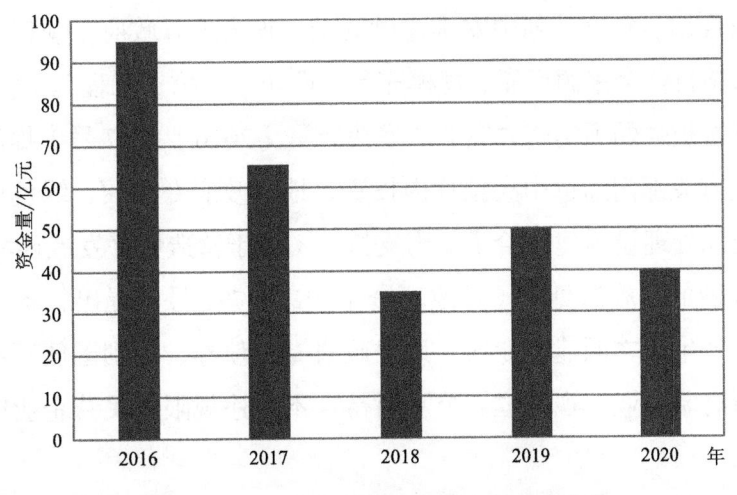

图 3 "十三五"时期土壤污染防治资金

3.1.4 完善财政专项资金管理

2020年1月,财政部印发了《关于修改<节能减排补助资金管理暂行办法>的通知》

（财建〔2020〕10号），对《节能减排补助资金管理暂行办法》（财建〔2015〕161号）作出修改，加强补助资金实施全过程绩效管理，进一步规范了资金的使用管理。2020年2月，财政部、生态环境部印发了《关于加强污染防治资金管理 支持打赢疫情防控阻击战的通知》（财资环〔2020〕3号），要求资金分配要聚焦疫情防控重点区域和重点领域。2020年3月，财政部、自然资源部、生态环境部、国家林草局四部门联合发布了《关于加强生态环保资金管理 推动建立项目储备制度的通知》（财资环〔2020〕7号），要求加强生态环保资金管理，抓紧建立中央生态环保资金项目储备库制度，严格中央生态环保资金项目储备库管理，以充分发挥生态环保资金职能作用，形成对打好污染防治攻坚战和支持经济社会发展的有力支撑。2020年6月，财政部印发了《清洁能源发展专项资金管理暂行办法》（财建〔2020〕190号），规范和加强清洁能源发展专项资金管理，支持可再生能源、清洁化石能源以及化石能源清洁化利用等能源清洁开发利用。

3.1.5 地方政府专项债支持生态环境保护

2020年，全国人大常委会批准安排新增专项债券额度3.75万亿元，其中，用于生态环保、农林水利、能源、冷链物流等领域约占2成。在生态环境保护领域，主要投向污水治理、环境综合治理、生态修复等领域。2020年环境保护专项债的平均债务年限大幅延长至13年，较2019年的平均年限增长了32.0%，更加契合环保产业项目的融资需求，有效缓解生态环境保护领域的投资瓶颈。《城镇生活污水处理设施补短板强弱项实施方案》（发改环资〔2020〕1234号）中提到，各地要设计多元化的财政性资金投入保障机制，在中期财政规划、年度计划中安排建设资金，加大地方政府专项债、抗疫特别国债支持力度，确保项目资金来源可靠、规模充足，严防"半拉子工程"。《城镇生活垃圾分类和处理设施补短板强弱项实施方案》（发改环资〔2020〕1257号）提出，国家发展和改革委员会会同有关部门通过中央预算内投资、地方政府专项债、绿色债券等方式对城镇生活垃圾分类和处理设施建设给予适当支持。《关于营造更好发展环境 支持民营节能环保企业健康发展的实施意见》（发改环资〔2020〕790号）提出，各级发展改革部门在中央预算内投资生态文明建设专项、地方政府专项债券、特别国债等项目申报、审核中，要对各种所有制企业一视同仁、公平对待，不得违规限制民营企业申报，不得附加额外的条件要求。

3.1.6 政府绿色采购

2020年6月19日，财政部办公厅、生态环境部办公厅、国家邮政局办公室联合印发了《商品包装政府采购需求标准（试行）》《快递包装政府采购需求标准（试行）》（财办库〔2020〕123号），对政府采购商品使用塑料、纸张、木质等包装材料以及快递包装等提出环保要求，推广使用绿色包装。2020年10月，财政部、住房和城乡建设部印发了《关于政府采购支持绿色建材促进建筑品质提升试点工作的通知》（财库〔2020〕31号），提出在政府采购工程中推广可循环可利用建材、高强度高耐久建材、绿色部品部件、绿色装饰装修材料、节水节能建材等绿色建材产品，积极应用装配式、智能化等新型建筑工业化建造方式，鼓励建成二星级及以上绿色建筑。到2022年，基本形成绿色建筑和绿色建材政府采购需求标准，政策措施体系和工作机制逐步完善，政府采购工程建筑品质得到提升，绿色消费和绿色发展的理念进一步增强。

3.1.7 积极推进生态补偿

国务院办公厅于2020年6月30日发布了《国务院办公厅关于印发自然资源领域中央与地方财政事权和支出责任划分改革方案的通知》（国办发〔2020〕19号），明确指出将受全国性国土空间用途管制影响而实施的生态补偿，确认为中央与地方共同财政事权，由中央与地方共同承担支出责任。2020年4月20日，财政部、生态环境部、水利部及国家林草局联合出台关于印发《支持引导黄河全流域建立横向生态补偿机制试点实施方案》的通知（财资环〔2020〕20号），提出通过逐步建立黄河流域生态补偿机制，实现黄河流域生态环境治理体系和治理能力进一步完善和提升。2020年2月12日，根据《国家发展改革委关于印发＜生态综合补偿试点县名单＞的通知》（发改振兴〔2020〕209号），分别在安徽、福建、江西、海南、四川、贵州、云南、西藏、甘肃、青海10省（区）内确定了生态综合补偿试点县。2020年12月，海南省人大常委会通过《海南省生态保护补偿条例》，安徽、广东以及陕西西安等多地出台政策探索推进多元化生态保护补偿机制。

3.1.8 推动新能源汽车产业发展

2020年4月，财政部、工业和信息化部、科学技术部、国家发展和改革委员会印发了《关于完善新能源汽车推广应用财政补贴政策的通知》（财建〔2020〕86号），明确提出将新能源汽车推广应用财政补贴政策实施期限延长至2022年年底；平缓补贴退坡力度和节奏，原则上2020—2022年补贴标准分别在上一年基础上退坡10%、20%、30%；加快推进公共交通等领域汽车电动化，城市公交、道路客运、出租（含网约车）、环卫、城市物流配送、邮政快递、民航机场以及党政机关公务领域符合要求的新能源汽车，2020年补贴标准不退坡，2021—2022年补贴标准分别在上一年基础上退坡10%、20%。2020年12月，财政部、工业和信息化部、科学技术部、国家发展和改革委员会印发了《关于进一步完善新能源汽车推广应用财政补贴政策的通知》（财建〔2020〕593号），明确了不同类型、不同领域车辆产品的补贴标准，为补贴政策精准执行提供依据。

3.2 价格政策

3.2.1 完善绿色发展价格机制

2020年4月,国家发展和改革委员会、财政部、住房和城乡建设部、生态环境部、水利部联合印发了《关于完善长江经济带污水处理收费机制有关政策的指导意见》(发改价格〔2020〕561号),进一步完善污水处理成本分担机制、激励约束机制和收费标准动态调整机制,健全相关配套政策。意见指出,力争于2020年10月底前,完成污水处理成本监审调查工作。到2025年年底,各地(含县城及建制镇)污水处理费均应调整至补偿成本的水平。已建成污水处理设施,未开征污水处理费的县城和建制镇,原则上应于2020年年底前开征。

3.2.2 实行城镇非居民用水超定额累进加价制度

自《关于加快建立健全城镇非居民用水超定额累进加价制度的指导意见》(发改价格〔2017〕1792号)发布以来,各地积极推行完善城镇非居民用水超定额累进加价制度,合理确定分档水量和加价标准。2020年8月,吉林省发展和改革委员会、吉林省住房和城乡建设厅印发了《关于完善城镇非居民用水超定额累进加价制度的通知》(吉发改价格联〔2020〕655号),提出提取一定比例(不得高于20%),用于对节水成效突出的用水企业进行奖励,用于用水企业节水技术改造、节水技术工艺推广等。2020年,上海市在《建立健全上海市城镇非居民用水超定额累进加价制度的实施方案》(沪发改规范〔2019〕9号)的基础上,印发了《上海市非居民用水超定额累进加价制度实施细则》,进一步明确管理职责、水量核定原则等相关操作细则。

3.2.3 推进农业水价综合改革

2020年7月31日,国家发展和改革委员会、财政部、水利部、农业农村部联合印发了《关于持续推进农业水价综合改革工作的通知》(发改价格〔2020〕1262号),持续推进农业水价综合改革。各地积极深入推进农业水价改革,截至2020年年底,四川累计实施农业水价综合改革面积134.80万 hm^2,占总体改革范围的二分之一,其中大型灌区和大部分重点中型灌区的改革任务基本完成,改革取得积极成效;内蒙古实施改革面积193.76万 hm^2,占总任务的61.7%,大中型灌区的国管和群管分界点全部实现了用水计量,配置了计量设施,按方征收水费,黄河流域地表水灌区已实施了取水许可和计划用水,部分灌区国管工程水价已达到运维成本。

3.2.4 持续推进电价改革

为充分发挥市场机制作用,引导光伏发电行业合理投资,推动光伏发电产业健康有序发展,2020年3月31日,国家发展和改革委员会发布了《关于2020年光伏发电上网电价政策有关事项的通知》（发改价格〔2020〕511号），对集中式光伏发电继续制定指导价。自2020年6月1日起，将纳入国家财政补贴范围的Ⅰ～Ⅲ类资源区新增集中式光伏电站指导价，分别确定为每千瓦时0.35元（含税，下同）、0.40元、0.49元；纳入2020年财政补贴规模，采用"自发自用、余量上网"模式的工商业分布式光伏发电项目，全发电量补贴标准调整为每千瓦时0.05元；纳入2020年财政补贴规模的户用分布式光伏全发电量补贴标准调整为每千瓦时0.08元。2020年7月31日，国家发展和改革委员会办公厅、国家能源局综合司发布了《关于公布2020年风电、光伏发电平价上网项目的通知》（发改办能源〔2020〕588号），明确2020年光伏发电平价上网项目装机规模3305.06万kW。

3.3 税收政策

3.3.1 实施污染防治第三方企业所得税优惠

为鼓励污染防治企业的专业化、规模化发展，更好地支持生态文明建设，2019年4月13日，财政部、税务总局、国家发展和改革委员会、生态环境部联合发布了《关于从事污染防治的第三方企业所得税政策问题的公告》（财政部公告2019年第60号），对符合条件的从事污染防治的第三方企业减按15%的税率征收企业所得税。公告执行期限为2019年1月1日至2021年12月31日。2021年，国家税务总局、国家发展和改革委员会、生态环境部三部门印发了《关于落实从事污染防治的第三方企业所得税政策有关问题的公告》（国家税务总局 国家发展改革委 生态环境部公告2021年第11号），进一步细化了从事污染防治的第三方企业所得税政策的具体要求，提高政策的可操作性。

3.3.2 取消部分固体废物进口暂定税率

2019年12月23日，国务院关税税则委员会发布了《2020年进口暂定税率等调整方案》（税委会〔2019〕50号），取消部分固体废物的进口暂定税率：自2020年1月1日起，取消钨废碎料和铌废碎料2种商品进口暂定税率，恢复执行最惠国税率，即钨废碎料和铌废碎料由0%税率分别调整为6%和3%。2020年11月，生态环境部、商务部、国家发展和改革委员会、海关总署联合发布了《关于全面禁止进口固体废物有关事项的公告》（公告2020年第53号），规定自2021年1月1日起禁止以任何方式进口固体废物。在环境政策和绿色关税的双重作用下，我国"洋垃圾"进口大幅缩减，截至2020年11月15日，全国固体废物进口总量仅为718万t，同比减少41%，较2016年减少近6倍。

3.4 金融政策

3.4.1 绿色金融体系不断健全

（1）统一国内绿色债券市场标准

为进一步规范国内绿色债券市场，充分发挥绿色金融在调结构、转方式、促进生态文明建设、推动经济可持续发展等方面的积极作用提供有效支撑，2020 年 7 月 8 日，中国人民银行、国家发展和改革委员会、证监会联合发布了《绿色债券支持项目目录（2020年版）》（征求意见稿）。截至 2020 年年底，中国境内外发行贴标绿色债券合计规模已突破人民币 1.40 万亿元。2020 年，境内外发行绿色债券规模达 2786.62 亿元，相比 2019 年有所下降；同期，非贴标绿色债券市场投向绿色产业规模达 1.67 万亿元，同比增长近 3 倍，债券市场对于绿色产业的整体支持仍保持高位。随着绿色债券市场支持领域的日益广泛、创新能动性的不断提升，其在我国应对气候变化和绿色发展整体进程中有望发挥更为积极的作用，为"碳达峰、碳中和"目标的实现提供有力的金融支持。

（2）加强绿色金融业绩评价

2020 年 7 月 21 日，中国人民银行印发了《银行业存款类金融机构绿色金融业绩评价方案》（征求意见稿）（以下简称《意见稿》），旨在进一步加强对绿色金融业务的激励约束。绿色金融业绩评价是指中国人民银行及其分支机构依据相关政策规定对银行业存款类金融机构绿色金融业务开展情况进行综合评价，并依据评价结果对银行业存款类金融机构实行激励约束的制度安排。评估指标及方法方面，《意见稿》拟明确，绿色金融业绩评价指标包括定量和定性两类，其中，定量指标权重 80%，定性指标权重 20%。定量指标包括绿色金融业务余额占比、绿色金融业务余额份额占比、绿色金融业务余额同比增速、绿色金融业务风险余额占比 4 项。《意见稿》对银行绿色金融的考核范围由绿色信贷延伸到绿色债券，并将绿色金融业绩评价结果纳入央行金融机构评级。将银行绿色金融业绩评价结果由"纳入 MPA 考核"拓展为"纳入央行金融机构评级"，是对评价结果应用场景的重要扩展，进一步加强了对银行开展绿色金融业务的激励约束机制。

（3）蓝色债券首次发行

2020 年 1 月，中国银保监会在《关于推动银行业和保险业高质量发展的指导意见》中首次提出探索蓝色债券等创新型绿色金融产品，支持绿色、低碳、循环经济发展。伴随着海洋强国建设的深入推进，蓝色债券作为海洋金融的一颗"新星"，有望成为全球实现蓝色经济可持续发展的重要融资工具，发展空间广阔。2020 年 11 月 4 日，由兴业银行独立主承销的青岛水务集团 2020 年度第一期绿色中期票据（蓝色债券）成功发行，发行规模 3 亿元，期限 3 年，募集资金用于海水淡化项目建设，成为我国境内首单蓝色债券，也是全球非金融企业发行的首单蓝色债券。蓝色债券作为绿色债券的一种，募集资金专项用于可持续型海洋经济，在推动海洋保护和海洋资源可持续利用中发挥着重要作用。当前全球蓝色债券市场处于起步阶段，国际上尚未建立专门的蓝色债券标准和认证流程。截至目前，全球仅有寥寥数笔海外发行的蓝色债券，且发行主体均为国家主权、金融机构或非营利组织，尚无非金融企业。

（4）深圳发布全国首部绿色金融领域法规

2020年11月5日，广东省深圳市正式发布《深圳经济特区绿色金融条例》，自2021年3月1日起施行。这是全国首部绿色金融领域的法律，进一步明确了金融机构和绿色企业的主体责任，规定了政府部门和中央驻深金融监管机构的监督管理措施。随着绿色金融发展上升到法律层面，推动金融机构内部逐步树立绿色发展的理念，为绿色金融的发展创造良好法治环境，推动形成专业、系统、高效的绿色金融发展格局。

（5）地方绿色金融试验区成效显著

2020年，广东省发行18只、222.50亿元绿色债券，主要银行机构绿色信贷余额7310.62亿元，同比增长26.4%，高于同期主要银行机构各项贷款增速6.73个百分点，环境污染责任保险、安全生产责任保险分别提供风险保障33.15亿元、4065.30亿元，并探索发行广东省水资源专项债券，成为我国在贴标绿色地方政府专项债上的又一次成功实践。同时，根据人民银行等四部门发布的《关于金融支持粤港澳大湾区建设的意见》要求，2020年9月粤港澳大湾区绿色金融联盟正式成立。甘肃省兰州新区绿色金融改革创新试验区吸纳绿色贷款余额108.88亿元，占各项贷款余额的19.2%，区内8家国有集团公司资产总额达到1706.00亿元，累计实现营业收入973.00亿元，成为支撑兰州新区高质量发展的"主力军"。2020年10月，浙江省湖州市正式启动建设南太湖绿色金融中心，重点集聚银行、保险、证券、资管等持牌金融机构，引入金融监管部门入驻，集聚发展绿色金融科技、绿色金融培训等绿色金融生态企业。

（6）绿色金融支持民营节能环保企业发展力度进一步增强

2020年5月，国家发展和改革委员会等六部门联合发布了《关于营造更好发展环境支持民营节能环保企业健康发展的实施意见》（发改环资〔2020〕790号），从市场开放、政策支持、企业经营、沟通反馈等4个方面提出要求，支持打造公平开放的市场环境、解决现有政策"最后一公里"落地困难问题，进一步提高企业经营水平，畅通信息沟通反馈机制。其中，特别提到加大绿色金融支持力度，提出积极发展绿色信贷、支持符合条件的民营节能环保企业发行了绿色债券、拓宽民营节能环保企业增信方式、鼓励金融机构提升对民营节能环保企业的绿色金融专业服务水平等措施。

3.4.2 气候投融资政策进入试点

（1）国家级气候投融资政策出台

2020年10月26日，生态环境部、国家发展和改革委员会、中国人民银行、银保监会、证监会五部委联合发布了《关于促进应对气候变化投融资的指导意见》（环气候〔2020〕57号），首次从国家政策层面为气候变化领域的建设投资、资金筹措和风险管控进行了全面部署，指出，到2022年，营造有利于气候投融资发展的政策环境，气候投融资相关标准建设有序推进，对外合作务实深入，资金、人才、技术等各类要素资源向气候投融资领域初步聚集，到2025年，促进应对气候变化政策与投资、金融、产业、能源和环境等各领域政策协同高效推进，基本形成气候投融资地方试点、综合示范、项目开发、机构响应、广泛参与的系统布局，投入应对气候变化领域的资金规模明显增加。

（2）碳金融发展步入"快车道"

随着我国碳达峰、碳中和目标的提出，碳金融发展将迎来巨大机遇。中国人民银行货币政策委员会2020年第四季度例会提出，以促进实现碳达峰、碳中和为目标完善绿色金融体系。2020年12月25日，生态环境部审议通过了《碳排放权交易管理办法（试行）》（部令 第19号），提出建立全国碳排放权注册登记机构和全国碳排放权交易机构，组织建设全国碳排放权注册登记系统和全国碳排放权交易系统，碳排放配额分配初期以免费分配为主，适时引入有偿分配，并逐步提高有偿分配的比例。

3.4.3 政府性引导基金助力绿色发展

（1）国家绿色发展基金成立

国家绿色发展基金成立是我国生态环境保护领域首个国家级政府投资基金。2020年7月，由财政部、生态环境部、上海市人民政府三方发起成立的首个国家级绿色投资基金"国家绿色发展基金"在上海成立，首期总规模达到885亿元，主要投向长江经济带11省（市），采用股权投资、项目投资和参股子基金的方式，重点支持环境保护与污染防治、生态修复与国土空间绿化、能源资源节约环利用、绿色交通以及清洁能源五大绿色发展领域，充分发挥财政资金的引导和带动作用，吸引社会资本参与。

（2）多地成立绿色政府引导基金

2020年11月，广西绿色新兴产业基金在南宁成立，基金总目标规模为人民币50.00亿元，首期认缴规模10.01亿元，将重点服务绿色新兴产业发展，构建高端绿色家居全产业链发展格局，扶持高端制造业、电子信息及大健康产业等转型升级。2020年11月，辽宁省低碳绿色产业投资基金成立，基金整体规模设定为30.00亿元，首期5.00亿元，将通过政府引导，社会资本参与，金融机构放大，投资环保产业领域的优秀企业股权、环保领域重点工程项目、先进环保装备制造、智慧环保、碳汇交易等领域，以促进环保产业实现高质量发展。2020年11月，浙江省丽水市成立高质量绿色发展产业基金，总规模60.00亿元，基金将按照"聚焦战略取向、突出政策引导、坚持市场运作、合理防范风险"的原则，采取定向基金、非定向基金、直接投资的模式进行运作，以股权投资方式重点投向精密制造、健康医药、半导体全链条、时尚产业、数字经济五大产业集群，以及环保、旅游、金融、文化、乡村振兴等重点产业。2020年12月，甘肃兰州新区成立第一支绿色基金，总规模30.00亿元，首期规模10.00亿元，按照"服务企业、风险可控、滚动投资"的原则，主要投向新区绿色化工、现代农业、生物医药等绿色发展重点领域，对新区优质绿色企业提供资金支持，为高端绿色企业注入发展新动能。

（3）ESG投资理念与基金融合发展

2020年5月，香港品质保证局启动"绿色金融认证计划——ESG基金"计划，为ESG基金提供第三方认证服务，推动ESG基金进行更多的信息披露，同时也为内地ESG基金的发展提供参考价值。2020年7月，嘉实基金发布ESG评分体系，这是中国基金行业首个ESG评分体系，帮助投资者识别和评估中国上市公司存在的ESG风险与机遇，有效推进了ESG投资在国内资本市场的落地和发展。2020年9月，中财大绿金院在"2020年中国金融学会绿色金融专业委员会年会"上发布"中国公募基金ESG评级"，填补了国内公募基金ESG评级空白，为投资者鉴别高质量投资标的提供依据，进而引导更多的投资者积极参与负责任投资，鼓励基金公司进一步优化产品结构，推动基金公司将现有产品向ESG价值投资方向转型，在进一步促进资产管理行业深化改革的同时推动资本市场的可持续发展。

3.4.4 环保公募REITs进入试点

2020年8月，国家发展和改革委员会、中国证监会联合发布了《关于推进基础设施领域不动产投资信托基金（REITs）试点相关工作的通知》（证监发〔2020〕40号），提出在重点区域、重点行业推动REITs项目试点，以进一步盘活存量资产，广泛调动各类社会资本积极性，促进基础设施高质量发展，其中涉及环保产业领域的包括城镇污水垃圾处理及资源化利用、固危废处理、大宗固体废弃物综合利用等项目。REITs将环保产业具有长期稳定收益的不动产转化为可在二级市场交易的标准化金融产品，从企业角度，为环保产业流动性较差的优质基础设施资产搭建新的直接融资渠道，通过"出售"基础设施项目，回笼资金，缓解因投资回报周期长带来的财务压力，逐步降低企业杠杆率。从投资者角度，让个人和机构投资者能够参与收益前景广阔、风险适度但前期投资规模较大的环保项目当中。同时安排中央预算内投资以投资补助等形式为项目REITs发行提供增信，畅通进入退出机制，进一步吸引社会资本。从项目经营角度，REITs的运行也为环保基础设施项目估值、收益率等提供了有效参考，逐步推动更多优质项目入库，实现市场化定价，有效补足当前环保基础设施投融资领域的短板，促进资源合理配置。针对以往环保项目监管披露机制不完善等问题，通过公募 REITs 定期标准化信息披露，金融监管部门会同环境部门共同加以规范引导，倒逼环保企业提高相关项目的运营效率[①]。

3.5 贸易政策

3.5.1 多边和双边自贸协定

中国—欧盟投资协定首次将可持续发展纳入投资关系。2013 年 11 月，中国欧盟领导人发表了《中欧合作 2020 战略规划》，并宣布启动中欧投资协定谈判。2018 年 11 月，经过 19 轮磋商、12 次会间会，双方对文本中投资自由化和投资保护的部分重要条款达成一致，对投资市场准入方面的清单出价进行实质性谈判。2020 年 12 月，第 35 轮谈判，双方最终在文本和清单遗留问题方面取得积极进展。2020 年 12 月 30 日，历经 7 年，共计 35 轮磋商及 12 次会间会，中欧领导人共同宣布中欧投资协定结束实质性谈判。基于中方一贯重视可持续发展问题，包括环境保护、劳动者权益保护，践行新发展理念和以人民为中心的发展思想，以及纳入与经贸有关的环保、劳工议题已成为近年来国际经贸协定的重要特征的两方面考虑，中欧投资协定（CAI）首次将可持续发展纳入投资关系。协定对与投资有关的环境、劳工问题做出专门规定及执行机制，以高度透明和民间社会参与的方式解决分歧。中国承诺在劳工和环境领域，不以降低保护标准来吸引投资，不为保护主义目的使用劳工和环境标准，并遵守有关条约中的国际义务，中国将支持公司履行企业社会责任。在环境和气候方面，承诺双方将有效执行《巴黎协定》以应对气候变化。

3.5.2 禁止进口固体废物

（1）固体废物进口管理制度改革继续取得重大进展

自 2017 年国务院办公厅印发《禁止洋垃圾入境推进固体废物进口管理制度改革实施方案》（以下简称《改革实施方案》）以来，生态环境部会同海关总署等 14 个部际协调小组成员，坚定不移地推进改革落地见效，《改革实施方案》细化的 50 项重点任务均已按计划完成或持续推进。2020 年 9 月 1 日起实施的新修订的《固废法》明确规定"国家逐步实现固体废物零进口"。2020 年 11 月 24 日，生态环境部联合商务部、国家发展和改革委员会、海关总署发布《关于全面禁止进口固体废物有关事项的公告》（公告 2020 年第 53 号），明确自 2021 年 1 月 1 日起，我国禁止以任何方式进口固体废物，禁止我国境外的固体废物进境倾倒、堆放、处置。2020 年 12 月 30 日，商务部、海关总署、生态环境部公布《禁止进口货物目录（第七批）》和《禁止出口货物目录（第六批）》（商

[①] 数据来源：黎峥. 2020 年环保产业投融资状况及发展建议[OL]. http://iigf.cufe.edu.cn/info/1012/4080.htm.

务部公告 2020 年第 73 号）。2020 年 12 月 30 日，为规范再生钢铁原料的进口管理，推动我国钢铁行业高质量发展，生态环境部、国家发展和改革委员会、海关总署、商务部、工业和信息化部发布了《关于规范再生钢铁原料进口管理有关事项的公告》（公告 2020 年第 78 号）。

（2）禁止进口固体废物取得明显成效

2020 年是洋垃圾禁令收官之年，固体废物进口量大幅减少。自《改革实施方案》印发以来，2017 年、2018 年、2019 年，全国固体废物进口量分别为 4227 万 t、2263 万 t、1348 万 t，与改革前 2016 年的 4655 万 t 相比，分别减少 9.2%、51.4%、71.0%。截至 2020 年 11 月 15 日，全国固体废物进口总量为 718 万 t，较 2019 年同比减少 41.0%，较 2016 年减少 84.6%，政策执行效果显著，完成"2020 年年底基本实现固体废物零进口"的目标。

（3）海关总署"蓝天 2020"专项成效显著，严管严打常态化机制基本形成

"蓝天 2020"共开展二轮专项行动，海关总署在天津、山东、福建等 9 个省（市）同步开展集中查缉抓捕行动，打掉涉嫌走私犯罪团伙 64 个，查证废矿渣、废五金、污油水等走私废物 146.64 万 t。通过持续强化监管、高压严打、综合治理等措施，禁止洋垃圾入境工作成效明显。据海关总署统计数据显示，固体废物进口总量大幅下降，由 2018 年的 2263.00 万 t，2019 年下降至 1348.00 万 t，2020 年 1—10 月申报进口 669.00 万 t，同比下降 42.7%。侦办的涉嫌走私废物犯罪案件数量逐年递减，由 2018 年的 481 起，下降至 2019 年的 372 起，2020 年 1—10 月共计 180 起，较 2019 年同比下降 43.2%。这表明我国禁止洋垃圾入境严管严打常态化机制基本形成，综合治理效能不断提升，国际执法合作进一步深化。

4 环保产业引导规范型相关政策

4.1 监管政策

4.1.1 强化生态环境保护监督执法与绩效考核

（1）推动政府督查与生态环境保护执法工作

政府督查是推动党中央、国务院决策部署贯彻落实的重要手段，是健全行政监督制度的重要内容，对保障政令畅通、提高行政效能、促进政府全面依法履职、推进国家治理体系和治理能力现代化具有重要意义。2020 年 12 月，国务院总理李克强签署国务院令，公布《政府督查工作条例》，要求政府督查工作必须坚持和加强党的领导，以人民为中心，服务大局、实事求是，推进依法行政，推动政策落实和问题解决。2020 年国务

院办公厅、生态环境部先后印发了《关于生态环境保护综合行政执法有关事项的通知》（国办函〔2020〕18号）、《生态环境保护综合行政执法事项指导目录（2020年版）》（环人事〔2020〕14号），推进生态环境保护综合行政执法改革，统筹配置行政执法职能和执法资源，切实解决多头多层重复执法问题，严格规范公正文明执法。为强化社会监督，鼓励公众参与，依法惩处生态环境违法行为，保障群众环境权益，切实改善环境质量，2020年4月22日，生态环境部办公厅印发了《关于实施生态环境违法行为举报奖励制度的指导意见》（环办执法〔2020〕8号），聚焦助力打赢污染防治攻坚战，解决人民群众身边的突出生态环境问题，建立并组织实施好生态环境违法行为举报奖励制度，充分发挥举报奖励的带动和示范作用。

（2）强化生态环境保护考核

2020年4月，中共中央办公厅、国务院办公厅印发了《省（自治区、直辖市）污染防治攻坚战成效考核措施》，从党政主体责任落实情况、生态环境保护立法和监督情况、生态环境质量状况及年度工作目标任务完成情况、资金投入使用情况和公众满意程度5个方面，分别设立了相应考核指标，并提出考核结果为不合格的，由中央生态环境保护督察工作领导小组对省级党委和政府主要负责人进行约谈，提出限期整改要求；需要问责追责的，由中央纪委国家监委、中央组织部依规依纪依法问责追责。这些规定，释放了实施最严格考核问责的信号，将倒逼生态环境保护责任和污染防治攻坚战任务的落实。2020年12月7日，国务院办公厅印发了《关于进一步完善失信约束制度构建诚信建设长效机制的指导意见》，进一步明确信用信息范围，依法依规实施失信惩戒，完善失信主体信用修复机制，提高社会信用体系建设法治化、规范化水平。

4.1.2 进一步推进生态环境监督管理工作

（1）构建完善现代环境治理体系

2020年3月，中共中央办公厅、国务院办公厅印发了《关于构建现代环境治理体系的指导意见》，提出到2025年，建立健全环境治理的领导责任体系、企业责任体系、全民行动体系、监管体系、市场体系、信用体系、法律法规政策体系，落实各类主体责任，提高市场主体和公众参与的积极性，形成导向清晰、决策科学、执行有力、激励有效、多元参与、良性互动的环境治理体系。

（2）加强不同领域生态环境监管力度

近年来，相关跨省流域上下游通过开展突发水污染事件应对协作，在探索建立联防联控机制方面取得一定成效，为进一步推动建立跨省流域上下游突发水污染事件联防联控机制，2020年1月16日，生态环境部、水利部联合发布了《关于建立跨省流域上下游突发水污染事件联防联控机制的指导意见》（环应急〔2020〕5号）。2020年7月4日，国务院办公厅印发了《国务院办公厅关于切实做好长江流域禁捕有关工作的通知》（国办发明电〔2020〕21号），坚决保护长江母亲河，加强生态文明建设。近年来，党中央、国务院出台了一系列严格耕地保护的政策措施，但一些地方仍然存在违规占用耕地开展非农建设的行为。为强化监督管理，落实好最严格的耕地保护制度，2020年9月10日，国务院办公厅发布了《国务院办公厅关于坚决制止耕地"非农化"行为的通知》（国办发明电〔2020〕24号），坚决制止各类耕地"非农化"行为，坚决守住耕地红线。2020年12月21日，生态环境部发布了《关于印发＜自然保护地生态环境监管工作暂行办法＞的通知》（环生态〔2020〕72号），切实履行生态环境部"组织制定各类自然保护地生态环境监管制度并监督执法"的职责，全面做好自然保护地生态环境监管工作。

（3）深入推进重点行业清洁生产审核工作

生态环境部办公厅、国家发展和改革委员会办公厅于10月15日联合发布了《关于深入推进重点行业清洁生产审核工作的通知》（环办科财〔2020〕27号），扎实推进能源、冶金、焦化、建材、有色、化工、印染、造纸、原料药、电镀、农副食品加工、工业涂装、包装印刷等重点行业清洁生产审核工作，进一步强化清洁生产审核在重点行业节能减排和产业升级改造中的支撑作用，促进形成绿色发展方式，推动经济高质量发展。

4.1.3 加强固体废物及化学品监管力度

（1）推动危险废物环境管理信息化

为贯彻落实《中华人民共和国固体废物污染环境防治法》，进一步推进固体废物管理信息系统应用工作，加快提升危险废物环境管理信息化能力和水平，2020年12月29日，生态环境部办公厅发布了《关于推进危险废物环境管理信息化有关工作的通知》（环办固体函〔2020〕733号），全面应用固体废物管理信息系统（包括生态环境部建设运行的全国固体废物管理信息系统和地方生态环境部门建设运行的固体废物管理信息系统）开展危险废物管理计划备案和产生情况申报、危险废物电子转移联单运行和跨省（区、市）转移商请、持危险废物许可证单位年报报送、危险废物出口核准等工作，有序推进危险废物产生、收集、贮存、转移、利用、处置等全过程监控和信息化追溯。

（2）开展医疗废物专项整治工作

2020年2月24日，国家卫生健康委员会、生态环境部、国家发展和改革委员会、工业和信息化部等部委联合发布了《关于印发医疗机构废弃物综合治理工作方案的通知》（国卫医发〔2020〕3号），加强医疗机构废弃物综合治理，实现废弃物减量化、资源化、无害化，2022年年底前完成全面评估，对任务未完成、职责不履行的地方和有关部门进行通报，存在严重问题的，按程序追究相关人员责任。2020年5月14日，《关于开展医疗机构废弃物专项整治工作的通知》（国卫办医函〔2020〕389号）发布，于2020年5—12月联合开展医疗机构废弃物专项整治工作，进一步提高医疗机构内部废弃物的规范化管理水平，增强医疗废物集中处置能力，以专项整治为抓手，严厉打击涉及医疗废物的违法犯罪行为，曝光一批违法机构，惩处一批不法分子，斩断医疗废弃物黑产业链，保护人体健康和生态环境。

4.1.4 优化建设项目生态环境影响评价

（1）提升环境影响报告书（表）质量与水平

环评是约束项目与规划环境准入的法制保障，是在发展中守住绿水青山的第一道防线，为协同推进经济高质量发展和生态环境高水平保护发挥着重要作用。2020年4月20日，生态环境部办公厅发布了《关于加强环境影响报告书（表）编制质量监管工作的通知》（环办环评函〔2020〕181号），坚决遏制环评文件编制过程中不负责任、粗制滥造和弄虚作假等行为，提高环评文件质量，确保环评制度的有效性和公信力。2020年9月22日，生态环境部发布了《关于严惩弄虚作假提高环评质量的意见》（环环评〔2020〕48号），严厉打击环评领域弄虚作假行为，强化溯源机制和责任追究制度，进一步发挥环评源头预防作用。2020年11月23日，生态环境部发布了《生态环境部建设项目环境影响报告书（表）审批程序规定》（部令 第14号），规范生态环境部建设项目环境影响报告书、环境影响报告表审批程序，提高审批效率和服务水平。

（2）强化不同领域环境影响评价工作

2020年1月2日，生态环境部办公厅印发了《关于做好"三磷"建设项目环境影响评价与排污许可管理工作的通知》（环办环评〔2019〕65号），强化排污许可监管效能，切实做好磷矿、磷化工（包括磷肥、含磷农药、黄磷制造等）和磷石膏库建设项目环境影响评价与排污许可管理工作。为进一步加强建设项目环境影响评价事中事后监管，落实建设单位主体责任，规范生态环境部门对建设项目（不含核设施和铀〔钍〕矿项目、海洋工程项目）环境保护"三同时"监督检查和生态环境保护设施竣工自主验收监督检查工作，2020年5月27日，生态环境部发布了《关于进一步做好建设项目环境保护"三同时"及自主验收监督检查工作的通知》（环办执法〔2020〕11号）。2020年9月22日，生态环境部针对小微企业项目环评工作发布了《关于优化小微企业项目环评工作的意见》（环环评〔2020〕49号），进一步优化营商环境、激发小微企业活力，推进绿色发展。2020年10月30日，为规范煤炭资源开发环评管理，切实提高效能，推进煤炭资源开发与生态环境保护相协调，生态环境部、国家发展和改革委员会、国家能源局发布了《关于进一步加强煤炭资源开发环境影响评价管理的通知》（环环评〔2020〕63号）。

4.1.5 进一步规范核与辐射安全工作

2020年4月29日，生态环境部发布了《关于开展核与辐射安全隐患排查工作的通知》（环办核设函〔2020〕215号），组织编制了《核与辐射安全隐患排查实施方案（2020—2022）》，定于2020年5月至2022年12月组织开展全国核与辐射安全隐患排查。《核动力厂营运单位核安全报告规定》于2020年11月5日由生态环境部部务会议审议通过，2020年11月16日，生态环境部发布了《核动力厂营运单位核安全报告规定》，规范核动力厂营运单位核安全报告规定。

4.2 技术规范政策

4.2.1 制定重点行业排污许可相关技术规范

2020年，为进一步完善排污许可技术支撑体系，生态环境部颁布了工业炉窑，橡胶和塑料制品工业、制鞋工业、铁路、船舶、航空航天和其他运输设备制造业，稀有稀土金属冶炼、金属铸造工业、涂料、油墨、颜料及类似产品制造业，水处理通用工序、铁合金、电解锰工业、储油库、加油站、石墨及其他非金属矿物制品制造，化学纤维制造业，专用化学产品制造工业，日用化学产品制造工业，医疗机构，环境卫生管理业，码头，羽毛（绒）加工工业，农副食品加工工业——水产品加工工业，农副食品加工工业——饲料加工，植物油加工工业等21项行业排污许可证申请与核发技术规范。

4.2.2 制定环境监测分析方法与技术规范

2020年，生态环境部发布了水、大气、土壤、固体废物、核与辐射等领域多项监测技术规范方法，其中，水环境监测技术规范包括硝基酚类化合物、水中氚等污染物监测分析方法标准和近岸海域环境监测规范；大气环境监测技术规范包括固定污染源废气醛、酮类化合物，二氧化硫，氮氧化物，颗粒物中砷、硒、铋、锑，非甲烷总烃，气溶胶中γ放射性核素等的监测方法；土壤和固体废物环境监测领域监测技术规范为就地高纯锗谱仪测量土壤中γ核素技术规范；辐射环境监测技术规范为中波广播发射台电磁辐射和移动通信基站电磁辐射的监测方法。

4.2.3 完善生态环保技术标准规范体系

为防治污染、改善环境质量、推动企事业单位污染防治措施升级改造和技术进步，2020年1月8日，生态环境部印发了《印刷工业污染防治可行性技术指南》（HJ 1089—2020），提出了印刷工业废气、废水、固体废物和噪声污染防治可行技术。制定了环境影响评价，环境监测，化学物质环境与健康危害评估、暴露评估、风险表征，固体废物再生利用污染防治，流域水污染物排放标准制定等技术导则以及生态环境损害鉴定评估技术指南。发布了生活垃圾焚烧飞灰污染控制、废铅蓄电池处理污染控制、伴生放射性物料贮存及固体废物填埋辐射环境保护、砷渣稳定化处置工程、陶瓷工业废气治理工程、蓄热燃烧法工业有机废气治理工程、石油炼制工业废气治理工程、纺织染整工业废水治理工程、芬顿氧化法废水处理工程等技术规范，防治环境污染，改善生态环境质量。

4.2.4 发布行业污染物排放标准

为贯彻《中华人民共和国环境保护法》《中华人民共和国大气污染防治法》，改善生态环境质量，防治环境污染，2020年，生态环境部发布了储油库、油品运输、加油站、铸造工业、农药制造工业、陆上石油天然气开采工业、无机化学工业、砖瓦工业、钢铁烧结、球团工业、轧钢工业等的大气污染排放标准以及中国第三、四阶段非道路移动机械用柴油机排气污染物排放限值及测量方法；电子工业的水污染物排放标准以及铅锌工业、锡锑汞工业、硫酸工业、磷肥工业、发酵酒精和白酒工业啤酒工业污染物排放标准的修改单；一般工业固体废物贮存和填埋、危险废物焚烧和医疗废物处理处置的污染控制标准。

4.2.5 发布行业清洁生产评价指标体系

为贯彻落实《中华人民共和国清洁生产促进法》，建立健全系统规范的清洁生产评价指标体系，指导和推动企业依法实施清洁生产，国家发展和改革委员会会同生态环境部、工业和信息化部发布了《关于印发化学原料药等6项行业清洁生产评价指标体系的通知》（发改环资规〔2020〕1983号），制定了《化学原料药制造业清洁生产评价指标体系》《硫酸行业清洁生产评价指标体系》《再生橡胶行业清洁生产评价指标体系》《锗行业清洁生产评价指标体系》《住宿餐饮业清洁生产评价指标体系》《淡水养殖业（池塘）清洁生产评价指标体系》6项行业清洁生产评价指标体系，自2021年4月1日起实施。其中，化学原料药制造业清洁生产评价指标体系从推动化学原料药企业节能、降耗、减污、增效出发，分别规定了合成法、提取法和发酵法3种工艺路线的工艺类型、装备设备、物料损失率、原辅料回收利用率、污染物产生量、产品特征等指标的分级基准值。硫酸行业清洁生产评价指标体系从推动硫酸生产企业实施清洁生产，持续减少资源能源消耗、减少污染物的产生与排放出发，分别规定了硫黄制酸、硫铁矿制酸、石膏制酸和硫酸亚铁掺烧硫黄制酸4种工艺路线的单套装置生产能力、二氧化硫总转化率、尾气处理装置、尾吸副产品是否利用、污染物产生量、产品特征等指标的分级基准值。再生橡胶行业清洁生产评价指标体系从提高再生橡胶行业集约化生产水平、提高我国废橡胶利用比例、实现绿色低碳转型出发，规定了粉碎、脱硫、再生橡胶综合能耗、废橡胶回收利用率、硫化氢含量和非甲烷总烃含量等指标的分级基准值。锗行业清洁生产评价指标体系从推动锗生产企业革新生产加工技术和减少环境污染出发，规定了锗行业全产业链各环节的综合能耗、新鲜水耗、锗综合回收率、单位产品一般固废产生量、单位产品重金属污染物产生量等指标的分级基准值。住宿餐饮业清洁生产评价指标体系从推动住宿餐饮行业绿色升级出发，规定了住宿餐饮企业日常所使用的能源、水或其他资源使用量及产生废物量等指标的分级基准值。淡水养殖业（池塘）清洁生产评价指标体系从推进渔业发展方式转变入手，提出了生产基础设施和设备的分级定性要求，规定了单位产品水耗、电耗、平均饲料系数等分级基准值。发布的6项行业清洁生产评价指标体系将指导相关行业企业实施清洁生产，落实源头预防、过程控制和末端治理的全过程控制理念，实现"节能、降耗、减污、增效"，有效推动行业绿色低碳转型升级。

4.3 引导示范政策

4.3.1 发布技术、产品、服务目录及清单

2020年11月5日，工业和信息化部发布了《"能效之星"产品目录（2020）》《国家绿色数据中心先进适用技术产品目录（2020）》《国家工业节能技术装备推荐目录（2020）》（工业和信息化部公告2020年第40号），为加快推广应用高效节能技术、装备和产品，引导绿色生产和绿色消费。2016年，中共中央办公厅、国务院办公厅印发了《关于设立统一规范的国家生态文明试验区的意见》，并先后在福建、江西、贵州和海南4省开展试验区建设。几年来，4省在自然资源资产产权、国土空间开发保护、环境治理体系、生活垃圾分类与治理、水资源水环境综合整治、农村人居环境整治、生态保护与修复、绿色循环低碳发展、绿色金融、生态补偿、生态扶贫、生态司法、生态文明立法与监督、生态文明考核与审计14个方面形成了一批可复制可推广的改革举措和经验做法。2020年11月25日，国家发展和改革委员会发布了《国家生态文明试验区改革举措和经验做法推广清单》（发改环资〔2020〕1793号），供各地区、各有关部门和单位结合实际学习借鉴。2020年11月27日，生态环境部、国家发展和改革委员会、公安部、交通运输部、国家卫生健康委员会发布了《国家危险废物名录（2021年版）》（部令 第15号）。

4.3.2 公布生态环保领域引导示范企业名单

2020年10月16日，工业和信息化部办公厅发布了《关于公布第五批绿色制造名单的通知》（工信厅节函〔2020〕246号），确定了第五批绿色制造名单，其中，绿色工厂719家、绿色设计产品1073种、绿色工业园区53家、绿色供应链管理企业99家。2020年11月23日，工业和信息化部办公厅发布了《关于公布工业产品绿色设计示范企业名单（第二批）的通知》（工信厅节函〔2020〕246号），确定珠海格力电器股份有限公司

等67家企业为第二批工业产品绿色设计示范企业，加快推行绿色设计，促进制造业高质量发展。2020年12月29日，生态环境部办公厅、住房和城乡建设部办公厅发布了《关于公布第四批全国环保设施和城市污水垃圾处理设施向公众开放单位名单与前三批中撤销、暂停开放单位名单的通知》（环办宣教〔2020〕34号），生态环境部会同住房和城乡建设部组织各地确定了第四批向公众开放的环保设施和城市污水垃圾处理设施单位名单876家，其中环境监测设施175家、污水处理设施289家、垃圾处理设施203家、危险废物或电子废弃物处理设施209家。同时，前三批向公众开放的环保设施和城市污水垃圾处理设施单位名单中，由于停止运营、提标扩建等原因，撤销开放13家、暂停开放1家。

4.3.3 开展生态环保与循环经济等试点示范

2020年10月10日，生态环境部根据《关于命名第四批国家生态文明建设示范市县的公告》（生态环境部公告2020年第40号）及《关于命名第四批"绿水青山就是金山银山"实践创新基地的公告》（生态环境部公告2020年第41号），对第四批国家生态文明建设示范市县和"绿水青山就是金山银山"实践创新基地进行授牌命名，包括87个国家生态文明建设示范市县和35个"绿水青山就是金山银山"实践创新基地。

2020年12月21日，国务院办公厅发布了《国务院办公厅关于建设第三批大众创业、万众创新示范基地的通知》（国办发〔2020〕51号），第三批"双创"示范基地包括山西省晋城经济技术开发区、吉林省辽源经济开发区等92个基地。2020年12月21日，生态环境部、商务部、科学技术部发布了《关于批准芜湖经济技术开发区等10家园区为国家生态工业示范园区的通知》（环科财〔2020〕70号），决定批准芜湖经济技术开发区、嘉兴港区、珠海高新技术产业开发区、潍坊经济开发区、山东鲁北企业集团、青岛经济技术开发区、昆山高新技术产业开发区、昆明经济技术开发区、天津子牙经济技术开发区和贵阳经济技术开发区为国家生态工业示范园区。

2020年12月23日，生态环境部办公厅、商务部办公厅、科学技术部办公厅公布2019年度国家生态工业示范园区复查评估结果，上海市市北高新技术服务业园区、武进国家高新技术产业开发区等13家园区全部通过复查评估。

2020年12月24日，生态环境部、科学技术部发布了《关于公布第七批国家生态环境科普基地名单的通知》（环科财〔2020〕75号），共计28个生态环境科普基地，以切实发挥科普基地的示范引领作用，积极宣传贯彻习近平生态文明思想，展示生态文明实践成果与生态环境科技成果。

5 环保产业创新鼓励型相关政策

5.1 技术创新政策

2020年,国家技术创新体系不断健全,持续深化要素市场化配置改革,促进要素自主有序流动,提高要素配置效率,进一步激发全社会创造力和市场活力。明确布局建设若干国家技术创新中心和国际科技创新中心,突破关键技术瓶颈。加快推动国家科技成果转移转化示范区与平台建设,积极推动科技成果转化。加大知识产权保护力度,完善科学技术奖励标准,激发科技人才创新活力与动力。

5.1.1 建立健全科技创新要素市场

2020年4月,中共中央、国务院印发了《关于构建更加完善的要素市场化配置体制机制的意见》,这是中央关于要素市场化配置的第一份文件。提出健全职务科技成果产权制度。深化科技成果使用权、处置权和收益权改革,开展赋予科研人员职务科技成果所有权或长期使用权试点。完善科技创新资源配置方式。改革科研项目立项和组织实施方式,坚持目标引领,强化成果导向,建立健全多元化支持机制。2020年5月,国务院印发了《关于新时代加快完善社会主义市场经济体制的意见》,指出要全面完善科技创新制度和组织体系。加强国家创新体系建设,编制新一轮国家中长期科技发展规划。健全鼓励支持基础研究、原始创新的体制机制。建立以企业为主体、市场为导向、产学研深度融合的技术创新体系。试点赋予科研人员职务科技成果所有权或长期使用权。

5.1.2 加快建设综合性国家科学中心

综合性国家科学中心是国家科技领域竞争的重要平台,是国家创新体系建设的基础平台。建设综合性国家科学中心,有助于汇聚世界一流科学家,突破一批重大科学难题和前沿科技瓶颈,显著提升中国基础研究水平,强化原始创新能力。2020年3月,科学技术部印发了《关于推进国家技术创新中心建设的总体方案(暂行)》(国科发区〔2020〕70号),明确到2025年,布局建设若干国家技术创新中心,突破制约我国产业安全的关键技术瓶颈。2020年10月,《中华人民共和国国民经济和社会发展第十四个五年规划和二〇三五年远景目标纲要》提出,整合优化科技资源配置,以国家战略性需求为导向推进创新体系优化组合,加快构建以国家实验室为引领的战略科技力量。加强原创性引领性科技攻关,持之以恒加强基础研究,建设重大科技创新平台。支持北京、上海、粤港澳大湾区形成国际科技创新中心,建设北京怀柔、上海张江、大湾区、安徽合肥综合性国家科学中心,支持有条件的地方建设区域科技创新中心。

5.1.3 支持科技成果转化示范区建设

2020年6月4日，科学技术部办公厅发布了《关于加快推动国家科技成果转移转化示范区建设发展的通知》（国科办区〔2020〕50号），提出实施科技人员服务企业专项行动，推动科技特派员、科技专家服务团等参与企业科技成果转化，积极开展技术转让、技术许可、技术开发、技术咨询和技术服务等活动。建立绩效奖励机制，支持各类技术转移机构发展。鼓励示范区健全政策先行机制和专家咨询指导机制，建立常态化自评价体系，完善科技成果转化考核机制。2020年12月，国务院办公厅发布了《关于建设第三批大众创业、万众创新示范基地的通知》（国办发〔2020〕51号），要求深化"放管服"改革，推动在社会服务领域运用"互联网平台＋创业单元"新模式促进创新，有效支撑科研人员、大学生、返乡农民工、退役军人、下岗失业人员以及其他各类社会群体开展创新创业，促进创业带动就业、多渠道灵活就业，每年带动形成一定规模的创业就业。

5.1.4 大力激发科技人才创新活力

2019年12月，财政部、科学技术部印发了《国家科学技术奖励绩效评价暂行办法》（财教〔2019〕228号），指出绩效评价采取年度评价与综合评价相结合的方式开展。2020年2月17日，科学技术部印发了《关于破除科技评价中"唯论文"不良导向的若干措施（试行）》（国科发监〔2020〕37号），包括强化分类考核评价导向等9个方面27条措施，旨在破除科技评价中过度看重论文数量多少、影响因子高低，忽视标志性成果的质量、贡献和影响等"唯论文"不良导向。2020年4月21日，最高人民法院印发了《关于全面加强知识产权司法保护的意见》（法发〔2020〕11号），提出加强科技创新成果保护。制定专利授权确权行政案件司法解释，规范专利审查行为，促进专利授权质量提升；加强专利、植物新品种、集成电路布图设计、计算机软件等知识产权案件审判工作，实现知识产权保护范围、强度与其技术贡献程度相适应，推动科技进步和创新，充分发挥科技在引领经济社会发展过程中的支撑和驱动作用。2020年10月，修订后的《国家科学技术奖励条例》（国务院令第731号）公布，明确提出国家科技奖应当与国家重大战略需要和中长期科技发展规划紧密结合，国家加大对基础研究和应用基础研究的奖励。党的十九届五中全会审议通过的《中共中央关于制定国民经济和社会发展第十四个五年规划和二〇三五年远景目标的建议》，围绕"激发人才创新活力"作出重要部署，提出要"贯彻尊重劳动、尊重知识、尊重人才、尊重创造"方针，深化人才发展体制机制改革，全方位培养、引进、用好人才，造就更多国际一流的科技领军人才和创新团队，培养具有国际竞争力的青年科技人才后备军。健全以创新能力、质量、实效、贡献为导向的科技人才评价体系。构建充分体现知识、技术等创新要素价值的收益分配机制，完善科研人员职务发明成果权益分享机制。

5.2 模式创新政策

2020年,我国生态环境治理市场化进程不断深入,生态环境治理模式不断创新。政府与社会资本合作模式推进环境污染第三方治理体系持续发展、逐步规范。生态环境部、国家发展和改革委员会、国家开发银行三部门联合印发推荐生态环境导向的开发模式试点项目的通知,探索将生态环境治理项目与资源、产业开发项目有效融合,解决生态环境治理缺乏资金来源渠道、总体投入不足、环境效益难以转化为经济收益等瓶颈问题,提升环保产业可持续发展能力。

5.2.1 生态环境领域PPP政策逐渐完善

(1)持续推进PPP模式应用

2020年2月10日,财政部PPP中心发布了《关于加快加强政府和社会资本合作(PPP)项目入库和储备管理工作的通知》(财政企函〔2020〕1号),指出加快项目入库进度,切实发挥PPP项目补短板、稳投资作用。加强全国PPP综合信息平台与国家重大发展规划、各类专项规划的衔接,鼓励有意愿采用PPP模式的项目及时纳入管理库,提前部署、提前准备、提前开发。2020年10月21日,生态环境部牵头出台了《关于促进应对气候变化投融资的指导意见》(环气候〔2020〕57号),鼓励和引导民间投资与外资进入气候投融资领域,激发社会资本的动力和活力,支持在气候投融资中通过多种形式有效拉动和撬动社会资本,规范推进政府和社会资本合作(PPP)项目。

(2)PPP项目更加注重绩效管理要求

建立合理规范的绩效评价机制,有利防控地方政府隐性债务风险。2020年2月21日,财政部办公厅印发了《污水处理和垃圾处理领域PPP项目合同示范文本》(财办金〔2020〕10号),旨在推动污水处理和垃圾处理领域PPP项目规范运作,加强项目前期准备和合同管理工作。2020年3月16日,财政部发布了《政府和社会资本合作(PPP)项目绩效管理操作指引》(财金〔2020〕13号),规范政府和社会资本合作(PPP)项目全生命周期绩效管理工作,提高公共服务供给质量和效率,保障合作各方合法权益,促进PPP项目提质增效。2020年12月17日,财政部发布了《政府会计准则第10号——政府和社会资本合作项目合同》(财会〔2020〕19号),推动建立健全政府会计准则体系,规范了政府方对政府和社会资本合作(PPP)项目合同的确认、计量和相关信息的列报。

不断拓展和升级PPP项目信息平台功能。2015年,财政部开发建设了政府和社会资本合作综合信息平台,包括项目库、专家库、机构库和资料库四大核心应用数据库,发挥了项目管理、交易撮合、信息服务三大功能。2020年2月,全国PPP综合信息平台(新平台）上线运行，利用区块链、人工智能、大数据等最新信息技术成果，扩展了平台架构和功能，提高了信息校验度和准确性，增强了智能监管和大数据计算分析能力，进一步提高 PPP 项目监管、服务和信息披露能力，促进 PPP 高质量发展。

5.2.2 持续开展环境污染第三方治理

2020 年 3 月，中共中央办公厅、国务院办公厅印发了《关于构建现代环境治理体系的指导意见》，要求"积极推行环境污染第三方治理，开展园区污染防治第三方治理示范，探索统一规划、统一监测、统一治理的一体化服务模式。开展小城镇环境综合治理托管服务试点，强化系统治理，实行按效付费"。2020 年 5 月，国家发展和改革委员会、生态环境部发布了《关于开展园区环境污染第三方治理第二批遴选工作的通知》，进一步鼓励推行第三方治理模式，以工业园区等工业集聚区为突破口，鼓励引入第三方治理单位，对区内企业污水、固体废弃物等进行一体化集中治理，并支持第三方治理单位参与排污权交易，以多种形式实践第三方治理模式。2020 年 5 月 21 日，国家发展和改革委员会发布《关于营造更好发展环境 支持民营节能环保企业健康发展的实施意见》（发改环资〔2020〕790 号），支持第三方治理与民营节能企业发展，要求"在石油、化工、电力、天然气等重点行业和领域，进一步引入市场竞争机制，放开节能环保竞争性业务，积极推行合同能源管理和环境污染第三方治理。各地在推进污水垃圾等环境基础设施建设、园区环境污染第三方治理、医疗废物和危险废物收集处理处置、大宗固体废弃物综合利用基地建设时，要对民营节能环保企业全面开放、一视同仁"。

5.2.3 探索生态环境导向的开发模式试点

2020 年 9 月，生态环境部、国家发展和改革委员会、国家开发银行三部门联合发布了《关于推荐生态环境导向的开发模式试点项目的通知》（环办科财函〔2020〕489 号），创新环境治理模式，推动环保产业发展，于 11 月底前征集生态环境导向的开发模式（EOD 模式）备选项目，探索将生态环境治理项目与资源、产业开发项目有效融合，解决生态环境治理缺乏资金来源渠道、总体投入不足、环境效益难以转化为经济收益等瓶颈问题，推动实现生态环境资源化、产业经济绿色化，提升环保产业可持续发展能力，促进生态环境高水平保护和区域经济高质量发展。

6 环保产业政策展望

2021 年是我国乘势而上开启全面建设社会主义现代化国家新征程、向第二个百年奋斗目标进军的开局之年，也是开启美丽中国建设新征程、向生态文明建设实现新进步目标迈进的起步之年。根据中央经济工作会议精神和《生态环境部部长黄润秋在 2021 年全国生态环境保护工作会议上的工作报告》，2021年生态环境保护工作将更好地统筹常态化疫情防控、经济社会发展和生态环境保护，落实减污降碳总要求，更加突出精准治污、科学治污、依法治污，深入打好污染防治攻坚战，加快推动绿色低碳发展，进一步改善生态环境质量，推进生态环境治理体系和治理能力现代化，为"十四五"生态环境保护开好局、起好步，以优异成绩庆祝中国共产党成立100周年。具体来讲，包括以下内容：

一是统筹谋划"十四五"生态环境保护规划，支持服务重大国家战略生态环境保护。编制实施"十四五"生态环境保护规划及"十四五"空气质量改善、重点流域水生态环境保护、海洋生态环境保护、土壤与农村生态环境保护、应对气候变化、核与辐射安全、生态环境监测等重点领域专项规划。研究制定美丽中国生态环境保护目标指标，起草美丽中国建设生态环境保护指导意见，推动编制建设美丽中国长期规划。强化京津冀协同发展生态环境联建联防联治，加强长江大保护，加快建设美丽粤港澳大湾区，强化长三角区域生态环境一体化保护。制定实施黄河流域生态环境保护规划。深入推进白洋淀流域生态环境综合治理。推进海南自由贸易港建设生态环境保护。持续推进绿色"一带一路"建设。

二是坚持方向不变、力度不减，延伸深度、拓展广度，深入打好污染防治攻坚战。在大气污染治理方面，将以$PM_{2.5}$和臭氧协同控制为主线，推进实施空气质量提升行动。将继续扎实推进重点区域秋冬季大气污染综合治理攻坚，深入开展VOCs治理，继续推进北方地区清洁取暖，钢铁行业超低排放改造、锅炉与窑炉综合治理，推进水泥、焦化、玻璃、陶瓷等行业深度治理，强化移动源环境监管，加强重点区域大气污染防治协作，深化重污染天气重点行业绩效分级、差异化管控措施。在积极应对气候变化方面，制定2030年前碳排放达峰行动方案，编制《国家适应气候变化战略2035》，推动《碳排放权交易管理暂行条例》立法进程，出台《全国碳排放交易管理办法（试行）》。在水污染防治方面，将以三水统筹、陆海联动为导向，继续实施水污染防治行动。聚焦长江、黄河等重点流域，统筹水资源、水生态和水环境，大力推进美丽河湖建设。持续开展城市和臭水体整治，推进乡镇级集中式饮用水水源保护区划定，加强排污口监督管理，加强城镇（园区）污水处理环境管理、协同推动区域再生水循环利用试点。在固体废物处理处置方面，将以污染风险防控为重点，继续实施土壤污染防治行动。完成重点行业企业用地土壤污染状况调查工作，以两湖、两广、云、贵、川、赣等省份为重点，持续推进农用地分类管理。加快补齐建制镇生活垃圾收集、转运、无害化处理设施短板，推动城镇生活垃圾分类收集和分类运输体系建设，推动落实危险废物执法能力和处置能力改革方案，持续开展危险废物专项整治三年行动，强化重点行业重点区域重金属污染治理，防范新型污染物环境风险。稳步推进"无废城市"建设,深入推进塑料污染综合治理。

三是加大绿色金融持续支持环保产业发展。生态环境部在中央项目库中补充建立金融支持生态环保项目储备库,加强固体废物和危险废物处理处置及资源综合利用、区域环境协同治理等重大项目,以及生态环境导向的开发模式、生态补偿、"无废城市"建设等试点项目的储备与支持。国家开发银行各分行对中央项目库中符合放贷条件的项目和生态环境部门推荐的其他生态环保重大工程项目优先开展尽职调查、优先进行审查审批、优先安排贷款投放、优先给予优惠利率、优先给予延长贷款期限等优惠信贷政策支持,行积极探索创新适用于生态环保项目特点的金融产品和服务,支持环保产业发展。此外,绿色金融将助力"碳达峰、碳中和"目标的实现,加快碳排放权交易市场建设,率先在发电行业开展上线交易。

四是持续推进环境治理模式创新与环境技术成果转化。引导鼓励工业园区和企业推进环境污染第三方治理,推进工业园区、小城镇环境综合治理托管服务模式试点,探索生态环境导向的城市开发(EOD)模式。充分发挥国家生态环境科技成果转化综合服务平台的作用,做好环境污染治理方案和技术需求方及供给方的对接,协助环保企业优化资产配置、提升技术能力与运营水平。